Otto Cohnheim

Chemie der Eiweißkörper

bremen
university
press

Otto Cohnheim

Chemie der Eiweißkörper

ISBN/EAN: 9783955621711

Auflage: 1

Erscheinungsjahr: 2013

Erscheinungsort: Bremen, Deutschland

bremen
university
press

CHEMIE

DER

EIWEISSKÖRPER

Von

Dr. OTTO COHNHEIM

PRIVATDOCENT DER PHYSIOLOGIE AN DER UNIVERSITÄT
HEIDELBERG

BRAUNSCHWEIG

DRUCK UND VERLAG VON FRIEDRICH VIEWEG UND SOHN

1900

DEM ANDENKEN

W. KÜHNES

GEWIDMET

INHALTSVERZEICHNISS.

Die Eiweisskörper.

A. Allgemeiner Theil.

B. Specieller Theil.

Die Eiweisskörper.

Allgemeiner Theil.

Einleitung.

(1) Die Eiweisskörper oder Proteïnstoffe bilden eine scharf abgegrenzte Classe von organischen Verbindungen, die uns bisher nur in
ihrem natürlichen Vorkommen bekannt sind, deren künstliche Darstellung aber noch nicht gelungen ist. Sie sind in der Natur weit
verbreitet, da sie den grössten und wichtigsten Bestandtheil der lebenden Thiere und Pflanzen bilden. Sie bestehen aus den Elementen
Kohlenstoff, Wasserstoff, Sauerstoff, Stickstoff und Schwefel in einem
ziemlich constanten Verhältniss. Ihre Constitution ist noch nicht aufgeklärt; es müssen aber alle Eiweisskörper eine ihnen in hohem Grade
gemeinsame Structur besitzen, da die Aehnlichkeit ihres chemischen
Verhaltens so gross ist, dass man kaum jemals im Zweifel über die
Zugehörigkeit eines Körpers zu der Classe sein kann.

Was die Benennung und gröbste Eintheilung anlangt, so muss
man die Eiweisskörper im weitesten Sinne, die grosse hier behandelte
Classe von Verbindungen, in drei Gruppen eintheilen:

1. Die nativen, echten, genuinen oder Eiweisskörper im engeren
Sinne.

2. Die Verbindungen solcher genuiner Eiweisse mit anderen
organischen Complexen zu noch complicirteren Körpern, die sogenannten
Proteïde.

3. Die ersten Spaltungsproducte, die aus den nativen Eiweissen
und Proteïden hervorgehen, und in ihrem chemischen Aufbau noch
den Charakter des Eiweisses bewahrt haben, die Albumosen, Peptone
und andere Verbindungen.

Unter Albuminoïden versteht man diejenigen Eiweisskörper, welche
die Gerüstsubstanzen des thierischen Körpers bilden. In der englischen
Literatur wird der Ausdruck „Proteids" für alle Eiweisskörper im
weitesten Sinne, im Französischen ebenso der Name „Substances
albuminoïdes" gebraucht.

Allen Eiweisskörpern gemeinsam ist die physiologische Beziehung, dass der thierische und pflanzliche Organismus sie alle in einander überführen kann, und sie demgemäss auch alle von einander abstammen, im wirklichen Sinne des Wortes mit einander verwandt sind.

(2) In der Natur kommen sie in dreierlei Formen vor: Erstens enthalten die Flüssigkeiten der Thiere und Pflanzen, Blut, Lymphe, Zellsaft etc., Eiweisskörper in gelöster Form. Zweitens bilden die Eiweisskörper, der Hauptmasse nach, Proteïde, zusammen mit anderen organischen und unorganischen Substanzen, das merkwürdige, zwischen dem festen und flüssigen Aggregatzustande in der Mitte stehende Gemenge von eigenartiger Structur, das man das lebendige Protoplasma der thierischen und pflanzlichen Zellen und Gewebe nennt. In ähnlicher, nur etwas festerer Form bauen die Albuminoïde die thierischen Gerüstsubstanzen auf. Aus den Organen lassen sich die Eiweisskörper theils durch einfaches Auflösen, theils aber nur durch stärker verändernde Eingriffe in Lösung bringen. Ein dritter Theil der Eiweisskörper ist als Ernährungsmaterial wachsender Embryonen in Pflanzen, seltener den Eiern von Thieren, in fester, zum Theil krystallinischer Form abgelagert. Die eiweissartigen Spaltungsproducte endlich, die Albumosen, Peptone etc., kommen einmal in der Natur, als Producte der Verdauung und des Stoffwechsels, vor, sodann aber werden sie künstlich durch Spaltung der anderen Eiweisse dargestellt.

(3) Die Eiweisskörper haben zwei Arten von Eigenschaften mit einander gemein, solche mehr physikalischer und solche rein chemischer Natur. Die ersteren beruhen auf dem hohen Moleculargewicht der Eiweisskörper, und bestehen in der Hauptsache darin, dass die Eiweisse sogenannte colloidale Körper im Sinne von Graham sind. Diese Eigenschaften kommen nur den eigentlichen Eiweissen und den Proteïden zu, nicht aber, oder doch in viel geringerem Maasse, den Albumosen und verwandten Körpern, die aus den ersteren durch Spaltung hervorgehen, und demgemäss ein kleineres Moleculargewicht haben. Die rein chemischen Charaktere der Eiweisse dagegen, ihre Zusammensetzung, ihre Fällungs- und Farbenreactionen, die Verbindungen, die sie eingehen, und die Spaltungsproducte, in die sie zerfallen, sind ihnen mit den Albumosen und Peptonen gemeinsam, der moleculare Aufbau ist bei diesen noch unverändert.

Im Folgenden soll zunächst von dem physikalischen Verhalten der Eiweisse, als der für sie charakteristischsten und für das Folgende wichtigsten ihrer Eigenschaften, die Rede sein. Die Schilderung gilt demnach nur von den genuinen Eiweissen und den Proteïden. Wie weit auch die Spaltungsproducte sich noch ähnlich verhalten, wird bei diesen besprochen werden.

I. Die physikalischen, colloidalen Eigenschaften der Eiweisskörper.

(4) Die Eiweisskörper diffundiren gar nicht durch thierische Blase und vegetabilisches Pergament, gehören also nach der Bezeichnung von Graham [1]) zu den colloidalen Körpern. Dieser Begriff hat in letzter Zeit ja erhebliche Wandlungen erfahren; während bis vor Kurzem noch von Bunge [2]) u. A. angenommen wurde, dass die Eiweisse gar nicht gelöst seien, sondern in einem gequollenen Zustande sich in der Flüssigkeit befinden, haben Sjöqvist [3]) und Bugarszky und Liebermann [4]) gezeigt, dass Eiweisslösungen den elektrischen Strom leiten, und sowohl als Anionen wie als Kationen auftreten können, dass sie also zweifellose Lösungen bilden, die den Gesetzen von van't Hoff folgen. Ueber ihre Gefrierpunktserniedrigung wird später geredet werden; auf die Theorie der colloidalen Lösungen überhaupt, die sich noch in vollem Flusse befindet, kann hier natürlich nicht eingegangen werden. Für die Chemie der Eiweisse ist aber eine Eigenschaft derselben von grosser Bedeutung, dass nämlich alle eigentlichen Eiweisskörper mehr oder weniger die Neigung haben, aus dem gelösten Zustande in eine unlösliche, aber quellbare Modification überzugehen. Wie Hofmeister [5]) auseinandergesetzt hat, ist gerade diese Eigenschaft der Eiweisskörper, auf die geringsten, sonst chemisch indifferenten Einflüsse, wie Wasserverdunstung, Berührung mit porösen Substanzen u. s. w., unlöslich zu werden und sich in der Eiweisslösung in Form feinster, quellbarer Membranen und Partikelchen unlöslich auszuscheiden, die Ursache ihrer schweren Krystallisirbarkeit und ihres sonstigen physikalischen Verhaltens, eben ihres sogenannten Colloidcharakters; sie ist es, die die Reingewinnung der Eiweisse und jedes

---

[1]) O. Graham, Philosoph. Transactions 151, I., S. 183 (1861). — [2]) G. v. Bunge, Lehrbuch der physiol. Chem., S. 47 ff. — [3]) J. Sjöqvist, Skandinavisches Archiv für Physiologie 5, 277 (1894). — [4]) St. Bugarszky und L. Liebermann, Pflüger's Archiv für die gesammte Physiologie 72, 51 (1898). — [5]) Fr. Hofmeister, Zeitschr. für physiol. Chem. 14, 165 (1889).

Arbeiten mit ihnen so ausserordentlich erschwert, sie ist es aber
andererseits auch, die den Eiweisskörpern wie keinem anderen Stoffe
die Fähigkeit verleiht, Gewebe zu bilden, und an dem Aufbau des
Protoplasmas mit seiner eigenthümlichen halbflüssigen Structur den
wesentlichsten Antheil zu nehmen.

Beim Verweilen im nicht gelösten Zustande werden alle Eiweisskörper, wenn auch verschieden rasch, unlöslich, sie gehen in den
coagulirten oder geronnenen Zustand über, aus dem sie dann in den
ursprünglichen gelösten nicht mehr zurückverwandelt werden können.
Worin diese Umwandlung ihrem eigentlichen Wesen nach besteht, ist
unbekannt; die Möglichkeit, coagulirt und denaturirt zu werden, ist
aber für die eigentlichen Eiweisskörper, im Gegensatz zu ihren Spaltungsproducten, charakteristisch. Unter den nativen oder echten,
oder Eiweisskörpern im engeren Sinne, versteht man diejenigen Eiweisse, die durch Erhitzen ihrer Lösungen oder
andere Processe coagulirt werden, und dann ohne weitergehende Spaltung und ohne Aenderung ihrer ursprünglichen
Eigenschaften nicht mehr gelöst werden können, sondern
dauernd denaturirt sind.

Die Hitzecoagulation der Eiweisskörper.

(5) Die Coagulation der Eiweisse erfolgt am leichtesten durch
Erwärmen ihrer Lösungen; diese ihre auffallendste Eigenschaft soll als
erste eingehend behandelt werden.

Jeder Eiweisskörper hat seine bestimmte Coagulationstemperatur;
es ist lange gestritten worden, ob diese Coagulationstemperaturen
wirklich charakteristisch für die einzelnen Körper wären, oder ob sie
durch Zusatz von Salzen verschiedener Art und Concentration zu sehr
verändert würden, um sichere Schlüsse aus ihnen ziehen zu können.
Der Erste, der die grossen Differenzen im Coagulationspunkte der einzelnen Eiweisse erkannte, ist wohl Kühne[1], der im Muskelplasma
einen bei niedriger Temperatur und einen erst bei viel höherer ausfallenden Eiweisskörper fand. Später wurde die fractionirte Wärmecoagulation besonders von Frédéricq[2] und Halliburton[3] und ihren
Schülern zur Isolirung und Charakterisirung der einzelnen Eiweisskörper benutzt. Sie stellten fest, dass die Coagulationstemperaturen

---

[1] W. Kühne, Protoplasma und Contractilität, Leipzig 1864. —
[2] L. Frédéricq, Coagulation du sang, Bull. de l'Académie royale de Belgique,
2. Sér., Bd. 64 (1877), 7. Juli; L. Frédéricq, Ann. de Soc. de Médecine
de Gent (1877); Bérard et Corin, Travaux du laboratoire etc. de Frédéricq
II., 171 (1887); L. Frédéricq, Centralbl. f. Physiolog. 3, 601 (1890). —
[3] W. D. Halliburton, Journ. of Physiolog. 5, 155; 8, 133 (1887); 11, 454;
R. O. Hewlett, Journ. of Physiolog. 13, 493 (1892).

thatsächlich ziemlich constante Grössen darstellen, die nur um wenige
Grade nach oben oder unten differiren, und dass die gegentheiligen
Behauptungen von Haycraft und Duggan [1] u. A. zum grössten
Theil auf mangelhafter Methodik beruhen. Pauli's [2] Untersuchungen
über den Einfluss verschiedener Salze und verschiedener Concentration
eines und desselben Salzes auf die Coagulationstemperatur sind nicht
bei saurer Reaction vorgenommen worden, können daher hierfür nicht
in Betracht kommen. (vergl. S. 7). Im Allgemeinen hat sich ergeben,
dass die complicirten, gewebsbildenden Eiweisse, sowie die differen-
cirteren Körper, wie Fibrinogen und Myosin, schon bei niederer Temperatur coaguliren, als die einfachen Albumine und Globuline. Soweit
sie bestimmt ist, wird bei jedem Eiweisskörper seine Coagulationstemperatur angegeben werden.

(6) Von grösster Bedeutung für die Wärmecoagulation ist einmal
die Reaction der Lösung und dann der Gehalt derselben an
Salzen. Beide Punkte sind wiederholt der Gegenstand eingehender
Untersuchung gewesen, ohne dass die Verhältnisse bis jetzt ganz klare
geworden wären. Abgesehen von den älteren Untersuchungen von
Lieberkühn [3], Heynsius [4] u. A. wurde in neuerer Zeit besonders
von Frédéricq [5], Halliburton [6] und seinem Schüler Hewlett [7],
Neumeister [8], Brunner [9] und Starke [10] betont, dass eine voll-
kommene Ausfällung und Coagulirung des Eiweisses nur bei schwach
saurer Reaction der Lösung möglich ist. Ist die Reaction stärker
sauer oder alkalisch, so bleibt stets ein mehr oder weniger grosser
Theil des Eiweisses in Lösung und entgeht der Coagulation. Die
Nichtberücksichtigung dieser für das Arbeiten mit Eiweisskörpern höchst
wichtigen Thatsache, dass nur bei ganz vorsichtigem und genauem
Innehalten einer eben wahrnehmbaren, sehr schwach sauren Reaction
das Eiweiss durch Erhitzen gänzlich ausgefällt werden kann, dass bei
jeder anderen Reaction aber eine grössere oder geringere Menge von
irgendwie verändertem Eiweiss in Lösung bleibt, hat von jeher bis in
die jüngste Zeit hinein zu den bedenklichsten Irrthümern und Verwechselungen geführt. Die andere Thatsache, die zuerst Aronstein [11] ge-

[1] Haycraft und Duggan, Centralbl. f. Physiol. III., 473 (1889); IV.,
1 (1890). — [2] W. Pauli, Pflüger's Arch. f. d. ges. Physiol. 78, 315 (1899).
— [3] N. Lieberkühn, Arch. f. Anat. u. Physiol. u. wissenschaftl. Med.
1848, S. 285. — [4] A. Heynsius, Pflüger's Arch. f. d. ges. Physiolog., 9,
514 (1874). — [5] L. Frédéricq, Eine kurze Zusammenfassung steht Centralblatt f. Physiol. 3, Nr. 23, S. 601 (1890). — [6] W. D. Halliburton, Journ.
of Physiolog. 5, 155 (1885). — [7] R. T. Hewlett, ibid. 13, 493 (1892). —
[8] R. Neumeister, Einführung der Albumosen und Peptone in den Organismus, Zeitschr. f. Biolog. 24, 272 (1888). — [9] R. Brunner, Dissertation,
Bern 1894. — [10] J. Starke, Hitzegerinnung und Neutralsalze, Sitzungsber.
der Gesellsch. f. Morphol. u. Physiol. in München 1897, 1. — [11] B. Aronstein, Pflüger's Arch. f. d. ges. Physiol. 8, 75 (1874).

funden hat, und die dann durch Heynsius[1]), Harnack[2]), Bülow[3]),
Starke[4]) und Pauli[5]) bestätigt wurde, ist die folgende: wenn man
eine Eiweisslösung (gewöhnlich wurde verdünntes Hühnereiweiss benutzt) durch lange dauernde Dialyse von den stets darin enthaltenen
unorganischen Salzen nach Möglichkeit befreit, so kann man sie
erhitzen, ohne dass das Eiweiss coagulirt wird; dies Eiweiss nennen
Aronstein und Harnack aschefreies Eiweiss, und halten es für ein
natives Eiweiss. Setzt man aber zu dieser erhitzten Lösung Salze
hinzu, so tritt nachträglich eine Ausfällung und Coagulation des Eiweisses ein. Die Erscheinung wurde anfangs, z. B. von Harnack, so
aufgefasst, als ob die Eiweisskörper ohne Salzgegenwart überhaupt nicht
coaguliren könnten. Nach den neueren Untersuchungen, insbesondere
von Starke, scheint das aber irrthümlich zu sein. Im Einzelnen kann
auf diese sehr complicirten Verhältnisse hier nicht eingegangen werden,
sondern erst bei der Lehre vom Acidalbumin; die wahrscheinlichste
Auffassung dürfte indessen die folgende sein.

Die Denaturirung der Eiweisskörper durch Erhitzen tritt bei
jeder Reaction mit und ohne Salze ein, aber die Schicksale des entstandenen, denaturirten Eiweisses sind verschieden. Das denaturirte
Eiweiss ist nämlich in Wasser und neutralen Salzlösungen unlöslich,
löslich dagegen in Säuren und Alkalien. Erfolgt daher die Coagulation
in schwach alkalischer Lösung, so bildet sich sofort ein Salz des denaturirten Eiweisses mit dem betreffenden Metall, und diese Salze sind löslich, das Eiweiss fällt also, trotzdem dass es seine natürlichen Eigenschaften verloren hat, nicht aus. Nun sind aber die Salze nicht gleich
löslich, sondern die Alkalisalze sind gut löslich, die Kalksalze dagegen
nicht oder doch nur schwer, und darauf beruht die von Ringer und
Sainsbury[6]) gefundene, von Tunnicliffe[7]) u. A. bestätigte Thatsache,
dass der Zusatz von neutralen Kalksalzen — Baryum- und Strontiumsalze wirken ebenso — zu einer schwach alkalischen Eiweisslösung
beim Erhitzen die wenigstens partielle Coagulation derselben herbeiführt,
während Chlornatrium etc. unwirksam sind. Die partielle Coagulation,
die eine Hühnereiweisslösung bei der ihr eigenen alkalischen Reaction
zeigt, beruht wahrscheinlich auch auf der Anwesenheit von Kalksalzen.
Vermuthlich gehört auch ein Theil der Erscheinungen, die Pauli bei dem
Zusatz verschiedener Salze zu einer verdünnten Hühnereiweisslösung
beobachtete, hierher; er fand, dass durch Salze verschiedener Säuren und

[1]) A. Heynsius, Pflüger's Arch. f. d. ges. Physiol. 9, 514 (1874). —
[2]) E. Harnack, Ber. deutsch. chem. Ges. 22, II, 3046 (1889); 23, II, 3745 (1890).
— [3]) K. Bülow, Pflüger's Arch. f. d. ges. Physiol. 58, 207 (1894). —
[4]) J. Starke, Sitzungsber. d. Gesellsch. f. Morphol. u. Physiol. in München
1897, 1. — [5]) W. Pauli, Pflüger's Arch. f. d. ges. Physiol. 78, 315 (1899).
— [6]) S. Ringer and H. Sainsbury, Journ. of Physiol. 12, 170 (1891);
S. Ringer, ibid. 12, 378 (1891); S. Ringer, ibid. 13, 300 (1892). — [7]) F. W.
Tunnicliffe, Centralbl. f. Physiol. 8, 387 (1894).

Basen die Coagulationstemperatur in verschiedener Weise herauf- und herabgesetzt wird. Da er bei alkalischer Reaction arbeitete, erklären sich derartige Differenzen leicht durch die verschiedene Löslichkeit der entstehenden Alkalialbuminate, der Salze des coagulirten Eiweisses mit den einzelnen Basen. — Eine alkalische Eiweisslösung kann nach dem Erhitzen unverändert aussehen, trotzdem enthält sie kein Eiweiss mehr, sondern das Alkalisalz des denaturirten Albumins, sogenanntes Alkalialbuminat. — Ganz entsprechend sind die Verhältnisse bei stärker saurer Reaction. Hier bildet sich sofort das salzsaure — oder ein anderes — Salz des denaturirten Eiweiss, das sogenannte Acidalbumin. Nur bei neutraler Reaction fällt das als solches unlösliche denaturirte Eiweiss einfach aus, es tritt eine wirkliche complete Coagulation ein. Was nun die zu dieser Coagulation erforderliche Anwesenheit der Salze betrifft, so ist zweierlei möglich: entweder ist das coagulirte Eiweiss in Wasser doch löslich, in Salzlösungen aber unlöslich; dies nimmt Starke an. Oder aber es ist auch bei möglichstem Einhalten der neutralen Reaction doch immer noch so viel Säure zugegen, dass es zur Bildung von Acidalbumin kommt, das Acidalbumin aber wird, wie von Panum [1]), Bülow [2]), Werigo [3]), v. Fürth [4]), Schulz [5]) u. A. gezeigt worden ist, durch sehr geringe Mengen Neutralsalze gefällt, durch um so geringere Mengen, je weniger Säure zugegen ist, und von den verschiedenen Salzen, den Alkalien wie den Erdalkalien in gleicher Weise. Diese letztere Anschauung dürfte entschieden vorzuziehen sein; denn nach der allgemeinen Erfahrung ist nicht die genau neutrale Reaction die günstigste für die vollständige Ausfällung des Eiweiss, sondern eine schwach saure. Auch die Thatsache, dass bei jeder Coagulation des Eiweiss die Reaction sich nach der alkalischen Seite hin verschiebt, wenn sie also stärker sauer war, abgeschwächt, wenn sie schwach sauer oder neutral war, sogar alkalisch wird, spricht in diesem Sinne; es findet bei der Coagulation eine Bildung von Acidalbumin statt, durch die ein gewisser Antheil der Säure mit Beschlag belegt wird. Dass das Acidalbumin zu seiner Fällung um so mehr Salz erfordert, je mehr Säure anwesend ist, erklärt die bekannte, praktisch gut verwendbare Erscheinung, dass man bei der Eiweisscoagulation um so unabhängiger von der Reaction ist, je salzreicher die Flüssigkeit ist, dass man sich also durch Zusatz von Kochsalz die quantitative Coagulation des Eiweiss sehr erleichtern kann. Wenn man zu viel Säure hinzusetzt, so coagulirt das Eiweiss nicht; aber es fällt aus, wenn man Kochsalz hinzufügt. Ein Hinderniss für eine entscheidende Aufklärung dieser Verhältnisse ist, wie Salkowski [6]),

---

[1]) P. Panum, Virchow's Archiv 4, 419 (1851). — [2]) K. Bülow, Pflüger's Arch. f. d. ges. Physiol. 58, 207 (1894). — [3]) B. Werigo, ibid. 48, 127 (1891). — [4]) O. v. Fürth, Schmiedeberg's Arch. f. experiment. Pathol. u. Pharmakol. 36, 231 (1895). — [5]) F. N. Schulz, Zeitschr. f. physiol. Chem. 24, 449 (1898). — [6]) E. Salkowski, Zeitschr. f. Biolog. 37, 401 (1899),

Werigo und Schulz betonen, das hohe Moleculargewicht der Eiweisskörper, welches es mit sich bringt, dass nur ganz geringe
Mengen der betreffenden anderen Componente nöthig sind, um eine
neutrale Verbindung mit dem Eiweiss zu bilden. Auch ist an
den später zu besprechenden Charakter der Eiweisse als Pseudosäuren,
beziehungsweise -basen (s. S. 21), zu erinnern; sie ändern danach
ihren chemischen Charakter, sobald sie mit einem Elektrolyt in Verbindung treten.

Man kann also sagen: Beim Erhitzen wird das Eiweiss unter
allen Umständen denaturirt; das denaturirte Eiweiss bildet bei alkalischer Reaction mit den Alkalien lösliche Alkalialbuminate, mit Kalk
schwer lösliche Kalkalbuminate; bei einem Ueberschuss von Alkali
wird es daher in kalkreicher Lösung partiell, in kalkfreier nicht gefällt.
Bei saurer Reaction entsteht dagegen ein Acidalbumin, d. h. ein salzsaures, essigsaures, etc. Salz des denaturirten Eiweisses, das an sich in
Wasser löslich ist, aber durch Salze ausgefällt wird. In schwach saurer
Lösung wird das Eiweiss bei Salzgegenwart durch Erhitzen ganz coagulirt. Das „aschefreie Eiweiss" Harnack's ist, wie Bülow und
Werigo gezeigt haben, ein Acidalbumin. Näheres über die Acidalbuminbildung findet sich S. 86.

Was nun der eigentliche Vorgang bei der Hitzecoagulation ist,
bleibt noch unklar. Es kann sich hier um eine intramoleculare Umlagerung, es kann sich um eine wirkliche Spaltung, oder es kann sich
um entsprechende Vorgänge handeln, wie wenn colloidale Kieselsäure
durch Salze gefällt wird. Auch davon wird bei der Acidalbuminbildung noch die Rede sein.

Mit der Coagulation haben alle Eiweisskörper naturgemäss die
Unterschiede verloren, die sie sonst in Bezug auf ihre Löslichkeitsverhältnisse, ihre Aussalzbarkeit und derartiges besitzen. In ihrem
physikalischen Verhalten sind sich alle coagulirten Eiweisskörper ganz
gleich; sie sind eben keine nativen Eiweisse mehr, und ohne noch
weitergehende Spaltung ganz unlöslich. Die chemischen Unterschiede,
die verschiedene Zusammensetzung und die Verschiedenheit der Spaltungsproducte ist ihnen dagegen geblieben.

In trockenem Zustande vertragen die Eiweisskörper höhere Hitze-
grade, etwa bis zu 110 bis 130°, um bei noch höheren ebenfalls
denaturirt zu werden.

Andere Methoden der Denaturirung.

(7) Ausser durch die Hitze werden die Eiweisskörper noch durch
vieles andere, z. B. durch fast alle ihre Fällungsmittel, denaturirt, sind also dann nicht wieder als solche in Lösung zu bringen;
nur die Fällung durch Alkohol, wenn die Einwirkung nicht lange
dauert, das Aussalzen und die Säurefällung der Globuline und anderer

saurer Eiweisse sind nicht mit dieser Zerstörung des Aufbaues verbunden; dagegen bewirkt die Fällnng mit Säuren, Metallen oder den Alkaloidreagentien ebensogut eine Denaturirung, wie das Vermischen der Eiweisslösungen mit Chloroform oder Aether, in denen die Eiweisse unlöslich sind. Dass sie es beim längeren Liegen werden, ist bereits erörtert. Ferner hat Schadee van der Does [1]) gefunden, dass ein Zusatz von metallischem Silber Eiweisslösungen ungerinnbar macht, d. h. denaturirt. Der chemische Vorgang dabei ist nicht bekannt. Dieselbe Wirkung wie das Silber hat Formaldehyd, wie dies Blum [2]) gefunden, und nach ihm Benedicenti [3]) untersucht hat. Setzt man Formol zu Eiweisslösungen, so werden sie ungerinnbar, richtiger uncoagulirbar, eben weil das Eiweiss dann denaturirt ist, und nur durch die saure oder alkalische Reaction als Acidalbumin, bezw. Alkalialbuminat in Lösung gehalten wird; dies durch Formol denaturirte Eiweiss nennt Blum Protogen, und fasst es, freilich ohne Beweis, als eine Methylenverbindung des Eiweiss auf. — Auch bei der Coagulation durch Fällungsmittel, wie Alkohol, Tannin u. s. w., ist nach Heynsius [4]), Harnack [5]), Kühne [6]) u. A. die Gegenwart von unorganischen Salzen nothwendig. Es gilt hiervon das oben gesagte.

Ferner werden, wie Ramsden [7]) gefunden hat, alle Eiweisskörper bereits durch Schütteln ihrer Lösungen coagulirt und ausgefällt; anfangs scheint es noch in löslichem Zustande, nach kurzer Zeit aber tritt Denaturirung und dauerndes Unlöslichwerden ein; Fibrinogen und die Globuline werden dabei leichter coagulirt als die löslicheren Albumine. Ein Theil der Eiweisskörper, das Caseïn u. a., Nucleoalbumine, Fibrinogen, die myosinartigen Körper der Gewebe etc. werden, wie Hermann [8]) zuerst gezeigt hat, auch durch Oberflächenwirkung, durch Eintragen von gebranntem Thon oder Thierkohle in ihre Lösungen gefällt; derselbe Process liegt vor, wenn man, wie dies Zahn [9]) und später Lehmann [10]) gethan haben, Milch durch Thonzellen saugt; dann geht das Albumin zwar durch, das Caseïn aber wird von dem porösen Thon gefällt und zurückgehalten.

Wie die löslichen Eiweisse verhalten sich auch die gewebsbildenden; auch sie werden durch Erhitzen, Alkohol, Metallsalze, Formaldehyd u. s. w. coagulirt und denaturirt, und haben dann ihre natürlichen Eigenschaften verloren. Auf dieser Coagulation beruht die

[1]) Schadee van der Does, Zeitschr. f. physiol. Chem. 24, 351 (1897). — [2]) F. Blum, ibid. 22, 127 (1896). — [3]) A. Benedicenti, Arch. f. Anat. u. Physiol., Physiol. Abtheil. 1897, S. 219. — [4]) A. Heynsius, Pflüger's Arch. f. d. ges. Physiol. 9, 514 (1874). — [5]) E. Harnack, Ber. deutsch. chem. Ges. 22, II, 3046 (1889). — [6]) W. Kühne, Zeitschr. f. Biolog. 29, 1 (Cap. III) (1892). — [7]) W. Ramsden, Arch. f. Anat. u. Physiol., Physiol. Abtheil. 1894, S. 517. — [8]) L. Hermann, Pflüger's Arch. f. d. ges. Physiol. 26, 442 (1881). — [9]) F. W. Zahn, ibid. 2, 598 (1870). — [10]) W. Hempel, J. Lehmann's Milchuntersuchungen, ibid. 56, 558 (1894).

Härtung und Fixirung von Organen und Präparaten; auf der Coagulation des Eiweiss der Bacterienleiber durch Sublimat und andere Substanzen ein Theil der desinficirenden Wirkung dieser Körper; bei Beurtheilung mikroskopischer Färbungen und ähnlicher Processe darf man
nie vergessen, dass man nicht mehr die natürlichen, sondern denaturirte, in unbekannter Weise veränderte Körper vor sich hat.

Auch die Eiweisskrystalle werden durch Alkohol und andere
Denaturirungsmittel coagulirt und in unlösliche Pseudomorphosen verwandelt [1]).

Gerinnende Eiweisse.

(8) Einige Eiweisskörper, das Fibrinogen, das Caseïn, der Kleber
und gewisse Körper des Zellplasmas, vielleicht auch Myosin und Myogen,
haben nun ferner die besondere Eigenthümlichkeit, noch einen dritten
Zustand zwischen der ursprünglichen Löslichkeit und der eigentlichen
Coagulation zu besitzen; sie werden unter dem Einflusse von bestimmten Fermenten chemisch umgewandelt und ausgefällt, sind aber
dann doch noch relativ löslich, und können durch nachträgliches Erhitzen, Formaldehyd, Alkohol und andere Mittel noch einmal fester
coagulirt und denaturirt werden.   Für diese zweite Coagulation giebt
es dann einen zweiten Coagulationspunkt, der wenigstens beim Fibrin
gut bestimmbar und von dem des ursprünglichen Fibrinogens verschieden ist.   Man muss bei ihnen, zum Theil auch bei den anderen
Eiweissen, wie unter Anderem Arthus [2]) neuerdings betont hat,
also mehrere Processe scharf aus einander halten: erstens die „Fällung oder Précipitation", die Ausfällung ohne Denaturirung,
also durch Aussalzen oder durch Ansäuern.   Das zweite ist die
„Caséification", ein Ausdruck, der eigentlich nur auf die Caseïn-
gerinnung angewendet werden sollte, unter dem Arthus aber auch
die anderen fermentativen Gerinnungen versteht; im Deutschen sollte
das Wort „Gerinnung" am richtigsten hierauf beschränkt werden,
es wird indessen gelegentlich auch für die Coagulation gebraucht.
Das dritte endlich ist die „Coagulation" oder Denaturirung, die
den Charakter des Eiweiss zerstört; auch für sie wird der Ausdruck
Fällung gebraucht.   Das Wesen des Gerinnungsvorganges ist unbekannt;
bei der am genauesten untersuchten Fibringerinnung ist viel von einer
Spaltung des Fibrinogens die Rede gewesen, während man sich jetzt
mehr der Vorstellung einer Umlagerung zuneigt.

---

[1]) F. Hofmeister, Zeitschr. f. physiol. Chem. 16, 187 (1891); Wichmann, ibid. 27, 575 (1899). — [2]) M. Arthus, Substances albuminoides du
lait. Arch. de Physiologie normale et pathologique 1893, S. 673.

Die Oberflächenattraction der Eiweisskörper.

(9) Eine für das Arbeiten mit den Eiweisskörpern ausserordentlich wichtige Eigenschaft, die offenbar auch auf ihren „colloidalen" Eigenschaften beruhen muss, ist die, beim Ausfallen aus Lösungen oder bei sonstiger Berührung andere in der Lösung befindliche Stoffe durch eine Art Oberflächenattraction mit sich niederzureissen, resp. auf sich niederzuschlagen. Diese Eigenschaft kommt, wie Wichmann [1]) kürzlich gezeigt hat, den Krystallen des Serum- und Eieralbumins in hohem Maasse zu, die sowohl Farbstoffe, wie Salze, z. B. Kaliumpermanganat, mit Begierde an sich ziehen und zwischen sich aufnehmen, so dass nach einer etwaigen Auflösung der Krystalle ein Gerüst dieser Körper von der Form der ursprünglichen Krystalle übrig bleiben kann. Auf einer derartigen Oberflächenwirkung — auf die Theorie der Erscheinung ist hier nicht der Ort einzugehen [2]) — von Eiweisskörpern beruhen weitaus die meisten mikroskopischen Färbungen und viele technische Färbeprocesse. — Auch die amorphen, in einer Eiweisslösung entstehenden Niederschläge reissen Salze, organische Körper, andere Eiweisse, Enzyme und Fermente mit sich nieder, von denen sie dann nur schwer oder gar nicht befreit werden können. Dies hat einmal die Trennung der einzelnen Eiweisskörper von einander sehr erschwert, dann aber bereitet es der Untersuchung der Fermente das grösste Hinderniss; ist es doch noch nicht festgestellt, ob die Fermente an sich eiweissartige Körper sind, oder ob die Eiweissreactionen nur Beimengungen zukommen, auf denen die Fermente niedergeschlagen sind; für viele Fermente, wie das Pepsin nach Kühne, das Trypsin nach Neumeister, ist ja das Niederschlagen auf Eiweiss, etwa Fibrin, eine der besten Untersuchungsmethoden geworden. Endlich spielt das mechanische Mitreissen eine grosse Rolle bei der Verunreinigung des Eiweiss mit unorganischen Salzen. Das Eiweiss kann zwar salzartige und andere Verbindungen mit vielen Elementen eingehen, und ein Theil der sogenannten Asche der Eiweisskörper befindet sich, wie Kossel [3]), Harnack [4]) u. A. gezeigt haben, in zweifelloser chemischer Bindung mit ihnen. Wenn man aber alle Asche derart auffassen und etwa davon reden will, dass der stets gefundene Kalk ebensogut zum Molecul gehöre, wie etwa der Schwefel, so ist das falsch. Hammarsten [5]) hat kürzlich gezeigt, dass sogar bei dem Fibrin, das besonders nahe Beziehungen zum Kalk haben sollte, dieser, wenn man nicht ungereimte Annahmen machen will, als

---

[1]) A. Wichmann, Krystallformen der Albumine, Zeitschr. f. physiol. Chem. **27**, 575 (1899). — [2]) K. Spiro, Physikal. und physiol. Selection. Habilitationsschrift, Strassburg 1897. — [3]) A. Kossel, Zeitschr. f. physiol. Chem. **3**, 58 (1879). — [4]) E. Harnack, Zeitschr. f. physiol. Chem. **19**, 299 (1894). — [5]) O. Hammarsten, Fibrinbildung, Zeitschr. f. physiol. Chem. **28**, 98 (1899).

mechanische Beimengung aufgefasst werden muss. Dass die Salze, besonders Kalk, zum Aufbau des Protoplasmas gehören, hat damit nichts zu thun; das Eiweiss enthält die Kalksalze, ausserdem Phosphorsäure u. a., die sich in der Asche finden, als mechanische Beimengung, von der es bisher allerdings noch nie hat völlig befreit werden können. Auch das aschefreieste Eiweiss Hofmeister's[1]) enthielt wenigstens noch Spuren von unorganischen Bestandtheilen, ein Aschegehalt von 0,5 bis 1 Proc. gilt aber auch bei reinen Eiweisskörpern als nichts Ungewöhnliches.

Das Gegenstück zu diesem mechanischen Mitreissen von Salzen etc. durch ausfallendes Eiweiss ist die Fähigkeit des Eiweiss und eiweissähnlicher Substanzen, an sich unlösliche Körper in Lösung zu halten; dahin gehört das Vorkommen von in reinem Zustande unlöslichen Kalksalzen und anderen Verbindungen im Blute, dahin nach Söldner[2]) auch die Anwesenheit von phosphorsaurem Kalk in der Milch, von dem Hammarsten und Lehmann freilich annehmen, dass es sich um ein lösliches Doppelsalz von caseïnsaurem und phosphorsaurem Kalk handele. Auch die Fähigkeit des Caseïns und anderer Eiweisse, mit fein vertheilten Fetttröpfchen haltbare Emulsionen zu bilden, ist eine nahe verwandte Eigenschaft; bei der Ausfällung des Caseïns fällt das gesammte emulgirte Fett mit aus. Eine genauere Kenntniss der physikalischen Verhältnisse, der Haptogenmembranen etc. in der Milch, steht noch aus.

Das Aussalzen der Eiweisskörper.

(10) Eine weitere Eigenthümlichkeit der Eiweisskörper, die mit ihrem ganzen physikalischen Verhalten als sogenannte colloidale Körper zusammenhängt, ist ihre leichte Aussalzbarkeit. Es galt dies früher als eine nur den Eiweissen zukommende Eigenschaft; seit man indessen die Theorie des Aussalzens besser erkannt hat, weiss man, dass alle Stoffe gewissermaassen aussalzbar sind, d. h. durch die gleichzeitige Gegenwart anderer Stoffe aus ihren Lösungen verdrängt werden können[3]), und die Untersuchungen von Nasse[4]) u. A. haben gezeigt, dass andere Stoffe von hohem Moleculargewicht, wie die höheren Kohlehydrate, die Seifen u. s. w. nicht einmal viel schwerer auszusalzen sind, als die Eiweisse. Für die Eiweisschemie hat das Aussalzen dadurch eine ganz besondere Wichtigkeit erlangt, dass die Eiweisskörper beim Aussalzen nicht denaturirt werden, sondern nach dem Ausfällen mit unveränderten Eigenschaften wieder löslich sind; da fast alle anderen Fällungen der Eiweisse mit dieser chemischen Umlagerung verbunden sind, hat das

---

[1]) F. Hofmeister, Zeitschr. f. physiol. Chem. 16, 187 (1891). —
[2]) F. Söldner, Salze der Milch, Dissertation, Erlangen 1888. — [3]) K. Spiro, Ueber physikal. und physiol. Selection. Habilitationsschrift, Strassburg 1897. —
[4]) O. Nasse, Pflüger's Archiv f. d. ges. Physiol., 41, 504 (1887).

Aussalzen die grössten Dienste zur Reindarstellung der Eiweisskörper geleistet.

Das Aussalzen mit Kochsalz und Magnesiumsulfat wurde von Tolmatscheff [1]), Hammarsten [2]), Halliburton [3]) untersucht, das wirksamste aller Salze, das Ammonsulfat, von Heynsius [4]) und Kühne [5]) eingeführt. Von Kühne [6]) rührt auch die Ausbildung der Technik des Aussalzens bei schwer aussalzbaren Eiweisskörpern, besonders den Albumosen, sowie eine Reihe bedeutsamer Beobachtungen her, wonach die Aussalzbarkeit von der absoluten Menge des aussalzenden Salzes, wie des auszusalzenden Eiweisses abhängt, und nicht nur von der Concentration. Diese Erscheinung, deren Nichtberücksichtigung wiederholt Irrthümer zur Folge gehabt hat, erklärt sich leicht daraus, dass es sich bei dem Aussalzen um ein gegenseitiges Entziehen des Lösungsmittels handelt. Eine genaue Durchprüfung einer grossen Reihe von Salzen in Bezug auf ihr eiweissfällendes Vermögen wurde von Hofmeister [7]) und seinem Schüler Lewith [8]) vorgenommen. Danach werden die Eiweisskörper — die leichtest aussalzbaren Eiweisse, Fibrinogen und Caseïn, sind damals nicht in die Untersuchung mit einbezogen worden — von folgenden Salzen überhaupt nicht aus ihren Lösungen ausgeschieden: allen Bromiden und Jodiden, den Chloriden des Ammoniums, Magnesiums und Baryums, den Nitraten des Kaliums, Ammoniums, Magnesiums und Baryums, dem Kaliumchlorat, den Acetaten des Ammoniums, Magnesiums und Calciums, dem Ammoniumsulfocyanat, dem Kaliumsulfat, dem Ammoniumchromat und Natriumbicarbonat. Auch Natriumphosphat und Natriumchlorat erwiesen sich als wenig wirksam. Wurde dann nur darauf geachtet, ob überhaupt durch die betreffenden Salze eine erste Ausfällung des leichter aussalzbaren Globulins bewirkt wurde, so ergab sich, dass die einbasischen und einsäurigen Salze, soweit sie überhaupt fällten, sich in äquimolecularen Lösungen sehr nahe übereinstimmend verhielten, und dass hier auch ein Parallelismus mit der Einwirkung dieser

---

[1]) Tolmatscheff, Zur Analyse der Milch, Hoppe-Seyler's Medicin. chem. Untersuchungen, S. 272 (1867). — [2]) O. Hammarsten, Paraglobulin, Pflüger's Archiv f. d. ges. Physiol. 17, 413 (1878); K. V. Starke, Referirt nach dem schwedischen Original von Hammarsten in Maly's Jahresber. f. Thierchemie 11, 17 (1881). — [3]) W. D. Halliburton, Muscle-Plasma, Journ. of Physiol. 8, 133 (1887); Derselbe, Proteids of Milk, Journ. of Physiol. 11, 448 (1890). — [4]) A. Heynsius, Pflüger's Archiv f. d. ges. Physiol. 34, 330 (1884). — [5]) W. Kühne, Verh. des Heidelberger naturhistorisch-medic. Vereins, N. F., 3, 286 (1885); W. Kühne und R. H. Chittenden, Zeitschr. f. Biolog. 20, 11 (1884); S. Wenz, Zeitschr. f. Biolog. 22, 1 (1886); W. Kühne und R. H. Chittenden, Zeitschr. f. Biolog. 22, 423 (1886). — [6]) W. Kühne, Erfahrungen über Albumosen und Peptone, Zeitschr. f. Biolog. 29, 1 (1892). — [7]) F. Hofmeister, Schmiedeberg's Archiv f. experimentelle Patholog. und Pharmacolog. 24, 247 (1887); Derselbe, ibid. 25, 1 (1888). — [8]) J. Lewith, Schmiedeberg's Archiv 24, 1 (1887).

Salze auf die Ausfällung des colloidalen Eisenoxyds und des ölsauren Natrons bestand. Für die zwei- und mehrbasischen Säuren liess sich ein allgemeines Gesetz nicht aufstellen; sie erforderten im Allgemeinen eine höhere Concentration, waren aber dann auch, ziemlich unabhängig von ihren Basen, recht wirksam; besonders die Sulfate salzen gut aus. Wichtiger als diese Eigenschaft der Salze, die mehr Bedeutung für diese und für die Lehre vom osmotischen Druck besitzt, ist für die Eiweisschemie die Frage geworden, inwieweit die Eiweisskörper durch verschiedene Salze vollständig aus ihren Lösungen gefällt werden können. In dieser Hinsicht bilden eine erste Gruppe das Natriumchlorid, -sulfat, -acetat und -nitrat, durch welche die leichtest aussalzbaren Eiweisse zum Theil schon vor der Sättigung ausgefällt werden. Wirksamer ist das Magnesiumsulfat, das eine scharfe Grenze zwischen den schwer und den leicht aussalzbaren Eiweisskörpern zu ziehen gestattet. Alsdann folgen Kaliumacetat, Calciumchlorid und Calciumnitrat, von denen die beiden letzteren indessen die Eiweisse rasch unlöslich machen; durch sie werden alle nativen Eiweisskörper aus ihren Lösungen gefällt; dasselbe thut auch, nach Schäfer[1]), die Combination von Natriumsulfat und Magnesiumsulfat, durch die auch die schwer fällbaren Albumine ausgesalzen werden. Am wirksamsten endlich sind Ammoniumsulfat und Zinksulfat[2]), die auch alle Spaltungsproducte der Eiweisse, mit Ausnahme der echten Peptone, fällen, und die „in dieser Beziehung als universal zu betrachten" sind (Kühne). Diese Reihenfolge lässt sich bisher weder mit der sonstigen aussalzenden Fähigkeit der Salze noch mit ihren anderen physikalischen Eigenschaften in genügenden Einklang bringen, sondern ist empirisch festgestellt worden. Bemerkenswerth ist dagegen, dass alle gut fällenden Salze, besonders die Sulfate, sehr schwer in thierische Zellen einzudringen vermögen, schlecht resorbirt werden u. a. m.

Eine Reihe der gut ausfällenden Salze, wie Natriumchlorid und Magnesiumsulfat, haben nun aber die Eigenschaft, nicht nur wenn ihre Lösungen ganz gesättigt sind, auszusalzen, sondern einen Theil der Eiweisskörper schon bei niederen Concentrationen zum Ausfallen zu bringen, und Hammarsten[3]) und Halliburton[4]) haben davon wiederholt Gebrauch gemacht. Ganz besonders aber gilt dies von zwei Salzen, dem Ammoniumsulfat und Zinksulfat, und die systematische Anwendung der fractionirten Fällung mit diesen Salzen hat in den Händen Hofmeister's und seiner Schüler[5]) zu den bedeutsamsten

[1]) E. A. Schäfer, Journ. of Physiol. 3, 181 (1880). — [2]) A. Bömer, Zeitschr. f. analyt. Chem. 34, 562 (1895); E. Zunz, Zeitschr. f. physiol. Chem. 27, 219 (1899). — [3]) O. Hammarsten, Fibrinogen, Pflüger's Arch. f. d. ges. Physiol.19, 563 (1879); 22, 431 (1880). — [4]) W. D. Halliburton, Proteids of Kidney and Liver-Cells, Journ. of Physiol. 13, 806 (1892). — [5]) G. Kauder, Eiweisskörper des Blutserums, Schmiedeberg's Arch. f. experiment. Pathol. u. Pharmacol. 20, 411 (1886); J. Pohl, ibid. 20, 426 (1886);

Fortschritten der Eiweisschemie der letzten Jahre geführt. Es hat sich dabei ergeben, dass es für jeden Eiweisskörper eine Concentration des fällenden Salzes giebt, bei der er sich auszuscheiden beginnt, und eine etwas höher gelegene, bei der die Ausfällung vollendet, und nichts mehr in Lösung ist. Da nach den Kühne'schen Erfahrungen, die durch Hofmeister, Kauder, Pick und Zunz eine ausgedehnte Bestätigung gefunden haben, die Concentration des Eiweiss nicht wesentlich geändert werden darf, wurden die Versuche in der Art angestellt, dass in dem gleichen, durch Auffüllen mit Wasser hergestellten, Volum die Menge zugesetzter concentrirter Ammonsulfatlösung variirt wurde; aus dem bekannten Gehalt der kalt gesättigten Ammonsulfatlösung ergiebt sich dann die Salzconcentration, bei der das Eiweiss noch löslich, und die, bei der es völlig ausgesalzen ist; doch wird in der Regel nicht diese Salzconcentration berechnet, sondern einfach die gefundenen Zahlen angegeben. Wenn man also — und diese Bezeichnung wird sich im Folgenden sehr oft finden — sagt, die Fällungsgrenzen für Globulin sind 2,9 und 4,6, so heisst das: wenn von 10 ccm Flüssigkeit (Globulin + Ammonsulfat + Wasser) 2,9 ccm kalt gesättigte Ammonsulfatlösung sind, so beginnt das Globulin auszufallen, und wenn von den 10 ccm 4,6 ccm gesättigte Ammonsulfatlösung sind, ist die Ausscheidung vollendet; in einer 4,6 gesättigten Lösung ist das Globulin unlöslich; ein weiterer Zusatz ändert nichts mehr.

Es hat sich nun herausgestellt — und das verleiht den Aussalzungsmethoden eine so besondere Wichtigkeit —, dass dieselben Eiweisskörper, die bei relativ geringen Ammonsulfatconcentrationen schon ausfallen, auch durch die weniger gut wirksamen Salze, wie Natriumchlorid und Magnesiumsulfat, ausgesalzen werden, während die erst durch volle Sättigung mit Ammonsulfat und Zinksulfat fällbaren Körper für die anderen Salze überhaupt unzugänglich sind. Die leichtest aussalzbaren Eiweisse haben sehr niedere Grenzen für Ammonsulfat, und werden von den anderen Salzen dann auch vor der vollen Sättigung gefällt. Es lassen sich also durch die verschiedenen Salze die gleichen Gruppen absondern, und es hat sich ferner gezeigt, dass diese Gruppen mit dem gleichen Verhalten zu Salzen auch in ihren sonstigen chemischen und physiologischen Eigenschaften eine grosse Aehnlichkeit und Zusammengehörigkeit zeigen. Die anfangs gegen die Aussalzungsmethoden erhobenen Einwände sind daher unbegründet, diese sind viel-

---

F. Hofmeister, Krystallisirtes Eieralbumin, Zeitschr. f. physiol. Chem. 14, 165 (1889); E. P. Pick, Zeitschr. f. physiol. Chem. 24, 246 (1897); F. Umber, ibid. 25, 258 (1898); Fr. Alexander, Caseïn-Albumosen, ibid. 25, 411 (1898); R. Bernert, Oxydation mit Kaliumpermanganat, ibid. 26, 272 (1898); E. Zunz, Zinksulfat, Zeitschr. f. physiol. Chem. 27, 219 (1899); E. Zunz, Peptische Eiweissspaltung, ibid. 28, 132 (1899); E. P. Pick, ibid. 28, 219 (1899); W. Reye, Fibrinogen, Dissertation, Strassburg 1898; H. Krieger, Krystallinische Eiweissstoffe, Dissertation, Strassburg 1899.

mehr das beste Mittel, um aus dem Gemenge, wie es die thierischen Flüssigkeiten und Gewebe immer zeigen, die einzelnen Eiweisse zu isoliren. „Die Concentration, bei welcher ein Salz einen Eiweisskörper zu fällen beginnt, ist sonach ebenso charakteristisch für den Eiweissstoff, wie etwa der Löslichkeitsgrad für einen krystallisirten Körper[1]."

Es ergiebt sich dabei eine erste Gruppe von complicirt gebauten Eiweissen, Fibrinogen, Caseïn und andere Nucleoalbumine des Zellprotoplasmas, die von Magnesiumsulfat und Natriumchlorid zum Theil schon vor der vollen Sättigung gefällt werden, und deren obere Fällungsgrenzen für Ammonsulfat nahe 3,0 liegen; die Eiweisse der zweiten Gruppe werden durch die anderen Salze erst bei völliger Sättigung ausgesalzen, besonders vollständig durch Magnesiumsulfat; die Fällungsgrenzen für Ammonsulfat liegen sehr übereinstimmend etwa zwischen 2,7 und 4,6; es sind die Globuline verschiedenster Herkunft, ausserdem gehören die primären Albumosen hierher. Die dritte Gruppe endlich, die Albumine, werden durch die anderen Salze — mit Ausnahme etwa der Combination Magnesium- + Natriumsulfat — gar nicht, durch Ammonsulfat und Zinksulfat erst bei nahezu voller Sättigung gefällt; ebenso verhalten sich die Deuteroalbumosen, die sich indessen durch fractionirte Aussalzung noch weiter zerlegen lassen. Diese Reihenfolge entspricht im Allgemeinen auch der Complicirtheit des Aufbaues der Eiweisskörper, so dass die schwerst löslichen, am stärksten differenzirten, Fibrinogen und die Nucleoalbumine, am leichtesten, die Albumine, die man gewöhnlich als die einfachsten Eiweisskörper ansieht, am schwersten ausgesalzen werden. Wie vorsichtig man indessen mit derartigen Schlüssen sein muss, dafür ist ein Beweis, dass die primären Albumosen der Albumine, also Spaltungsproducte, die aus dem nativen Eiweiss hervorgehen, leichter ausgesalzen werden, als die ungetheilte Muttersubstanz. Es ist sonach ebensowohl möglich, dass die leichte oder schwere Aussalzbarkeit durch die mehr saure, alkalische oder salzartige Natur des Eiweiss bedingt wird, oder mit noch anderen Eigenthümlichkeiten der Molecularstructur zusammenhängt. Die Fällung des Acidalbumins durch Salze (vergl. S. 5 und S. 87) scheint mit dem hier besprochenen Aussalzen nichts zu thun zu haben.

Ebenso wie die Eiweisse selbst werden auch ihre Salze mit Säuren und Basen ausgesalzen, wie dies von Paal[2], Cohnheim[3] und Spiro und Pemsel[4] gezeigt und zur Bestimmung des Säure- resp. Alkalibindungsvermögens benutzt worden ist. Ja die Salze des Eiweiss mit Säuren werden noch leichter gefällt, als die Eiweisse selbst. Denn dies heisst es offenbar, dass, wie Pick und Zunz gefunden haben,

[1] F. Hofmeister, Schmiedeberg's Archiv f. experiment. Pathol. und Pharmacol. 24, 247, 254 (1887). — [2] C. Paal, Ber. deutsch. chem. Ges. 25, 1202 (1892); 27, 1827 (1894). — [3] O. Cohnheim, Zeitschr. f. Biolog. 33, 489 (1896). — [4] K. Spiro und W. Pemsel, Zeitschr. f. physiol. Chem. 26, 231 (1898).

bei saurer Reaction die Fällungsgrenzen für Ammonsulfat und Zink-sulfat ganz allgemein nach unten verschoben sind, d. h. die Fällung immer schon bei geringerem Salzgehalt einsetzt und beendet ist. Ebenso fand Salkowski[1]), dass durch Sättigen mit Kochsalz bei saurer Reaction alle nativen Eiweisskörper gefällt werden, während bei neutraler Reaction die Albumine gar nicht, die Globuline nur theilweise durch Kochsalz ausgesalzen werden; die viel stärker fällende Wirksam-keit des Kochsalzes bei saurer Reaction stellte Kühne[2]) für die Albu-mosen fest. Eine der Deuteroalbumosen ist, nach den übereinstimmen-den Angaben von Kühne und Umber, als solche gar nicht auszu-salzen, sondern nur ihr schwefelsaures oder ihr Ammoniaksalz. — Auch die von Hopkins[3]) und Krieger[4]) gefundene Eigenschaft der Albumine, aus der halbgesättigten Ammonsulfatlösung leichter bei saurer als bei neutraler Reaction auszukrystallisiren, scheint hierher zu gehören. Alsdann wären die betreffenden Krystalle nicht freies Eiweiss, sondern das schwefelsaure oder ein anderes Salz desselben.

Zusammensetzung, Moleculargewicht und verwandte Eigenschaften.

(11) In trockenem Zustande sind die Eiweisskörper weisse oder doch kaum gefärbte, nicht krystallinische, lockere, voluminöse, nicht hygroskopische Pulver. Ein Theil der Eiweisskörper ist indessen auch in Krystallen bekannt, die dem rhombischen, nach Wichmann eher dem hexagonalen System angehören, andere wenigstens in regelmässig ge-bauten Globuliten, die als eine Art Uebergang zur echt krystallinischen Structur anzusehen sind. Sie sind theils in Wasser, theils nur in Salz-lösungen, in verdünnten Säuren und Alkalien löslich, unlöslich dagegen in Alkohol, Aether, Chloroform, Benzol und allen übrigen sonst an-gewandten Lösungsmitteln. In stärkeren Alkalien und Säuren, sowie in Eisessig lösen sie sich unter Zersetzung auf. In wässeriger Lösung reagiren sie theils schwach alkalisch, theils mehr oder weniger aus-gesprochen sauer. Beim Verbrennen hinterlassen sie einen charakteristi-schen Geruch nach verbrannten Haaren, bilden eine voluminöse, schwer verbrennliche Kohle und hinterlassen einen Aschenrückstand, der neben der Schwefelsäure, die aus dem Schwefel des Eiweiss hervorgeht, stets auch andere unorganische Elemente, Kalk, oft auch Phosphorsäure, enthält.

Die Constitution der Eiweisse ist unbekannt. Die procentische Zusammensetzung eines der bestgekannten einfachen Eiweisskörper, des krystallinischen Serumalbumins, beträgt nach Michel[5]):

---

[1]) E. Salkowski, Centralbl. f. d. medicin. Wissenschaften 1880. — [2]) W. Kühne, Zeitschr. f. Biolog. 20, 11 (1884); 29, 1 (1892). — [3]) F. G. Hopkins a. S. N. Pinkus, Journ. of Physiol. 23, 130 (1898). — [4]) H. Krieger, Dissertation, Strassburg 1899. — [5]) Michel, Verhandl. der Würzburger phy-sikal.-medic. Gesellsch., N. F. 29, 117 (1895).

C .... 53,08 Proc.

H .... 7,10 „

N .... 15,93 „

S .... 1,90 ı „

O .... 21,99 „

Hofmeister[1] berechnet, mit Rücksicht auf die Verhältnisse des Schwefelgehaltes und die bei der Jodirung beobachteten Erscheinungen die Molecularformel

$$C_{450} H_{720} N_{116} S_6 O_{140},$$

was einem Moleculargewicht von 10166 entsprechen würde.

Die Abweichungen der einzelnen Eiweisskörper von dieser procentischen Zusammensetzung sind weder im Kohlenstoff- noch im Stickstoffgehalt sehr beträchtliche, der Kohlenstoffgehalt steigt beim Caseïn und Histon auf 54 und 54,97, und fällt bei anderen Eiweissen bis unter 52 Proc.; der Stickstoffgehalt steigt bei den Histonen auf über 18, bei den Phytovitellinen auf über 19, und sinkt beim Eieralbumin, das vielleicht kein eigentliches Eiweiss ist, auf 15 Proc. Die Proteïde, die anders zusammengesetzte Gruppen neben dem Eiweiss enthalten, zeigen natürlich etwas stärkere Abweichungen. Grösser sind die Differenzen im Schwefelgehalt, der bei einigen schwefelreichen Albuminen auf über 2 Proc. steigt, bei dem Hämoglobin und Globin dagegen auf 0,4 Proc. herabgeht.

Die Analysen der Eiweisskörper sind einmal an sich wegen der Schwerverbrennlichkeit, dem Schwefel- und Aschegehalt nicht ganz einfach; alsdann ist es meist sehr schwer, aus den natürlich vorkommenden Gemengen reine Körper zu isoliren; einwandsfrei sind in dieser Hinsicht eigentlich nur die an krystallisirtem Material und an den durch Säure fällbaren Globulinen und Nucleoalbuminen erhaltenen Resultate. Bei der Berechnung endlich ist es die Frage, ob man die stets gefundene Asche als Verunreinigung in Abzug bringen solle, oder ob sich die Aschenbestandtheile in chemischer Bindung befanden, und daher durch irgend etwas Anderes substituirt werden müssen. Es ist daher kein Wunder, wenn die Analysenzahlen der einzelnen Autoren für den gleichen Eiweisskörper oft erhebliche Abweichungen zeigen. Soweit zuverlässige Zahlen vorliegen, sollen sie bei den einzelnen Eiweisskörpern aufgeführt werden. Dagegen kann im Allgemeinen von der Mittheilung der berechneten Formeln abgesehen werden. Schmiedeberg[2] hat in neuerer Zeit eine Reihe solcher Formeln aufgestellt, nicht in der Meinung, dass die Zusammensetzung der Eiweisskörper dem entspräche, sondern um die Differenzen in der Relation zwischen Kohlenstoff, Stickstoff und Schwefel, die ihm für die einzelnen Classen der

[1] D. Kurajeff, Zeitschr. f. physiol. Chem. 26, 462 (1898). — [2] O. Schmiedeberg, Elementarformeln einiger Eiweisskörper; Schmiedeberg's Archiv f. experiment. Pathol. und Pharmakol. 39, 1 (1897).

Eiweisse typisch erschienen, besser zum Ausdruck bringen zu können; indessen zeigen gerade die zuverlässigsten Analysen der reinsten Eiweisskörper allzu erhebliche Abweichungen.

Dasjenige, was wir über die im Eiweiss enthaltenen Atomgruppen, über die Art der Bindung des Kohlenstoffs, Stickstoffs und Schwefels wissen, wird weiter unten (s. S. 63) zusammengestellt werden.

Alle Eiweisskörper drehen in wässeriger Lösung die Ebene des polarisirten Lichtes nach links, und zwar die verschiedenen Eiweisse verschieden stark; Frédéricq[1]), Kühne[2]) u. A. haben das Drehungs-vermögen zur Charakterisirung der einzelnen Eiweisse zu verwerthen gesucht; die gefundenen Zahlen werden bei den verschiedenen Körpern ihren Platz finden. Indessen ist zu bemerken, dass die Untersuchungen nur zum Theil an neutralen Lösungen gemacht sind; häufig wurden Säuren oder Alkalien „zur Klärung" zugesetzt, es wurden also Eiweiss-salze, eventuell Gemenge von solchen mit freiem Eiweiss, untersucht; da es nun Basen giebt (eine solche, das Histidin, von Kossel[3]) sogar unter den Spaltungsproducten des Eiweiss entdeckt), die als solche das entgegengesetzte Drehungsvermögen zeigen, wie als Salze, so bedürfen diese Zahlen noch sehr der Bestätigung. Bülow[4]) hat denn auch direct beobachtet, dass ein und dieselbe Eiweisslösung bei ver-schiedener Reaction verschieden starke Drehung zeigt und Framm[5]) sah bei den Glutinalbumosen, dass sowohl die Concentration, wie Zu-sätze von Säuren oder Salzen oder Alkohol von bedeutendem Einflusse auf die specifische Drehung sind.

Das Moleculargewicht der Eiweisskörper ist ein ausserordentlich hohes. Von den directen Bestimmungsmethoden ist die Siedepunkts-erhöhung unanwendbar, da die Eiweisse beim Erhitzen ausfallen; die Gefrierpunktserniedrigung ist wiederholt bestimmt worden, so von Sabanajew und Alexandrow[6]), die für das Eieralbumin das Mole-culargewicht 14270 fanden. Hier macht sich aber wieder die nie ganz zu vermeidende Beimengung unorganischer Salze sehr störend geltend; bei dem hohen Moleculargewicht und der geringen Löslichkeit der Eiweisskörper sind die beobachteten Ausschläge nie grösser gewesen, als den unorganischen Salzen allein entsprechen könnte. Auch die von Starling[7]) u. A. versuchte directe Bestimmung des osmotischen Druckes von Eiweisslösungen ist mit allzu grossen Versuchsfehlern

---

[1]) L. Frédéricq, Sérum sanguin, Arch. de biologie I, 457 (1880); II, 379 (1881). — [2]) W. Kühne und R. H. Chittenden, Albumosen, Zeitschr. f. Biolog. 20, 11 (1884). — [3]) A. Kossel und F. Kutscher, Zeitschr. f. physiol. Chem. 28, 382 (1899). — [4]) K. Bülow, Pflüger's Archiv f. d. ges. Physiol. 58, 207 (1894). — [5]) F. Framm, Pflüger's Arch. f. d. ges. Physiol. 68, 144 (1897). — [6]) A. Sabanajew und N. Alexandrow, Journ. der russischen phys.-chem. Ges. 1901, S. 7 [nach Maly's Jahresber. f. Thierchem. 21, 11 (1891)]. — [7]) E. H. Starling, Glomerular Function, Journ. óf Physiology 24, 257 (1899).

behaftet. Man ist also einmal auf die Resultate der Analysen und andere direct aus der Zusammensetzung zu errechnende Zahlen, sodann auf die Bestimmung der Aequivalente angewiesen. Aus dem Umstande, dass der Schwefel im Eiweiss anscheinend in zwei Formen vorhanden ist, und dass daher je nach dem Verhältniss dieser beiden Formen zu einander zwei oder mehr Atome Schwefel im Molecul angenommen werden müssen, sowie aus dem Jodgehalte des jodirten Productes, berechnet Hofmeister[1]) die oben angegebene Zahl 10166 für das Serumalbumin, sowie Zahlen von 5378 für das Eieralbumin[2]). Gürber[3]) berechnet in ähnlicher, doch auf weniger gute Methoden gestützter Weise für das Serumalbumin ein Moleculargewicht von 17000, Bunge[4]) und sein Schüler Zinnofsky[5]) unter Zuhülfenahme des Eisengehaltes für den Eiweisskörper des Hämoglobins ein solches von 16000, eine Zahl, die auch sonst gestützt ist. Gegen die Berechnungen aus den Schwefelzahlen lassen sich zwar Einwendungen erheben (s. S. 74), doch liegt bis jetzt durchaus kein Grund vor, diese Zahlen für zu hoch zu halten. Aus den Analysen der Magnesiaverbindung eines Phytovitellins berechnet Grübler[6]) für dieses ein Aequivalentgewicht von 8848; einige ebenso gewonnene Zahlen für das Caseïn, die sich zwischen 3600 und 6600 bewegen, sind dort zusammengestellt. Salkowski und Werigo[7]) berechnen für das denaturirte Eieralbumin aus dem Natriumsalz 4747,9, Harnack[8]) aus dem Kupfersalz 4618. Werigo hat indessen selbst das Unsichere dieser ganzen Berechnungsweise dargethan. Aus den salzsauren Salzen ergeben sich nach Sjöqvist[9]) und Spiro und Pemsel[10]) allerdings viel niedere Aequivalente, von 1000 und weniger. Bei einigen der angeführten Körper handelt es sich um denaturirte Eiweisse, deren Moleculargewicht vielleicht schon viel kleiner sein kann, als das der unveränderten.

Die Verbrennungswärme einer Anzahl von Eiweisskörpern wurde von Stohmann und Langbein[11]) bestimmt. Sie fanden unter verschiedenen anderen für 1 g Serumalbumin 5917,8 cal., für Hämoglobin 5885,1 cal., für Eieralbumin 5735,2 cal., für Caseïn 5867 cal., für denaturirtes Eiweiss und Albumosen niedrigere Werthe. Die von ihnen mitgetheilten Zahlen von Berthelot stimmen gut mit den ihren überein.

---

[1]) D. Kurajeff, Zeitschr. f. physiol. Chem. 26, 462 (1898). — [2]) F. Hofmeister, Zeitschr. f. physiol. Chem. 24, 159 (1897). — [3]) Gürber und Schenck, Leitfaden der Physiologie. — [4]) G. Bunge, Lehrbuch d. physiol. Chem., S. 54. — [5]) O. Zinnofsky, Zeitschr. f. physiol. Chem. 10, 16 (1886). — [6]) G. Grübler, Journ. f. prakt. Chem. [2] 23, 97 (1881). — [7]) Br. Werigo, Pflüger's Arch. f. d. ges. Physiol. 48, 127 (1891). — [8]) E. Harnack, Zeitschr. f. physiol. Chem. 5, 198 (1881). — [9]) J. Sjöqvist, Skandinav. Archiv f. Physiol. V, 277 (1894). — [10]) K. Spiro u. W. Pemsel, Zeitschr. f. physiol. Chem. 26, 233 (1898). — [11]) F. Stohmann und H. Langbein, J. f. pr. Chem. [2] 44, 336 (1891).

II. Die chemischen Eigenschaften der Eiweisskörper.

(12) Die bisherige Schilderung betraf das physikalische Verhalten der Eiweissstoffe, und sie bezog sich daher nur auf die echten oder nativen Eiweisskörper mit ihrem colloidalen Charakter. In Bezug auf das chemische Verhalten dagegen, die Zusammensetzung, die Reactionen und die Verbindungen, die das Eiweiss einzugehen vermag, gehören die nächsten Spaltungsproducte des Eiweiss, die Acidalbumine und Alkalialbuminate, die Albumosen und Peptone, noch völlig zu den Eiweissen, und die folgende Beschreibung des chemischen Verhaltens der Eiweisskörper erstreckt sich daher auch auf diese Eiweisskörper im weitesten Sinne.

Die Eiweisssalze.

Das Eiweiss ist sowohl Säure als Base, und kann daher mit Basen und mit Säuren Salze bilden, in denen es demnach Anion oder Kation sein kann. Richtiger gesagt, das Eiweiss ist nach der Bezeichnung von Hantzsch[1]) Pseudosäure und Pseudobase[2]): es ist in seiner reinen, neutralen Lösung nicht ionisirt, wird es aber, sobald es mit anderen Ionen in Berührung kommt. Seit Hantzsch den Begriff der Pseudosäuren und -basen eingeführt hat, liegt erst eine hierauf gerichtete Untersuchung vor, die von Cohnheim und Krieger[2]), welche die Eigenschaft der Eiweisskörper, durch die Alkaloidreagentien nur bei saurer Reaction gefällt zu werden, auf ihren Charakter als Pseudobasen zurückführen. Es kann aber keinem Zweifel unterliegen, dass auch ihr sonstiges chemisches Verhalten am besten durch diese Bezeichnung von Hantzsch zum Ausdruck gelangt. Sie leiten den elektrischen Strom im freien Zustande nicht, sind aber als Salze mit Säuren wie mit Basen leidlich gute Leiter. Sie reagiren auf Indicatoren im freien Zustande neutral, aber die Reaction bleibt auch neutral, wenn man starke Säuren und Basen hinzusetzt[2])[3]); auch die hydrolytische Disso-

---

[1]) A. Hantzsch, Ber. deutsch. chem. Ges. 32, I, 575; 32, III, 3066; 32, III, 3109 (1899). — [2]) O. Cohnheim und H. Krieger, Zeitschr. f. Biol. (1900). — [3]) K. Spiro und W. Pemsel, Zeitschr. f. physiolog. Chem. 26, 233 (1898).

ciation haben sie mit vielen der von Hantzsch beschriebenen. Körper
gemeinsam. Dazu käme als weitere Eigenschaft der Pseudobasen, dass
sie durch die Alkaloidreagentien nur bei saurer Reaction gefällt werden.
Wahrscheinlich werden diese Eigenschaften der Eiweisse bei ihrer
weiteren Erforschung noch eine grosse Rolle spielen, vielleicht ihr
Verhalten zu Salzen u. dergl. verständlich machen; bis jetzt muss es
genügen, diesen ihren Charakter festzustellen. Diese Eigenschaft der
Eiweisskörper erleichtert uns das Verständniss ihres Doppelcharakters
zugleich als Säuren und als Basen sehr. Sie sind eben nicht Säuren
und Basen, sondern werden es erst bei der betreffenden Reaction.
Sonst hätte man sich wohl vorstellen müssen, dass in der freien Lösung
die beiden Affinitäten sich in der Form einer inneren Salzbildung oder
ähnlich absättigten.

Dass die Eiweisskörper „Säuren binden", ist eine alte Erfahrung,
die auch von Danilevsky[1] u. A. genauer untersucht worden ist. Dagegen ist man erst in den letzten Jahren, vornehmlich durch die Untersuchungen von Sjöqvist[2] dazu gelangt, diese Verbindungen des Eiweiss mit Salzsäure, Schwefelsäure u. s. w. als wirkliche Salze mit
allen Eigenschaften derselben aufzufassen, da abgesehen von den
ungenügenden Vorstellungen früherer Zeiten über die Salze überhaupt,
einer klaren Erkenntniss der Umstand entgegenstand, dass diese Salze
auf die gewöhnlichen Indicatoren, Lackmus, Phenolphthaleïn, Rosolsäure, sauer reagiren, und nur auf einige, speciell für diesen Zweck angegebene Farbstoffe, Tropäolin, Phloroglucin-Vanilin, Congoroth, neutrale
Reaction zeigen. Die Salze der nativen Eiweisskörper des Serums und
des Eiereiweiss sind von Sjöqvist, Bugarszky und Liebermann[3]
und Spiro und Pemsel[4]), die der Albumosen von Paal[5] und Cohnheim[6], von einigen Pflanzeneiweissen von Osborne[7] untersucht worden.
Es hat sich herausgestellt, dass die dem Eiweiss äquivalente Säuremenge
bei den einzelnen Eiweissen verschieden ist, eine Verschiedenheit, die bei
genauerer Untersuchung zweifellos zur Charakterisirung der verschiedenen
Körper viel beitragen kann. Das Edestin, ein Phytovitellin, ist nach
Osborne zweisäurig; auch sonst liegen Anhaltspunkte dafür vor, dafs
ein Theil der Säure anders gebunden ist, als der andere, dass also das
Eiweiss eine mehrsäurige Base ist. Das salzsaure Eiweiss zeigt nach
Sjöqvist starke hydrolytische Dissociation, bei 0,05 normaler Salzsäure
etwa 20 Proc., auch die Albumosen verhalten sich so. Nach Cohn-

---

[1]) A. Danilevsky, Myosin und Syntonin, Zeitschr. f. physiol. Chem.
5, 158 (1881). — [2]) J. Sjöqvist, Skandinav. Arch. f. Physiol. V, 277 (1894);
VI, 255 (1895). — [3]) St. Bugarszky und L. Liebermann, Pflüger's Arch.
f. d. gesammte Physiologie 72, 51 (1898). — [4]) K. Spiro und W. Pemsel,
Zeitschr. f. physiol. Chem. 26, 233 (1898). — [5]) C. Paal, Ber. deutsch. chem.
Ges. 25, II, 1202 (1892); 27, II, 1827 (1894). — [6]) O. Cohnheim, Z. f. Biolog.
33, 489 (1896). — [7]) Th. B. Osborne, Journ. of the American Chemic. Soc.
21, 486 (1899).

heim und Krieger[1]) ist die hydrolytische Dissociation bei den salzsauren Albumosen abhängig von der Concentration, der Temperatur
und besonders von dem Ueberschuss an Säure; es gelten die gleichen
Gesetze, wie sie Ley[2]) für die Salze schwacher Metalle, des Queck-
silbers oder Aluminiums, mit der starken Salzsäure beschrieben hat. Als
Base steht das Eiereiweiss nach Sjöqvist zwischen Anilin und Glycocoll; es ist 1,87 mal stärker als Glycocoll, 3,5 mal stärker als Asparagin,
dagegen 74,2 mal schwächer als Anilin. In Bezug auf Aussalzbarkeit
verhalten sich die Salze wie die betreffenden Eiweisskörper selbst; sie
sind aber in Wasser viel löslicher, werden auch durch Alkohol schwerer
gefällt.

Von noch grösserer Wichtigkeit als die Salze mit Säuren sind die
Salze, in denen das Eiweiss Säure ist, und sich mit Ammoniak, Alkalien,
Erdalkalien und Schwermetallen zu löslichen oder unlöslichen Salzen
vereinigt. Auch diese Verhältnisse sind längst bekannt, aber nur bei
einigen Eiweisskörpern systematisch untersucht worden, so insbesondere
von Söldner[3]) für das Caseïn, von Chittenden und Whitehouse[4])
für die Schwermetallsalze der Muskeleiweisse und des Eiereiweiss,
auch von Bugarszky und Liebermann[5]), Spiro und Pemsel[6]) und
Osborne[7]). Einer genaueren Untersuchung stellt sich einmal die von
Schulz[8]) und Salkowski[9]) betonte Schwierigkeit entgegen, dass bei
dem hohen Moleculargewicht der Eiweisskörper schon eine neutrale
Salzverbindung möglich ist, wenn nur ganz geringe Spuren der anderen
Componente da sind, und dann die andere, dass die Eiweisskörper gegen
Alkaliwirkung ganz ausserordentlich empfindlich sind, und bei kurzem
Stehen in alkalischer Lösung schon bei gewöhnlicher Temperatur sich
unter Abspaltung von Ammoniak, auch Schwefelwasserstoff und vermuthlich noch anderen Umlagerungen zersetzen, so dass sehr schwer
zu unterscheiden ist, ob man noch Salze des nativen Eiweiss, oder
schon Alkalialbuminate vor sich hat. Auch die Unterscheidung von
den mechanisch mitgerissenen Aschebestandtheilen kann oft sehr
schwer sein.

Das Eiweiss ist als Säure deutlich zweibasisch, wie Osborne,
Söldner und viele andere Untersucher der einzelnen Eiweisse, besonders auch Salkowski und Werigo[10]) feststellen konnten. Die eine

---

[1]) O. Cohnheim u. H. Krieger, Z. f. Biolog. (1900). — [2]) H. Ley, Z. f.
physikal. Chem. 30, 193 (1899). — [3]) F. Söldner, Salze der Milch. Diss., Erlangen 1888. — [4]) R. H. Chittenden a. H. H. Whitehouse, Studies of
the Yale University 2, p. 95 [nach Maly's Jahresber. 17, 11 (1887)]. — [5]) S. Bugarszky und L. Liebermann, Pflüger's Arch. f. d. ges. Physiol. 72, 51
(1898). — [6]) K. Spiro und W. Pemsel, Zeitschr. f. physiol. Chem. 26, 233
(1898). — [7]) T. B. Osborne, Journ. of the Americ. Chem. Soc. 21, 486
(1899). — [8]) F. N. Schulz, Eiweiss des Hämoglobins, Zeitschr. f. physiol.
Chem. 24, 449 (1898). — [9]) E. Salkowski, Zeitschr. f. Biol. 37, 401 (1899),
am Schluss. — [10]) Br. Werigo, Pflüger's Arch. f. d. ges. Physiol. 48, 127
(1891).

Reihe der Salze reagirt auf die gewöhnlichen Indicatoren neutral, die andere mehr oder weniger stark alkalisch. Die eiweisssauren Alkalisalze sind in Wasser weit löslicher, als die Eiweisse selbst. Auch sie werden, nach Spiro und Pemsel, wie die Eiweisse selbst ausgesalzen, was, wie bei den Säuresalzen des Eiweiss, zur Bestimmung der Basencapacität, des sauren Aequivalents des Eiweiss, benutzt worden ist.

Die grosse Bedeutung dieser Salze liegt darin, dass die sauren Eiweisse, die Nucleoalbumine, die Mucine u. a. in dieser Form in der Natur vorkommen. Der natürliche Schleim ist nach Friedrich Müller [1] ein Alkalisalz des Mucins, das Caseïn der Milch nach Hammarsten [2], Lehmann [3] u. a. caseïnsaurer Kalk. Auch die Reservestoffe der Pflanzensamen, die krystallinischen Phytovitelline, scheinen stets in der Form ihrer Kalk- oder Magnesiasalze vorzukommen [4], und krystallisiren auch bei künstlichen Krystallisationsversuchen am besten als solche. Osborne macht neuerlich mit Recht darauf aufmerksam, wie oft man derartige Salze der Eiweisse untersucht hat, während man die freien Eiweisse vor sich zu haben glaubte.

Mit den Schwermetallen bildet das Eiweiss unlösliche Salze, auf deren Entstehung die bald zu erwähnenden Fällungsreactionen mit den verschiedensten Metallsalzen, Eisenchlorid, Kupfersulfat etc., beruhen. Die nativen Eiweisse werden dabei stets denaturirt.

Etwas anderes als die beschriebene Fähigkeit, mit Säuren und Basen als Kation und Anion Verbindungen eingehen zu können, eine Fähigkeit, die allen Eiweisskörpern und ihren eiweissähnlichen Derivaten ohne Ausnahme zukommt, ist die Reaction der freien Eiweisse auf Indicatoren, und die damit zusammenhängende Frage, ob der saure oder basische Charakter in einem Eiweiss überwiegt. In dieser Hinsicht sind nun die Nucleoalbumine und Mucine ausgesprochene Säuren, die durch Säuren gefällt werden, sich in Alkalien sehr leicht lösen, Kohlensäure austreiben und Lackmuspapier röten. Dasselbe gilt in schwächerem Maasse von dem Globulin und wieder sehr deutlich von den Nucleoproteïden, die als Paarling die Nucleïnsäure, eine ziemlich starke Säure, enthalten. Die Albumine scheinen neutral, eher schwach alkalisch zu reagiren. Dagegen sind die Histone basische Körper, die durch Alkalien gefällt werden und sich in Säuren lösen; noch stärker basisch sind die in ihrem Bau abweichenden Protamine; beide bilden als Salze der Nucleïnsäure manche Nucleoproteïde. Die Albumosen enthalten sowohl saure wie basische Substanzen, ihr Gemenge reagirt in der Regel schwach alkalisch. Die Flüssigkeiten des thierischen Körpers, wie das Proto-

---

[1] Fr. Müller, Schleim der Respirationsorgane; Sitzungsber. d. Ges. z. Bef. d. ges. Naturwissensch. zu Marburg 1896, S. 53. — [2] O. Hammarsten, Kgl. Gesellsch. d. Wissensch. zu Upsala 1877, Sep.-Abdr. — [3] W. Hempel und J. Lehmann, Pflüger's Arch. f. d. ges. Physiol. **56**, 558 (1894). — [4] O. Schmiedeberg, Z. f. physiol. Chem. I, 205 (1877); G. Grübler, Journ. f. prakt. Chem. **131** (2. F., 32), S. 97 (1881).

plasma, reagiren stets schwach alkalisch; doch hängt dies von den darin enthaltenen kohlensauren Salzen und nicht von den Eiweisskörpern ab.

Verbindungen des Eiweiss, die nicht Salze sind.

(13) Ausser diesen Salzen können die Eiweisskörper noch in anderer Form mit unorganischen Elementen Verbindungen eingehen, bei denen diese keine Ionen sind. Dahin gehören die Halogeneiweisse, von denen noch im Zusammenhange die Rede sein soll (s. S. 129), und dann vor allem die Verbindungen des Eiweiss oder wenigstens einiger Eiweisse mit Eisen. Von dem Eisen ist es nach Kossel und Ascoli[1] indessen möglich, dass es gar nicht mit dem Eiweiss selbst in Verbindung steht, sondern mit der Nucleïnsäure, bezw. dem Para- oder Pseudonucleïn der Nucleoalbumine. Von diesen Verbindungen ist früher, ehe man die Differenz der Salze und der Nichtelektrolyte genauer kannte, sehr viel die Rede gewesen; die Bindung des Eisens, Jods u. s. w. sollte in ihnen eine festere, „organische" sein, und man schrieb den Eisenverbindungen, dem Hämatogen von Bunge[2], dem Ferratin von Schmiedeberg[3] eine ganz besondere Bedeutung für den thierischen Organismus zu; nur sie, nicht das eiweisssaure Eisen oder andere Eisensalze sollten resorbirt und im Stoffwechsel verwerthet werden können. Indessen haben die Versuche von Gottlieb[4], Voit[5], Kunkel[6], Abderhalden[7] u. A. dargethan, dass dies unrichtig ist, dass vielmehr der Organismus Eisen als Ion aufnehmen und éntionisiren kann, andererseits das nicht als Ion im Hämoglobin und anderen Zellbestandtheilen enthaltene Eisen als Ion auszuscheiden im Stande ist. Dasselbe gilt vom Jod; auch dies vermag der thierische Organismus, wie dies aus den Untersuchungen von Baumann[8], Roos[9] und Harnack[10] hervorgeht, wenn es ihm als Ion zugeführt wird, als an Eiweiss „organisch gebundenes" Jod abzulagern; das Jodeiweiss andererseits wird als Jodsalz ausgeschieden. Die sogenannte organische Bindung verliert daher ihre biologisch besondere Stellung; dagegen gehört es allerdings zur chemischen Charakteristik der Eiweisskörper, dass sie im Stande sind, mit den Halogenen, dem Eisen und anderen unorganischen Elementen nicht ionisirte Verbindungen einzugehen; für die Halogene kommt hierfür der aromatische Complex des Eiweiss in Betracht; daneben vielleicht auch der schwefelhaltige.

[1] A. Ascoli, Plasminsäure, Zeitschr. f. physiolog. Chem. 28, 426 (1899). — [2] G. Bunge, Assimilation des Eisens, Zeitschr. f. physiol. Chem., 9, 49 (1884). — [3] O. Schmiedeberg, Schmiedeberg's Arch. f. experim. Patholog. u. Pharmak. 33, 101 (1893). — [4] R. Gottlieb, Zeitschr. f. physiol. Chem. 15, 371 (1891). — [5] F. Voit, Z. f. Biolog. 29, 325 (1892). — [6] A. Kunkel, Pflüger's Arch. f. d. ges. Physiolog. 61, 595 (1895). — [7] E. Abderhalden, Zeitschr. f. Biolog. 39, 113 (1899). — [8] E. Baumann, Zeitschr. f. physiol. Chem. 22, 1 (1897). — [9] E. Roos, ibid. 28, 40 (1899). — [10] E. Harnack, Jodospongin, ibid. 24, 412 (1898).

Die Reactionen der Eiweisskörper.

1. Die Fällungsreactionen.

(14) Als chemisch übereinstimmend gebaute Körper haben die
Eiweisse eine Reihe von Reactionen mit einander gemein, von denen
zwar keine an sich für das Eiweiss charakteristisch ist, die aber, wenn
sie alle oder doch mehrere von ihnen zusammen auftreten, einen Körper
als Eiweiss erkennen lassen. Eine Zusammenstellung dieser Reactionen,
ihrer Bedeutung und ihrer Ursachen gab neuerlich Hofmeister[1]). Es
sind dies zunächst eine Anzahl von Fällungsreactionen, die dadurch
entstehen, dass das Eiweiss mit irgend welchen Körpern unlösliche Verbindungen eingeht, oder dass es durch Eintragen in Flüssigkeiten, in
denen es sich nicht löst, gefällt wird. Sie kommen den nativen Eiweissen, den zusammengesetzten Proteïden, sowie zum grossen Theil
den noch eiweissähnlichen Derivaten, den Albumosen, zu. Das auf diese
Bezügliche wird im Einzelnen bei Beschreibung der Albumosen erwähnt
werden; im Allgemeinen gilt, dass die Fällungen bei ihnen schwerer
eintreten, als bei den eigentlichen Eiweissen, und um so schwerer, je
weiter sie vom Eiweiss abstehen.

A. Die Fällungen der Eiweisskörper mit Salzen der Schwermetalle.

Die Eiweisse bilden als Säuren mit den Schwermetallen unlösliche
Salze, werden daher durch diese aus ihren sauren, neutralen oder
alkalischen Lösungen gefällt. Die Fällungen sind vollständige und
bei den eigentlichen Eiweissen im Ueberschuss in der Regel nicht löslich, wohl aber bei manchen Albumosen. Eine Ausnahme macht das
Myogen der Muskeln, das in Abwesenheit von Alkalisalzen durch Schwermetalle nach v. Fürth[2]) nicht gefällt wird und das Hämoglobin; vielleicht gilt dies aber auch von anderen Eiweissen, und ist nur übersehen
worden. Fast alle Schwermetalle fällen, häufige Anwendung finden
davon die folgenden:

1. Eisenchlorid und Eisenacetat; sie wurden von P. Müller[3]),
Schmidt-Mülheim[4]), Siegfried[5]) u. A. angewendet. Im Ueberschuss des Eisenchlorids lösen sich die Eiweissfällungen leicht auf.

2. Kupfersulfat und das noch empfindlichere Kupferacetat.
Es fällt alle eigentlichen Eiweisskörper, und ist von Wichtigkeit für die
Chemie der Albumosen, da es zur Trennung der primären von den

---

[1]) F. Hofmeister, Leitfaden f. d. praktisch-chemischen Unterricht
d. Medic., S. 80. Braunschweig 1899. — [2]) O. v. Fürth, Schmiedeberg's
Arch. f. experim. Patholog. u. Pharmak. 36, 231 (1895). — [3]) P. Müller,
Zeitschr. f. physiol. Chem. 26, 48 (1898). — [4]) Schmidt-Mülheim, Arch. f.
Anat. u. Physiol., physiol. Abth. 1880, S. 33. — [5]) M. Siegfried, Zeitschr.
f. physiol. Chem. 21, 360 (1895); Derselbe, Arch. f. Anat. u. Physiol., physiol. Abth. 1894, S. 401.

Deuteroalbumosen dient[1]).   Die Fällungen der eigentlichen Eiweisse sind im Ueberschuss kaum, die der Albumosen leichter löslich.

3. Quecksilberchlorid.   Es ist nach Kühne[2]) und Neumeister[3]) ein vollständiges Fällungsmittel auch für die letzten noch eiweissartigen Spaltungsproducte, die Peptone.   Wegen seiner desinficirenden Eigenschaften ist es von praktischer Wichtigkeit.

4. Bleiacetat, basisches und neutrales; es wurde von Hofmeister[4]) als sehr vollständiges Fällungsmittel empfohlen.

5. Das Zinkacetat wurde von Abeles[5]) verwendet.

Chittenden und Whitehouse[6]) untersuchten Platin-, Kobalt- und viele andere Salze.

B. Die Fällung des Eiweiss mit Mineralsäuren.

Alle eigentlichen Eiweisskörper, zum Theil auch noch die Albumosen, werden durch starke Mineralsäuren gefällt, so von Salzsäure, Schwefelsäure, Salpetersäure und Phosphorsäure.   Von diesen ist praktisch wichtig die Salpetersäure.   Die Reaction mit Salpetersäure ist sehr empfindlich und wird daher als klinische Eiweissprobe im Harn angewandt.   Die eigentlichen Eiweisse lösen sich im Ueberschuss der Salpetersäure und beim Erwärmen nicht, wohl aber die Albumosen. Beim Erkalten kommt der Niederschlag wieder.

Zu den fällenden Säuren gehören auch einige im Körper vorkommende, so die Nucleïnsäure, Chondroïtinschwefelsäure und Taurocholsäure, die an ihrer Stelle Erwähnung finden werden.

C. Die Alkaloidreagentien.

Da das Eiweiss eine complicirte, organische Base ist, wird es wie diese, wie besonders die sogenannten Alkaloide, von einer Reihe von Reagentien gefällt, die man unter dem Namen Alkaloidreagentien zusammenfasst.   Wahrscheinlich gehört, wie Hofmeister[7]) bemerkt, die Reaction den Diaminosäuren, d. h. dem stärker basischen Complex im Eiweiss, an.   Alle diese Reactionen erfolgen nur in saurer Lösung, da die Eiweisse erst durch die Säure zu Basen werden.   Nach Cohnheim und Krieger[8]) verläuft die Reaction nach der Gleichung: Salzsaures Eiweiss + phosphorwolframsaurer Kalk = phosphorwolframsaures Eiweiss + Chlorcalcium.

[1]) R. Neumeister, Z. f. Biol. 23, 381 (1887); J. Munk, Virchow's Arch. 134, 501 (1893); S. Fränkel, Sitzungsber. d. Wien. Akad., naturw.-math. Cl. II b, S. 433 (1897); O. Folin, Zeitschr. f. physiol. Chem. 25, 152 (1897). — [2]) W. Kühne, Zeitschr. f. Biolog. 22, 423 (1885). — [3]) R. Neumeister, ibid. 26, 234 (1890). — [4]) F. Hofmeister, Zeitschr. f. physiolog. Chem. 2, 288 (1878). — [5]) M. Abeles, ibid. 15, 495 (1891). — [6]) R. H. Chittenden and H. H. Whitehouse, Studies from the Yale University 2, 95, nach Maly's Jahresber. f. Thierchemie 17, 11 (1887). — [7]) F. Hofmeister, Leitfaden für den praktisch-chem. Unterricht, S. 80.   Braunschweig 1899. — [8]) O. Cohnheim und H. Krieger, Zeitschr. f. Biolog. (1900).

Da das salzsaure Eiweiss auf Phenolphtaleïn etc. sauer reagirt, Chlorcalcium aber neutral, wird die Reaction um so viel weniger sauer, als Salzsäure mit dem Eiweiss verbunden war, sie kann daher zur Bestimmung der basischen Aequivalente des Eiweiss dienen. Gerbsäure, Pikrinsäure u. s. w. verhalten sich wie Phosphorwolframsäure. Ueber die Reaction bei Kaliumquecksilberjodid etc. ist nichts Sicheres bekannt. Bei alkalischer Reaction lösen sich die Niederschläge wieder auf; doch werden einige stärker basische Eiweisse, die Histone und besonders die Protamine, auch bei schwach alkalischer oder mindestens neutraler Reaction gefällt. Zwar nicht bei den eigentlichen Eiweissen, wohl aber bei den Peptonen und einem Theil der Albumosen sind die Niederschläge im Ueberschusse des Fällungsmittels löslich. — Die wichtigeren Alkaloidreagentien sind:

1. Phosphorwolframsäure.
2. Phosphormolybdänsäure.
3. Gerbsäure. Die Tanninreaction ist eine der empfindlichsten Eiweissreactionen überhaupt, und wird praktisch oft angewendet [1]).
4. Jodjodkalium; es ist wenig empfindlich.
5. Kaliumquecksilberjodid, Kaliumwismuthjodid, Kaliumcadmiumjodid in saurer Lösung.
6. Ferrocyanwasserstoffsäure, gewöhnlich in der Form von Essigsäure und Ferrocyankalium.
7. Trichloressigsäure.
8. Pikrinsäure.

Die Fällungen pflegen sehr locker und voluminös zu sein.

Eine sehr allgemeine und wichtige Fällung der Eiweisskörper ist ferner die mit Alkohol. Dabei werden die Eiweisse bei Salzgegenwart rasch, in salzfreiem Zustande dagegen nur ziemlich langsam denaturirt. Die Acidalbumine und besonders die Alkalialbuminate [2]) sind weit löslicher in Alkohol als die eigentlichen Eiweisse; die Albumosen und Peptone zeigen grosse Differenzen, die zu ihrer Trennung benutzt worden sind. Auch Chloroform, Aether, Benzol und andere Flüssigkeiten, in denen die Eiweisse unlöslich sind, fällen sie aus, wobei in der Regel eine Denaturirung statthat.

Von dem Aussalzen war schon die Rede, und dann von der wichtigen Coagulation der nativen Eiweisse durch Erhitzen; besondere Reactionen einzelner Eiweisskörper werden bei diesen besprochen.

2. Die Farbenreactionen.

(15) Allen Eiweisskörpern sind ferner eine Reihe von Farbenreactionen gemeinsam. Von diesen ist keine dem Eiweiss als solchem

---

[1]) A. Schlossmann, Zeitschr. f. physiol. Chem. 22, 197 (1896). —
[2]) N. Lieberkühn, Arch. f. Anat. u. Physiol. 1848, S. 285.

eigenthümlich, sie kommen vielmehr alle gewissen anderen Complexen, beziehentlich Atomgruppirungen zu, und werden von dem Eiweiss deshalb gegeben, weil diese Gruppen im Eiweissmolecul in reactionsfähiger Form enthalten sind. Sie sind daher von grosser Wichtigkeit für die Kenntniss des Aufbaues der Eiweisskörper. Eine besondere Bedeutung haben sie durch die Untersuchungen von Salkowski[1]) und in neuester Zeit von Hofmeister[2]) und seinen Schülern Pick, Zunz, Umber und Alexander[3]) für die Lehre von den Spaltungsproducten des Eiweiss, den Albumosen und Peptonen, gewonnen. Aus ihrem Eintritt oder Ausbleiben kann auf die An- oder Abwesenheit der betreffenden Complexe in den einzelnen Albumosen geschlossen werden, und so wird die Eintheilung des Eiweiss in grössere Verbände ermöglicht. Es handelt sich um folgende Reactionen:

1. Die Biuretreaction.

Fügt man zu einer wässerigen Eiweisslösung eine reichliche Menge Natron- oder Kalilauge, und wenige Tropfen einer verdünnten Lösung von Kupfersulfat, so entsteht bei den nativen Eiweisskörpern eine blau- bis rothviolette, bei den Umwandlungsproducten, den Albumosen und Peptonen, sowie bei einigen Vitellinen und den Histonen, eine rein rothe Färbung. Für die praktische Ausführung ist von Wichtigkeit, dass ein Ueberschuss von Kupfersulfat in Folge der entstehenden Blaufärbung die Reaction verdeckt. Die Reaction scheint zuerst von Rose[4]) beobachtet worden zu sein, ihr Zustandekommen ist aber erst von Schiff[5]) aufgeklärt worden. Nach Schiff beruht sie auf der Bildung von Biuretkupferoxydkali, einer Verbindung von angeblich folgender Constitution:

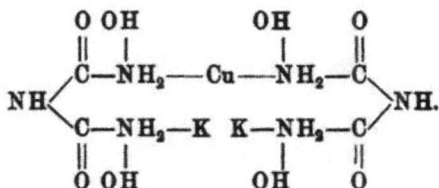

$$NH \left\langle \begin{matrix} \overset{O}{\underset{\parallel}{C}} \overset{OH}{\underset{|}{}} -NH_2-Cu-\overset{OH}{\underset{|}{}}NH_2-\overset{O}{\underset{\parallel}{C}} \\ \overset{\parallel}{\underset{O}{C}}\overset{|}{\underset{OH}{}} -NH_2-K \quad K-NH_2-\overset{\parallel}{\underset{O}{C}}\overset{|}{\underset{OH}{}} \end{matrix} \right\rangle NH.$$

Sie wurde von Schiff auch in gut ausgebildeten Krystallen, langen, rothen Nadeln erhalten. Die Reaction wird von allen Verbindungen gegeben, welche zwei —CONH₂-Gruppen an einem Kohlenstoff- oder an einem Stickstoffatom, oder direct mit einander vereinigt besitzen, die also einem der drei Typen entsprechen:

---

[1]) E. Salkowski, Zeitschr. f. physiolog. Chem. 12, 215 (1887). — [2]) F. Hofmeister, ibid. 24, 159 (1897). — [3]) Vgl. die Zusammenfassung in der Anm. auf S. 14. — [4]) F. Rose, Poggendorff's Ann. 28, 132 (1833). — [5]) M. Schiff, Ber. deutsch. chem. Ges. 29, I, 298 (1896); Derselbe, Ann. Chem. Pharm. 299, 236 (1897).

$$HN \begin{cases} CONH_2 \\ CONH_2 \end{cases}, \text{ Biuret, oder}$$

$$H_2C \begin{cases} CONH_2 \\ CONH_2 \end{cases}, \text{ Malonamid oder}$$

$$\begin{array}{c} CONH_2 \\ | \\ CONH_2 \end{array}, \text{ Oxamid.}$$

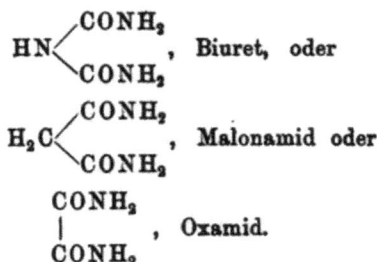

Beim Malonamid und Biuret dürfen zwei, beim Oxamid nur ein Wasserstoffatom substituirt sein; der Sauerstoff der Amidocarbonylgruppe kann durch Schwefel ersetzt sein. Das Eiweiss muss also eine Atomgruppirung enthalten, die einer dieser drei Formen entspricht, nach den Erfahrungen von Paal[1]) und Schiff[2]) bei der Desamidirung mit salpetriger Säure wahrscheinlich deren zwei. Es scheint ferner nach deren Schilderung, als ob die Atomgruppirung, durch welche die Biuretreaction hervorgerufen wird, für die Reactionsfähigkeit des Eiweiss überhaupt, speciell für seine Spaltbarkeit durch die Verdauungsenzyme, von Bedeutung ist, falls hier nicht Verwechslungen mit Anti- und Hemigruppen (vergl. S. 98) eine Rolle gespielt haben. Dass es zwei die Biuretreaction gebende Gruppen im Eiweiss giebt, geht auch daraus hervor, dass die beiden weiter unten zu besprechenden Theile des Eiweiss, die Anti- und die Hemigruppe, in gleicher Weise die Biuretreaction geben[3]). Auch Blum[4]) kommt auf Grund von Erfahrungen bei der Spaltung von jodirtem Eiweiss zu dem Schluss, dass das Eiweiss zwei Biuretgruppen enthalten müsse, deren eine sehr reich an Schwefel ist. Krukenberg[5]) zeigte, dass die Biuretreaction der Eiweisskörper dasselbe Spectrum besitzt, wie die des Biurets. Statt der Kupfersalze kann man nach Hofmeister und Schiff ebenso gut die Nickelsalze nehmen; dann ist die Färbung nicht roth, sondern orangegelb.

Die Biuretreaction ist dadurch von einer besonderen Wichtigkeit, dass sie im Gegensatz zu den anderen Reactionen, so viel man wenigstens bisher weiss, keinem der nicht mehr eiweissartigen Spaltungsproducte des Eiweiss zukommt. Sie wird daher allgemein zur Abgrenzung des Eiweiss gegen seine einfacheren Spaltungsproducte benutzt; so lange ein Körper noch die Biuretreaction giebt, betrachtet man ihn noch als zu den Eiweisskörpern im weitesten Sinne gehörig. Wenn man Eiweiss durch Säuren oder Trypsin spaltet, so ist mit dem Augenblick, wo die Biuretreaction aufhört, das letzte Pepton in Aminosäuren u. s. w. zerlegt. Da ferner eine Verwechslung mit dem Biuret, Malonamid

---

[1]) C. Paal, Ber. deutsch. chem. Ges. 29, I, 1084 (1896). — [2]) H. Schiff, ibid. 29, II, 1354 (1896). — [3]) E. P. Pick, Zeitschr. f. physiol. Chem. 28, 219 (1899). — [4]) F. Blum u. W. Vaubel, Journ. f. pr. Chem. (2) 57, 365 (1898). — [5]) F. C. W. Krukenberg, Virchow's Arch. 101, 542 (1885).

und deren Abkömmlingen in praxi wohl ausgeschlossen ist, kann die
Biuretreaction auch als das sicherste Mittel zum Nachweis von eiweissartigen Substanzen betrachtet werden.

Die Empfindlichkeit der Biuretreaction ist nach Neumeister[1])
so gross, dass man Pepton noch in einer Verdünnung von 1 : 100000
gut nachweisen kann; für Albumosen ist die Empfindlichkeit, wie
Kühne[2]) gezeigt hat, freilich geringer, auch die Färbung weniger rein
roth, und vom nativen Eiweiss gilt dieses in noch höherem Grade.
Krukenberg[3]) meint, die eigentlichen Eiweisse gäben die Reaction
überhaupt nicht; dass sie es abgeschwächt thäten, beruhe nur auf der
durch die Natronlauge bewirkten Spaltung.

2. Die Xanthoproteïnreaction.

Fügt man zu einer wässerigen Eiweisslösung starke Salpetersäure,
so tritt entweder schon in der Kälte, in der Regel erst beim Erwärmen,
eine tiefe, dunkle Gelbfärbung ein, die beim Zusatz von überschüssiger
Natronlauge rothbraun, mit Ammoniak schön orangefarben wird. Die
Reaction beruht auf der Bildung von Nitroderivaten[4]), und ist, wie
Salkowski gezeigt hat, an das Vorhandensein der Oxyphenylgruppe,
also des Tyrosincomplexes, gebunden. Doch wird sie vermuthlich auch
von den anderen aromatischen Gruppen gegeben. Sie kommt allen
Eiweissen, ausserdem aber auch vielen anderen Körpern, Huminsubstanzen u. s. w., zu.

3. Die Millon'sche Reaction.

Kocht man Eiweiss in wässeriger Lösung oder Eiweiss in Substanz
in Wasser aufgeschwemmt mit dem sogenannten Millon'schen Reagens,
einer Lösung von salpetersaurem Quecksilberoxyd, die etwas salpetrige
Säure enthält, so färbt sich die Flüssigkeit wie der entstandene Niederschlag rosa bis schwarzroth. Die Reaction wird von allen Benzolderivaten gegeben, die einen Wasserstoff durch die Hydroxylgruppe
ersetzt haben; sie entspricht im Eiweiss der Tyrosingruppe, der einzigen Oxyphenylgruppe. Da diese in allen Eiweissen mit Ausnahme
des Leims enthalten ist, geben sie auch alle die Millon'sche Reaction,
von den Albumosen und Peptonen nur diejenigen, die der Hemigruppe
angehören[5]).

4. Die Schwefelbleireaction.

Wenn man Eiweiss mit Alkalilauge und einem Bleisalze kocht,
so bildet sich ein schwarzer Niederschlag, oder doch zum mindesten eine

[1]) R. Neumeister, Zeitschr. f. Biolog. 26, 324 (1890). — [2]) W. Kühne,
ibid. 29, 308 (1892). — [3]) F. C. W. Krukenberg, Verh. d. physikal.-med. Ges.
zu Würzburg, N. F. 18, 179 (1884). — [4]) O. v. Fürth, Einwirkung von
Salpetersäure auf Eiweissstoffe, Habilitationsschrift. Strassburg 1899. —
[5]) E. P. Pick, Zeitschr. f. physiol. Chem. 28, 219 (1899).

Schwarz- oder Braunfärbung. Die Reaction beruht auf der Abspaltung von Schwefelwasserstoff und der darauf folgenden Bildung von Schwefelblei; das Bleisalz kann auch durch jedes andere Metallsalz, das ein schwarzes oder dunkles Sulfid hat, ersetzt werden. Alle Eiweisskörper geben die Reaction, da sie alle schwefelhaltig sind.

5. Die Reaction von Molisch.

Fügt man zu einer Eiweisslösung einige Tropfen einer alkoholischen Lösung von α-Naphtol hinzu und versetzt das Gemisch mit concentrirter Schwefelsäure, so erhält man eine violette Färbung, die auf Zusatz von Alkohol, Aether oder Kalilauge gelb wird. Thymol statt des α-Naphtol giebt eine carminrothe Färbung, die beim Verdünnen grün wird. Die Reaction wurde von Molisch[1] als für die Kohlehydrate charakteristisch angegeben, Seegen[2] bewies dann, dass auch alle Eiweisskörper sie zeigen. Sie beruht darauf, dass aus den Kohlehydraten durch die Einwirkung der concentrirten Säure Furfurol gebildet wird, und dann dieses mit dem α-Naphtol oder Thymol die Färbung giebt. Die Reaction ist also identisch mit Pettenkofer's Gallensäurenreaction und gehört zu den sogenannten Furfurolreactionen[3]. Da das Furfurol bei dieser Reaction sonst aus Kohlehydraten entsteht, schliefst man aus ihr auf die Anwesenheit einer Kohlehydratgruppe im Eiweiss; sie wird auch nur von dem diese enthaltenden Complexe im Eiweiss gegeben. Näheres s. S. 72.

6. Die Reaction von Adamkiewicz.

Löst man trockenes, möglichst entfettetes Eiweiss in Eisessig, und setzt concentrirte Schwefelsäure hinzu, so bilden sich an der Berührungsstelle rothe, grüne und violette Ringe. Beim Umschütteln nimmt die ganze Flüssigkeit die Färbung an. Im Spectrum zeigt sich ein breites Band von blau bis gelb. Die Reaction ist von Adamkiewicz[4] beschrieben worden. Auch sie ist eine Furfurolreaction, unterscheidet sich aber, wie Hofmeister[5] aus einander gesetzt hat, von der Reaction nach Molisch dadurch, dafs bei ihr nicht nur das Furfurol liefernde Kohlehydrat, sondern auch der mit diesem reagirende aromatische Complex aus dem Eiweiss stammt, zu ihrem Zustandekommen also die gemeinsame Anwesenheit der Oxyphenyl- und der Kohlehydratgruppe nothwendig ist. Die von Elliot[6] beschriebene roth- bis blau-

---

[1] H. Molisch, Mon.-Hefte f. Chem. 7, 198 (1888). — [2] J. Seegen, Centralbl. f. d. medicin. Wiss. 1886, S. 785 u. 801. — [3] F. Mylius, Zeitschr. f. physiol. Chem. 11, 492 (1887); L. v. Udranszky, ibid. 12, 389 (1888). — [4] A. Adamkiewicz, Pflüger's Arch. f. d. ges. Physiol., 9, 156 (1874); Derselbe, Ber. deutsch. chem. Ges. 8, I, 161 (1875). — [5] F. Hofmeister, Zeitschr. f. physiol. Chem. 24, 159 (1897). — [6] J. H. Elliot, Journ. of Physiol. 23, 296 (1898).

violette Färbung, die eiweisshaltige Gewebsschnitte durch 20 proc. Schwefelsäure annehmen, gehört vermuthlich auch hierher.

7. Die Reaction von Liebermann[1]).

Trockenes, mit Alkohol und Aether gereinigtes und entfettetes Eiweiss nimmt, mit rauchender Salzsäure gekocht, eine tiefblaue bis blauviolette Färbung an. Die Liebermann'sche Reaction ist ebenfalls eine Furfurolreaction, und es gilt von ihr dasselbe, wie von der nach Adamkiewicz.

[1]) L. Liebermann, Centralbl. f. d. medicin. Wiss. 1887, S. 371.

III. Die Spaltungsproducte der Eiweisskörper.

(16) Zur Erforschung des Aufbaues und der Zusammensetzung des Eiweissmoleculs hat man seit langer Zeit die einfacheren, chemisch bekannten Stoffe untersucht, die durch die verschiedensten Processe aus den Eiweisskörpern hervorgehen. Es hat sich dabei herausgestellt, dass alle Eiweisskörper mit wenigen Ausnahmen qualitativ die gleichen Spaltungsproducte liefern, und ihre Verschiedenheit offenbar durch die Menge, in der sich die einzelnen Körper vorfinden, und die Art ihres Zusammentretens bedingt wird.

Solche Processe, die Gegenstand der Untersuchung waren, sind:

1. Kochen mit mehr oder weniger concentrirten Säuren, insbesondere Salzsäure oder Schwefelsäure.

2. Kochen mit überhitztem Wasserdampf bei verschiedenen Temperaturen.

3. Kochen mit Aetzalkalien mit oder ohne erhöhten Druck.

4. Schmelzen mit Alkalien in Substanz.

5. Verdauung des Eiweiss mit den vom thierischen Organismus producirten Fermenten, vor Allem dem Trypsin.

6. Die Spaltung des Eiweiss durch Bacterien, die sogenannte Fäulniss.

7. Der Abbau der Eiweissnahrung im Stoffwechsel der lebenden Thiere und Pflanzen, sei es, dass er durch Fermente, sei es, dass er auf noch unbekannte Weise unter dem Einfluſs des lebenden Protoplasmas erfolgt.

Alle diese Spaltungen verlaufen nun so, dass zunächst aus dem Eiweiss Albuminate und ähnliche Körper, Albumosen und Peptone, entstehen; erst aus diesen noch zu den Eiweissen im weiteren Sinne gehörenden Substanzen bilden sich bei weiterer Zersetzung die einfachen, „krystallinischen" Spaltungsproducte, wie man sie im Gegensatz zu den ersteren oft nennt. Als die Grenze, bis zu der man noch von eiweissähnlichen Substanzen reden kann, wird in der Regel die Biuretreaction angenommen, wobei die höchst wahrscheinliche, wenn auch nicht völlig bewiesene Voraussetzung gemacht wird, dass es unter den Spaltungsproducten des Eiweiss keines giebt, das die Biuretreaction zeigt. Von den Albumosen und Peptonen soll hier ganz abgesehen werden, sie werden später als besondere Gruppe behandelt. Hier soll nur von den krystallinischen Spaltungsproducten die Rede sein, und ebenso scheiden die Körper aus, welche die nicht eiweissartigen Paarlinge der Proteïde, Nucleïnsäure und Hämatin, liefern. Im Folgenden sollen nun zunächst die Producte aufgeführt werden, die bei den einzelnen Eiweissspaltungen gefunden worden sind, und dann erst soll der Versuch gemacht werden, sie in primäre und secundäre zu gliedern. Wo nichts Gegentheiliges angegeben ist, sind die betreffenden Körper aus allen, daraufhin untersuchten Eiweisskörpern gewonnen worden. Von einer Beschreibung der Körper ist natürlich abzusehen, da es sich um organische Körper handelt, die in diesem Werke an anderer Stelle besprochen sind. Nur die beiden Körper noch unbekannter Constitution, Histidin und Tryptophan, erfordern eine Beschreibung.

I. Kochen des Eiweiss mit concentrirter Salzsäure.

(17) Die Ersten, die Eiweiss durch Kochen mit Salzsäure zerstörten, waren Hlasiwetz und Habermann[1]), später besonders Horbaczewski[2]) und R. Cohn[3]), der auch die Mengenverhältnisse der erzielten Producte, die er aus Caseïn erhielt, feststellte.

1. Glycocoll, $C_2H_5NO_2$, Aminoessigsäure. Es ist längst bekannt, dass aus Leim Glycocoll gewonnen werden kann [Gähtgens[4]) Fischer[5]), Nencki und Selitrenny[6])]; Fischer konnte etwa 4 Proc. des Leims als Glycocoll erhalten, Gonnermann[7]) dagegen 8,44 Proc. Neuerdings gelang es Spiro[8]) indessen, das Glycocoll auch als Bestandtheil echter Eiweisskörper, des Serumglobulins, Fibrinogens und Hämoglobins, nicht aber des Caseïns, nachzuweisen.

2. Leucin, $C_6H_{13}NO_2$, Aminocapronsäure. Es ist wohl das am längsten bekannte Spaltungsproduct des Eiweiss, und kommt unter allen in grösster Menge vor; 40 bis 50 Proc. aller erhaltenen Producte sind nach Cohn Leucin. Cohn hat aber nur die „Rohfraction" bestimmt, aus der das Leucin auskrystallisirte, und die Zahl ist daher wahrscheinlich zu hoch; es gilt dies auch von den meisten anderen seiner Zahlenangaben. Das Leucin ist α-Aminobutylessigsäure[9]) [10]),

---

[1]) Hlasiwetz und Habermann, Anzeiger der Wien. Akad. d. Wiss. 1872, S. 114; Dieselben, Ann. Chem. Pharm. 169, 150 (1873). — [2]) J. Horbaczewski, Sitzungsber. d. Wien. Akad. 80, Math.-Naturw. Cl., Abtheil. II (1879), Sep.-Abdr. — [3]) R. Cohn, Z. f. physiol. Chem. 22, 153 (1896) u. 26, 395 (1899). — [4]) C. Gähtgens, Zeitschr. f. physiol. Chem. 1, 299 (1879). — [5]) C. S. Fischer, Zeitschr. f. physiol. Chem. 19, 164 (1894). — [6]) L. Selitrenny, Monatshefte f. Chem. 10, 908 (1889). — [7]) M. Gonnermann, Pflüger's Archiv f. d. ges. Phys. 59, 42 (1895). — [8]) K. Spiro, Zeitschr. f. physiol. Chem. 28, 174 (1899). — [9]) E. Schulze und Likiernik, Zeitschr. f. physiol. Chem. 17, 513 (1892). — [10]) B. Gmelin, Zeitschr. f. physiol. Chem. 18, 21 (1893).

und, ebenso wie die anderen Monoaminosäuren der Eiweissspaltung
durch Säuren, optisch activ[1]) und rechtsdrehend.   Doch scheinen noch
Leucine mit abweichendem Schmelzpunkt vorzukommen[2]).

3. Asparaginsäure, $C_4H_7NO_4$, Aminobernsteinsäure. Sie wurde
zuerst von Ritthausen und Kreussler[3]), dann insbesondere von
E. Schulze und seinen Schülern[1]) aus Pflanzeneiweissen, später aber
auch aus allen darauf untersuchten thierischen Eiweissen gewonnen.

4. Glutaminsäure, $C_5H_9NO_4$, α-Aminoglutarsäure. Sie beträgt
nach Cohn etwa 30 Proc. der aus dem Caseïn gewonnenen krystallinischen Producte.

5. Diaminoessigsäure, $C_2H_6N_2O_2$. Sie wurde, freilich nur in
sehr geringer Menge, von Drechsel[4]) aus Caseïn dargestellt.

6. Lysin, $C_6H_{14}N_2O_2$, Diaminocapronsäure. Es wurde, freilich
noch nicht in reinem Zustande, als erstes der basischen Producte der
Eiweissspaltung von Drechsel[5]) entdeckt, später von Schulze[6]),
Hedin und Kossel überall wiedergefunden. (S. das folgende Arginin.)
Das Lysin ist nach Ellinger[7]) die Muttersubstanz des Pentamethylendiamins oder Cadaverins.   Genauere Beschreibungen des Lysins finden
sich bei Kossel[8]) und Willdenow[9]), der Diaminosäuren überhaupt
bei Klebs[10]); ihre Benzoylirung bespricht Lawrow[11]).   Das Lysin wird
aus dem Eiweiss, wie die anderen Aminosäuren, in einer rechtsdrehen-
den Modification gewonnen, und geht nach Siegfried[12]) durch Erhitzen
mit Barythydrat unter Druck in eine optisch inactive Form über, die
auch chemische Differenzen zeigt.   Lawrow[13]) vermochte aus dem
Histon aus Leukocyten gegen 10 Proc. zu isoliren, Schulze aus
Coniferensameneiweiss dagegen nur 1 Proc. Nach Kutscher und allen
anderen Untersuchern kommt es immer, aber in viel geringerer Menge,
neben dem Arginin vor.

7. Das Arginin, $C_6H_{14}N_4O_2$, Guanidin-Aminovaleriansäure. Nachdem früher als Spaltungsproducte der Eiweisse nur Monoaminosäuren
bekannt waren, stellte Drechsel[14]) zuerst aus den Spaltungsproducten

---

[1]) E. Schulze und E. Bosshard, Zeitschr. f. physiol. Chem. 9, 63
(1884). — [2]) R. Cohn, Zeitschr. f. physiol. Chem. 20, 203 (1894). —
[3]) Kreussler und Ritthausen, Journ. f. prakt. Chem. 108, 240 (1869). —
[4]) E. Drechsel, Ber. der sächs. Akad. der Wissensch., 1892, S. 115. —
[5]) E. Drechsel, Archiv f. Anat. und Physiol., Physiol. Abtheilung 1891,
S. 248. — [6]) E. Schulze und E. Winterstein, Zeitschr. f. physiol. Chem.
28, 459 (1899). — [7]) A. Ellinger, Ber. deutsch. chem. Ges. 32, III, 3542 (1899). —
[8]) A. Kossel, Zeitschr. f. physiol. Chem. 26, 586 (1899). — [9]) Cl. Willdenow,
Zeitschr. f. physiol. Chem. 25, 523 (1898). — [10]) E. Klebs, Zeitschr. f.
physiol. Chem. 19, 301 (1894). — [11]) D. Lawrow, Zeitschr. f. physiol. Chem.
28, 585 (1899). — [12]) M. Siegfried, Ber. deutsch. chem. Ges. 24, I, 418 (1891). —
[13]) D. Lawrow, Zeitschr. f. physiol. Chem. 28, 388 (1899). — [14]) E. Drechsel,
Sitzungsber. d. sächs. Akad. d. Wiss., Math.-Naturw. Cl. 1889; 1890; Archiv
f. Anat. u. Physiol., Physiol. Abtheil. 1891, S. 248.

des Caseïns eine Base, das Lysatinin, dar. Später erkannte S. G. Hedin[1]), dass das Lysatinin ein Gemenge von Lysin und dem früher von E. Schulze[2]) aus etiolirten Lupinenkeimlingen dargestellten Arginin sei. Ob das Lysatinin ein Gemenge und nicht vielmehr eine in constanten Mengenverhältnissen krystallisirende Doppelverbindung des Lysins und Arginins ist, steht noch nicht fest. Die Constitution des Arginins wurde von E. Schulze[3]) ermittelt und durch das Gelingen der Synthese bestätigt. Er giebt ihm die Formel

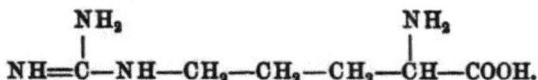

$$NH = \overset{\overset{\displaystyle NH_2}{|}}{C} - NH - CH_2 - CH_2 - CH_2 - \overset{\overset{\displaystyle NH_2}{|}}{CH} - COOH.$$

Eine genaue Beschreibung des Arginins und seiner Salze findet sich bei Gulewitsch[4]). Die Arginine der Säurespaltung und der Trypsinverdauung und die aus den verschiedenen Eiweisskörpern sind, soweit untersucht, identisch. Seitdem hat sich durch die Untersuchungen von E. Schulze[5]), Hedin[6]) und Kossel[7]) und seinen Schülern[8]) herausgestellt, dass das Arginin ein allgemeines und eines der wichtigsten Spaltungsproducte des Eiweiss ist. Das Arginin kommt in den Eiweisskörpern in sehr verschiedener Menge vor: aus 100 g Elastin erhielten Kossel und Kutscher nur 0,3 g; aus Caseïn Hedin 0,25 g, Cohn nur Spuren, aus Conglutin und Leim Hedin[6]) dagegen schon 2,75 g. Die Proteïnstoffe der Coniferensamen enthalten ein Viertel ihres Stickstoffs nach Schulze[5]) in der Form von Arginin, das Histon nach Kossel und Lawrow noch mehr, das Sturin, das Stör-Protamin, nach Kossel sogar 60 Proc.; bei den anderen Protaminen, dem Clupeïn und Salmin[9]), ist Arginin überhaupt das einzige bisher isolirte Spaltungsproduct. Das Arginin ist nach Ellinger[10]) und Schulze[11]) die Muttersubstanz des bei der Eiweissfäulniss gebildeten Tetramethylendiamins, wie des im Harn der Vögel gefundenen Ornithins; auch die von Kossel[7]) neben dem Arginin als Spaltungsproduct des Clupeïns gefundene Aminovaleriansäure könnte leicht aus dem Arginin hervorgegangen sein. Besonderes Interesse beansprucht ferner, dass, wie

---

[1]) S. G. Hedin, Zeitschrift f. physiol. Chem. 21, 155 und 297 (1895). — [2]) E. Schulze, Ber. deutsch. chem. Ges. 19, I, 1177 (1886); Derselbe, Zeitschr. f. physiol. Chem. 11, 43 (1886). — [3]) E. Schulze und Winterstein, Ber. deutsch. chem. Ges. 30, III, 2879 (1897); Dieselben, Zeitschr. f. physiol. Chem. 26, 1 (1898); Dieselben, Ber. deutsch. chem. Ges. 32, III, 3191 (1899). — [4]) W. Gulewitsch, Zeitschr. f. physiol. Chem. 27, 178 und 368 (1899). — [5]) E. Schulze, a. a. O., Zeitschr. f. physiolog. Chem. 24, 276 (1897).[1] — [6]) S. G. Hedin, a. a. O., Zeitschr. f. physiol. Chem. 20, 186 (1894). — [7]) A. Kossel, Zeitschr. f. physiol. Chem. 22, 176 (1896); 25, 165 (1898). — [8]) A. Kossel u. F. Kutscher, ibid. 25, 551 (1898). — [9]) A. Kossel, Zeitschr. f. physiol. Chem. 26, 589 (1899). — [10]) A. Ellinger, Ber. deutsch. chem. Ges. 31, III, 3183 (1898). — [11]) E. Schulze u. E. Winterstein, Zeitschr. f. physiol. Chem. 26, 1 (1898).

Drechsel gefunden hat und Schulze[1]) bestätigen konnte, durch
directe Abspaltung aus dem Arginin und damit aus dem Eiweiss, in
nicht unbeträchtlichen Quantitäten Harnstoff, das Endpróduct des
thierischen Stoffwechsels, hervorgehen kann; Drechsel berechnet, dass
der neunte Theil des Harnstoffs auf diese Weise entstehen könne.

8. **Histidin, $C_6 H_9 N_3 O_2$.** Das Histidin, eine Base von noch unbekannter Constitution, wurde zuerst von Kossel[2]) aus dem Protamin
der Testikel des Störs, dem Sturin, dargestellt, später von Kutscher[3]),
Hedin[4]) und Schulze[5]) als häufiges Zersetzungsproduct der Eiweisse nachgewiesen. Aus 100 g Fibrin vermochte Kutscher 0,266 g
Histidin darzustellen, aus 100 g Coniferensameneiweiss Schulze
und Winterstein weniger als 1 g. Das Histidin ist als freie Base
sowie als Mono- und Dichlorhydrat krystallinisch bekannt; seine Salze
krystallisiren im rhombischen System; eine genaue Schilderung ihrer
Krystallform und ihrer sonstigen Eigenschaften lieferten Kossel und
Kutscher[6]) und Bauer[7]). Hervorzuheben ist, dass die freie Base
linksdrehend, ihre Salze aber rechtsdrehend sind.

Die drei letztgenannten Diaminosäuren, das Lysin, Arginin und
Histidin, werden von Kossel[8]) als Hexonbasen zusammengefasst und
ihnen ein besonderer Complex im Eiweissmolecul zugeschrieben.
Vergl. S. 67.

9. **Phenylaminopropionsäure, Phenylalanin, $C_9 H_{11} N O_2$.**
Sie wurde von E. Schulze[9]) constant aus pflanzlichen Eiweissen erhalten, ferner von Pick[10]) aus einer der Albumosen des Fibrins dargestellt, und ist anscheinend ein ganz regelmässiger Bestandtheil des
Eiweiss.

10. **Tyrosin, $C_9 H_{11} N O_3$.** Para-Oxyphenylpropionsäure. Das
Tyrosin ist eines der best- und längstbekannten Spaltungsproducte
des Eiweiss. Es scheint zuerst von Hinterberger[11]) gefunden worden
zu sein, später von Hlasiwetz und Habermann u. v. A. R. Cohn
fand, dass das Caseïn etwa 4,5 Proc. Tyrosin liefert, andere Eiweisskörper geben indessen weniger; nach der neuesten Mittheilung von
Salkowski und Reach[12]), in der sich auch eine sehr vollständige Literaturzusammenstellung findet, entstehen bei der Trypsinverdauung, die aber schwerlich abweichende Werthe liefert, aus 100 g
Fibrin 3,88 g Tyrosin, aus dem Muskelfleisch 1,66 g, aus dem Eier-

[1]) E. Schulze und Likiernik, Ber. deutsch. chem. Ges. 24, II, 2701
(1891). — [2]) A. Kossel, Zeitschr. f. physiol. Chem. 22, 176 (1896). —
[3]) F. Kutscher, ibid. 26, 110 (1898); Derselbe, Die Endproducte der
Trypsinverdauung, Habilitationsschrift, Marburg 1899. — [4]) S. G. Hedin,
Zeitschr. f. physiol. Chem. 22, 191 (1896). — [5]) E. Schulze u. E. Winterstein, ibid. 28, 459 (1899). — [6]) A. Kossel und F. Kutscher, ibid. 28,
382 (1899). — [7]) M. Bauer, ibid. 22, 285 (1896). — [8]) A. Kossel, ibid.
25, 165 (1898). — [9]) E. Schulze und E. Bosshard, ibid. 9, 63 (1884). —
[10]) E. P. Pick, ibid. 28, 219 (1899). — [11]) Hinterberger, Ann. Chem. Pharm.
71, 70 (1849). — [12]) F. Reach, Virchow's Archiv 158, 288 (1899).

eiweiss 0,58 g. Es hängt dies mit der verschiedenen Zusammensetzung der Eiweisse aus der Hemi- und Antigruppe zusammen, denn im Unterschiede von der Phenylaminopropionsäure gehört das Tyrosin der Hemihälfte des Eiweiss an [1]), und ist daher im Caseïn am reichlichsten, in dem schwer verdaulichen Eiereiweiss nur in geringerer Menge vorhanden. Von den Albuminoiden ist seit lange bekannt, dass das Keratin sehr reichlich Tyrosin liefert — nach Cohn aber auch nur 4,58 Proc., also nicht mehr als das Caseïn —, der Leim dagegen gar keines. Die oft gehörte Behauptung [2]), der Leim enthalte überhaupt keine aromatischen Bestandtheile, ist indessen falsch, da er die Phenylaminopropionsäure, resp. deren Abbauproducte liefert [3]). — Das Tyrosin ist Träger der Millon'schen Reaction, die daher dem Leim u. s. w. fehlt.

11. **Ein Derivat des Piperazins**, $C_{12}H_{26}N_2$, Dibutyldiäthylendiamin. Cohn glaubte anfangs, unter den Spaltungsproducten des Caseïns, allerdings nur in Mengen von 1 bis 2 g aus 1 kg, ein Pyridinderivat gefunden zu haben. Er stellte dann aber fest [4]), dass es sich um den oben genannten Körper handelt. Derselbe ist identisch mit dem Leucinimid der früheren Autoren [5]).

12. **Ammoniak** wird bei der Spaltung mit Salzsäure von allen Eiweisskörpern geliefert (Hlasiwetz und Habermann u. A.). O. Nasse [6]) fand, dass die Mengen des von den einzelnen Eiweissen gelieferten Ammoniaks erheblich differirten. Hofmeister und Hausmann [7]) haben dies in letzter Zeit quantitativ untersucht und gefunden, dass z. B. Caseïn 13,37 Proc. seines Stickstoffs als NH_3 abspaltet, Serumalbumin dagegen nur 0,34 Proc. und Leim 1,61 Proc., woraus sie auf grosse Verschiedenheiten im Bau dieser Eiweisse schliessen. Die von F. Müller und J. Seemann [8]) mitgetheilten vorläufigen Zahlen Kossel's stimmen hiermit gut überein. Weiteres s. S. 65.

13. **Oxalsäure** wurde von Cohn aus Caseïn und Horn erhalten, aber nur in äusserst geringer Menge.

14. **Aceton** wurde ebenfalls von Cohn erhalten, aber nur nach seinen Reactionen qualitativ als solches erkannt.

15. **Kohlensäure.** Sie wurde bei der Eiweissspaltung durch Salzsäure von Hlasiwetz und Habermann, Cohn u. A. beobachtet. Drechsel [9]) erhielt sie aus den von ihm isolirten basischen

---

[1]) E. P. Pick, Zeitschr. f. physiol. Chem. **28**, 219 (1899). — [2]) R. Neumeister, Lehrb. d. physiol. Chem., 2. Aufl., S. 62 (1897). — [3]) M. Nencki, Mon.-Hefte f. Chem. **10**, 506 (1889); L. Selitrenny, ibid., **10**, 908 (1889). — [4]) R. Cohn, Zeitschr. f. physiol. Chem. **29**, 283 (1900). — [5]) H. Ritthausen, Ber. deutsch. chem. Ges. **29**, II, 2109 (1896). — [6]) O. Nasse, Pflüger's Archiv f. d. ges. Physiol. **6**, 589 (1872); Derselbe, ibid. **7**, 139 (1872); Derselbe, ibid. **8**, 381 (1874). — [7]) W. Hausmann, Zeitschr f. physiol. Chem. **27**, 95 (1899); Derselbe, ibid. **29**, 136 (1900). — [8]) F. Müller und J. Seemann, Deutsche medicin. Wochenschr. 1899, Nr. 13, S. 209. — [9]) E. Drechsel, Sitzungsber. der Sächs. Akad. der Wiss. 1889, Sitzung vom 23. April (Separatabdr.).

Spaltungsproducten des Eiweiss, also dem Arginin, aus dessen Guanidin
sie ja leicht entstehen kann, Siegfried [1]) aus der Fleischsäure, einem
albumosenartigen Zersetzungsproduct des Eiweiss.

16. Schwefelwasserstoff. Er wurde ebenfalls von Hlasiwetz und Habermann und Cohn gefunden.

17. Thiomilchsäure, $C_3H_6SO_2$. Sie wurde von Baumann
und Suter [2]) unter den Spaltungsproducten des Keratins aufgefunden,
neben ihr wahrscheinlich noch Thioglycolsäure.

18. Aethylsulfid, $C_4H_{10}S$. Es wurde von Drechsel [3]) bei der
Eiweissspaltung mittelst Salzsäure gefunden, und wird von ihm als
constantes Product derselben angesehen.

19. Cystin, $C_6H_{12}N_2S_2O_4$, das Disulfid der Aminomilchsäure,
das aus zwei Molekülen des Cysteïns, der Aminothiomilchsäure, besteht. Es wurde bei der Spaltung von Keratin — Hornspänen —
von Emmerling [4]) in Spuren gefunden, dann von Mörner [5]) in einer
Minimalmenge von 4,5 Proc. erhalten. Nach Mörner ist es überwiegend linksdrehendes Cystin, das in sechsseitigen Tafeln krystallisirt;
daneben kommt, bei lange fortgesetzter Säureeinwirkung, auch optisch
inactives und rechtsdrehendes Cystin vor, das theilweise in Nadeln
krystallisirt, die den Tyrosinnadeln sehr ähnlich sehen. Ausserdem fand
Mörner in geringer Menge auch das Reductionsproduct Cysteïn. Das
Cystin würde nach Mörner, wenn seine Ausbeuten hinreichend quantitativ sind, nur etwa ein Drittel des Keratin-Schwefels ausmachen.
Aus echten Eiweissen wurde es bislang nicht erhalten.

20. Glucosamin, $C_6H_{11}O_3(NH_2)$. Es kommt in den Mucinen
und Mucoiden, den sogenannten Glycoproteïden, wahrscheinlich aber
auch in eigentlichen Eiweisskörpern vor; es wurde von Friedrich
Müller [6]) zuerst beschrieben, später auch von Fränkel [7]) aufgefunden.
Näheres über die Kohlehydratgruppe im Eiweiss, s. S. 68.

21. Melanoidinsäure. Es ist eine alte Erfahrung, dass bei
jeder Zersetzung des Eiweiss durch langdauerndes Kochen mit starken
Säuren eine Schwarz- oder Braunfärbung der Flüssigkeit, sowie eine
Ausscheidung von dunkeln Flocken stattfindet. Während man dies
aber bisher als ein Brenzproduct oder Aehnliches auffasste, hat
Schmiedeberg [8]) in neuester Zeit diese schwärzlichen Massen in Beziehung zu manchen thierischen Pigmenten, den Melaninen, gebracht,

---

[1]) M. Siegfried, Ztschr. f. physiol. Chem. 21, 350 (1895). — [2]) F. Suter,
ibid. 20, 564 (1895). — [3]) E. Drechsel, Centralbl. f. Physiol. 10, 259 (1896).
— [4]) A. Emmerling, Verh. der Ges. deutscher Naturforscher und Aerzte
1894, II. 2, S. 391. — [5]) K. A. H. Mörner, Zeitschr. f. physiol. Chem. 28,
595 (1899). — [6]) Fr. Müller, Sitzungsber. der Ges. z. Bef. d. ges. Naturw.
zu Marburg 1896, S. 53. — [7]) S. Fränkel, Mon.-Hefte f. Chem. 19, 747
(1898). — [8]) O. Schmiedeberg, Schmiedeberg's Archiv f. experiment. Path.
und Pharmakol. 39, 1 (1897).

und sie deshalb Melanoidinsäure genannt. Er hält ihr Auftreten für eine „Nebenreaction" neben der normalen hydrolytischen Spaltung in Aminosäuren etc. Diese Melanoidine und Melanoidinsäuren enthalten Schwefel, wenn auch in so wechselnder Menge, dass über ihren Schwefelgehalt sich nichts Sicheres sagen lässt, und zeichnen sich vor Allem durch ihren hohen Kohlenstoffgehalt aus. Es sind schwarze oder braune, glänzende Pulver, die sich in Alkalien mehr oder weniger leicht lösen, in Wasser und Säuren dagegen unlöslich sind. Für die Melanoidinsäure, die er aus Serumalbumin durch Kochen mit 25 proc. Salzsäure erhielt, fand Schmiedeberg die procentische Zusammensetzung

C 66,27 Proc., H 5,49 Proc., N 5,57 Proc.

Schwefel war wenig vorhanden. In derselben Weise erhielt er aus Witte-Pepton ein Präparat von der Zusammensetzung

C 60,34 Proc., H 4,86 Proc., N 8,09 Proc., S 0,96 Proc.

Auch bei der Zersetzung der Nucleïnsäure aus Lachsmilch hat Schmiedeberg[1]) eine derartige Melaninbildung beobachtet.

Ueber die Beziehungen zu den Melaninen und anderen thierischen Farbstoffen vergl. bei diesen.

II. Kochen des Eiweiss mit concentrirter Salpetersäure.

v. Fürth[2]) hat kürzlich anlässlich von Versuchen einer Nitrirung von Eiweiss auch eine vollständige Spaltung von Caseïn durch concentrirte Salpetersäure vorgenommen. Von den Spaltungsproducten fand er reichlich, besonders wenn Hornspäne als Ausgangsmaterial gedient hatten, Oxalsäure und ausserdem ein nitrirtes Product, das er wegen seiner Aehnlichkeit mit Schmiedeberg's Melanoidinsäure als Xanthomelanin bezeichnet. Es ist dies ein zerreibliches, schwarzbraunes Pulver von bitterem Geschmack, das in Wasser, Aether und Chloroform schwer löslich ist, leicht dagegen in Aethyl-, Methyl-, Amylalkohol und Aceton, am leichtesten in Eisessig, aus dem es durch Wasser in braunen Flocken gefällt wird. In Natronlauge und Ammoniak löst sich das Xanthomelanin mit rothbrauner Farbe, und ist offenbar der Complex, durch den die Xanthoproteïnreaction der Eiweisskörper bedingt wird. Die procentische Zusammensetzung des Xanthomelanins aus Caseïn fand v. Fürth:

C 59,03 Proc., H 4,93 Proc., N 10,7 Proc., S 0,59 Proc., N O$_2$ 16,86 Proc.

Ueber den Schwefelgehalt vermochte er keine genaue Entscheidung zu treffen. Ein Präparat aus Hornspänen hatte eine etwas abweichende

---

[1]) O. Schmiedeberg, Schmiedeberg's Archiv f. experiment. Pathol. u. Pharmakol. 43, 57 (1899). — [2]) O. v. Fürth, Einwirkung von Salpetersäure auf Eiweissstoffe. Habilitationsschrift, Strassburg 1899.

Zusammensetzung. Durch Reduction der Nitrogruppe mit Zinnchlorür wurde daraus eine Säure gewonnen; beim Schmelzen mit Aetzkali zeigte es deutlichen Indol- bezw. Skatolgeruch; dies bedeutet eine gewisse Aehnlichkeit mit dem Tryptophan. Ferner ist, vielleicht im Zusammenhange hiermit, das Fehlen des Tyrosins unter den Spaltungsproducten des Caseïns mit Salpetersäure bemerkenswerth.

III. Spalten des Eiweiss mit Brom.

Hlasiwetz und Habermann[1]) haben Eiereiweiss mit einem Ueberschuss von Brom in wässeriger Lösung unter Druck erhitzt und dabei aus 100 g Eiweiss erhalten:

        29,9 g Bromoform,
        22   „ Bromessigsäure,
        12   „ Oxalsäure,
        23,8 „ Asparaginsäure (und vielleicht Glutaminsäure),
        22,6 „ Leucin,
         1,5 „ Bromanil.

Ausserdem Kohlensäure in nicht bestimmter Menge. Andere Eiweisse ergaben die gleichen Producte, aber in anderen Zahlenverhältnissen.

IV. Kochen des Eiweiss mit concentrirter Schwefelsäure.

Liebig und Hinterberger[2]) kochten Horn mit verdünnter Schwefelsäure und fanden dabei Leucin und Tyrosin. Später untersuchten Ritthausen und seine Schüler[3]) die Spaltungsproducte, die ihnen pflanzliche Eiweisse beim Kochen mit etwa 50 proc. Schwefelsäure ergaben. Sie fanden stets viel Leucin, Tyrosin, Asparagin- und Glutaminsäure, besonders die letztere in reichlicher Ausbeute. Neuerdings hat dann Kutscher[4]) auch Caseïn in derselben Weise behandelt und dabei dieselben Producte gefunden. Glutaminsäure fand Ritthausen im Mucedin 25 Proc., im Kleber dagegen nur 8,8, und im Legumin 1,5 Proc., im Caseïn Kutscher 1,8 Proc., also erheblich weniger als Cohn bei der Zersetzung durch Salzsäure. Kutscher fand dann ferner die Hexonbasen Lysin, Arginin und Histidin auch bei dieser Spaltung in allen Eiweisskörpern.

Im Leim fand Gähtgens[5]) durch Kochen mit verdünnter (1:8) Schwefelsäure Glycocoll, Leucin, Glutaminsäure und Asparaginsäure.

---

[1]) Hlasiwetz und Habermann, Ann. Chem. Pharm. 159, 304 (1871). — [2]) F. Hinterberger, ibid. 71, 70 (1849). — [3]) F. Ritthausen, Journ. f. prakt. Chem. 103, 233 (1868); Derselbe, ibid. 107, 218 (1869); W. Kreussler, ibid. 107, 240 (1869). — [4]) F. Kutscher, Endproducte der Trypsinverdauung. Habilitationsschrift, Marburg 1899; Derselbe, Zeitschr. f. physiolog. Chem. 28, 123 (1899). — [5]) C. Gähtgens, ibid. 1, 299 (1877).

Durch Zersetzen von Keratin — Hornspänen — mit Schwefelsäure erhielt Emmerling[1]) Cystin.

Anders verläuft die Spaltung der Eiweisskörper durch Kochen mit Schwefelsäure, wenn gleichzeitig durch Hinzufügen von Chromsäure und Mangansuperoxyd eine energische Oxydation stattfindet. Dies wurde von Liebig und Guckelberger[2]) mit Eiereiweiss, Fibrin, Caseïn und Leim versucht, freilich nur die flüchtigen Bestandtheile isolirt. Sie fanden Ameisensäure, Essigsäure, Propionsäure, Buttersäure, Valeriansäure, Capronsäure, ferner ein Aldehyd, Benzoësäure; dann Ammoniak, Bittermandelöl, verschiedene Nitrile; endlich ein „nach Zimmtsäure riechendes, schweres Oel", das vermuthlich aromatische Säuren und Alkohole enthielt.

Wie man sieht, verläuft diese Spaltung weit ähnlicher der durch Alkalien oder der Fäulniss, als die reine Säurespaltung. Es findet vor allem eine secundäre Ammoniakabspaltung aus den Aminosäuren statt.

V. Spaltung des Eiweiss mit concentrirten Alkalien.

(18) M. P. Schützenberger[3]) hat zuerst Eiweiss unter Druck mit einem Ueberschuss von Barythydrat zersetzt. Später hat Maly[4]) seine aus dem Eiweiss entstandenen Körper, Oxyprotsulfosäure und Peroxyprotsulfosäure, in derselben Weise behandelt, und in letzter Zeit haben Hofmeister und Bernert[5]) das Gleiche gethan.

Es wurden erhalten:

1. Leucin, $C_6H_{13}NO_2$, wurde von allen Beobachtern in reichlicher Menge gefunden. Dies Leucin hat den gleichen chemischen Bau, wie das durch Kochen mit Säuren erhaltene. Es ist aber optisch inactiv[6]); aus dem mit Säuren gewonnenen kann durch Erhitzen mit Baryt das inactive gewonnen werden[7]). Dies gilt auch von den anderen Aminosäuren[6])[7])[8]). Schützenberger fand 24 bis 25 Proc. vom Gewicht des Eiweiss.

2. Aminovaleriansäure, $C_5H_{11}NO_2$, wurde von den genannten Autoren, sowie von E. Schulze erhalten, nicht aber von Bernert[5]).

3. Aminobuttersäure, Butalanin, $C_4H_9NO_2$, von Schützenberger gefunden.

4. Aminopropionsäure, Alanin, $C_3H_7NO_2$.

5. Asparaginsäure, $C_4H_7NO_4$.

6. Glutaminsäure, $C_5H_9NO_4$.

---

[1]) A. Emmerling, Sitzungsber. d. d. Naturforscherversamml. 1894, II, 2, S. 391. — [2]) Guckelberger, Ann. Chem. Pharm. **64**, 39 (1848). — [3]) M. P. Schützenberger, Bull. de la Soc. chim. **23**, 161, 193, 216, 242, 385, 433; **24**, 2, 145 (1875). — [4]) R. Maly, Mon.-Hefte f. Chem. **6**, 107 (1885); ibid. **9**, 258 (1888). — [5]) R. Bernert, Zeitschr. f. physiol. Chem. **26**, 272 (1898). — [6]) E. Schulze und E. Bosshard, ibid. **9**, 63 (1884). — [7]) Dieselben, ibid. **10**, 134 (1885). — [8]) M. Siegfried, Ber. deutsch. chem. Ges. **24**, I, 418 (1891).

7. **Tyrosin**, $C_9H_{11}NO_3$, und zwar nach Schützenberger gegen 4 Proc.

8. **Ein Pyridinderivat** wurde von R. Bernert gefunden, doch vergl. S. 39.

9. **Ammoniak.** Schützenberger fand 2,5 bis 4,8 Proc. des Stickstoffs als NH_3. Bereits vor Schützenberger bestimmte Nasse[1]) durch Kochen des Eiweiss mit Barythydrat das dabei gebildete NH_3; er fand stets erheblich mehr als bei der Säurespaltung.

10. **Kohlensäure** entsteht in reichlicher Menge; Schützenberger erhielt aus 100 g Eiweiss 6,3 g.

11. **Oxalsäure**, $C_2H_2O_4$, entsteht ebenfalls reichlich. Schützenberger fand 2,3 g aus 100 g.

12. **Ameisensäure**, CH_2O_2, wurde von Maly gefunden.

13. **Essigsäure**, $C_2H_4O_2$, wurde von allen Beobachtern in reichlicher Menge gefunden.

14. **Buttersäure**, sowie andere höhere Homologe erhielt Bernert.

Ferner fand Schützenberger noch andere Aminosäuren, die er nicht genauer untersuchte, mit niederem Wasserstoffgehalt. Auf die Kossel'schen Hexonbasen wurde nicht geachtet.

Eine Modification der Spaltung mit Alkalien ist auch die Oxydation des Eiweiss mit Kaliumpermanganat[2]). Auf die zuerst von Brücke[3]), später von Maly[4]) und Bernert[2]) erhaltenen Producte, die noch Eiweisscharakter haben, soll hier nicht eingegangen werden. Als Nebenproducte erhielt Bernert:

Essigsäure, Propionsäure, Buttersäure, Valeriansäure, Lysin, Histidin, Pyrrol.

Lossen[5]) erhielt auf diese Art Guanidin, das sonst immer in dem primären Spaltungsproduct Arginin steckt.

Das Kochen mit überhitztem Wasser führt zunächst zu Albumosen und Peptonen. Vergl. S. 121.

Im weiteren Verlaufe ähnelt es dem Kochen mit concentrirten Mineralsäuren. Lubavin[6]) erhielt Leucin und Tyrosin.

VI. Schmelzen des Eiweiss mit Kali in Substanz.

(19) Durch Schmelzen von Eiweisskörpern mit Kali erhielt Bopp[7]) aus Albumin, Fibrin und Casein, Hinterberger[8]) (unter Liebig's Lei-

[1]) O. Nasse, Pflüger's Archiv f. d. ges. Physiol. 6, 589 (1872). — [2]) R. Bernert, Zeitschr. f. physiol. Chem. 26, 272 (1898). — [3]) E. Brücke, Wien. Akad. d. Wiss., Math.-Naturw. Cl., Abtheil. III, 83 (1881), Jan. und Febr. — [4]) R. Maly, l. c. — [5]) W. Lossen, Ann. Chem. Pharm. 201, 369 (1880). — [6]) N. Lubavin, Hoppe-Seyler's Med.-chem. Untersuchungen S. 463 (1871). — [7]) N. Bopp, Ann. Chem. Pharm. 69, 29 (1847). — [8]) F. Hinterberger, ibid., 71, 70 (1849).

tung) aus Horn Leucin, Tyrosin und einen fäcalartig riechenden Körper, offenbar Indol oder Skatol. Später fanden Kühne[1]) und Nencki[2]) Indol, $C_8 H_7 N$, und Skatol[3]), $C_9 H_9 N$.

Sieber und Schoubenko[4]) erhielten auf dieselbe Art Methylmercaptan und Schwefelwasserstoff. Später untersuchte Rubner[5]) sehr zahlreiche Eiweisskörper und eiweissähnliche Substanzen, und fand beim Schmelzen mit Kali wie bei der Trockendestillation stets Methylmercaptan, sowie Schwefelwasserstoff, daneben auch Aethylmercaptan. Er fand Methylmercaptan in Mengen von 0,047 bis 0,945 g auf 100 g der verschiedensten Eiweisse und ähnlicher Substanzen.

VII. Die Trypsinverdauung.

(20) Die Verdauung durch den Magensaft führt nicht zur Bildung von Producten, die nicht mehr eiweissartiger Natur sind[6]). Ebenso scheint sich das Papayotin, ein pflanzliches, Eiweiss spaltendes Ferment[7]), zu verhalten. Beide sind daher hier nicht zu besprechen; von grosser Wichtigkeit ist dagegen

Die Verdauung mit Trypsin.

Dass der Saft der Bauchspeicheldrüse auflösend und spaltend auf Eiweisskörper wirkt, wurde zuerst von Cl. Bernard und Corvisart[8]) beobachtet. Später fand Kühne[9]); dass diese Zersetzung eine sehr weitgehende ist, zur Bildung von krystallinischen Producten, ganz wie die Zersetzung der Eiweisskörper durch siedende Mineralsäuren führt, und dass sie ausschliesslich durch ein von dem Pankreas gebildetes Ferment, das Trypsin, bewirkt wird.

Die Kenntniss der dabei gebildeten Producte, die sich anfangs auf Leucin und Tyrosin beschränkte, wurde durch die Untersuchungen Drechsel's, Kossel's und ihrer Schüler wesentlich erweitert.

Es wurden gefunden:

1. Leucin, auch hierbei das reichlichst entstehende Product. Es wurde von Kühne gefunden und zu etwa 40 Proc. des Eiweiss geschätzt. Es ist dasselbe Leucin, wie das durch Säurespaltung gewonnene, d. h. α-Aminobutylessigsäure und zwar rechtsdrehende[10]);

[1]) W. Kühne, Ber. deutsch. chem. Ges. 8, I, 206 (1875). — [2]) M. Nencki, ibid. 8, I, 336 (1875). — [3]) M. Nencki, Journ. f. prakt. Chem. [2] 17, 97 (1878). — [4]) N. Sieber und G. Schoubenko, Arch. des Sciences biolog. 1, 314 (1892). — [5]) M. Rubner, Arch. f. Hygiene 19, 136 (1893). — [6]) W. Kühne, Verh. des Heidelberger Nat.-med. Vereins (N. F.) I. 236 (1876); Derselbe, Untersuch. des physiol. Instituts Heidelberg II., 1 (1878). — [7]) R. Neumeister, Zeitschr. f. Biolog. 26, 57 (1890). — [8]) L. Corvisart, Sur une fonction peu connue du pancréas, Paris 1857—1858. — [9]) W. Kühne, Virchow's Arch. 39, 130 (1867); Derselbe, Verh. d. Heidelberger Nat.-Med. Vereins (N. F.), I, 236; III, 463 (1886). — [10]) B. Gmelin, Zeitschr. f. physiol. Chem. 18, 21 (1893).

doch hat R. Cohn[1]) gelegentlich ein Leucin mit einem stark abweichenden Schmelzpunkt erhalten.

2. Asparaginsäure wurde zuerst bei der Pankreasverdauung
von Salkowski und Radziejewski[2]) beobachtet, später von
Kutscher[3]) u. A. regelmässig gefunden. Kutscher stellte aus 100 g
Fibrin 1,1 g Asparaginsäure dar.

3. Glutaminsäure wurde zuerst von Knieriem[4]), später von
Kutscher[3]) regelmässig beobachtet; er fand 0,66 g in 100 g Fibrin.

4. Tyrosin wurde von Kühne und allen späteren Beobachtern
gefunden; seine Menge ist etwa gleich der bei der Säurespaltung gewonnenen. Eine quantitative Uebersicht über die aus den verschiedenen Eiweisskörpern entstehenden Tyrosinmengen, die bereits S. 38
erwähnt ist, gaben kürzlich Salkowski und Reach[5]).

5. Arginin wurde zuerst als Lysatinin (cf. S. 37) von Drechsel
und Hedin[6]) bei der tryptischen Zersetzung des Fibrins erhalten,
später als regelmässiges, reichliches Product der Trypsinwirkung von
Kutscher[7]) erkannt. Kutscher[3]) erhielt 3 Proc. des Gewichts vom
Fibrin als Arginin.

6. Lysin, ebenfalls von Drechsel, Hedin[6]) und Kutscher[7])
erhalten, ergab nahezu 4 Proc. des Fibrins[3]).

7. Histidin. Es wurde von Kutscher[7]), aber nur in geringer
Menge[3]), bei jeder Trypsinverdauung gefunden.

8. Ammoniak. Es wurde von Hirschler[8]) und Stadelmann[9]),
neuerdings von Kutscher gefunden.

9. Cadaverin, $C_5H_{14}N_2$, Pentamethylendiamin. Diese von Brieger
als Fäulnissproduct entdeckte Base wurde von Werigo[10]) in einer anscheinend bacterienfreien Pankreasverdauung aufgefunden, und als
pikrinsaures Salz isolirt; ob die Base mit der Brieger'schen identisch
oder isomer ist, war nicht festzustellen. Der Befund bedarf wohl der
Bestätigung.

10. Cystin, $C_6H_{12}N_2S_2O_4$.
Es wurde einmal von Külz[11]) bei der pankreatischen Verdauung
von Fibrin aufgefunden. Baumann und Suter[12]) vermochten weder

---

[1]) R. Cohn, Zeitschr. f. physiol. Chem. 20, 203 (1894). — [2]) E. Salkowski u. S. Radziejewski, Ber. deutsch. chem. Ges. 7, II, 1050 (1874). —
[3]) F. Kutscher, Endproducte der Trypsinverdauung, Marburg 1899 (daselbst zusammenfassende Litteraturübersicht). — [4]) Knieriem, Zeitschr. f.
Biolog. 11, 199 (1875). — [5]) F. Reach, Virchow's Arch. 158, 288 (1899). —
[6]) S. G. Hedin, Arch. f. Anat. und Physiol., Physiol. Abth. 1891, S. 273. —
[7]) F. Kutscher, Zeitschr. f. physiol. Chem. 25, 195 (1898); Derselbe, ibid.
26, 110 (1898). — [8]) A. Hirschler, Z. f. physiol. Chem. 10, 302 (1886). —
[9]) E. Stadelmann, Zeitschr. f. Biolog. 24, 261 (1888). — [10]) B. Werigo,
Pflüger's Arch. f. d. ges. Physiol. 51, 362 (1892). — [11]) E. Külz, Zeitschr. f.
Biolog. 27, 415 (1890). — [12]) F. Suter, Zeitschr. f. physiol. Chem. 20, 564 (1895).

Cystin noch Cysteïn mit Sicherheit wiederzufinden, ohne ihr Vorkommen damit in Abrede stellen zu wollen.

11. Tryptophan oder Proteïnochromogen.

Neben den angeführten Körpern entsteht bei der Trypsinverdauung, ebenso übrigens auch vorübergehend bei der Säurespaltung, ein Farbstoff, beziehentlich dessen Chromogen, von noch unbekannter Constitution. Er wurde zuerst 1831 von Tiedemann und Gmelin, später wieder von Kühne[1]) beobachtet, und von Krukenberg[2]), Stadelmann[3]), Neumeister[4]), Winternitz[5]), in neuerer Zeit insbesondere von Nencki[6]) und seinem Schüler Beitler[7]), sowie von Hofmeister und Kurajeff[8]) untersucht. Der Name Proteïnochromogen stammt von Stadelmann, dem Nencki u. A. folgen; Neumeister hat den bequemeren Namen Tryptophan eingeführt.

Wenn man zu der, von ungelöstem Eiweiss befreiten, angesäuerten Lösung der tryptischen Verdauungsproducte Chlor- oder Bromwasser hinzusetzt, so entsteht eine violette Färbung, bei stärkerer Concentration scheidet sich ein Niederschlag aus, der aus der Chlor- oder Bromverbindung des betreffenden Körpers besteht. Das Proteïnochromogen wird, nach Beitler, von allen untersuchten Fällungsmitteln nur von Phosphorwolframsäure gefällt, von den Metallsalzen aber zerstört; es ist mit Wasserdämpfen nicht flüchtig, kann nicht ausgesalzen werden, und giebt keine der Farbenreactionen des Eiweiss. Gegen Säuren oder siedendes Wasser ist es sehr beständig, wird aber von Alkalien leicht zersetzt. — Das Chlor- oder Bromproteïnochrom verhält sich gegen Säuren und Alkalien wie das Chromogen; es ist in Wasser fast unlöslich, ebenso in Chloroform, Benzol, Aether und Petroläther, in starkem Alkohol sehr schwer, leichter löslich in verdünntem Alkohol, leicht löslich in Essigester und Amylalkohol, in dem es häufig untersucht worden ist; das Ausschütteln mit Amylalkohol ist bei saurer, wie bei alkalischer Reaction möglich. Was die Färbung betrifft, so existiren zweifellos mehrere Körper, die aber mindestens theilweise durch Oxydation, längeres Stehen u. s. w. in einander übergehen können. Ob es sich aber um zwei Körper, einen rothen und einen braunvioletten, wie Nencki meint, oder um drei handelt, einen rothen, einen blauvioletten und einen schwarzen, wie Kurajeff angiebt, ist einstweilen nicht festzustellen. Der rothe Farbstoff, der bis jetzt am reinsten dargestellt zu sein scheint, giebt in amylalkoholischer Lösung einen Absorptionsstreifen zwischen 571 und 540 $\mu\mu$; die übrigen geben keine charakteristischen

[1]) W. Kühne, Verh. des naturh. med. Vereins Heidelberg, N. F., I, 236; III, 467 (1886). — [2]) Krukenberg, Verh. der phys. medicin. Ges. zu Würzburg 1884, S. 179. — [3]) E. Stadelmann, Zeitschr. f. Biolog. 26, 491 (1890). — [4]) R. Neumeister, ibid. 26, 324 (Anm. S. 329 ff.) (1890). — [5]) H. Winternitz, Zeitschr. f. physiol. Chem. 16, 460 (1892). — [6]) Nencki, Ber. deutsch. chem. Ges. 28, I, 560 (1895). — [7]) C. Beitler, ibid. 31, II, 1604 (1898). — [8]) D. Kurajeff, Zeitschr. f. physiol. Chem. 26, 501 (1899).

Spectra. Auch in ihren Löslichkeitsverhältnissen zeigen die einzelnen, verschieden gefärbten Körper Differenzen.

Was die Zusammensetzung anlangt, so ist es sehr schwierig, die Tryptophane von den Resten zerfallender Peptons und anderen Körpern zu befreien, auch sind zweifellos meist Gemenge zweier oder mehrerer Farbstoffe analysirt worden, die sich durch ihren Brom- wie durch ihren Schwefelgehalt beträchtlich unterscheiden. So erhielt Kurajeff für seinen ersten Farbstoff:

$$C\ 49,7,\ H\ 3,25,\ N\ 10,67,\ Br\ 24,89,$$

während Nencki und Beitler den Halogengehalt erheblich niedriger fanden. Schwefel enthält der Körper, wie Kurajeff zeigte und womit auch Nencki übereinstimmt, nicht. Als Spaltungsproducte ergaben sich Körper der Indolgruppe und Pyrrol. Kurajeff vermuthet das Tryptophan daher als Indolabkömmling, während Nencki, wie früher schon Krukenberg, Beziehungen zu thierischen Pigmenten annimmt.

Ob mit den genannten alle Producte, die durch Trypsinverdauung aus dem Eiweiss hervorgehen, erschöpft sind, scheint sehr fraglich. Wahrscheinlich werden sich in den Mutterlaugen der krystallinisch gewonnenen Körper noch mehrere andere finden lassen. Die Frage war ohne wesentliche Bedeutung, so lange es schien, als würde durch das Trypsin nur ein Theil des Eiweiss zersetzt, während die volle Hälfte des Eiweiss als „Antipepton", d. h. als ein noch eiweisshaltiger Körper zurückblieb [1]). Da nach den neuesten Untersuchungen von Kossel und Kutscher die Spaltung weiter geht, vielleicht bis ans Ende verläuft, d. h. keine eiweissartigen Producte übrig lässt, gewinnt die Frage sehr an Wichtigkeit für die Aufklärung der Constitution des Eiweiss. Denn da die Fermentspaltung zweifellos der wenigst eingreifende Vorgang ist, kann man aus ihr am leichtesten eine quantitative Uebersicht der nicht oder wenig veränderten Bruchstücke des Eiweissmoleculs erwarten. Bis jetzt sind freilich noch eine Menge unbekannter Producte übrig, da das Gemenge von Säuren und Basen sich gegenseitig am Krystallisiren hindert [2]) und die Untersuchung so ausserordentlich erschwert.

VIII. Zersetzung des Eiweiss durch Fäulniss.

(21) Alle Eiweisskörper werden durch die überall vorhandenen Bacterien sehr leicht zersetzt. Dieselbe Zersetzung, unter Bildung der charakteristisch riechenden Fäulnissproducte, tritt auch im Darmcanal lebender Thiere, niemals dagegen in den lebenden Organen oder Geweben, ein. Die bei der Fäulniss aus den verschiedenen Eiweiss-

---

[1]) W. Kühne, Heidelberger Verein I, 236 (1876). — [2]) F. Kutscher, Zeitschr. f. physiol. Chem. 28, 123 (1899); F. Hofmeister, Ann. Chem. Pharm. 189, 6 (1877).

körpern entstehenden Producte, insbesondere diejenigen der aromatischen Reihe, sind eine Zeit lang von E. und H. Salkowski[1]), Baumann[2]), Brieger[3]), Nencki[4]) u. A. sehr eifrig untersucht worden, und zwar zunächst ohne Rücksicht auf die Bacterienarten, deren Stoffwechsel die betreffenden Körper entstammen. Seit in letzter Zeit die Fortschritte der Bacteriologie die grossen Differenzen der einzelnen Mikroorganismen gezeigt haben, sind derartige Untersuchungen seltener geworden und man hat mehr die specifische Wirkung einzelner Arten betont [Kühne[5]), E. Fischer und Emmerling[6]), Nencki[7]) und seine Schüler, Kerry[8])].

Bei der gewöhnlichen Fäulniss durch „ubiquitäre" Bacterien wurden gefunden:

1. **Indol, C_8H_7N.** Es bedingt, gemeinsam mit dem Skatol, den charakteristischen Geruch der Fäcalien. Es wurde von Nencki[9]) im Harn gefunden, dann von Kühne[10]) direct aus Eiweiss erhalten, und von Nencki[11]) zuerst rein dargestellt. Nencki[12]) und Brieger[13]) fanden es dann bei allen beobachteten Fäulnissprocessen, im faulenden[14]) Eiter und den Excrementen[13]). E. und H. Salkowski erhielten Indol und das folgende Skatol in Mengen von 2 bis 11,6 Proc. des benutzten Eiweiss. Es entsteht nach ihnen nicht direct aus dem Eiweiss, sondern secundär aus einer Vorstufe, ist schon am zweiten Tage reichlich vorhanden, um dann wieder abzunehmen. Indol entsteht durch den Stoffwechsel der Tuberkelbacillen[5]), dagegen nicht der Streptococcen[6]).

2. **Skatol, C_9H_9N, Methylindol.** Es wurde zuerst von Brieger[13])[17]) als Begleitproduct des Indols erkannt und beschrieben[15]). Es entsteht besonders reichlich bei der Fäulniss des Gehirns[16]), kommt stets gemeinsam mit dem Indol vor, aber in wechselnder Menge, nach Salkowski wechselnd je nach der Art des Eiweiss wie der Bacterien. In

---

[1]) E. und H. Salkowski, Zur Kenntniss der Eiweissfäulniss (Zusammenfassung ihrer früheren Arbeiten), Zeitschr. f. physiol. Chem. 8, 417 (1884); 9, 8 (1884); 9, 491 (1885). — [2]) E. Baumann, ibid. 4, 304 (1880). — [3]) L. Brieger, ibid. 3, 134 (1879). — [4]) M. Nencki, Ber. deutsch. chem. Ges. 8, I, 336 (1875). — [5]) W. Kühne, Erfahrungen über Albumosen und Peptone III; Zeitschr. f. Biolog. 29, 1 (1892); Derselbe, Proteïne des Tuberculins, ibid. 30, 221 (1894). — [6]) O. Emmerling, Ber. deutsch. chem. Ges. 30, II, 1863 (1897). — [7]) M. Nencki, Monatsh. f. Chem. 10, 506 (1889); M. Nencki und N. Sieber, ibid. 10, 526 (1889); L. Nencki, ibid. 10, 862 (1889); L. Selitrenny, ibid. 10, 908 (1889). — [8]) R. Kerry, Monatsh. f. Chem. 10, 864 (1889). — [9]) M. Nencki, Ber. deutsch. chem. Ges. 7, II, 1593 (1874). — [10]) W. Kühne, ibid. 8, I, 206 (1875). — [11]) M. Nencki, ibid. 8, I, 336 (1875). — [12]) Derselbe, ibid. 10, I, 1032 (1877). — [13]) L. Brieger, ibid. 10, I, 1027 (1877). — [14]) Derselbe, Zeitschr. f. physiol. Chem. 5, 366 (1881). — [15]) L. Brieger, Ber. deutsch. chem. Ges. 12, II, 1986 (1879). — [16]) M. Nencki, Zeitschr. f. physiol. Chem. 4, 371 (1880); Derselbe, Centralbl. f. d. med. Wiss. 1878, Nr. 47. — [17]) L. Brieger, Journ. f. prakt. Chem. [2] 17, 124 (1877).

allen älteren Untersuchungen ist das sogenannte Indol ein Gemenge von Indol und Skatol gewesen.

Im Harn erscheinen beide als Indoxyl- resp. Skatoxylschwefelsäure[1]), das sogenannte Harnindican, das daher bei gesteigerter Darmfäulniss vermehrt ist [Salkowski[2]), Brieger[3])].

3. **Skatolcarbonsäure**, $C_{10}H_9NO_2$. Sie wurde, zusammen mit den vorhergehenden, von E. und H. Salkowski als regelmässiges Product der Eiweissfäulniss gefunden[4]).

4. **Skatolessigsäure**, $C_{11}H_{11}NO_2$. Sie wurde von Nencki unter den bei Anaërobiose gebildeten Fäulnissproducten des Rauschbrandbacillus und anderer anaërober Bacterienarten, später von Salkowski[5]) auch bei gewöhnlichen Fäulnissprocessen aufgefunden.

Diese vier Fäulnissproducte entstammen nach Nencki einer vermutheten, aber noch nicht aufgefundenen Skatolaminoessigsäure; die Skatolgruppe ist bisher nur bei der Fäulniss und bei der Kalischmelze gefunden worden, aber weder bei der Säurespaltung, noch der Trypsinverdauung, oder der Spaltung durch Kochen mit Alkalien.

5. **Phenylpropionsäure**, $C_9H_{10}O_2$, Hydrozimmtsäure. Sie wurde von E. und H. Salkowski[6]) gefunden; im Stoffwechsel wird sie zur Hippursäure[7]).

6. **Phenylessigsäure**, $C_8H_8O_2$. Sie wurde, mit der vorhergehenden, gemeinsam von E. und H. Salkowski[6]) bei der gewöhnlichen Eiweissfäulniss gefunden; im Organismus wird sie zu Phenacetursäure[7]).

7. **Phenyläthylamin**, $C_8H_{11}N$. Es wurde von Nencki bei der anaërobiotischen Fäulniss gefunden, allerdings nicht mit Sicherheit identificirt.

Die drei letztgenannten Körper, sowie die bei Fäulnissprocessen noch nicht beobachtete Benzoësäure, sind nach Nencki und Salkowski[7]) Abbauproducte der Phenylaminopropionsäure.

8. **Para-Oxyphenylpropionsäure**, $C_9H_{10}O_3$, Hydroparacumarsäure. Sie wurde von Baumann[8]) aus faulendem Tyrosin, dann von E. und H. Salkowski[4]) direct aus Eiweiss erhalten, von Brieger[9]) auch im Eiter gefunden.

9. **Para-Oxyphenylessigsäure**, $C_8H_8O_3$. Sie wurde ebenfalls von E. und H. Salkowski[6]) [10]) gefunden.

---

[1]) E. Baumann u. L. Brieger, Zeitschr. f. physiol. Chem. 3, 284 (1879); L. Brieger, ibid 4, 414 (1880). — [2]) E. Salkowski, Ber. deutsch. chem. Ges. 9, I, 138 (1876); 9, II, 1598 (1876); 10, II, 842 (1877). — [3]) L. Brieger, Z. f. physiol. Chem. 2, 241 (1878). — [4]) E. und H. Salkowski, Ber. deutsch. chem. Ges. 13, I, 189 (1880); 13, II, 2217 (1880), sowie loc. cit. — [5]) E. Salkowski, Zeitschr. f. physiol. Chem. 27, 302 (1899). — [6]) E. und H. Salkowski, Ber. deutsch. chem. Ges. 12, I, 648 (1879). — [7]) Dieselben, Zeitschr. f. physiol. Chem. 9, 491 (1885). — [8]) E. Baumann, Ber. deutsch. chem. Ges. 12, II, 1450 (1879). — [9]) L. Brieger, Zeitschr. f. physiol. Chem. 5, 366 (1881). — [10]) H. Salkowski, Ber. deutsch. chem. Ges. 12, II, 1438 (1879).

10. **Kresol, C_7H_8O.** Es wurde von Baumann und Brieger[1]) als ständiger Begleiter des Phenols, meist in überwiegender Menge, gefunden; es ist in der Regel Parakresol, doch hat Baumann[2]) einmal auch Orthokresol gefunden, das dann wohl einen anderen Ursprung haben muss.

11. **Phenol, C_6H_6O.** Es wurde 1876 von Salkowski[3]) bei Darmverschluss im Harn gefunden, dann von Baumann[4]) durch Fäulniss aus Eiweiss gewonnen. Brieger[5]) fand es in den Fäcalien; aus 100 g Eiweiss vermochte er 0,3 g Phenol und Kresol darzustellen, bei Luftabschluss weniger[6]).

Die vier letztgenannten Körper sind Abbauproducte des primär aus dem Eiweiss entstehenden Tyrosins oder der Para-Oxyphenylaminopropionsäure[7]); sie treten im Harn als gepaarte Schwefelsäuren[8]) auf. Die drei aromatischen Gruppen des Eiweiss werden also durch Bacterien in analoger Weise abgebaut; die Abbauproducte sind nahezu alle bekannt.

12. **Oxymandelsäure, $C_8H_8O_4$,** wurde einmal von Schultzen und Ries[9]) in vermuthlich faulender Leber gefunden.

Weniger häufig als diese Benzolderivate sind die anderen Fäulnissproducte untersucht.

13. **Bernsteinsäure, $C_4H_6O_4$.** Sie ist ein sehr häufig beobachtetes Product der Fäulniss[10]). Blumenthal[10]) erhielt sie in Mengen bis zu 2 g aus 100 g Eiweiss. Brieger[11]) fand sie in zersetztem Eiter.

14. **Buttersäure, $C_4H_8O_2$,** und

15. **Valeriansäure, $C_5H_{10}O_2$,** wurden bei der Fäulniss von L. Brieger[12]) und E. und H. Salkowski[13]) beobachtet, von Ersterem in den Fäces auch die ·

16. **Capronsäure, $C_6H_{12}O_2$.**

17. **Aminovaleriansäure, $C_5H_{11}NO_2$,** und zwar δ-Aminovaleriansäure. Sie wurde von H. Salkowski[14]) bei der Fäulniss von

---

[1]) E. Baumann u. L. Brieger, Zeitschr. f. physiol. Chem. 3, 149 (1879). — [2]) E. Baumann, Z. f. physiol. Chem. 6, 183 (1882). — [3]) E. Salkowski, Ber. deutsch. chem. Ges. 9, I, 138 (1876); 9, II, 1598; 10, I, 842 (1877). — [4]) E. Baumann, Zeitschr. f. physiol. Chem. 1, 60 (1877). — [5]) L. Brieger, Ber. deutsch. chem. Ges. 10, I, 1027 (1877); Zeitschr. f. physiol. Chem. 2, 241 (1878). — [6]) L. Brieger, ibid. 3, 134 (1879). — [7]) E. und H. Salkowski, ibid. 9, 491 (1885); E. Baumann, ibid. 7, 282, 553 (1883). — [8]) E. Baumann und E. Herter, ibid. 1, 244 (1877). — [9]) Schultzen und Ries, Acute gelbe Leberatrophie etc., Berlin 1869. — [10]) F. Blumenthal, Virchow's Archiv 137, 539 (1894). (Daselbst auch die ältere Litteratur.) — [11]) L. Brieger, Zeitschr. f. physiol. Chem. 5, 366 (1881). — [12]) Derselbe, Journ. f. prakt. Chem. (2) 17, 124 (1878). — [13]) E. und H. Salkowski, Ber. deutsch. chem. Ges. 12, I, 107 (1879). — [14]) Dieselben, ibid. 16, I, 1191 u. II, 1802 (1883); H. Salkowski, ibid. 31, II, 776 (1898).

Fleisch und Leim gewonnen und unterscheidet sich von den anderen Aminosäuren der Eiweissspaltung, die die NH_2-Gruppe in der α-Stellung haben. Sie geht wahrscheinlich secundär aus der Guanidinamino-valeriansäure, dem Arginin, hervor.

18. Putrescin, $C_4H_{12}N_2$, Tetramethylendiamin.

19. Cadaverin, $C_5H_{14}N_2$, Pentamethylendiamin. Diese beiden Diamine oder Ptomaïne, die übrigens trotz ihrer furchtbaren Namen physiologisch indifferent sind, wurden von Brieger[1]) gefunden. Wie Ellinger[2]) gezeigt hat, ist das Putrescin ein Abbauproduct des Ornithins, beziehentlich des Arginins, das Cadaverin des Lysins.

20. Schwefelwasserstoff. Es ist ein seit alters bekanntes Product der Eiweissfäulniss.

21. Methylmercaptan, CH_4S. Es wurde neben Schwefelwasser-stoff von E. und H. Salkowski[3]) beobachtet, sowie von Baumann[4]) und Rubner[5]).

Die Ptomaïne und andere Fäulnissproducte werden an anderer Stelle dieses Werkes besprochen werden.

Neben den aufgezählten Fäulnissproducten, die ganz oder einiger-maassen für die Fäulniss charakteristisch sind, wurden auch die meisten anderen sonst bekannten Spaltungsproducte, wie Leucin, Tyrosin etc. gelegentlich oder regelmässig bei der Fäulniss beobachtet. Alle diese Körper finden sich auch im faulenden Darminhalt der lebenden Thiere, zumal der Fleischfresser; die meisten Fäulnissversuche sind als Nach-ahmung dieser Darmfäulniss, thunlichst mit den gleichen Bacterien an-gestellt worden.

Im Gegensatz dazu hat Hoppe-Seyler[6]) die Bacterien des Cloaken-schlammes auf Fibrin einwirken lassen; er fand Leucin, Tyrosin, Indol, Buttersäure — und vielleicht ihre niederen und höheren Homologen — Ammoniak und Kohlensäure.

Anders verläuft die Zersetzung, wenn man andere, bestimmte Bacterien auf Eiweiss einwirken lässt.

So erhielt C. T. Mörner[7]) aus dem „Gährströmling", einem skandi-navischen Nahrungsmittel, das durch Einwirkung offenbar ganz be-stimmter Mikroorganismen auf gesalzene Fische entsteht, neben Leucin, Mercaptan, Schwefelwasserstoff und Kohlensäure die sämmt-lichen Fettsäuren von der Ameisen- bis zur Capronsäure, ferner viel

[1]) L. Brieger, Ptomaïne III, Berlin 1886. — [2]) A. Ellinger, Ber. deutsch. chem. Ges. 31, III, 3183 (1898); 32, III, 3542 (1899). — [3]) E. und H. Salkowski, ibid. 12, I, 648 (1879). — [4]) E. Baumann, Zeitschr. f. physiol. Chem. 20, 583 (1895). — [5]) M. Rubner, Arch. f. Hygiene 19, 136 (1893). — [6]) F. Hoppe-Seyler, Pflüger's Arch. f. d. ges. Physiolog. 12, 1 (1876); Derselbe, Zeitschr. f. physiol. Chem. 2, 1 (1878). — [7]) C. T. Mörner, ibid. 22, 514 (1896).

Ammoniak, Mono-, Di- und Trimethylamin; freilich ist nicht von allen diesen ihre Herkunft aus dem Eiweiss erwiesen.

Thierfelder und Zoja[1]) erhielten durch Einwirkung anaërober Bacterien auf Elastin zwar die aromatischen Oxysäuren, aber kein Indol und Skatol, von den Fettsäuren nur Butter- und Valeriansäure, und neben sehr viel Kohlensäure etwas Mercaptan, Wasserstoff und Methan.

O. Emmerling[2]) endlich fand als Zersetzungsproducte, bewirkt durch den Streptococcus longus, Leucin, Tyrosin, die Fettsäuren von der Essigsäure bis zur Capronsäure, Bernsteinsäure, ein Pyridinderivat (?) und Methylamin, dagegen kein Indol, Skatol und Phenol.

Bei der anaërobiotischen Fäulniss, wie sie Nencki und seine Schüler beschrieben haben, werden von Gasen Wasserstoff, Kohlensäure, Schwefelwasserstoff und Methylmercaptan stets gefunden. Kerry fand bei der Eiweisszersetzung durch den anaërobiotischen Bacillus des malignen Oedems auch Ammoniak und Methan. Der Grund liegt in der Verschiedenheit des Stoffwechsels der Bacterienarten. Durch diese Nencki'schen Untersuchungen wurden auch die früheren Beobachtungen über die verschiedenen aromatischen Stoffe erst völlig aufgeklärt.

Früher wurde, von Kühne[3]) und Nencki[4]), darauf hingewiesen, dass die Spaltung durch Bacterien eine erhebliche Aehnlichkeit mit der Zersetzung des Eiweiss bei der Kalischmelze habe; einmal treten bei beiden reichlich die stickstofffreien Producte auf, und dann sind nur bei diesen Processen bisher Indol und Skatol beobachtet worden. Doch ist es nach den Untersuchungen Nencki's wohl wahrscheinlich, dass die wenig charakteristische Muttersubstanz dieser Körper, die Skatolaminoessigsäure, nur bei den sonstigen Spaltungen übersehen worden ist, da sie sich nicht so auffällig bemerkbar macht, wie ihre flüchtigen, stark riechenden Abkömmlinge Indol und Skatol. Was das Auftreten der stickstofffreien Producte anlangt, so ist nach Nencki — und die älteren Angaben Hoppe-Seyler's stimmen ganz damit überein — der Vorgang so aufzufassen: Das Eiweiss zerfällt, jedenfalls unter dem Einflusse von Fermenten, die von den Bacterien producirt werden oder in ihrem Leibesinneren wirksam sind, in ganz ähnlicher Weise wie bei der Trypsinverdauung; alsdann aber entwickelt sich vor Allem ein Reductionsprocess, der vielleicht durch Wasserstoff in statu nascendi, dessen Auftreten ja wiederholt beobachtet wurde, bewirkt wird. Das erste, was bei allen Fäulnissvorgängen geschieht, ist in Folge dessen eine Abspaltung von Aminogruppen: aus Asparagin wird, wie Hoppe-Seyler beobachtete, Asparaginsäure, aus dieser Bernsteinsäure; aus

[1]) S. Zoja, Zeitschr. f. physiol. Chem. 23, 236 (1897). — [2]) O. Emmerling, Ber. deutsch. chem. Ges. 30, II, 1863 (1897). — [3]) W. Kühne, ibid. 8, I, 206 (1875). — [4]) M. Nencki, Journ. f. prakt. Chem (2) 17, 105 (1878).

der Skatolaminoessigsäure, der Phenylaminopropionsäure und der p-Oxyphenylaminopropionsäure werden zunächst die einfachen Säuren. Hierher gehört auch die Bildung der δ-Aminovaleriansäure aus dem
Arginin; die in der α-Stellung stehende Aminogruppe wird wie bei den
anderen Aminosäuren entfernt, die andere Aminogruppe, die zu dem
Guanidincomplex gehört, hat eine andere Bedeutung.   Dann aber
kommt es vielleicht eher zu Vorgängen, wie sie Drechsel[1]) für den
stufenweisen Abbau der Capronsäure durch abwechselnde Oxydation
und Reduction, hervorgerufen durch Wechselströme, beschrieben hat,
und wobei alle niederen Homologen der Capronsäure, aber auch die
betreffenden Alkohole, Oxysäuren und zweibasischen Säuren nach einander und neben einander entstehen.   Ebenso nimmt Nencki[2]) an,
dass aus der p-Oxyphenylpropionsäure der Reihe nach die Oxyphenyl-
essigsäure, das Kresol, die Oxybenzoësäure und das Phenol hervorgingen;
das Gleiche gilt von den anderen aromatischen Säuren.   Eine derartige
Abspaltung der endständigen Carboxylgruppe hat auch Ellinger[3])
bei der Bildung des Tetra- und Pentamethylendiamins aus der Diamino-
valerian- und Diaminocapronsäure beobachtet.   Beide Processe, die Abspaltung der Aminogruppen und die stufenweise Zerstörung der stickstofffreien Säuren, kommen auch bei der Alkalizersetzung vor, und darauf
beruht die Aehnlichkeit eines Theiles der bei Fäulniss und der Kalischmelze gefundenen Producte.

Wie vorsichtig man bei etwaigen Schlüssen aus diesen Spaltungsproducten auf die Constitution des Eiweiss sein muss, beweist die Beobachtung Rubner's[4]), dass Methylmercaptan von den Fäulnissbacterien
synthetisch gebildet wird.   Es finden eben fortwährend secundäre
Processe statt.   So betont Baumann[5]), dass die uns bekannten
schwefelhaltigen Eiweissabkömmlinge sämmtlich secundäre Producte
sind, Mercaptan, Aethylsulfid, Thiomilchsäure, Cystin u. s. w.

IX. Spaltung der Eiweissstoffe durch den Stoffwechsel der Thiere.

(22) Alle Eiweissstoffe werden im Stoffwechsel der Säugethiere zu
Wasser, Kohlensäure, Ammoniak und Schwefelsäure verbrannt, Ammoniak und ein Theil der Kohlensäure werden synthetisch zu Harnstoff[6])
vereinigt und verlassen als solcher den Körper.   Im Organismus der
Vögel und Reptilien erfolgt die Oxydation und Spaltung zum Theil nur

---

[1]) E. Drechsel, Sitzungsber. d. Sächs. Akad. d. Wiss. 1886, S. 170. —
[2]) M. Nencki, Monatsh. f. Chem. 9, 506 (1889). — [3]) A. Ellinger, Ber.
deutsch. chem. Ges. 31, III, 3183 (1898); 32, III, 3542 (1899). — [4]) M. Rubner, Arch. f. Hygiene 19, 138 (1893). — [5]) E. Baumann, Zeitschr. f. physiol. Chem. 20, 583 (1895). — [6]) W. v. Schröder, Arch. f. exp. Pharmak.
u. Patholog. 15, 364 (1882).

bis zur Milchsäure, und diese vereinigt sich mit Ammoniak und Kohlensäure synthetisch zu Harnsäure, dem stickstoffhaltigen Endproduct des
Stoffwechsels dieser Thiere [1]). Die Zwischenproducte dieser Spaltungen
sind nicht mit Sicherheit bekannt. Drechsel[2]) vermuthet, dass das
Eiweiss zunächst in Aminosäuren und Diaminosäuren der aromatischen
und der Fettreihe gespalten würde, die dann zu Ammoniak und Fettsäuren würden; die letzteren aber würden durch abwechselnde Oxydation und Reduction zu Kohlensäure verbrannt, wobei die verschiedensten
ein- und mehratomigen, ein- und mehrbasischen niederen Fettsäuren als
Zwischenproducte auftreten würden; er hat diesen vermutheten Vorgang auch experimentell nachgeahmt. Ludwig und Gaglio[3]) fanden
auch im Blute von Hunden stets Milchsäure als ein solches Zwischenproduct; bei der Stoffwechselanomalie des Diabetes mellitus treten Oxybuttersäure, Acetessigsäure und Aceton als solche auf[4]), wobei freilich
nicht entschieden ist, ob es sich nur um die mangelhafte Weiteroxyda-
tion von Producten des normalen Stoffwechsels handelt, oder ob die
Eiweissspaltung dabei anders verläuft als in der Norm. Von grossem
Interesse ist ferner die durch Cremer, E. Voit u. A. gefundene Thatsache, dass ein grosser Theil des Eiweisskohlenstoffs, nach den neuesten
Angaben mindestens 80 Proc., „durch die Glycogenstufe geht", d. h.
also zu einem Kohlehydrat wird. Auch die Beobachtungen am Phlorid-
zindiabetes lassen sich kaum anders deuten: wenn der allgemeinen Annahme entsprechend das Phloridzin so wirkt, dass es die Niere durch-
lässiger für Zucker macht, so muss die grosse im Harn enthaltene
Zuckermenge auch in der Norm als Zucker vorhanden sein. Für
gewöhnlich wird sie weiter verbrannt, hier verlässt sie den Körper; es
muss also auch in der Norm so viel Zucker, wie er beim Phloridzin-
diabetes gebildet werden kann, aus Eiweiss entstehen.

Also muss, dies scheint sicher zu sein, der grösste Theil des
Eiweiss, und zwar offenbar schon recht früh im Beginne des Stoffwechsels, zu Zucker werden, d. h. einem stickstofffreien Product. Damit
stimmt überein, dass die Stickstoffausscheidung im Harn ausserordentlich rasch erfolgt[5]); viel rascher als die Kohlenstoffausscheidung. Es
scheint hiernach im höchsten Maasse wahrscheinlich, wo nicht sicher,
dass die Eiweissspaltung im thierischen Organismus so verläuft, dass
ein grosser Theil des Stickstoffs als Ammoniak oder eine andere Verbindung abgespalten, und der stickstofffreie Rest des Moleculs für sich
weiter oxydirt wird, wobei wieder ein sehr grosser Antheil zu Zucker
werden muss. Es liegt nahe, an die Hexonkörper, Leucin, Histidin

[1]) O. Minkowski, Arch. f. experim. Pharmak. u. Pathol. 21, 41 (1886);
31, 214 (1893). — [2]) E. Drechsel, Arch. f. Anat. u. Physiol., Physiol. Abthl.
1891, S. 248. — [3]) G. Gaglio, ibid. 1886, S. 400. — [4]) Magnus-Levy,
Schmiedeberg's Arch. f. experim. Patholog. u. Pharmak. 42, 149 (1899). —
[5]) J. Frentzel, Arch. f. Anat. u. Physiol., Physiol. Abthl. 1899, S. 383.
Verh. d. Berliner physiol. Ges.

und Lysin zu denken, die bei allen Eiweissspaltungen in reichlicher
Menge entstehen; wie durch den Bacterienstoffwechsel würde aus ihnen
auch im Stoffwechsel der höheren Thiere Ammoniak abgespalten und
die sechsatomige Kohlenstoffkette dann zu Zucker oxydirt werden.
Dass Leucin vom Körper in Glycogen verwandelt werden kann, ist nach
R. Cohn [1]) möglich.   Auch die von Schmiedeberg [2]), Külz [3]) u. A.
festgestellte Thatsache, dass der thierische Organismus jeder Zeit im
Stande ist, beliebige Mengen Glycuronsäure zur Verfügung zu stellen,
steht hiermit im Zusammenhange.   Die weitere Oxydation des Kohlenstoffs des Eiweiss im Thierkörper würde dann in derselben Weise verlaufen, wie die der Kohlehydrate.   Die aromatischen Complexe des
Eiweiss dürften sich nicht wesentlich anders als die Körper der Fettreihe verhalten [4]); die geringen Mengen von Phenol, Indol etc., die im
Harn auftreten, entstammen gar nicht dem thierischen Stoffwechsel,
sondern der Darmfäulniss.

Von den normalen Endproducten ist noch das von Abel im Harn
von Hunden beobachtete Aethylsulfid [5]), sowie das gelegentlich auftretende Methylmercaptan und Cystin zu erwähnen.   Dass der Organismus immer im Stande ist, Cystin abzuspalten, haben Baumann
und Preusse [6]), sowie Jaffé [7]) gezeigt, woraus mit grosser Wahrscheinlichkeit gefolgert werden muss, dass das Cystin oder eine ihm
sehr nahe stehende Substanz ein normales Product des intermediären
Stoffwechsels ist.

Ferner ist die von Jaffé [8]) im Harn der Vögel gefundene Diaminovaleriansäure, das Ornithin, zu erwähnen, welches in jüngster Zeit
dadurch an Wichtigkeit gewonnen hat, dass das als allgemeines Eiweiss-
spaltungsproduct bekannte Arginin als eine Verbindung von Guanidin
mit Ornithin von E. Schulze [9]) erkannt worden ist.

X. Zersetzung des Eiweiss im Stoffwechsel der Pflanzen.

(23) Von grosser Bedeutung sind die von E. Schulze [10]) und
seinen Schülern ermittelten Umwandlungsproducte des Eiweiss in
keimenden Pflanzen.   Sie hatten in Keimlingen von Kürbis, Lupinen und

---

[1]) R. Cohn, Zur Frage der Zuckerbildung aus Eiweiss, Zeitschr. f. physi-
siol. Chem. 28, 211 (1899). — [2]) O. Schmiedeberg, Schmiedeberg's Arch.
f. experim. Patholog. u. Pharmak. 14, 288 (1881). — [3]) E. Külz, Pflüger's
Arch. f. d. ges. Phys. 30, 484 (1883); Derselbe, Zeitschr. f. Biol. 23, 475
(1887). — [4]) E. Drechsel, Der Abbau der Eiweissstoffe, Arch. f. Anat. u.
Physiol., Physiol. Abthl. 1891, S. 248. — [5]) J. Abel, Zeitschr. f. physiol.
Chem. 20, 251 (1895). — [6]) Baumann und Preusse, Ber. deutsch. chem.
Ges. 12, I, 806 (1879). — [7]) Jaffé, ibid. 12, I, 1092 (1879). — [8]) Derselbe,
ibid. 10, II, 1925 (1877); 11, I, 406 (1878). — [9]) E. Schulze u. E. Winterstein, ibid. 30, III, 2879 (1897); Dieselben, Zeitschr. f. physiol. Chem. 26,
1 (1898). — [10]) Eine Zusammenfassung der früheren Arbeiten steht: Zeitschr.
f. physiol. Chem. 24, 18 (1897) und 26, 411 (1899).

anderen grünen Pflanzen eine ganze Reihe von stickstoffhaltigen krystallinischen Producten, theils Ammoniak, theils Monoaminosäuren, theils Diaminosäuren und noch complicirtere Körper gefunden; dieselben schienen anfangs ganz regellos in den verschiedenen Arten, aber auch bei ein und derselben Art zu verschiedenen Zeiten und bei den einzelnen Exemplaren in wechselnder Weise vorzukommen, bis es endlich gelang, den Zusammenhang aufzuklären. Das Eiweiss zerfällt bei den raschen Umsetzungen, wie sie das Keimen bedingt, vermuthlich durch Vermittelung von Enzymen, die in den Pflanzenzellen wirksam sind, in Albumosen, in Peptone und endlich in Spaltungsproducte, die eine grosse Aehnlichkeit mit den bei der tryptischen Verdauung oder der Säurespaltung des Eiweiss gebildeten haben. E. Schulze fand:

1. Leucin, $C_6H_{13}NO_2$, Aminocapronsäure.
2. Aminovaleriansäure, $C_5H_{11}NO_2$ [1]).
3. Asparaginsäure, $C_4H_7NO_4$, Aminobernsteinsäure.
4. Glutaminsäure, $C_5H_9NO_4$, Aminoglutarsäure.
5. Arginin, $C_6H_{14}N_4O_2$, Guanidinaminovaleriansäure.
6. Tyrosin, $C_9H_{11}NO_3$, Paraoxyphenylaminopropionsäure.
7. Phenylalanin, $C_9H_{11}NO_2$, Phenylaminopropionsäure [2]).
8. Guanidin, CH_5N_3, von dem es allerdings nicht sicher bewiesen ist, ob es aus den Eiweisskörpern oder aus den Xanthinbasen stammt.
9. Ammoniak, NH_3.

Von diesen kommen Asparaginsäure und Glutaminsäure am reichlichsten vor, die sich bei den einzelnen Pflanzen anscheinend vertreten, so dass bei einigen, auch nahe verwandten Arten die eine, bei den anderen die andere der zwei Homologen in überwiegender Menge erscheint.

Nun beginnt aber — entsprechend dem fundamentalen Unterschiede des pflanzlichen und thierischen Stoffwechsels, der darin besteht, dass die Pflanzen im Stande sind, aus einfachen stickstoffhaltigen Verbindungen Eiweisskörper aufzubauen — in den Pflanzen eine Synthese, bei der aus einem Theile der Monoaminosäuren Ammoniak abgespalten wird, und dieser sich mit nicht veränderten Monoaminosäuren zu Diaminosäuren vereinigt. Aus Asparaginsäure und Glutaminsäure werden Asparagin, $C_4H_8N_2O_3$, und Glutamin, $C_5H_{10}N_2O_3$. Beide finden sich als Reservematerial in den Keimen vor, können auch in diesem Stadium transportirt werden. Aus beiden wird dann, durch weitere complicirte Synthesen, Eiweiss gebildet, event. unter Eintritt stickstofffreien Materials, das aus den stets vorhandenen Kohlehydraten, vielleicht auch aus dem stickstofffreien Rest der Monoaminosäuren, ersetzt werden kann. Auch in anderen Pflanzentheilen verlaufen entsprechende Processe. Die beson-

---

[1]) E. Schulze, Zeitschr. f. physiol. Chem. 17, 193 (1892). — [2]) Derselbe, ibid. 9, 63 (1884); 17, 193 (1892).

dere Bedeutung des Asparagins für die pflanzliche Eiweisssynthese
beweisen auch die Resultate Nägeli's [1]) und Kühne's [2]) an Bacterien,
die mit diesem einzigen stickstoffhaltigen Körper wachsen können.

Nur bei einigen Coniferen sind Asparagin und Glutamin zum
grössten Theile durch Arginin ersetzt [3]), das aus dem Coniferenprotein
auch beim Kochen in reichlicher Menge [4]) entsteht, also auch primäres
Spaltungsproduct ist.   Das Arginin gehört ja auch nicht eigentlich zu
den Diaminosäuren.

Die sehr wechselnden Befunde der einzelnen Amino- und Diaminosäuren erklären sich also der Hauptsache nach nicht aus der Verschiedenheit der chemischen Constitution der Eiweisse, aus denen sie
entstanden sind, sondern aus dem verschiedenen Stadium, in dem man
den Keimungsprocess antrifft.

Damit ist eine erhebliche Aehnlichkeit mit dem thierischen Stoffwechsel insofern gegeben, als bei den Pflanzen ebenfalls — und hier
ist der Vorgang nicht hypothetisch, sondern erwiesen — dem Zerfall
in Aminosäuren und ähnliche Körper die Abspaltung des Stickstoffs
von der Kohlenstoffkette folgt, und die Voraussetzung des weiteren
Stoffwechsels bildet.

Zusammenfassung.

(24) Stellt man die bei den verschiedenen Spaltungen des Eiweiss
gebildeten Producte zusammen, so findet man:

1. Aminosäuren der Fettreihe bis aufwärts zur Capronsäure,
Aminoessigsäure, Aminovaleriansäure, Aminocapronsäure, Aminobernsteinsäure, Aminoglutarsäure; auch Aminobuttersäure und Aminopropionsäure sind gefunden, ferner die Aminothiomilchsäure.   Die NH_2-Gruppe
steht stets in der α-Stellung.   Salkowski's δ-Aminovaleriansäure gehört nicht hierher (vergl. S. 51 und 54).

2. Aminosäuren der aromatischen Reihe, Phenylaminopropionsäure,
p-Oxyphenylaminopropionsäure, Skatolaminoessigsäure.

3. Diaminosäuren der Fettreihe, Diaminoessigsäure, Diaminovaleriansäure, Diaminocapronsäure; auch das Arginin, die Guanidinamino-
valeriansäure, ist hier anzuführen, ebenso anscheinend das in seiner
Constitution noch nicht aufgeklärte Histidin;

4. sind alle die Fettsäuren und aromatischen Säuren als solche
gefunden worden, deren Amine eben aufgezählt sind, also alle einbasischen Fettsäuren bis zur Capronsäure, Bernsteinsäure, Glutarsäure,
Phenylpropionsäure und p-Oxyphenylpropionsäure, Phenylessigsäure
und p-Oxyphenylessigsäure, Skatolessig- und Skatolcarbonsäure;

---

[1]) C. v. Nägeli, Untersuchungen über niedere Pilze. München 1882. —
[2]) W. Kühne, Proteïne des Tuberculins, Zeitschr. f. Biolog. 30, 221 (1894).
— [3]) E. Schulze, Zeitschr. f. physiolog. Chem. 22, 435 (1896). — [4]) Derselbe, ibid. 24, 276 (1897).

5. sind einige Säuren bekannt, deren Amine nicht mit Bestimmtheit erhalten wurden, Milchsäure, β-Oxybuttersäure und deren Oxydationsproducte Acetessigsäure und Aceton;

6. mehrere aromatische Körper, deren Entstehung aus den aufgeführten leicht erklärlich ist, Phenol, Kresol, Benzoësäure, Skatol, Indol; auch Pyrrol ist zu erwähnen;

7. ein Piperazinderivat, dessen Bildung wohl sicher eine secundäre ist;

8. einfachere Körper, Kohlensäure, Oxalsäure, Ammoniak, Schwefelwasserstoff;

9. schwefelhaltige Substanzen, Mercaptane, Aethylsulfid, Thiomilchsäure, Thioglycolsäure, Cystin;

10. Zuckerarten, resp. Glucosamin;

11. das ganz unbekannte Tryptophan.

Von diesen Substanzen ist nun zweifellos ein grosser Theil durch secundäre Processe entstanden. Um den Aufbau des Eiweiss beurtheilen zu können, ist es zunächst nöthig, festzustellen, welche von diesen Producten primäre sind, aus denen man sich das Eiweiss zusammengesetzt denken kann. Hier nimmt nun die Säurespaltung, ganz besonders aber die Trypsinverdauung, einen hervorragenden Platz dadurch ein, dass man dabei am ehesten auf unveränderte, primäre Producte rechnen kann. Diese sind zuerst einige Monoaminosäuren, die Aminocapronsäure, Aminoessigsäure, Aminobernsteinsäure, Aminoglutarsäure, Paraoxyphenylaminopropionsäure, vielleicht die Aminovaleriansäure. Ob auch die Aminobutter- und Aminopropionsäure zu diesen gehören und nicht vielmehr secundär aus den höheren Homologen hervorgehen, ist fraglich. Die Aminovaleriansäure kann secundär aus dem Arginin entstanden sein, die δ-Aminovaleriansäure ist es wohl sicher. Dagegen muss die nicht hydroxylirte Phenylaminopropionsäure bestimmt zu den primären Spaltungsproducten gerechnet werden, da bei der Fäulniss stets Producte vorhanden sind, die wohl ihr, nicht aber dem Tyrosin, der Oxyphenylaminopropionsäure, ihren Ursprung verdanken, und da die Untersuchungen Maly's [1]), Bernert's [2]), Pick's [3]) die Existenz einer nicht hydroxylirten Benzolgruppe im Eiweiss sichergestellt haben. Die Phenylaminopropionsäure muss daher offenbar neben dem so leicht auffindbaren Tyrosin der Untersuchung entgangen sein, oder sich in irgend welcher anderen Form finden.

Endlich muss eine dritte, aromatische Gruppe vorhanden sein, von der sich die Indolderivate ableiten. Als die Stammsubstanz dieser Gruppe fasst Nencki die freilich noch nicht aufgefundene Skatolamino-

---

[1]) R. Maly, Ueber die bei der Oxydation von Leim mit Kaliumpermanganat entstehenden Körper und über die Stellung von Leim zu Eiweiss, Monatsh. f. Chem. 10, 26 (1889). — [2]) R. Bernert, Zeitschr. f. physiol. Chem. 26, 272 (1898). — [3]) E. P. Pick, ibid. 28, 219 (1899).

essigsäure auf, aus der Skatolessigsäure, Skatolcarbonsäure, Skatol und
Indol durch stufenweise Oxydation ja leicht entstehen können.   Auffallend bleibt es freilich, dass bisher die Indol- und die Oxyphenylgruppe
immer gemeinsam im Eiweiss aufgefunden worden sind, und dass bei
der Säure- oder Trypsinspaltung nie eine Spur der Indolgruppe zur
Beobachtung gekommen ist.   Die Möglichkeit liegt daher vielleicht
vor, dass die Indolderivate auf irgend eine Weise aus den Derivaten
der Tyrosingruppe erst durch schmelzendes Kali oder die Fäulniss entstehen.

Dagegen sind die entsprechenden nicht amidirten Säuren der Ben-
zol- und der Fettreihe, wie sie besonders bei der Fäulniss oder bei der
Alkalispaltung gebildet werden, offenbar alle secundäre Producte, die
aus den zuerst entstandenen Aminosäuren durch Ammoniakabspaltung
entstehen; ein derartiger Vorgang ist, wie oben gezeigt (S. 53 und 55),
für die bacterielle Zersetzung erwiesen, für den Stoffwechsel der Thiere
äusserst wahrscheinlich gemacht.   Ob die Säuren mit weniger als fünf
Kohlenstoffatomen — mit Ausnahme der Essigsäure, die ja als Amino-
und Diaminoessigsäure sicher primäres Spaltungsproduct ist —, also die
Buttersäure, Oxybuttersäure, Propionsäure, Milchsäure, Ameisensäure,
Phenylessigsäure, p-Oxyphenylessigsäure und Benzoësäure, aus ihren
Aminen direct hervorgehen oder aus den höheren Homologen abgespalten werden, ist nicht sicher, doch das letztere jedenfalls der weit
überwiegende Vorgang.

Die Fäulnissproducte Tetra- und Pentamethylendiamin entstehen
ebenfalls secundär aus dem Arginin, bezw. Lysin [1]). Auch für das Guanidin und für die Aminovaleriansäure dürfte das Arginin die Muttersubstanz sein; wenigstens enthält die Aminovaleriansäure der Fäulniss
die NH_2-Gruppe in der Stellung, die der einen NH_2-Gruppe des Arginins
zukommt; die andere Aminogruppe in der α-Stellung ist, wie gewöhnlich, bei der Fäulniss abgespalten.   Ueber die Schwefel- und die Kohlehydratgruppe wird noch im Zusammenhang geredet werden.

Als sicher primäre, aus dem Eiweissmolecul direct hervorgehende
Bestandtheile hätte man demnach anzusehen:

1. die Aminoessigsäure,
2. die Aminocapronsäure,
3. die Aminobernsteinsäure,
4. die Aminoglutarsäure,
5. die Phenylaminopropionsäure,
6. die Oxyphenylaminopropionsäure,
7. die Skatolaminoessigsäure,
8. die Diaminoessigsäure,
9. die Diaminocapronsäure,

---

[1]) A. Ellinger, Bildung von Putrescin aus Ornithin, Ber. deutsch.
chem. Ges. 31, III, 3183 (1898); 32, III, 3542 (1899).

10. das Histidin,
11. die Guanidinaminovaleriansäure,
12. die Kohlehydratgruppe, resp. das Glucosamin,
13. das Cystin und andere schwefelhaltige Körper.

Aus diesen Complexen würden sich alle bisher aufgefundenen Spaltungsproducte des Eiweiss unschwer ableiten lassen; andererseits konnten diese selben Verbindungen aus allen bisher daraufhin untersuchten Eiweissen dargestellt werden. Eine Ausnahme macht nur die Aminoessigsäure, das Glycocoll, das dem Caseïn fehlt. Bisher hatte man geglaubt, das Glycocoll fehle allen eigentlichen Eiweissen, und sei für den Leim charakteristisch. Spiro stellte es aus Globulin, Fibrinogen und Hämoglobin dar, andere Eiweisskörper sind noch nicht untersucht. Ferner fehlen dem Leim die Skatolaminoessigsäure und die Oxyphenylaminopropionsäure.

Wenn man die einzelnen Farbenreactionen und, soweit dies möglich ist, die Fällungsreactionen auf die Spaltungsproducte vertheilen will, so ergiebt sich Folgendes:

Die Millon'sche Reaction gehört der Oxyphenylaminopropionsäure an, ebenso die Xanthoproteïnreaction. Die Furfurolreaction nach Molisch wird durch die Kohlehydratgruppe bedingt, die von Adamkiewicz und Liebermann durch die gemeinsame Anwesenheit der Kohlehydratgruppe und der Oxyphenylgruppe. Die Biuretreaction kommt keinem bisher isolirten Spaltungsproduct zu, sondern ihrer Vereinigung, wie sie eben im Eiweiss vorliegt. Die sogenannten Alkaloidreactionen beruhen auf den basischen Gruppen, also den Diaminosäuren, wenigstens werden nur diese durch die Phosphorwolframsäure u. s. w. reichlich gefällt.

Wenn man nun die Mengenverhältnisse vergleichen will, in denen die erzielten Spaltungsproducte aus den verschiedenen Eiweissen und mit den verschiedenen Methoden gefunden wurden, so erhebt sich die grosse Schwierigkeit, dass es bisher kaum jemals möglich war, die Körper wirklich quantitativ zu isoliren. Einmal fehlen für viele der Körper überhaupt quantitative Methoden, und dann vermögen die zugleich sauren und basischen Aminosäuren unter sich so viele Verbindungen einzugehen, dass sie sich immer in Lösung halten und so die Darstellung sehr erschweren [1]). Wenn man bedenkt, dass Cohn aus 100 g Caseïn bei der Salzsäurespaltung 30 g salzsaure Glutaminsäure — wenigstens als Rohproduct — erhielt, Kutscher bei der Schwefelsäurespaltung aber nur 1,8 g und nicht ohne Schwierigkeiten, so ist es ja natürlich nicht unmöglich, dass die beiden Säuren verschieden wirken; andererseits fand Cohn nur sehr geringe Mengen der Hexonbasen, während das Caseïn nach Hausmann 11,7 Proc. seines Stickstoffs in basischer Form enthält, nach Kossel sogar noch mehr. Es ist daher

---

[1]) F. Hofmeister, Ann. Chem. Pharm. 189, 6 (1877).

wohl viel eher anzunehmen, dass mit der weiteren Fortbildung der
analytischen Methoden viele der bisher nur spärlich oder nicht gefundenen Spaltungsproducte reichlicher zum Vorschein kommen und eine
noch grössere Einheitlichkeit als bisher sich herausstellen wird. Die
Verschiedenheit der Eiweisskörper beruht, wie neuerdings wieder H o f -
m e i s t e r und P i c k betont haben, nicht sowohl auf der Differenz ihrer
letzten Spaltungsproducte, als vielmehr darauf, in welcher Form diese
im Molecul angeordnet und zu grösseren Verbänden oder Gruppen zu-
sammengefügt sind.

Von den Spaltungsproducten ist stets am reichlichsten das Leucin,
die Aminocapronsäure, vorhanden; beim Caseïn bildet sie fast die
Hälfte aller Spaltungsproducte, beim Fibrin aber nach K ü h n e auch
nicht viel weniger, und die übrigen Eiweisskörper scheinen sich
nicht anders zu verhalten. Daneben kommt von den anderen Aminosäuren der Fettreihe nur noch die Glutaminsäure, die in manchen
Eiweissen sehr reichlich gefunden wurde, stark in Betracht, die
anderen treten quantitativ zurück. Nur im Leim ist viel Glycocoll vorhanden. Bei den Diaminosäuren ist bisher das Missverhält-
niss zwischen der Menge der durch Phosphorwolframsäure fällbaren
basischen Substanzen — das sind ja wesentlich diese Hexonbasen —
und der wirklich im reinen Zustande isolirten Menge der betreffenden
Körper am auffallendsten, was aber wohl nur mit der Schwierigkeit der Darstellung zusammenhängt. In der letzten Mittheilung
von K o s s e l und L a w r o w [1]) über die basischen Spaltungsproducte
des an diesen ja sehr reichen Histons sind mindestens die Rohproducte
reichlich genug gefunden worden, um mit der Gesammtsumme über-
einzustimmen. Ob sich hier nicht vielleicht noch andere, unbekannte
Producte finden werden, ist daher schwer zu sagen. Von den aromatischen Spaltungsproducten ist bisher nur die Tyrosingruppe gut
untersucht, die anderen dagegen sehr vernachlässigt worden; in
100 g des Caseïns finden sich beinahe 5 g Tyrosin, die Gesammtsumme der Benzolderivate schätzt N e n c k i [2]), allerdings ziemlich willkürlich, auf etwa 10 Proc. vom Gewicht des Eiweiss. Endlich ist ein
Theil des Stickstoffs weder in der Form der Aminosäuren, noch der
Diaminosäuren enthalten, sondern er wird, wie zuerst N a s s e [3]) gefunden hat, und wie es dann H o f m e i s t e r und H a u s m a n n [4]), K o s -
s e l [5]), P a a l [6]) und S c h i f f [7]) eingehender untersucht haben, schon bei
relativ geringen Eingriffen als Ammoniak abgespalten. In dieser

[1]) D. L a w r o w, Zeitschrift f. physiol. Chem. 28, 388 (1899). —
[2]) M. N e n c k i, Monatsh. f. Chem. 10, 506 (1889). — [3]) O. N a s s e, Pflüger's
Arch. f. d. ges. Physiol. 6, 589 (1872); 7, 139 (1872); 8, 381 (1874). —
[4]) W. H a u s m a n n, Zeitschr. f. physiol. Chem. 27, 95 (1899); 29, 136 (1900).
— [5]) Mitgeth. von F. M ü l l e r u. J. S e e m a n n, Deutsche med. Wochenschr.
1899, S. 209. — [6]) C. P a a l, Ber. deutsch. chem. Ges. 29, I, 1084 (1896). —
[7]) H. S c h i f f, ibid. 29, II, 1354 (1896).

Hinsicht zeigen die Eiweisskörper starke quantitative Verschiedenheiten.

Will man sich auf Grund der angeführten Thatsachen ein Bild
über die Gliederung und den Aufbau des Eiweissmoleculs machen, so
ist neben dem Studium der einfachen Spaltungsproducte, wie oben
schon erwähnt, auch auf die grösseren noch eiweissähnlichen Gruppen
im Molecul Rücksicht zu nehmen. Deren Schilderung kann erst später
bei den Albumosen erfolgen, ihre Resultate, wie sie die Arbeiten der
Hofmeister'schen Schule in den lezten Jahren gewonnen haben, aber
müssen bereits hier berücksichtigt werden [1]).

Aufbau der Eiweisskörper.

(25) Es ergiebt sich bei einer Zusammenstellung Folgendes: Der
Kohlenstoff ist sowohl in Form von Körpern der Fettreihe, wie in solchen
der aromatischen Reihe vorhanden. Weitaus der grösste Theil steht in
Verbindung mit Stickstoff, und wird in stickstoffhaltigen Körpern aus
dem Eiweiss abgespalten, nach den von Müller und Seemann[2]) mitgetheilten Zahlen Kossel's bei den einzelnen Eiweissen 80 bis 87 Proc.
Der Rest würde dann auf stickstofffreie Spaltungsproducte fallen; davon
ist ein Theil zweifellos die kohlehydratähnliche Gruppe, der Rest noch
unbekannt; doch muss ins Auge gefasst werden, dass ein Theil des
Stickstoffs sehr leicht abgespalten wird, also vielleicht mit diesem Theil
des Kohlenstoffs in Verbindung steht. Die bisher bekannten Spaltungsproducte des Eiweiss enthalten alle die Kohlenstoffe einfach mit einander gebunden, doppelte Bindungen sind nicht bekannt; die von Löw[3])
und Blum[4]) hervorgehobenen ungesättigten Affinitäten sind die aromatischen Molecüle. Auf die von Pflüger und Löw herrührenden Vorstellungen über besondere Atomgruppirungen im lebenden Protoplasma
im Gegensatze zu dem unorganisirten Eiweiss kann an dieser Stelle,
zumal bei dem völlig hypothetischen Charakter dieser Anschauungen,
nicht eingegangen werden.

Was den Stickstoff betrifft, so ist dieser nur in der Form von
Aminogruppen vorhanden, nicht aber als Nitro-, Nitroso- oder Azo-
stickstoff, wofür den besten Beweis liefert, dass die Stickstoffbestim-
mungen nach Kjeldahl bei den Eiweisskörpern stets denselben Werth
liefern, wie die nach Dumas[5]). Nach Paal[6]) müssen im Eiweiss
primäre, secundäre und tertiäre Amine vorhanden sein. Ein Theil des

---

[1]) E. P. Pick, Zeitschr. f. physiol. Chem. 28, 219 (1899). — [2]) F. Müller
und J. Seemann, D. med. Wochenschr. 1899, S. 209. — [3]) O. Löw, Journ. f.
prakt. Chem. (2) 31, 129 (1885). — [4]) F. Blum und W. Vaubel, ibid. (2),
57, 365 (1898). — [5]) J. Munk, Arch. f. Anat. u. Physiol., Physiol. Abthl.
1895, S. 551. (Verh. d. Berl. physiol. Ges.) — [6]) C. Paal, Ber. deutsch. chem.
Ges. 29, I, 1084 (1896).

Stickstoffs ist, wie bereits ausgeführt, sehr leicht als Ammoniak abzuspalten; diese Abspaltung geschieht schon bei geringer Säure- beziehentlich Alkaliwirkung; offenbar derselbe Stickstoff ist es auch, der bei Einwirkung salpetriger Säure als solcher entweicht, wie es Paal[1]) und Schiff[2]) beobachtet haben; das zurückbleibende Product bezeichnen sie als Desamidoalbumin, beziehentlich Desamidonitrosopepton. Auch Schmiedeberg[3]) nennt den durch leichte Alkaliwirkung entstandenen Körper, der zwar seinen vollen Schwefelgehalt noch zeigt, aber einen Theil seines Stickstoffs verloren hat, Desamidoalbuminsäure. Das Desamidoalbumin ist nach Schiff schwer löslich und verdaulich, und giebt nur eine unvollkommene Biuretreaction. Doch können hier, wie erwähnt, Verwechselungen mit der Hemi- und Antigruppe vorgekommen sein. Nach Nasse und Hausmann handelt es sich wohl um eine $-CONH_2$-Gruppe, womit die Störung der Biuretreaction bei Entfernung dieser Gruppe ja gut übereinstimmen würde.

Dass von dem übrigen Stickstoff ein Theil in Form von Monoaminosäuren, ein Theil aber in Form der basischen Diaminosäuren aus dem Eiweiss hervorgeht, ist schon besprochen. Hausmann[4]), Kossel[5]), Siegfried und Friedmann[6]) und Bunge und Pröscher[7]) haben die Mengen der verschiedenen Stickstoffarten ermittelt, indem sie das Gemenge der Spaltungsproducte mit Phosphorwolframsäure fällten, und den Stickstoff im Filtrat und im Niederschlag bestimmten. Friedmann wendet dagegen allerdings ein, dass die phosphorwolframsauren Basen nicht ganz unlöslich seien; auch werden bei höheren Concentrationen Monoaminosäuren unter Umständen mitgefällt; indessen stimmen die Zahlen doch hinreichend überein. Der Ammoniakantheil wurde entweder durch Destillation mit Magnesia- oder Kalkoxyd erhalten, wie dies Friedmann und anfangs Nasse[8]) thaten, oder ebenfalls in dem Gemenge der Spaltungsproducte durch Säuren bestimmt. Hiergegen hat Henderson[9]) eingewendet, dass mit steigender Concentration der Säuren und längerer Dauer des Kochens die Ammoniakmenge zunimmt; falls man indessen nur die Maximalwerthe vergleicht, oder unter gleichen Bedingungen arbeitet, lassen sich doch wohl vergleichbare Werthe erhalten. In der folgenden Tabelle sind die bisher bestimmten Werthe zusammengestellt. Die Zahlen bedeuten Procente des vorhandenen Stickstoffs:

---

[1]) Paal, Ber. deutsch. chem. Ges. 29, I, 1084 (1896). — [2]) H. Schiff, ibid. 29, II, 1354 (1896). — [3]) O. Schmiedeberg, Schmiedeberg's Arch. f. experim. Patholog. u. Pharmak. 39, 1 (1897). — [4]) W. Hausmann, Zeitschr. f. physiolog. Chem. 27, 95 (1899); 29, 136 (1900). — [5]) Mitgetheilt von F. Müller und J. Seemann, Deutsche med. Wochenschr. 1899, S. 209. — [6]) E. Friedmann, Zeitschr. f. physiolog. Chem. 29, 50 (1899). — [7]) F. Pröscher, ibid. 27, 114 (1899). — [8]) O. Nasse, Pflüger's Arch. f. d. ges. Physiol. 6, 589 (1872); 7, 139 (1872); 8, 381 (1874). — [9]) Y. Henderson, Zeitschr. f. physiol. Chem. 29, 47 (1899).

Name des Eiweiss	Ammo-niak-N	N in Mono-amino-säuren	N in Basen	Autor
Serumalbumin, krystall. . . .	6,34	—	—	Hausmann I
Serumglobulin	8,9	68,28	24,95	„
Eieralbumin, krystall.	8,53	67,8	21,33	„
Eieralbumin, krystall.	—	50,4	27	Kossel
Caseïn	13,37	75,98	11,71	Hausmann I
Caseïn	—	53,7	23	Kossel
Leim	1,61	62,56	35,83	Hausmann I
Histon (aus Thymus?)	—	38,4	40,5	Kossel
Coniferensamen-Eiweiss	10,3	56,9	32,8	E. Schulze[1])
Heteroalbumose (Witte-Pepton)	6,45	57,40	38,93	Pick[2])
Heteroalbumose (Fibrin) . . .	7,03	59,41	37,14	Friedmann
Protalbumose (Witte-Pepton) .	7,14	68,17	25,42	Pick[2])
Hämoglobin	6,18	63,26	23,51	Hausmann II
Globin	4,62	67,08	29,37	Hausmann II
Zeïn aus Mais	21,1	—	—	Henderson
Ovomucoid	17,0	—	—	„
Edestin aus Hanf	10,25	54,99	38,15	Hausmann II

Für die Präexistenz bekannter heterocyklischer Gruppen im Eiweiss scheint nichts zu sprechen; das Piperazinderivat von R. Cohn und das wiederholt bei der Kalischmelze gefundene Pyrrol sind wohl secundär entstanden. Die drei aromatischen Aminosäuren unterscheiden sich in ihrer Einfügung nicht von der der Aminosäuren der Fettreihe.

In welcher Form nun die Zusammenfügung dieser einzelnen Atomcomplexe erfolgt, ob es sich um Anhydridbildungen, esterartige Verbindungen, oder Verkettungen der Kohlenstoff- und Stickstoffatome mit einander handelt, wie weit dabei Ringschliessungen, innere Salzbildungen, eine Rolle spielen, darüber fehlen bis jetzt alle Kenntnisse. Nur das eine ergiebt sich aus dem Auftreten der Biuretreaction, dass eine Atomgruppirung im Eiweiss vorliegt, wie sie Schiff[3]) (vergl. S. 29) für deren Zustandekommen als erforderlich gezeigt hat: es müssen zwei $CONH_2$-Gruppen an einem Kohlenstoff- oder einem Stickstoffatom vorhanden sein; diese Atomgruppirung aber muss dem Eiweiss als solchem zukommen, da keines seiner Spaltungsproducte sie zeigt, sie muss also durch eine eigenartige Zusammenfügung mehrerer Complexe entstehen. Dabei ist zu bemerken, dass die Biuretreaction bei den nicht coagulirbaren, eiweissartigen Körpern, den Albumosen und besonders den Peptonen, viel schöner auftritt, als bei den nativen Eiweissen, sei es, dass sie bei diesen irgendwie gestört wird, sei es, dass eine der dabei erforderlichen Gruppen erst

---

[1]) E. Schulze, Zeitschr. f. physiol. Chem. 25, 360 (1898). — [2]) E. P. Pick, ibid. 28, 219 (1899). — [3]) H. Schiff, Ber. deutsch. chem. Ges. 29, I, 298 (1896).

bei der Spaltung frei wird. — Nach Blum[1]) kommen dem Eiweiss zwei, die Biuretreaction gebende Gruppen, nach Pick[2]) drei zu. Ferner haben Löw[3]) und Lorenz[4]) gezeigt, dass Aldehyd- und Ketongruppen im Eiweiss nicht enthalten sind.

Sodann müssen dem Eiweiss zwei sehr labile Atomgruppen zukommen, die seinen Charakter als Pseudosäure und Pseudobase im Sinne von Hantzsch bedingen (vergl. S. 21). Die Eiweisskörper müssen einmal ein Wasserstoffatom enthalten, das in neutraler Lösung mit einem Kohlenstoffatom verbunden ist, bei Berührung mit einer Base aber in Verbindung mit einem benachbarten Sauerstoffatom tritt, und so Ion wird. Und sie müssen zweitens ein Stickstoffatom enthalten, das in neutraler Lösung dreiwerthig mit Kohlenstoff verbunden ist, während es bei Hinzufügen einer Säure durch Umlagerung einer labilen Hydroxylgruppe fünfwerthig wird, und so eine Ammoniumbase bildet. Dass nach Hantzsch Pseudobasen besonders unter ringförmigen Körpern vorkommen, steht mit unserer sonstigen Kenntniss des Eiweiss in gutem Einklange.

Bei dieser unserer Unkenntniss über die Verknüpfung der einzelnen Bruchstücke des Eiweissmoleculs mit einander lässt sich gegen die bisher durchgeführte Scheidung der verschiedenen Spaltungsproducte, insbesondere gegen die scharfe Scheidung der Mono- und Diaminosäuren, der Einwand machen, dass wir ja gar nicht wissen, ob diese Körper, wie wir sie schliesslich sehen, denn auch wirklich vorgebildete Einheiten sind, oder ob nicht vielmehr die zertrümmernde Wirkung der siedenden Mineralsäuren oder des Trypsins bald an der Stelle, bald an jener einsetzen kann, so dass je nach dem Verlaufe der Spaltung verschiedene Körper entstehen können. Sehr zu beherzigen sind auch die Ausführungen Löw's, dass man nicht immer die Vorstellung präexistenter Gruppen haben solle. Unwillkürlich hat man sich die Vorstellung gebildet, als seien die Aminogruppen frei als solche vorhanden, und erfolge die Aneinanderlagerung der einzelnen Aminosäuren durch Sauerstoffverbindung; dafür spricht ja auch die leichte hydrolytische Spaltung durch das Trypsin. Aber da nach Paal offenbar nur der leichtest abspaltbare Theil des Stickstoffs, also nur der geringste Theil, in Form freier Aminogruppen vorhanden sein kann, liegt es sehr nahe, daran zu denken, ob die Verknüpfung nicht vielmehr an den Stickstoffatomen erfolgen könne. Wenn man sieht, wie im Stoffwechsel der Thiere wie der Pflanzen und Bacterien gerade die Abspaltung der Aminogruppen von den stickstofffreien Complexen mit grösster Leichtigkeit erfolgt, wie andererseits der pflanzliche, aber auch der thierische Organismus die

[1]) F. Blum und W. Vaubel, Journ. f. prakt. Chem. (2) 56, 393; 57, 365 (1898). — [2]) E. P. Pick, Zeitschr. f. physiol. Chem. 28, 219 (1899). — [3]) O. Löw, Journ. f. prakt. Chem. (2) 31, 129 (1885). — [4]) J. v. Lorenz, Zeitschr. f. physiol. Chem. 17, 457 (1892).

synthetische Anlagerung von Aminogruppen — es sei nur an die Harn-
stoffsynthese erinnert — häufig vollzieht, fällt es schwer zu glauben,
dass zwischen beispielsweise dem Leucin und dem Lysin, der Mono-
und Diaminocapronsäure, ein so bedeutender Unterschied besteht. In
den Pflanzen kommen die entsprechenden stickstofffreien und die Säuren
mit ein und mit zwei Aminogruppen, aus einander hervorgehend, neben
einander vor, und die Verschiedenheiten der Spaltung mit Alkalien von
der mit Säuren u. s. w. beruht vielleicht zum grossen Theile darauf,
dass die Wirkung an einer anderen Stelle der Atomverkettung eingreift.
Es ist augenscheinlich unrichtig, dass, nach einer Vermuthung Kossel's[1]),
die ziemlichen Beifall gefunden hat[2]), der eigentliche Kern des Eiweiss
aus den Diaminosäuren bestünde, an die sich dann bei den meisten
Eiweissen Monoaminosäuren, schwefelhaltige Körper und Anderes an-
lagern könnten. Vielmehr ist es weit wahrscheinlicher, dass es sich
um ein Gemenge von Atomcomplexen handelt, aus denen die verschiedensten Gruppen abgespalten werden können. Nach den letzten
Mittheilungen von Pick[3]) kann wohl kein Zweifel daran bestehen; denn
danach zerfällt das Eiweiss durch Pepsin zunächst in drei — vielleicht
noch mehr — gut charakterisirte, chemisch stark differente Complexe;
jeder derselben aber enthält noch Mono- und Diaminosäuren, und diese
selbe Zerlegung tritt auch bei anderen Spaltungsverfahren auf.

Dagegen verdient eine andere Ausführung Kossel's[1]) die höchste
Beachtung; er zeigte, dass sich unter den stets auftretenden Bruch-
stücken der Eiweisse vier Körper ganz constant und quantitativ in
überragender Menge finden, die sechs Kohlenstoffatome enthalten,
die drei „Hexonbasen" Arginin, Lysin und Histidin, und das
Leucin. Er betonte vor Allem die chemische Aehnlichkeit mit den
Hexosen, den einfachen Kohlehydraten; aber daneben ist daran zu erinnern, dass, wie oben gezeigt wurde, ein sehr grosser, wenn nicht der
grösste Theil des Eiweiss im thierischen Stoffwechsel zunächst zu
Dextrose oder Glycogen wird; diese Umwandlung aber, die nothwendige
Voraussetzung einer Weiterverwerthung des Eiweiss im Stoffwechsel
der lebenden Zelle, kann natürlich am leichtesten durch Oxydation der
präexistirenden sechsatomigen Kohlenstoffketten erfolgen. Für das
Leucin hat R. Cohn, wie erwähnt, bereits gezeigt, dass es nach seiner
Resorption im Darm in der Leber als Glycogen zur Ablagerung gelangt. Auch ein Theil der Benzolderivate scheint, wie Drechsel[4])
ausführt, erst seiner Seitenketten entledigt, dann aber gesprengt und
wie die Fettsäuren weiter oxydirt zu werden, würde also dasselbe
Schicksal haben können, wie Leucin und Lysin.

---

[1]) A. Kossel, Ueber die Constitution der einfachsten Eiweissstoffe, Ztschr.
f. physiol. Chem. 25, 165 (1898). — [2]) E. P. Pick, ibid. 24, 246 (1897). —
[3]) Derselbe, ibid. 28, 219 (1899). — [4]) E. Drechsel, Arch. f. Anat. u.
Physiol., Physiol. Abthl. 1891, S. 248.

Ueber die Abspaltung einer Kohlehydratgruppe aus Eiweiss.

(26) Schon seit langer Zeit ist behauptet worden, dass im Eiweiss
ein Kohlehydrat oder eine kohlehydratähnliche Gruppe vorhanden sein
müsse. Es wurde von Berzelius aus dem Vorkommen gewisser gemeinsamer Zersetzungsproducte bei beiden Körperclassen, später aus dem
positiven Auftreten der sonst nur für Kohlehydrate charakteristischen
Furfurolreactionen bei allen Eiweisskörpern gefolgert. Sodann fanden
Kossel, Blumenthal[1]) u. A. Pentosen und andere Kohlehydrate unter
den Spaltungsproducten der Nucleoproteïde, aber freilich nicht ihres Eiweisspaarlings, sondern der Nucleïnsäure. Ebenso wenig konnten die
Befunde Hammarsten's und seiner Schüler über die Abspaltbarkeit
von Zucker oder Zuckerarten im Mucin hierher gerechnet werden, da
Hammarsten selbst diese und einige verwandte Körper als Glycoproteïde
eben wegen ihrer Paarung mit einem Kohlehydrate den einfachen Eiweissen
gegenüberstellt. Auch die Entdeckung des sogenannten „thierischen
Gummis" durch Landwehr war nicht für das Vorkommen eines Kohlehydrats im Eiweissmolecul zu verwerthen. Erst als Pavy[2]), wie er
meinte, aus reinem Eiweiss, aus Eieralbumin, das Osazon einer Hexose
darstellte, wurde die Angelegenheit lebhafter aufgenommen, und hat in
den wenigen Jahren seitdem eine reiche Bearbeitung gefunden. Eine
Complication erfuhr die Frage dadurch, dass die Entstehung von Zucker
aus Eiweiss im Stoffwechsel, zumal bei Diabetes mellitus, wiederholt mit
ihr vermengt oder doch mindestens zu ihr in Beziehung gesetzt wurde.
Dies ist aber, wie, abgesehen von Anderen, neuerdings Müller und Seemann[3]) energisch betonen, durchaus unzulässig; es handelt sich bei der
Frage der Kohlehydratgruppe im Eiweiss um viel zu geringe Mengen.
Dass im Stoffwechsel ein grosser Theil des Eiweiss zu Zucker werden
kann, wahrscheinlich auch in der Norm wird, ist oben (S. 55) ausgeführt worden, und es ist ebenso betont worden, dass man dabei
wohl am ehesten an die sechsatomigen Kohlenstoffketten des Leucins,
Lysins u. s. w. denken müsse, die nach Abspaltung des Stickstoffs durch
eigenthümliche Kräfte des Organismus zu Kohlehydraten oxydirt werden.
Hier soll ausschliesslich die Existenz einer vorgebildeten Kohlehydratgruppe im Molecul aller oder einiger Eiweisskörper besprochen werden,
die ohne eingreifende oder secundäre Processe analog wie die Tyrosingruppe, das Arginin u. s. w. bei Zerstörung des Eiweiss aus ihm hervorgehen kann.

Eine solche Gruppe existirt nun zweifellos in den Mucinen und

---

[1]) F. Blumenthal, Z. f. klin. Med. 34, 1 (1898). — [2]) Pavy, Physiologie
der Kohlehydrate, deutsch von Grube, 1895. — [3]) F. Müller und J. Seemann, Ueber die Abspaltung von Zucker aus Eiweiss, D. med. Wochenschr.
1899, Nr. 13, S. 209.

Mucoiden, wie die Untersuchungen von Landwehr[1]), Zanetti[2]),
Hammarsten[3]) und seinen Schülern[4]), Mörner[5]), Löbisch[6]) und
Friedrich Müller[7]) und seinen Schülern[8]), Fränkel[9]) u. A. bewiesen
haben. Auch einige andere, von Hammarsten mit den Mucinen zusammen als Glycoproteïde bezeichnete Körper, das Glycoproteïd der
Weinbergsschnecke und das Ichthulin, gehören hierher. Was nun die
Natur dieses Kohlehydrats anlangt, so ist anfangs nur immer constatirt
worden, dass durch Kochen mit Säuren ein Körper abgespalten wurde,
der Kupferoxyd bei alkalischer Reaction reducirte, also die Trommer'sche
Probe, oder eine ihrer Modificationen gab. Später aber wurde bei
genaueren Untersuchungen stets nach einem Osazon gefahndet, und
dies durch seinen Schmelzpunkt und seine Zusammensetzung mit dem
Osazon eines der bekannten Mono- oder Disaccharide zu identificiren
gesucht. Dabei stellte sich heraus, dass das schliesslich aus den
Mucinen — und eventuell anderen Eiweissen — zu isolirende Kohlehydrat nach dem Verhalten seines Osazons nur eine Hexose, wahrscheinlich die Dextrose, sein konnte. Eichholz[10]), Blumenthal[11])
und Mayer[12]) stellten das Glucosazon mit dem charakteristischen
Schmelzpunkt von 202 bis 204° dar. Doch erst die Untersuchungen
Friedrich Müller's[7])[8]) haben den wahren Sachverhalt festgestellt:
in dem Mucin ist ein Glucosamin enthalten, also ein stickstoffhaltiges
Derivat einer Hexose, wahrscheinlich der Dextrose. Da dies das gleiche
Osazon liefert, wie die nicht amidirte Hexose, bleiben die früheren Angaben
zu Recht bestehen. Die Existenz dieses Glucosamins unter den Spaltungs-
producten der Mucine und Mucoide wurde seitdem ausser von Müller's
Schülern Weydemann, Seemann und Zängerle, von Zanetti,
Fränkel und Jacewicz[13]) bestätigt; im Harn hatte Baisch[14]) schon
früher eine Amidohexose aufgefunden. Die Darstellung erfolgte durch

---

[1]) H. A. Landwehr, Zeitschr. f. physiol. Chem. 5, 371 (1881); 6,
74 (1881); 8, 114 (1883). — [2]) C. U. Zanetti, Ann. di Chim. e Farmac. 12
(1897) nach Maly's Jahresber. f. Thierchemie 27, 31 (1897). — [3]) O. Hammarsten, Zeitschr. f. physiol. Chem. 6, 194 (1882); 12, 163 (1887);
Pflüger's Arch. f. d. ges. Physiol. 36, 373 (1885); Zeitschr. f. physiol. Chem.
15, 203 (1891). — [4]) E. A. Jernström, nach dem schwedischen Original
referirt von Hammarsten, Maly's Jahresber. f. Thierchemie 10, 34 (1880). —
[5]) C. T. Mörner, Zeitschr. f. physiol. Chem. 18, 61, 213, 233 (1893). —
[6]) W. F. Löbisch, ibid. 10, 40 (1885). — [7]) Fr. Müller, Schleim der
Respirationsorgane, Sitzungsber. der Ges. z. Beförd. d. ges. Naturw. zu Marburg 1896, S. 53; 1898, S. 117. — [8]) H. Weydemann, Thierisches Gummi
aus Eiweiss. Dissert. Marburg 1896; J. Seemann, Reducirende Substanzen
aus Hühnereiweiss, Dissert. Marburg 1898; Zängerle, Münch. Medicin.
Wochenschr. 1900, Nr. 13. — [9]) S. Fränkel, Spaltungsproducte des Eiweiss
bei der Verdauung, Monatsh. f. Chem. 19, 747 (1898). — [10]) A. Eichholz,
The Hydrolysis of Proteïds, J. of Phys. 23, 163 (1898). — [11]) F. Blumenthal u. P. Mayer, Ber. deutsch. chem. Ges. 32, I, 274 (1899). — [12]) P. Mayer,
D. med. Wochenschr. 1899, Nr. 6, S. 95. — [13]) M. Jacewicz, Diss. Peters-
burg (russisch). Nach Maly's Jahresber. f. Thierchemie 26, 8 (1896). —
[14]) K. Baisch, Zeitschr. f. physiol. Chem. 19, 339 (1894).

die Benzoylirung nach Schotten-Baumann; von Seemann wurde
daraus das salzsaure Glucosamin dargestellt und analysirt. Es erwies
sich durch sein Drehungsvermögen und seine krystallographischen Eigenschaften als identisch mit dem Chitosamin, dem schon früher aus dem
Chitinpanzer der Gliederthiere dargestellten Glucosamin. Auch giebt
das Mucin, wie das Chitin neben dem Glucosamin Essigsäure, ausserdem etwas Ameisensäure und einen basischen, schwefelhaltigen Körper.
Damit gewinnt der aus Mucin abspaltbare Complex Aehnlichkeit mit
der Chondroitinschwefelsäure Schmiedeberg's. Näheres vergl. bei
den Mucinen.

Dieses Glucosamin ist nun aber anscheinend nicht als solches in dem
Eiweissmolecul vorhanden, sondern als höheres Kohlehydrat, als Di- oder
Polysaccharid. Hammarsten und Löbisch ist es aufgefallen, dass die
reducirende Substanz, also das Glucosamin, nur durch sehr lange und
intensive Einwirkung siedender Säuren entstand, dass sich dagegen vorher
ein Körper von dem Charakter der zusammengesetzten Kohlehydrate
in Lösung zu befinden schien; aus dem Helicoproteïd aus der Eiweissdrüse der Weinbergschnecke stellte Hammarsten zunächst ein nicht
reducirendes, linksdrehendes Kohlehydrat, das Sinistrin, dar, das erst
nach weiterem Kochen in das reducirende, rechtsdrehende, — das Glucosamin — überging. Landwehr bezeichnete seinen durch Alkalien
aus Mucinen erhaltenen Körper als thierisches Gummi; es ist dies, nach
den übereinstimmenden Schilderungen von Hammarsten, Folin[1]),
Müller und Weydemann ein in Wasser löslicher, nicht reducirender
Körper, der nicht durch Diastase und Ptyalin, wohl aber durch Kochen
mit Säuren in ein Monosaccharid überführt werden kann; er liefert
über 80 Proc. reducirende Substanz, enthält aber daneben etwa 4 bis
5 Proc. Stickstoff. Das Glucosamin aber, oder ein Aminopolysaccharid
würde mehr verlangen, so dass Müller an die Verbindung eines Moleculs Glucosamin mit einem Molecul eines anderen Kohlehydrats oder
einer Glycuronsäure denkt, ohne die letztere nachweisen zu können.
Fränkel kommt zu der Annahme, dass es sich um ein amidirtes
Disaccharid, eine stickstoffhaltige Biose, handelt. Es ist möglich, dass
hier zwischen den einzelnen Mucinen u. s. w. starke Differenzen bestehen,
wofür die verschiedene Leichtigkeit, mit der das Glucosamin gewonnen
werden kann, spricht. Was die quantitativen Verhältnisse anlangt, so
liegen für die anderen Mucine keine Bestimmungen vor; für das Mucin
der oberen Luftwege fand Müller 36,9 Proc. reducirende Substanz, für
das Ovomucoid Seemann 29,4 Proc., beides Minimalwerthe.

Weiterhin erhebt sich nun aber die Frage, ob die Mucine und
ihre Verwandten eine Ausnahmestellung einnehmen, oder ob das
Glucosamin ein Spaltungsproduct noch anderer, vielleicht aller Eiweisse ist.

---

[1]) O. Folin, Z. f. physiol. Chem. **23**, 347 (1897).

Die Angaben Pavy's, dass sich aus dem Hühnereiweiss, das er genauer untersuchte, aber auch aus allen thierischen Organen eine reducirende Substanz, meist auch ein Osazon, gewinnen liesse, können, wie erwähnt, nichts beweisen, zumal sich allmählich herausgestellt hat, dass die Mucine und Mucoide im thierischen Organismus viel verbreiteter sind, als man früher geglaubt hatte. Im Hühnereiweiss z. B. fand Mörner[1]) sehr reichlich das Ovomucoid, im Blutserum Zanetti[2]) ein ganz ähnliches Mucoid, ebenso Hammarsten[3]) in Ascitesflüssigkeiten, Mörner[4]) im Harn; sie alle sind von den betreffenden Globulinen und Albuminen sehr schwer zu trennen, und die Angaben, bei denen aus wirklichen Eiweissen nur sehr geringe Mengen Zucker, gewöhnlich Osazone, erhalten wurden, können daher leicht auf Beimengungen von Mucoiden bezogen werden. Dahin gehören, abgesehen von älteren, die Angaben von Salkowski und Krawkow[5]), die durch eine geringe Reduction und das Auffinden eines Osazons das Vorhandensein eines Kohlehydrats im Fibrin, im Serumalbumin, Serumglobulin, Lactalbumin und Erbseneiweiss, nicht aber im Caseïn, Vitellin, Legumin und Leim feststellten; auch die Angaben K. Mörner's[6]) über ein Kohlehydrat im Serumglobulin können nicht als beweisend angesehen werden. Ebenso wenig haben Blumenthal und Mayer eine Reinigung des Eiweiss von Mucoid vorgenommen. Eichholz[7]) vermisste nach Entfernung des Mucoids ein Kohlehydrat im Serumglobulin, Serumalbumin und Caseïn. Nur beim Eieralbumin liegen die Verhältnisse noch sehr unklar; Müller und Seemann[8]) erhielten das Glucosamin in solchen Mengen, dass es schwer fällt, an eine Verunreinigung mit Mucoid zu glauben; Eichholz dagegen vermochte nur sehr geringe Mengen Glucosamin, Spenzer[9]), gegen dessen Methodik sich Einwände erheben lassen, gar keines zu erhalten. Hofmeister[10]) aber wieder fand in dem nach seiner Methode erhaltenen krystallisirten Eieralbumin, also einem zweifellos reinen Körper, sehr erhebliche Mengen eines Osazons, d. h. ebenfalls ein Glucosamin. Der Grund für diese Widersprüche dürfte wohl darin gefunden werden, dass in dem Eiereiweiss mehrere Albumine vorhanden sind, was auch durch die Resultate der Schwefelbestimmungen wahrscheinlich wird; das krystallisirte Eieralbumin aber steht dann durch seinen Gehalt an Glucosamin, wie durch seinen niederen Stickstoffgehalt den Mucoiden näher

---

[1]) C. T. Mörner, Zeitschr. f. physiolog. Chem. 18, 525 (1893). — [2]) C. U. Zanetti, Maly's Jahresber. f. Thierchemie 27, 31 (1897). — [3]) O. Hammarsten, Zeitschr. f. physiolog. Chem. 15, 203 (1891). — [4]) K. A. H. Mörner, Skandinavisches Arch. f. Physiol. 7, 332 (1895). — [5]) A. Krawkow, Pflüger's Arch. f. d. ges. Physiol. 65, 281 (1897). — [6]) K. A. H. Mörner, Centralbl. f. Physiol. 7, Nr. 20, S. 581 (1893). — [7]) A. Eichholz, Journ. of Physiology 23, 163 (1898). — [8]) J. Seemann, Dissert. Marburg 1898; Fr. Müller u. J. Seemann, Deutsche med. Wochenschr. 1899, S. 209. — [9]) J. G. Spenzer, Zeitschr. f. physiol. Chem. 24, 354 (1897). — [10]) F. Hofmeister, ibid. 24, 159 (1897) (S. 170); D. Kurajeff, ibid. 26, 462 (1898).

als die anderen Albumine; Hammarsten[1]) bezeichnet es direct als ein
Mucoid, Hofmeister schätzt seinen Gehalt an Kohlehydrat auf 15 Proc.

Fernerhin liegen nun aber eine Reihe von Thatsachen vor, die das Vorhandensein von kohlehydratähnlichen Complexen auch in anderen Eiweisskörpern wahrscheinlich machen. Zwar dass die Eiweisskörper Kupferoxyd reduciren, wie dies Krukenberg[2]) und Drechsel[3]) beschrieben
haben, kann nichts beweisen, da dies zu viele andere Körper auch
thun[4]); dagegen geben die Eiweisskörper die Furfurolreactionen nach
Molisch, Adamkiewicz und Liebermann so gut wie die Kohlehydrate, und Hofmeister und Pick[5]) haben gezeigt, dass dies einer
bestimmten, wohl charakterisirten Gruppe unter den Albumosen zukommt. Es liesse sich zwar noch einwenden, dass die letzten Untersuchungen von Pick nicht an reinem Ausgangsmaterial gemacht sind,
sondern an dem Gemenge des Witte-Peptons, das Mucinosen neben
dem Fibrinosen enthalten könnte. Aber die Analysenzahlen der reinen
Proto- und Heteroalbumose lassen keinen anderen Schluss zu, als dass
neben diesen bekannten Spaltungsproducten der Hemi- und Antigruppe
noch eine dritte Gruppe mit viel niederem Kohlenstoff- und Stickstoff-
und höherem Sauerstoffgehalt vorhanden sein muss, als ihn das ursprüngliche Eiweiss besitzt. Da diese selbe Gruppe nun die Furfurolreactionen
giebt, ihr dagegen anscheinend mehrere andere Spaltungsproducte fehlen,
ist es recht wahrscheinlich, dass ein Kohlehydratcomplex in ihr steckt.
Dieser wäre dann vermuthlich auch in den anderen Eiweissen vorhanden,
mit Ausnahme derer, die im reinen Zustande die Reaction nach Molisch
nicht geben; dies wären das Casein, dem ja auch die Antigruppe fehlt,
und vielleicht noch andere Nucleoalbumine.

Es lassen sich also die derzeitigen Kenntnisse dahin präcisiren,
dass es eine Gruppe von Eiweisskörpern giebt, die Mucine und Mucoide
und einige Verwandte, unter deren Spaltungsproducten sich in reichlicher Menge ein Glucosamin findet, das aber erst bei der Spaltung aus
einem präformirten, höheren Kohlehydrat, das zunächst abgespalten
wird, hervorgeht. Ob sich unter den Spaltungsproducten der anderen
Eiweisse ebenfalls dieses Glucosamin findet, ist noch nicht bestimmt,
mit Ausnahme des Eieralbumins, das es reichlich enthält. Dagegen
enthalten auch diese, mindestens einige von ihnen, einen Complex, der
kaum etwas anderes sein kann, als ein Kohlehydrat, von dem aber
nicht bekannt ist, was bei der Spaltung aus ihm wird, da mindestens
beim Fibrin seine Menge zu gross ist, um in Beziehung zu den geringen
Mengen Osazon gebracht zu werden, die das Fibrin im reinen Zustande bisher geliefert hat. Dem Casein, wahrscheinlich auch noch

---

[1]) O. Hammarsten, Lehrbuch der physiologischen Chemie, 4. Aufl.,
S. 388 (1899). — [2]) F. C. W. Krukenberg, Centralbl. f. d. med. Wissensch.
1885, Nr. 35. — [3]) E. Drechsel, Zeitschr. f. physiol. Chem. 21, 68 (1895). —
[4]) A. Krawkow, Pflüger's Arch. f. d. ges. Physiol. 65, 281 (1897). —
[5]) E. P. Pick, Zeitschr. f. physiol. Chem. 28, 219 (1899).

anderen Eiweissen, fehlt dieser Complex. — Er gehört einer dritten, der Hemi- und Antigruppe coordinirten Gruppe an. — Ob die Bezeichnung Glycoproteïde nicht unter diesen Umständen ganz fallen zu lassen ist, soll dahin gestellt bleiben. Es sieht aber ganz so aus, als sei eben eine der grossen Gruppen im Eiweiss eine solche, die einen kohlehydratartigen Complex liefert, und käme diese nur den einzelnen Eiweissen in sehr verschiedener Menge zu, genau so wie diese die Hemi- und Antigruppe in sehr wechselnder Menge, bis zum Verschwinden der einen, enthalten.

Der Schwefelgehalt des Eiweiss.

(27) Alle Eiweisse, mit Ausnahme einiger Peptone, enthalten Schwefel. Die einzige abweichende Angabe rührt von Nencki[1] her, der aus dem Anthraxbacillus ein schwefelfreies „Mycoproteïd" erhielt; indessen hat der Beschreibung nach bei der Darstellung zweifellos eine Spaltung des Eiweiss stattgefunden, so dass dieser eine Fall einstweilen nichts beweist. Sodann ist der Schwefel stets in zweierlei Form vorhanden. Ein Theil des Schwefels ist in unoxydirter Form, als Schwefelwasserstoffderivat, und in sehr lockerer Bindung, etwa vergleichbar dem leicht als Ammoniak abspaltbaren Stickstoff, im Molecul enthalten. Er wird durch mässige Alkaliwirkung schon in der Kälte abgespalten, z. B. bei der Alkalialbuminatbildung nach Lieberkühn, und er bedingt die Schwärzung, die alle Eiweisskörper und die meisten ihrer noch eiweissähnlichen Derivate beim Kochen mit Natronlauge und Bleiacetat zeigen. Ein anderer Theil des Schwefels aber kann durch Kochen mit Alkalien nicht entfernt werden, sondern kommt nur bei der völligen Verbrennung des Eiweiss zum Vorschein, wobei er dann als Schwefelsäure auftritt, ohne dass damit natürlich über seine Oxydationsstufe im Eiweiss etwas ausgesagt würde.

Abgesehen von älteren Untersuchungen von Fleitmann[2]), der zuerst das Vorkommen des Schwefels in zwei Formen fand, Danilewsky[3]), Nasse[4]) und Krüger[5]) liegen aus neuerer Zeit Untersuchungen von Baumann[6]), Abel[7]) und Suter[8]), ferner eine kurze Mittheilung von Drechsel[9]), endlich ausführlichere von Schulz[10]) und Mörner[11]) vor.

[1]) M. Nencki, Ber. deutsch. chem. Ges. 17, II, 2605 (1884); M. Nencki u. F. Schaffer, J. f. prakt. Chem. [2] 20, 443 (1879). — [2]) Fleitmann, Ann. Chem. Pharm. 61 (1847). — [3]) A. Danilewsky, Z. f. physiol. Chem. 7, 427 (1883). — [4]) O. Nasse, Pflüger's Arch. f. d. ges. Physiol. 8, 381 (1873). — [5]) A. Krüger, ibid. 43, 244 (1888). — [6]) E. Baumann, Ueber die schwefelhaltigen Derivate der Eiweisskörper und deren Beziehungen zu einander, Zeitschr. f. physiol. Chem. 20, 583 (1895). — [7]) J. J. Abel, Aethylsulfid, ibid. 20, 253 (1895). — [8]) F. Suter, Bindung des Schwefels im Eiweiss, ibid. 20, 564 (1895). — [9]) E. Drechsel, Bindung des Schwefels im Eiweissmolecul, Centralbl. f. Physiol. 10, 529 (1896). — [10]) F. N. Schulz, Z. f. phys. Chem. 25, 16 (1898). — [11]) K. A. H. Mörner, ibid. 28, 595 (1899).

Es wurde dadurch festgestellt, dass alle Eiweisskörper, auch die mit niederstem Schwefelgehalt [1]), den Schwefel in beiderlei Form besitzen, und es wurden alsdann eine ganze Reihe von Körpern der verschiedensten chemischen Constitution ermittelt, bei denen sich der Schwefel wie der fest gebundene oder wie der lockere Eiweissschwefel verhält, oder die ihn endlich in beiderlei Form enthalten. Allerdings lässt sich der Einwand machen, dass ja das Cysteïn, das nur ein Atom Schwefel enthält, und das symmetrisch gebaute Cystin, wie Schulz gezeigt hat, ebenfalls gerade die Hälfte des Schwefels abgeben, und dass die siedende Lauge doch ausser der Schwefelabspaltung noch andere, unbekannte Veränderungen im Eiweissmolecul bewirkt, also wohl die Bindung des Schwefels im Laufe ihrer Einwirkung ändern kann. Ganz sicher scheint danach die Existenz von zwei Schwefelatomen in allen Eiweissen noch nicht zu sein; die Untersuchungen über die Albumosen führen zwar zu dem gleichen Ergebniss des Vorhandenseins von mindestens zwei Schwefelatomen; aber die Spaltungsproducte der schwefelarmen Eiweisskörper sind auch noch gar nicht untersucht. Vielleicht ergiebt die Untersuchung des Caseïns, wo die Verhältnisse des Phosphorgehalts auch noch ganz unklar sind, und des sehr schwefelarmen Histons hier ein Resultat. Abgeschlossen ist jedenfalls die Frage nach der Vielheit der Schwefelatome noch nicht, und das Folgende soll nur mit dieser Einschränkung gesagt werden.

Das Ergebniss ist vor Allem, dass der Schwefel im Eiweiss nicht in seinen höheren Oxydationsstufen vorkommt; weder Schwefelsäure, noch schweflige Säure konnten unter den Spaltungsproducten gefunden werden; man darf daher nicht, wie es noch vielfach geschieht, von oxydirtem und nicht oxydirtem Schwefel, sondern nur von leicht abspaltbarem und von fest gebundenem Schwefel im Eiweiss reden. Weiter ergab sich, dass Mercaptane und Verbindungen, in denen der zweiwerthige Schwefel mit zwei Kohlenstoffatomen verbunden ist, keinen Schwefelwasserstoff beim Kochen mit Bleioxyd abspalten, dagegen die Thiosäuren und die Verbindungen von der Form $\equiv C—S—S—C\equiv$ dies thun, die letzteren nur, wenn kein Sauerstoff mit dem Kohlenstoff verbunden ist. Es läge hier also ein Fall vor, wo eine Veränderung an dem Kohlenstoff, mit dem der Schwefel zusammenhängt, die Abspaltbarkeit beeinflussen würde, ohne dass der Schwefel direct davon betroffen zu werden brauchte. Cystin und Cysteïn spalten nur die Hälfte des Schwefels als Schwefelwasserstoff ab, und haben weiter die Eigenthümlichkeit, dass diese Abspaltung nicht auf einmal, sondern sehr langsam verläuft und erst nach neun- bis zehnstündigem Kochen vollendet ist.

Diese letztere Eigenschaft zeigt nach Suter die Hauptmenge des leicht abspaltbaren Eiweissschwefels nicht, wohl aber ein kleiner Theil,

---

[1]) F. N. Schulz, Zeitschr. f. physiol. Chem. 25, 16 (1898).

so dass die Möglichkeit eines Cystinradicals oder einer cystinartigen Bindung des Schwefels im Eiweiss vorliegt.

Die bisher gefundenen schwefelhaltigen Spaltungsproducte des Eiweiss sind: 1. Cystin, das Emmerling[1]) und vor Allem K. Mörner bei der Säurespaltung von Horn, Külz[2]) bei der Trypsinverdauung, Baumann[3]) u. A. als Product des intermediären Stoffwechsels, Mester[4]) u. A. auch als im Harn vorkommendes Endproduct gefunden haben; 2. Thiomilchsäure, die Suter unter den Spaltungsproducten fand; 3. vielleicht Thioglycolsäure, die Suter vermuthet; 4. Aethylsulfid, von Abel im Harn, von Drechsel bei der Säurespaltung gefunden; 5. Methyl- und Aethylmercaptan, von Rubner[5]) u. A. nachgewiesen; 6. Schwefelwasserstoff. Alle diese Körper kommen nur in geringer Menge vor, mit Ausnahme des Cystins, von dem Mörner bis zu 4,5 g aus 100 g Horn erhielt, und auch dies nur als Minimalausbeute betrachtet. Das Keratin enthält freilich mehr als doppelt so viel Schwefel als die echten Eiweisse, und auch von diesem ist nur ein Dritttheil Cystin; aus anderen Eiweissen wurde Cystin nur in geringer Menge erhalten. Ferner beobachtete Drechsel, dass dasjenige Material, aus dem er das Aethylsulfid gewinnen konnte, durch Phosphorwolframsäure fällbar, also eine basische Substanz war, eine Beobachtung, die von Blum[6]) bestätigt wird.

Drechsel denkt daher daran, dass es sich um eine Diäthylsulfinoessigsäure oder einen Thetinkörper handeln könnte, also um einen Körper mit vierwerthigem Schwefelatom, eine Vermuthung, die auch Schulz für möglich hält. Auch Müller und Seemann[7]) sind bei der Spaltung des Hühnereiweiss mit siedender Salzsäure auf einen der Drechsel'schen Annahme entsprechenden Körper gestossen. Andererseits lassen sich, wie Baumann bemerkt, die Thiomilchsäure, das Aethylsulfid und der Schwefelwasserstoff leicht vom Cysteïn ableiten nach den Gleichungen:

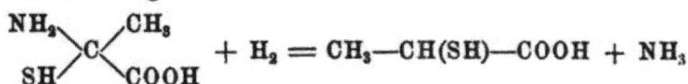

$$NH_2 \diagdown C \diagup CH_3 + H_2 = CH_3{-}CH(SH){-}COOH + NH_3$$
$$SH \diagup \quad \diagdown COOH$$

und:

$$2\,CH_3{-}CH(SH){-}COOH = (C_2H_5)_2S + H_2S + 2\,CO_2;$$

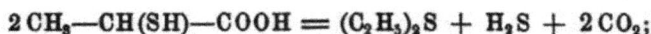

das Cysteïn seinerseits kann ja leicht aus dem Cystin entstehen, wie es Mörner direct beobachtet hat. Ebenso lassen sich die Mercaptane leicht von der Thioglycolsäure ableiten; für alle aber könnte eine ge-

---

[1]) A. Emmerling, Verh. d. Ges. deutsch. Naturf. u. Aerzte 1894, [II] 2, 391. — [2]) E. Külz, Zeitschr. f. Biolog. 27, 415 (1890). — [3]) E. Baumann und L. von Udránszky, Zeitschr. f. physiol. Chem. 13, 562 (1889). — [4]) Br. Mester, Zeitschr. f. physiol. Chem. 14, 109 (1889). — [5]) M. Rubner, Arch. f. Hygiene 19, 136 (1893). — [6]) F. Blum und W. Vaubel, Journ. f. prakt. Chem. [2] 57, 365 (1898). — [7]) John Seemann, Reducirende Körper aus Hühnereiweiss, Dissert., Marburg 1898.

schwefelte, eine Thioasparaginsäure, die gemeinsame Muttersubstanz sein. — Bei der Oxydation und Spaltung des Eiweiss mit Kaliumpermanganat und Kalilauge wird der Schwefel zu einem geringen Theile derartig oxydirt oder umgelagert, dass er beim Kochen mit Metalloxyden nicht als Schwefelwasserstoff abgespalten werden kann [1] [2]), ein Process, den Maly [1]) und Löw [3]) als Ueberführung des Schwefels in eine Sulfonsäure ansehen; Krüger bemerkt, dass die Maly'sche Oxyprotsulfosäure auch ein Sulfon sein könne, und man dann je nachdem das nicht oxydirte Eiweiss in Bezug auf seinen Schwefel als Mercaptan oder als Thioäther auffassen könne. Derselbe Oxydationsprocess, die Oxydation des locker gebundenen Schwefels ohne seine Abspaltung, verläuft, wie Hofmeister [4]) gefunden hat, auch bei der Jodirung des Eiweiss in saurer Lösung zu Jodalbumin, ebenso auch nach Harnack [5]) bei der Denaturirung des Eiweiss durch Fällen mit Kupferoxyd, Eisenchlorid, Zink- oder Platinsalzen, während Bleisalze diese Oxydation oder Umlagerung nicht bewirken. Harnack's „aschefreies Eiweiss", das (vergl. S. 92) auf diese Art entsteht, das Jodalbumin und die Oxyprotsulfosäure enthalten noch den gesammten Schwefel, geben aber die Schwefelbleireaction nicht mehr. Wie schwer dabei der nicht abspaltbare Schwefel oxydirt wird, hat Mörner [6]) gezeigt, der nach intensiver Einwirkung von rauchender Salpetersäure, und selbst Königswasser auf Glutin nur den zehnten Theil des Schwefels als Schwefelsäure fand. Die Hauptmasse vermuthet er als Methylsulfosäure. — Bisher hat man angenommen, dass der gesammte leicht abspaltbare Schwefel in dieser Weise oxydirt wird; Schulz [7]) hat aber neuerdings gezeigt, dass dies nicht der Fall zu sein braucht; er fand, dass ein Präparat von Oxyprotsulfonsäure zwar nicht mehr die Schwefelbleireaction giebt, aber noch 0,33 Proc. leicht abspaltbaren Schwefel enthält. Er nimmt daher an, dass nur der leichtest abspaltbare Theil verändert wird, während der Rest des Sulfidschwefels zwar noch als solcher vorhanden ist, aber entsprechend seiner Abspaltung, die ja langsam erfolgt, oxydirt wird. Die Oxydation beziehungsweise Veränderung des Schwefels durch Permanganat u. s. w. würde also nur eine sehr allmähliche sein.

Als sicher kann demnach nur angesehen werden, dass sich der Schwefel in zwei verschiedenen Bindungen im Eiweissmolecul vorfindet, von denen die eine sicher zwei-, die andere zwei- oder vierwerthig ist, dass aber oxydirter, mit Sauerstoff verbundener Schwefel dem Eiweiss fehlt.

Was die Mengenverhältnisse betrifft, so ist sowohl die Gesammt-

---

[1]) R. Maly, Monatsh. f. Chem. 6, 107 (1885); 9, 258 (1888). — [2]) R. Bernert, Zeitschr. f. physiol. Chem. 26, 272 (1898). — [3]) O. Löw, Journ. f. prakt. Chem., N. F. 5, 433 (1872); 31, 129 (1885). — [4]) F. Hofmeister, Zeitschr. f. physiol. Chem. 24, 159 (1897). — [5]) E. Harnack, Ber. deutsch. chem. Ges. 31, II, 1938 (1898). — [6]) C. T. Mörner, Zeitschr. f. physiol. Chem. 28, 471 (1899). — [7]) F. N. Schulz, ibid. 29, 86 (1899).

summe des Schwefels wie das Verhältniss der beiden Formen zu einander in den einzelnen Eiweissen sehr verschieden; die Differenz kann
auf der verschiedenen Moleculargrösse beruhen, wofür sprechen würde,
dass das complicirte Hämoglobin und das Histon viel weniger Schwefel
enthalten als die Serumeiweisse [1]). Sie kann aber zum Theil auch auf der
verschiedenen Zahl der im Molecul enthaltenen Schwefelatome beruhen,
wofür die Unterschiede im Verhältnisse der zwei Schwefelarten zu einander ein Beweis sein würden. Doch mahnen die oben angeführten Einwände gerade hier dringend zur Vorsicht.

Im Folgenden sind die von Schulz an zweifellos reinen, zum
Theil krystallisirten Eiweissen mit einwandsfreier Methodik erhaltenen
Zahlen für den lockeren und den Gesammtschwefel, wie für deren
Verhältniss wiedergegeben und einige Zahlen anderer Autoren beigefügt.

100 g enthalten	Lockerer Schwefel (a)	Gesammt-Schwefel (b)	$\frac{a}{b}$
Serumalbumin	1,28	1,89	2,08 : 3
Eieralbumin	0,49	1,18	0,83 : 2
Hämoglobin	0,19	0,43	0,88 : 2
Globin	0,2	0,42	0,95 : 2
Globulin	0,63	1,38	0,91 : 2
Witte's Pepton (Suter)	0,34	0,647	1,05 : 2
Federn (Suter)	1,29	2,66	0,97 : 2
Rosshaare (Suter)	2,52	—	—
Menschenhaare [2])	—	4,95—5,34	—
Thierhaare [2])	—	3,56—4,35	—
Gänsefedern [2])	—	2,59—3,16	—
Hufen [2])	—	3,5	—
Fibrinogen [3])	—	1,25	—
Caseïn [4])	sehr wenig	0,758	—
Serumalbumin [5]), Mensch	—	2,31	—

Die schwefelreichsten Eiweisskörper sind, wie man sieht, die Keratine, die schwefelärmsten das Hämoglobin, sowie einige Histone. Die
Protamine sind schwefelfrei. Von den bei der ersten Eiweissspaltung entstehenden Producten enthält das Alkalialbuminat den locker
gebundenen Schwefel bereits nicht mehr; auch bei den Atmidalbumosen kommt es unter Umständen zu einer Abspaltung. Die Peptone
sind anscheinend schwefelfrei (vergl. S. 103), von den Albumosen enthalten die Protalbumose und die Heteroalbumose ebenso viel Schwefel
wie das Ausgangsmaterial [6]), bei den Fibrinosen des Witte-Peptons

[1]) E. Harnack, Zeitschr. f. physiolog. Chem. 24, 412 (1898.) —
[2]) P. Mohr, ibid. 20, 403 (1894). — [2]) O. Hammarsten, ibid. 22, 333 (1896).
— [4]) Derselbe, ibid. 9, 273 (1885). — [5]) K. V. Starke, Hammarsten's
Referat nach dem schwedischen Original in Maly's Jahresber. f. Thierchem.
11, 17 (1881). — [6]) E. P. Pick, Zeitschr. f. physiol. Chem. 28, 219 (1899)
(vergl. auch S. 107).

1,2 Proc., aber die Gesammtmenge ist durch Alkalien als Schwefelwasserstoff abzuspalten. Ob bei der Spaltung in die Albumosen
eine Umlagerung eingetreten ist, durch die jetzt auch die andere
Hälfte des Schwefels der Alkalieinwirkung zugänglich gemacht worden
ist, oder ob der feste Schwefel in der noch wenig erforschten dritten
primären Albumose steckt, ist noch unbekannt; die letztere Alternative
zwänge bereits zur Annahme von vier Schwefelatomen in dem keineswegs sehr schwefelreichen Fibrin. Gürber[1]) kommt zwar auf Grund
noch nicht genauer mitgetheilter Untersuchungen sogar zu der Annahme von mindestens sieben Schwefelatomen im Serumalbumin; doch
scheinen die Thatsachen, besonders im Hinblick auf die Verhältnisse am
Caseïn, mehr für die Annahme einer Umlagerung oder Lockerung bei
der Spaltung zu sprechen.

Die Anti- und Hemigruppe.

(28) Während bei der bisherigen Betrachtung immer nur von dem
Eiweiss als Ganzem die Rede war, ergeben die, dort ausführlich besprochenen, Erfahrungen über die Albumosen der peptischen Verdauung,
wie sie in letzter Zeit Hofmeister und sein Schüler Pick[2]) entwickelt haben, dass im Eiweiss mindestens drei Gruppen mit deutlich
unterscheidbaren Eigenschaften existiren.

1. Die Hemigruppe, zu der die Protalbumose gehört. Sie enthält wenig Diamino-, viel Monoaminosäuren, wenig oder kein Leucin,
kein Glycocoll, auch die anderen Aminofettsäuren in geringer Menge;
sie enthält viel Tyrosin und Skatolaminoessigsäure (siehe S. 59), anscheinend die Gesammtmenge der im Eiweiss vorhandenen. Sie enthält
keine Kohlehydratgruppe und ebenso viel Schwefel wie das Ausgangsmaterial, aber nur in lockerer Bindung; sie enthält die Tryptophangruppe, anscheinend ganz. Sie wird durch Trypsin leicht ganz gespalten. Sie kommt anscheinend allen Eiweissen, mit Ausnahme des
Leims, zu. Das Caseïn ist ganz oder fast reiner Hemikörper.

2. Die Antigruppe. Ihr Repräsentant ist die Heteroalbumose.
Sie enthält viel Diaminosäuren, sehr viel Leucin und andere Aminofettsäuren, darunter wahrscheinlich das gesammte Glycocoll. Sie
enthält kein Tyrosin und keine Indol gebende Substanz, aber die
Phenylaminopropionsäure; sie enthält die Tryptophangruppe nicht,
ebenso wenig eine Kohlehydratgruppe; in Bezug auf den Schwefel verhält sie sich wie die Hemigruppe. Sie wird durch Trypsin nur sehr
schwer oder gar nicht ganz gespalten und ist auch gegen alle anderen
Einwirkungen, Pepsin-, Säure- und Alkaliwirkung, sehr resistent. Sie

---

[1]) Gürber u. Schenck, Leitfaden der Physiologie. — [2]) E. P. Pick,
Zeitschr. f. physiol. Chem. 28, 219 (1899).

fehlt dem Caseïn anscheinend ganz, ist vielleicht auch in den Zelleiweissen des Pankreas, also Nucleoalbuminen u. s. w., relativ spärlich, im Leim dagegen sehr reichlich vertreten.

Die Hemi- und die Antigruppe haben beide einen höheren Stickstoff- und Kohlenstoff- und niederen Sauerstoffgehalt als das ursprüngliche Eiweiss.

3. Von der dritten Gruppe ist bisher nur bekannt, dass sie einen kohlehydratähnlichen Complex enthält und einen hohen Sauerstoffneben niederem Stickstoff- und Kohlenstoffgehalt besitzt. Sie fehlt dem Caseïn ganz.

Alle drei Gruppen geben die Biuretreaction, die übrigen Reactionen je nach ihren Spaltungsproducten. Die dritte Gruppe giebt die Réaction nach Molisch, die anderen beiden nicht; die Furfurolreactionen nach Adamkiewicz und Liebermann nur die Hemi- und die dritte Gruppe gemeinsam. Die Millon'sche Reaction giebt nur die Hemigruppe, die Schwefelbleireaction geben die Hemi- und die Antigruppe, die dritte ist nicht untersucht. Die Xanthoproteïnreaction giebt die Hemigruppe; von den anderen ist es fraglich.

Die Unterschiede zwischen der leicht zersetzlichen Hemi- und der gegen alle Einflüsse relativ resistenten Antigruppe haben sich nicht nur bei der Verdauung, sondern auch bei der Spaltung durch Säuren [1]) und Alkalien [2]), bei der oxydativen Spaltung mit Kalilauge und Permanganat [3]) etc. gezeigt. Auch die übrigen Eigenschaften dieser Gruppen stimmen sehr gut überein: dem Leim fehlen gemeinsam die Tyrosin-, Indol- und Tryptophangruppe, wogegen er das Glycocoll in ungewöhnlicher Menge enthält. Dem Caseïn fehlt das Glycocoll [4]), wogegen es von allen echten Eiweissen am meisten Tyrosin enthält [5]); es ist nach Pick vermuthlich reiner Hemikörper. Auch lässt sich, wenn man Caseïn, Fibrin, Muskeleiweiss und Eiereiweiss vergleicht, ein vollkommener Parallelismus zwischen Tyrosingehalt [5]) und Leichtverdaulichkeit feststellen, die beide von dem Antheil abhängen, den die Hemigruppe an dem Aufbau des betreffenden Eiweiss nimmt. Diese Uebereinstimmungen, deren Zahl sich noch vermehren liesse, sprechen sehr dafür, dass diese grossen Gruppen, in die das Eiweiss zunächst zerfällt, gut geschlossene Einheiten darstellen, und dass die Differenzen der einzelnen Eiweisse wesentlich davon abhängen, in wie weit jede dieser Gruppen an ihrer Zusammensetzung sich betheiligt.

[1]) F. Goldschmidt, Dissert. Strassburg 1898. — [2]) P. Schützenberger, Ann. chim. phys., 5. sér., t. 16, 1 (1879). — [3]) R. Bernert, Zeitschr. f. physiol. Chem. 26, 272 (1898). — [4]) K. Spiro, ibid. 28, 174 (1899). — [5]) F. Reach, Virchow's Arch. 158, 288 (1899).

IV. Eintheilung der Eiweisskörper.

(29) Die gangbare Eintheilung der Eiweisskörper geht im Wesentlichen auf Hoppe-Seyler[1]) und Drechsel[2]) zurück. In neuerer Zeit haben Chittenden[3]) und Wroblewski[4]) einige Aenderungen an derselben vorgenommen. Die letzte Zusammenfassung stammt von Hammarsten[5]) in der neuesten Auflage seines Lehrbuches der physiologischen Chemie. Hammarsten hat sich ohne bedeutendere Abweichungen an die hergebrachte Eintheilung angeschlossen, nicht weil er mit derselben immer übereinstimmte, sondern um nicht, bevor abschliessende Forschungsergebnisse dazu nöthigen, wieder einen neuen Eintheilungsmodus zu schaffen, der vielleicht auch bald wieder verlassen werden muss. Aus demselben Grunde folgen wir hier Hammarsten, und wollen nur noch eine Reihe von Vorbemerkungen machen.

Es wird allgemein eine Analogie zwischen den Eiweisskörpern und den Kohlehydraten in der Art angenommen, dass die nativen Eiweisse den hochmolecularen Polysacchariden, der Stärke, der Cellulose und dem Glycogen entsprechen, und dass der Zerfall der Eiweisse in Albumosen und Peptone dem dieser Kohlehydrate in Dextrine, Di- und endlich Monosaccharide gleichzusetzen sei. Wenn diese Anschauung richtig ist, müsste eine rationelle Eintheilung der Eiweisse mit den niedrigsten Spaltungsproducten, den Peptonen, beginnen und dann zu den aus diesen zusammengesetzten eigentlichen Eiweissen fortschreiten. Indessen sind unsere Kenntnisse zur Zeit noch viel zu gering, um diesen Weg zu beschreiten. Wir müssen uns zunächst daran halten, dass wir die in der Natur ausschliefslich vorkommenden Eiweisse als besondere Gruppe, als die nativen, echten oder genuinen Eiweisse oder Eiweisse im engeren Sinne zusammenfassen. Ihnen gegen-

---

[1]) F. Hoppe-Seyler, Handbuch der physiologisch- und pathologisch-chemischen Analyse, 6. Aufl., S. 243 (1893). — [2]) E. Drechsel, Artikel „Eiweisskörper" in Ladenburg's Handwörterbuch der Chemie 3, 534 (1885). — [3]) R. H. Chittenden, On digestive Proteolysis. Carturight Lect. (1894). — [4]) A. Wroblewski, Ber. deutsch. chem. Ges. 30, III, 3045 (1897). — [5]) O. Hammarsten, Lehrbuch der physiologischen Chemie, 4. Aufl., S. 17 (1899).

über stehen dann einmal alle die noch eiweissartigen Körper, die durch Umwandlung oder Spaltung aus ihnen hervorgehen, also die coagu-lirten Eiweisse, die Acidalbumine und Albuminate, die Albu-mosen und Peptone, andererseits die Körper, die aus einer Verbin-dung eines nativen Eiweiss mit einer anderen Gruppe bestehen, die Proteïde, die also noch complicirter gebaut sind, als die eigentlichen Eiweisse. Als vierte Gruppe folgen die dem Eiweiss nahe stehenden und aus ihm hervorgehenden Albuminoide, welche die Gerüstsub-stanzen des thierischen Organismus bilden. Diese Viertheilung in native Eiweisse, Umwandlungsproducte, Proteïde und Albuminoide ist allge-mein anerkannt. Strittig ist nur bei einigen Körpern, zu welcher Gruppe sie zu rechnen sind. Es gilt dies insbesondere von den Nucleo-albuminen: es wird bei diesen ausführlicher dargethan werden, dass sie mit den Nucleoproteïden, mit denen sie früher vielfach zusammen-geworfen wurden und von denen sie noch ihren Namen tragen, ausser ihrem Phosphorgehalt nichts gemein haben, vielmehr eine besondere, physiologisch und chemisch gut charakterisirte Gruppe bilden. Nun ist die Bindung des Phosphors in ihnen unbekannt und ebenso wenig kennt man eine Gruppe, die, etwa den Phosphor enthaltend, mit dem Eiweiss zusammenträte. Es ist daher ziemlich beliebig, ob man sie als Proteïde oder als phosphorhaltige Eiweisse auffassen will. Dasselbe gilt von den Mucinen und ihren Verwandten, die man als Eiweisskörper mit einem besonders hohen Kohlehydratgehalt, ebenso gut aber als Glyco-proteïde ansehen kann. Im Anschluss an den besten Kenner beider Körper, Hammarsten, sollen hier die Nucleoalbumine zu den Eiweissen, die Mucine und Mucoïde zu den Proteïden gestellt werden. Alsdann wäre es freilich sehr wünschenswerth, wenn man den Namen Nucleo-albumine endlich fallen liesse und diese Körper, die zu dem Zellkern in gar keiner Beziehung stehen, bis zur Aufklärung ihres Baues etwa einfach als Phosphoglobuline bezeichnete.

Wenn man nun die nativen Eiweisse genauer eintheilen will, so wäre es zweifellos wieder das Richtigste, von ihrem Aufbau aus einzelnen Gruppen auszugehen, ihre Zusammensetzung aus der Hemi-, Anti-gruppe u. s. w. zu berücksichtigen. In dieser Hinsicht liegen bereits Anfänge vor; so ist festgestellt, dass dem Caseïn die Antigruppe fehlt, u. a. m. Aber auch hier sind unsere Kenntnisse noch zu gering, und es bleibt nichts anderes übrig, als sich einstweilen der alten, auf die Fällbarkeits- und Löslichkeitsverhältnisse begründeten Eintheilung in Albumine und Globuline zu bedienen. Es ist dabei erfreulich, wie sich immer mehr herausstellt, dass auch die nach der Eintheilung ent-deckten neuen Reactionen, die Differenzen in der Aussalzbarkeit und im Coagulationspunkt, immer wieder die Aehnlichkeit der bisher in eine Gruppe zusammengefassten Körper erweisen, so dass also die Gruppen der Albumine, Globuline etc. doch einigermaassen natürlich sind. Von den sehr grossen Schwierigkeiten, die sich einer Beschreibung der einzelnen Eiweisse dadurch entgegenstellen, dass wir oft nicht wissen, ob wir das betreffende Eiweiss selbst oder eines seiner Salze vor uns haben, ist schon die Rede gewesen. Die Frage nach der Verschiedenheit desselben Eiweiss bei verschiedenen Thierarten wird beim Serumalbumin Besprechung finden.

Zwischen den einzelnen Gruppen des Schemas finden sich gelegentlich Uebergänge, die die Einreihung einzelner Körper recht misslich erscheinen lassen.

Das Schema der Eiweisseintheilung würde demnach lauten:

I. Eigentliche Eiweisskörper.

1. Albumine.
Serumalbumin, Eieralbumin, Lactalbumin.

2. Globuline.
Serumglobulin, Eierglobulin, Lactoglobulin, Zellglobuline, Pflanzenglobuline.

3. Gerinnende Eiweisse.
Fibrinogen, Myosin, Myogen, Kleberproteïn.

4. Nucleoalbumine.
Caseïn, Vitelline, Phytovitelline, Nucleoalbumine des Zellprotoplasmas, schleimartige Nucleoalbumine.

II. Umwandlungsproducte.

1. Denaturirtes Eiweiss, Acidalbumine und Alkalialbuminate.
2. Albumosen und Peptone und verwandte Körper.

III. Proteïde.

1. Nucleoproteïde.
Verbindungen der Nucleïnsäure mit
a) Histon, b) Protamin, c) anderen Eiweissen.

2. Hämoglobine.
Verbindungen des Hämatins mit Histon.

3. Glycoproteïde.
Verbindungen von Eiweiss mit Glucosamin und anderen Kohlehydraten.
Mucine, Mucoide, Helicoproteïd.

IV. Albuminoide.

1. Collagen,
2. Keratin,
3. Elastin,
4. Spongin, Fibroin u. s. w.,
5. Amyloid,
6. Albumoid,
7. Farbstoffe, die aus dem Eiweiss entstehen.

Für die nun folgende Darstellung erwies es sich als unzweckmässig, an diesem Schema auch in der Reihenfolge festzuhalten. Da bei der Schilderung der einzelnen Eiweisse zu häufig auf ihre Spaltungsproducte Bezug genommen werden muss, sind diese vorangestellt und noch in dem „allgemeinen Theil" mitbesprochen worden; es werden also zunächst die Albuminate, dann die Albumosen und Peptone und im Anschluss an diese die Halogeneiweisse u. s. w. zur Besprechung kommen und erst nach diesen die eigentlichen Eiweisse folgen. Ferner werden die Eiweisspaarlinge der Proteïde, soweit sie bekannt sind, nicht bei diesen, sondern als besondere Gruppen bei den eigentlichen Eiweissen abgehandelt werden; bei den Proteïden ist dann nur von dem anderen Paarling, dem Hämatin und der Nucleïnsäure, sowie von dem zusammengesetzten Körper als solchem die Rede. Die Histone und die Protamine folgen also als weitere Abschnitte auf die Nucleoalbumine; die Protamine sind hier zu den Eiweisskörpern im weiteren Sinne gestellt worden, da ihre Spaltungsproducte nach Kossel's neuesten Mittheilungen nicht mehr so different von denen der übrigen Eiweisse sind, als es schien, und da ein klarer genetischer Zusammenhang über die Histone mit dem anderen Eiweiss besteht.

Die Reihenfolge würde also sein:

I. Umwandlungsproducte.
    1. Albuminate.
    2. Albumosen und Peptone.
    3. Halogeneiweisse.

II. Eiweisskörper im engeren Sinne.
    1. Albumine.
    2. Globuline.
    3. Gerinnende Eiweisse.
    4. Nucleoalbumine.
    5. Histone.
    6. Protamine.

III. Proteïde.
    1. Nucleoproteïde.
    2. Hämoglobine.
    3. Glycoproteïde.

IV. Albuminoide.

V. Die Umwandlungsproducte.

I. Acidalbumine und Alkalialbuminate.

(30) Wenn man auf eine Lösung von nativem Eiweiss Alkalien oder Säuren in ziemlich hoher Concentration einwirken lässt, so verwandelt sich die Flüssigkeit in eine mehr oder minder steife Gallerte, die alle Uebergänge zwischen heller glasartiger Durchsichtigkeit und dicker, weisser Opalescenz zeigen kann. Man bezeichnet diese Gallerte je nach ihrer Entstehung als Alkalialbuminat oder als Acidalbumin. Die Ersten, die diesen merkwürdigen Vorgang beobachteten, waren Magendie[1]), Lieberkühn[2]) und Johnson[3]); später wurde derselbe von Rollet[4]) und seinem Schüler Zoth[5]), sowie unter Leitung Alexander Schmidt's von Kieseritzky[6]) und Rosenberg[7]) untersucht. Die Gallerte ist ein Salz von denaturirtem Eiweiss, das wie das native hier Säure sowohl wie Base sein kann, mit einem Alkalimetall oder mit einer Säure. Ob das gesammte Eiweiss zu dieser Gallerte wird, oder ob, wie es nach Goldschmidt[8]) den Anschein hat, nur ein Theil des Eiweiss, das Antialbumin, sich gallertig ausscheidet, während der Rest sofort weiter gespalten wird, ist nicht untersucht worden. Ob es zu dieser Gallertenbildung kommt und ob dieselbe mehr oder weniger durchsichtig und fest ist, hängt von der Concentration der Eiweisslösung, von dem Gehalt an Alkali resp. Säure und von dem Gehalt der Flüssigkeit an unorganischen Neutralsalzen ab, wie dies Rollet und Zoth, sowie Rosenberg und Kieseritzky durch ausführliche Versuchsreihen gezeigt haben. Im Allgemeinen gilt,

---

[1]) Magendie, Leçons sur le sang etc., Paris 1838, p. 170 (citirt nach Rollet). — [2]) N. Lieberkühn, Arch. f. Anat., Physiol. und wissenschaftl. Med. 1848, S. 285, 323. — [3]) Johnson, Journ. of the Chemical Soc., N. S. 12, 734 (citirt nach Rollet). — [4]) A. Rollet, Sitzungsber. d. Wien. Akad., Math.-naturw. Cl., Abth. III. 84, 332 (1881). — [5]) O. Zoth, ibid. 100, 140 (1891). — [6]) W. Kieseritzky, Die Gerinnung des Faserstoffs, Alkalialbuminats und Acidalbumins. Dissertat., Dorpat 1882. — [7]) A. Rosenberg, Dissertat., Dorpat 1883. — [8]) F. Goldschmidt, Säuren und Eiweiss. Dissertat., Strassburg 1898.

dass von den Säuren eine erheblich grössere Concentration nöthig ist, um die Gallertenbildung herbeizuführen, als von den Alkalien. Während man die gallertige Acidalbuminbildung nur mit sehr concentrirter Essigsäure herbeiführen kann, genügt beim Blutserum — nach Zoth — die diesem eigene alkalische Reaction, um es unter günstigen Umständen zum durchsichtigen Erstarren zu bringen. Bei höherem Alkaligehalt erstarrt die Flüssigkeit rascher und durchsichtiger, aber weniger fest, ein noch stärkerer Ueberschuss von Alkali kann die Erstarrung hindern. Ebenso kann eine zu hohe Concentration der Säuren die Gelatinirung nicht zu Stande kommen lassen, da das Eiweiss ja durch starke Mineralsäuren gefällt wird. Den Einfluss der Salze haben besonders Kieseritzky und Rosenberg sehr eingehend studirt und festgestellt, dass bei völliger Entfernung der Salze durch langdauernde Dialyse die Gerinnung ganz ausbleibt, und dass sowohl die Zeit des Eintretens, wie die Festigkeit der Gallerte sehr wesentlich von den Salzen abhängt. Sie stellten daraufhin eine interessante Parallele zwischen der Gerinnung des Acidalbumins und Alkalialbuminats und dem Ausfällen der colloidalen Kieselsäure bei Salzgegenwart, langsam in der Kälte, viel rascher in der Wärme, auf. Je weniger Salze zugegen sind, desto durchsichtiger, aber auch desto lockerer wird die Gallerte und umgekehrt; bei dem Acidalbumin sind geringere Salzmengen nöthig, als bei dem Alkalialbuminat, um die gleichen Erscheinungen hervorzurufen. Durch Erwärmen wird die Gallertbildung ausserordentlich beschleunigt und verstärkt. Ein sehr bekanntes Beispiel der gallertigen Alkalialbuminatbildung ist das Festwerden des Weissen der Hühnereier, einer alkalischen concentrirten Eiweisslösung, beim Erhitzen. Bei den Hühnereiern und den Eiern anderer Nestflüchter ist dies Alkalialbuminat weiss und undurchsichtig; dagegen enthalten die Eier der meisten Nesthocker, so der Krähe, Schwalbe, des Kiebitz u. s. w., wie dies Lieberkühn und später Tarchanoff[1]) beschrieben haben, Tataeiweiss, das beim Kochen zu einer glashellen, durchsichtigen Gallerte gerinnt. Die Erscheinung beruht auf dem verschiedenen Gehalte an Salzen und an Alkali, und auch das Weisse der Hühnereier erstarrt durchsichtig, wenn man die Eier vorher zwei bis drei Tage in 10 procentige Kalilauge legt[1])[2]). Eine andere Anwendung des gallertig und durchsichtig erstarrten Alkalialbuminats ist von Koch[3]) in die bacteriologische Technik eingeführt worden; wenn man nämlich Blutserum einige Zeit auf circa 65° erwärmt, so erstarrt es ziemlich durchsichtig; durch Aenderungen der Concentration und der Schnelligkeit des Erwärmens lässt sich die Art der Gerinnung etwas beeinflussen[2]).

---

[1]) J. Tarchanoff, Pflüger's Arch. f. d. ges. Physiol. **33**, 303 (1884); **39**, 476 und 489 (1886). — [2]) O. Zoth, Sitzungsber. d. Wien. Akad., Math.-naturw. Cl. III, 100, 140 (1891). — [3]) R. Koch, Mittheil. a. d. Kaiserlichen Gesundheitsamte **2**, 48 (1884).

(31) Dem Anscheine nach ganz verschieden ist die Einwirkung
verdünnter Säuren oder Alkalien auf eine native Eiweisslösung: die
Flüssigkeit sieht ganz unverändert aus, aber ihre Reactionen zeigen,
dass sie kein natives Eiweiss mehr enthält, sondern denaturirtes. Das
Eiweiss wird durch Alkalien oder Säuren zunächst in Acidalbumin oder
Alkalialbuminat überführt, dies erste Umwandlungsproduct aber dann
in längerer oder kürzerer Zeit in Albumosen, Peptone, endlich in einfachere Körper, Aminosäuren u. s. w., gespalten. Der Erste, der diese
Art der Acidalbuminbildung beobachtete, war Panum[1]); dann folgten
die Untersuchungen von Soyka[2]), Mörner[3]), Danilewsky[4]),
Johannsson[5]); später die von Harnack[6]), Bülow[7]) und Werigo[8])
über das von Harnack als aschefreies Eiweiss aufgefasste Acidalbumin des Hühnereiweiss. Aus neuester Zeit endlich liegen aus dem
Hofmeister'schen Laboratorium die Arbeiten von Goldschmidt[9])
und Zunz[10]) vor. Die Alkalialbuminatbildung wurde von Schmiedeberg[11]) untersucht; er bezeichnet das gebildete denaturirte Eiweiss als
Albuminsäure. Endlich ist hier auch die Arbeit von Pauli[12]) zu
erwähnen, der die verschiedene Fällbarkeit des Eiweiss bei Gegenwart
verschiedener Salze untersuchte.

Unter Acidalbumin versteht man das Salz einer Säure
mit denaturirtem Eiweiss; das Eiweiss tritt also hier als Base auf;
das Alkalialbuminat ist das Salz dieses Eiweiss mit einem
Metall. Die Bildung von Acidalbumin und Alkalialbuminat ist also
nichts anderes, als eine besondere Form der Denaturirung der nativen
Eiweisskörper. Die Hitzecoagulation ist, wie dort auseinandergesetzt,
eine Bildung von Acidalbumin, das durch Salze sofort gefällt wird.
Bei der hier besprochenen Acidalbuminbildung ist der eigentliche Process der gleiche; nur verläuft er langsamer, und das denaturirte
Eiweiss wird durch den Säureüberschuss in Lösung gehalten. —
Acidalbumin und Alkalialbuminat sind in verdünnten Säuren und
in verdünnten Alkalien leicht löslich, in Wasser und Lösungen
von Neutralsalzen dagegen unlöslich. In saurer Lösung, also als
Acidalbumin, wird das denaturirte Eiweiss durch sehr geringe Mengen
von Salzen gefällt. Nach den Angaben von Bülow hat dies an-

---

[1]) P. Panum, Virch. Arch. 4, 419 (1851). — [2]) J. Soyka, Pflüger's
Arch. f. d. ges. Physiol. 12, 347 (1876). — [3]) K. A. H. Mörner, ibid. 17,
468 (1878). — [4]) A. Danilewsky, Zeitschr. f. physiol. Chem. 5, 158 (1881).
— [5]) J. E. Johansson, ibid. 9, 310 (1885). — [6]) E. Harnack, ibid. 5,
198 (1881); Derselbe, Ber. deutsch. chem. Ges. 22, II, 3046 (1889); 23, I, 40
(1890); 23, II, 3745 (1890); 31, II, 1938 (1898). — [7]) K. Bülow, Pflüger's Arch.
f. d. ges. Physiol. 58, 207 (1894). — [8]) Br. Werigo, ibid. 48, 127 (1891). —
[9]) F. Goldschmidt, Säuren und Eiweiss. Diss., Strassburg 1898. Daselbst
findet sich eine vollständige Zusammenstellung der Literatur. — [10]) E. Zunz,
Zeitschr. f. phys. Chem. 28, 132 (1899). — [11]) O. Schmiedeberg, Schmiedeberg's Arch. f. exp. Pathol. und Pharmakol. 39, 1 (1897). — [12]) W. Pauli,
Pflüger's Arch. f. d. ges. Physiol. 78, 315 (1899).

scheinend nichts mit dem Aussalzen der Eiweisskörper zu thun; denn für das eigentliche Aussalzen ist ja gerade eine hohe Salzconcentration charakteristisch, und ausserdem verhalten sich die Salze von ihrer aussalzenden Wirksamkeit verschieden. Die Chloride sind am wenigsten wirksam, die Nitrate doppelt, die Sulfate — beim Acidalbumin aus Hühnereiweiss — etwa 16 Mal so wirksam; die Basen zeigen überhaupt keine deutlichen Unterschiede. Indessen ergeben sich für die verschiedenen Eiweisse und die gleichen Eiweisse bei verschiedener Concentration recht erhebliche Differenzen. Vor Allem ist durch Werigo, Goldschmidt, Kieseritzky, Rosenberg und Starke[1]) festgestellt worden, dass um so weniger Salz zur Fällung erforderlich ist, je weniger Säure zugegen ist, dass es also auf das Verhältniss zwischen Salz und Säure ankommt. Dadurch erklären sich die merkwürdigen Angaben von Goldschmidt u. A., dass bei der Neutralisation einer stark sauren Acidalbuminlösung — wobei ja ein Neutralsalz entsteht — schon bei noch deutlich saurer Reaction ein Niederschlag auftritt, dieser sich wieder auflöst, bei weiterem Alkalizusatz wieder entsteht, und so fort. Ein vollständiges Ausfällen durch genaues Neutralisiren ist, wie ausser Werigo auch Spiro und Pemsel[2]) betonen, recht schwierig.

Auch das Alkalialbuminat wird durch Salze gefällt; indessen sind hierzu weit grössere Mengen erforderlich, als zum Ausfällen des Acidalbumins[1]). Pauli hat für die Wirkung verschiedener Salze auf die Ausfällung des Alkalialbuminats Gesetzmässigkeiten zu ermitteln gesucht, ohne indessen zu bestimmten Resultaten zu gelangen. Diese Verhältnisse spielen eine grosse Rolle bei der Hitzecoagulation des Eiweiss, die ja, wie erwähnt, auf der Denaturirung des Eiweiss, auf der Bildung von je nachdem Acidalbumin oder Alkalialbuminat beruht; nur das Acidalbumin aber wird bei Gegenwart von Salzen völlig ausgefällt, die vollständige Coagulation des Eiweiss erfolgt nur bei saurer Reaction. Eine Ausnahmestellung nehmen die Kalksalze — und ihre Verwandten, z. B. Strontiumsalze — ein, wie dies Ringer[3]), Tunnicliffe[4]) und Starke[1]) gezeigt haben. Dies beruht darauf, dass das durch sie gebildete Kalkalbuminat, der eiweisssaure Kalk, viel schwerer löslich ist, als Natron- und Kalialbuminat; in Gegenwart von Kalk fällt das Alkalialbuminat daher sehr leicht aus. Worauf dagegen im Uebrigen die ausfällende Wirkung der Salze beruht, ist nicht bekannt: Kieseritzky und Rosenberg haben sie mit der Ausfällung der colloidalen Kieselsäure durch Neutralsalze in Parallele gesetzt, womit nicht viel gewonnen ist, so lange auch dieser Process unaufgeklärt

[1]) J. Starke, Sitzungsber. der Münch. Ges. f. Morphol. u. Physiol. 1897, S. 1. — [2]) K. Spiro und W. Pemsel, Zeitschr. f. physiol. Chem. 26, 233 (1898). — [3]) S. Ringer and H. Sainsbury, Journ. of Physiol. 12, 170 (1891); S. Ringer, ibid. 12, 378 (1891); Derselbe, ibid. 13, 300 (1892). — [4]) F. W. Tunnicliffe, Centralbl. f. Physiol. 8, 387 (1894).

bleibt. Vor Allem ist festzuhalten, dass die Denaturirung des
Eiweiss, seine Ueberführung in Acidalbumin oder Alkalialbuminat
durch das Erhitzen oder andere Einwirkungen erfolgt, und dass die
Ausfällung, die Coagulation, ein zweiter Process ist, mit dem keine
weitere Umwandlung des Eiweiss einherzugehen braucht.   Am wahrscheinlichsten erscheint es, wie dies in neuester Zeit Pauli betont,
dass es sich bei dieser Ausfällung um einen Austausch der verschiedenen in Betracht kommenden Ionen, des Chlors, des Natriums,
der etwa vorhandenen Wasserstoff- und Hydroxylionen und des
Eiweissions handelt, bei denen das Eiweission eine unlösliche Verbindung eingeht.   Es läge dann also eine wirkliche chemische Umsetzung vor. Es ist zu bemerken, dass das reine coagulirte, möglichst
von unorganischen Bestandtheilen befreite Eiweiss nach Mörner's
freilich unbestätigter Angabe deutlich sauer reagirt. Es würde sich
dann also um einen ähnlichen Vorgang handeln, wie bei der von
Kutscher[1]) beobachteten Ausfällung von globulinsaurem Natron beim
Eintropfen seiner Lösung in eine Lösung von Deuteroalbumose.
Jedenfalls sind diese Verhältnisse noch ebenso wenig klar wie etwa das
Ausfallen der Globuline beim Verdünnen ihrer salzhaltigen Lösungen
(vergl. S. 149).   Die zahlreichen Versuche von Mörner sind nach
unseren heutigen Anschauungen kaum mehr zu verwerthen.

Das Acidalbumin und das Alkalialbuminat geben im Uebrigen alle
Fällungs- und Farbenreactionen der nativen Eiweisse; von Wichtigkeit
ist, dass sie in Alkohol viel löslicher sind als diese.   Besonders das
Alkalialbuminat ist, wie schon Lieberkühn beschrieben hat, in
wässerigem Alkohol sehr löslich; und eine Reihe von auffallenden Angaben von Ritthausen u. A. über alkohollösliche Pflanzeneiweisse
sind dadurch zu erklären, dass bei der Darstellungsmethode die Eiweisse
so stark verändert werden, dass man keine nativen Eiweisse, sondern
Alkalialbuminate vor sich hatte[2]).

Ausserdem ist zu erwähnen, dass die Acidalbumine und Alkalialbuminate die Polarisationsebene stärker nach links drehen, als die
nativen Eiweisskörper; auch dies spielt wahrscheinlich eine Rolle bei
der mangelhaften Uebereinstimmung der Drehungszahlen, die verschiedene Autoren für gleiche Körper ermittelten.

Was die mit dem Eiweiss verbundene Säure oder Base betrifft, so
ist es bei dem Acidalbumin meist Salzsäure, seltener Essig- oder
Schwefelsäure, beim Alkalialbuminat meist Natrium oder Kalium gewesen; doch hat Harnack die Kupfer- und Bleialbuminate, Chittenden und Whitehouse[3]) die Albuminate einer Reihe von Schwer-

---

[1]) F. Kutscher, Zeitschr. f. physiologische Chemie **23**, 115 (1897). —
[2]) Th. Weyl, Pflüger's Arch. f. d. gesammte Physiol. **12**, 635 (1876);
O. Hammarsten, Lehrbuch d. physiol. Chem. 4. Aufl., 1899, S. 41. —
[3]) R. H. Chittenden and H. H. Whitehouse, Studies f. t. Yale University
2, 95 [nach Maly's Jahresber. f. Thierchemie **17**, 11 (1887)].

metallen untersucht. Denn in beiden Fällen handelt es sich, im Gegensatz zu der Auffassung der beiden Autoren, um denaturirtes Albuminat, nicht um natives Eiweiss, wie dies Bülow und Werigo gezeigt haben, und sich auch aus den Angaben von Stohmann[1]) ergiebt.

Das Acidalbumin entsteht beim Erhitzen einer Eiweisslösung auf ihren Coagulationspunkt in Gegenwart auch der geringsten Menge Säure momentan. Bei Zimmer- oder Körpertemperatur dagegen erfordert dieser Vorgang viel mehr Zeit und eine erheblich stärkere Concentration der wirkenden Säure; dabei zeigen die einzelnen Eiweisse sehr erhebliche Differenzen. In dieser Hinsicht liegen für das Serumalbumin Bestimmungen von Johannsson[2]), für das Serum- und Eieralbumin von Goldschmidt, für das Myosin oder Myogen von Kühne[3]) und v. Fürth[4]) vor. Danach wird das Myogen ausserordentlich leicht in Acidalbumin übergeführt, durch einen Tropfen $1/_{10}$ normaler Salzsäure in wenigen Minuten. Für dies sehr leicht entstehende Acidalbumin des Muskeleiweiss wurde speciell der Name Syntonin eingeführt; er wird indessen auch für alle Acidalbumine ohne Unterschied angewendet. Die Ueberführung in lösliches Acidalbumin erfolgt so leicht, dass die Coagulation des Myogens, wie v. Fürth fand, auf Schwierigkeiten stösst; die Lösung der Todtenstarre noch vor der Leichenfäulniss beruht wahrscheinlich auf der Bildung leicht löslichen Acidalbumins aus dem geronnenen Myosin und Myogen durch die Milchsäure des absterbenden Muskels. — Weit schwerer als das Myogen wird das Eieralbumin zu Acidalbumin; immerhin wirkt nach Goldschmidt ein Achtel normale Salzsäure in einer Stunde deutlich Acidalbumin bildend, vielleicht sogar schon schwächere. Ein anderer Theil erweist sich freilich als sehr resistent; die beiden Hälften entsprechen der Eintheilung Kühne's[5]) in Hemi- und Antikörper im Eiweiss; der Hemikörper wird durch Säuren sehr leicht gespalten, die Antigruppe viel schwerer. Die meisten bisher untersuchten Eiweisse zeigen diese Differenz aufs Deutlichste, eine Differenz, auf die bei der Lehre von den Albumosen noch eingehend zurückgekommen werden muss. Noch resistenter gegen die Säurewirkung erweist sich das Serumalbumin: 0,25 procentige Salzsäure und 2 procentige Essigsäure verwandeln das Serumalbumin bei Zimmertemperatur gar nicht, bei 40° erst in 14 Tagen in geringem Maasse in Acidalbumin; selbst mit 2 procentiger Salzsäure erfolgt die Umwandlung bei Zimmertemperatur sehr langsam. Es ist bei allen diesen Versuchen, wie Danilewsky[6]) dies einmal aus-

---

[1]) F. Stohmann und H. Langbein, Wärmewerthe der Nahrungsmittel, Journ. f. prakt. Chem. [2] 44, 336 (1891). — [2]) J. E. Johannsson, Zeitschr. f. physiol. Chem. 9, 310 (1885). — [3]) W. Kühne, Protoplasma und Contractilität, Leipzig 1864. — [4]) O. v. Fürth, Schmiedeberg's Arch. f. exp. Pathol. u. Pharmakol. 36, 231 (1895). — [5]) W. Kühne, Verh. des Heidelberger naturhistor.-med. Vereins. (N. F.) I, 236 (1876). — [6]) A. Danilewsky, Zeitschr. f. physiol. Chem. 5, 158 (1881).

gesprochen hat, indessen sehr daran zu denken, dass das native Eiweiss
eine Base ist, ein Theil der Säure also sofort neutralisirt und damit
vermuthlich unwirksam wird. Manche Differenzen der verschiedenen
Eiweisskörper und der verschiedenen Concentrationen dürften hierauf
zurückzuführen sein.

Die Verwandlung des Eiweiss in Acidalbumin wird ausserordentlich beschleunigt, wenn die Wirkung der Säure durch das Ferment der
Magenschleimhaut, das Pepsin, bei Körpertemperatur unterstützt
wird. Alsdann erfolgt einmal die Acidalbuminbildung sehr viel
schneller, sodann aber wird das entstandene Acidalbumin sehr rasch in
Albumosen, bei gut wirksamem Pepsin weiter in Peptone verwandelt.
Die Acidalbuminbildung bei der Magenverdauung wurde bereits von
Brücke[1] und Meissner[2] beobachtet; sie bezeichneten das, was
wir jetzt Acidalbumin oder Syntonin nennen, als Parapepton und erkannten es richtig als Durchgangsproduct zur weiteren Peptonisirung.
Die Acidalbuminbildung speciell bei der Pepsinverdauung untersuchten
später Kühne[3] und Umber[4]. Die Acidalbuminbildung zeigt auch
hier wesentliche zeitliche Differenzen, aber sie wird gerade bei den
resistenteren Eiweissen, wie dem Serumalbumin, durch das Pepsin besonders stark beschleunigt, so dass es zur theilweisen Umkehr der
Reihenfolge kommt, indem das Serumalbumin leichter verdaulich ist als
das Eieralbumin; das Serumglobulin steht zwischen beiden[4]. Auch
hier zeigt sich sehr deutlich der grosse Unterschied zwischen der
Hemi- und der Antigruppe: während ein Theil des Eiweiss rasch in
Albumosen und Peptone zerfällt, bleibt ein anderer sehr lange auf dem
Stadium des Acidalbumins stehen. Unter Umständen, wie Kühne[3]
und Umber[4] beobachtet haben, bei schlecht wirksamem, etwa mit
Ammonsulfat verunreinigtem Pepsin kommt es zu einer gallertigen Ausscheidung des Acidalbumins der Antigruppe, des sogenannten Anti-
albumidgerinnsels[3], das dann nur äusserst schwer weiter verwandelt wird; dieselbe Ausscheidung kann man nach Kühne bei der Einwirkung von Trypsin auf das Acidalbumin der Magenverdauung
erleben. Nach der bisher allgemein angenommenen Anschauung Kühne's
und der älteren Autoren wird sowohl bei der Säurewirkung wie bei der
Pepsinverdauung, die sich von ihr ja nur durch den weit schnelleren
Ablauf unterscheidet, alles Eiweiss erst in Acidalbumin und dann erst
secundär in Albumosen verwandelt. Diese Auffassung ist neuerdings
von Hofmeister's Schülern Goldschmidt[5] und Zunz[6] bestritten
worden auf Grund der Beobachtung, dass sich bei schwacher Säure-

[1] E. Brücke, Sitzungsber. der Wiener Akad., Math.-nat. Cl. 37, 131
(1859). — [2] G. Meissner, Zeitschr. f. ration. Med. 3. R. 7, 1 (1859) (vergl.
auch Anm. S. 97). — [3] W. Kühne, Verh. des Heidelberger naturh.-med.
Vereins. N. F. I., 236 (1876). — [4] F. Umber, Zeitschr. f. physiol. Chem.
25, 258 (1898). — [5] F. Goldschmidt, Diss., Strassburg 1898. — [6] E. Zunz,
Zeitschr. f. physiol. Chem. 28, 132 (1899).

oder Pepsinsäurewirkung Albumosen bereits vor dem Acidalbumin nachweisen lassen. Sie nehmen daher an, dass bereits bei der Acidalbuminbildung eine Abspaltung von Albumosen, eventuell auch von anderen Complexen statthat, in analoger Weise, wie dies Bernert[1]) für die oxydative Spaltung des Eiweiss durch Kalilauge und Permanganat annimmt. Sie machen sich indessen selbst den Einwand, dass erstens die Nachweismethoden für Albumosen empfindlicher sind, als die für Acidalbumin, und dass zweitens ein Theil des gebildeten Acidalbumins sofort wieder weiter zerfallen könne. Nach der neuesten Publication von Pick[2]), der sich selbst nicht über diese Frage ausspricht, hat die Anschauung stark an Wahrscheinlichkeit verloren, es dürfte vielmehr anzunehmen sein, dass wirklich jede Spaltung des Eiweiss mit der Ueberführung in Acidalbumin beginnt, das Acidalbumin also die nothwendige Durchgangsstufe zur weiteren Peptonisirung darstellt. Das Acidalbumin des Antikörpers verharrt nur, wie es langsamer gebildet wird, so auch länger auf diesem Stadium, während das Hemi-Acidalbumin zwar rascher entsteht, aber auch sofort weiter zerfällt. Das Anti-Acidalbumin, dessen gallertige Ausscheidung er ebenfalls beobachtete, nannte Schützenberger[3]) im Gegensatz zu den späteren Autoren Hemiproteïn.

Viel empfindlicher noch als gegen Säuren ist das native Eiweiss gegen Alkalien, die Alkalialbuminatbildung erfolgt daher im Allgemeinen schneller, bei niederer Temperatur und geringerer Concentration. Beim Erwärmen auf den Coagulationspunkt tritt sie augenblicklich ein. Aber auch bei Zimmertemperatur genügt nach Johannsson eine Natronlauge von 0,2 Proc., um in $2^1/_2$ Stunden Serumalbumin zum grossen Theil in Alkalialbuminat überzuführen; auch kommt es schon hierbei zur Ammoniakentwickelung. Eine 2 proc. Natronlauge aber zersetzt das Serumalbumin in weitem Maasse. Auch nach Zoth[4]) genügt beim Serum ein Erwärmen von einigen Stunden auf 40^0 bei sehr schwach alkalischer Reaction, um eine Bildung von Alkalialbuminat herbeizuführen. Sonst liegen keine speciell hierauf gerichteten Untersuchungen vor; aber die Angaben Bernert's[1]) über die Oxydation des Eiweiss mit Permanganat und Kalilauge, sowie die Untersuchungen Hammarsten's über die sauren Eiweisse Mucin, Globulin, Fibrinogen, Caseïn, die er in der Regel in verdünnten Alkalien, kohlensauren Alkalien oder Ammoniak auflöste, enthalten eine Fülle von Beobachtungen, wie rasch bei alkalischer Reaction die Denaturirung des Eiweiss erfolgt.

Es erhebt sich nun die Frage, inwieweit sich die Acidalbumine und Alkalialbuminate von den Eiweissen, aus denen sie hervorgegangen

[1]) R. Bernert, Zeitschr. f. physiol. Chem. 26, 272 (1898). — [2]) E. P. Pick, ibid. 28, 219 (1899). — [3]) M. P. Schützenberger, Annal. de Chimie et de Physique, 5. Ser., t. 16, p. 1 (1879). — [4]) O. Zoth, Sitzungsber. d. Wien. Akad., Math.-naturw. Cl., Abtheil. III. 100, 140 (1891).

sind, unterscheiden, und ob sie ihrerseits mit einander identisch sind, oder ob das durch Säureeinwirkung denaturirte Eiweiss eine· andere Zusammensetzung hat, als das durch Alkalien veränderte. Hierbei ist zweierlei zu unterscheiden: erstens einmal die Denaturirung oder Coagulation des Eiweiss, wie sie ausser durch Säuren oder Alkalien ja noch durch vieles Andere hervorgerufen wird, und es ist bereits bei dieser gesagt worden, dass wir über den eigentlichen Vorgang der Denaturirung noch keine Kenntniss besitzen. Die leichtere Angreifbarkeit, die coagulirtes Eiweiss für die Verdauungsenzyme zeigt, spricht vielleicht für eine Spaltung, kann aber natürlich auch durch eine Umlagerung erklärt werden. Die Analysen beweisen nichts, zumal sie ja alle an coagulirtem Eiweiss angestellt sind. Auf eine Spaltung könnte man aus folgenden Gründen schliessen: die Aequivalentgewichte, die Harnack, Chittenden u. A. aus den Albuminaten der Schwermetalle und anderer Metalle, also denaturirten Eiweisssalzen, angeben, sind im Allgemeinen erheblich kleiner als die Moleculargewichte, die Sabanajeff, Hofmeister und Bunge für die löslichen Eiweisskörper berechnen; Harnack und Werigo finden 4740 für das Eieralbumin, während Hofmeister zu der Zahl 10200 kommt. Etwas Sicheres auszusagen, gestatten diese Zahlen natürlich auch nicht; ebenso wenig lässt sich aus den Beobachtungen Danilewsky's über das verschiedene Säurebindungsvermögen des nativen und des denaturirten Muskeleiweiss etwas Bestimmtes schliessen. Stohmann[1]) fand, dass der Verbrennungswerth des sogenannten „aschefreien Eiweiss" von Harnack, eines denaturirten Eiweiss, niedriger ist, als der des unveränderten Eieralbumins; er beträgt 5'553,0 cal. gegenüber 5735,2 cal., also immerhin eine beträchtliche Verminderung; auch war der Sauerstoffgehalt deutlich grösser. Harnack[2]) fand ferner, dass durch die Fällung mit Kupferoxyd das Eiweiss „anoxydirt" wird, dass wenigstens sein Schwefel dann nicht mehr als Schwefelwasserstoff abzuspalten ist, während er noch in unveränderter Menge vorhanden ist. Man weiss also noch nicht, worin die Veränderung der Eiweisskörper bei der Coagulation oder bei der sehr gelinden Säure- oder Alkaliwirkung besteht, wenn auch Vieles für eine Spaltung spricht; und ebenso wenig weist bisher irgend etwas auf einen durchgreifenden Unterschied zwischen den durch schwache Säure- oder Alkaliwirkung entstandenen Acidalbuminen und Alkalialbuminaten hin.

Anders liegt es dagegen bei den Producten der Einwirkung stärkerer Säuren oder Alkalien, bei den früher vorzugsweise studirten Gallerten des Acidalbumins und Alkalialbuminats. Hier stellte bereits Lieberkühn fest, dass bei der Alkalialbuminatbildung eine Ab-

---

[1]) F. Stohmann und H. Langbein, Zeitschr. f. praktische Chem. [2] 44, 336 (1891). — [2]) E. Harnack, Ber. deutsch. chem. Ges. 31, II, 1938 (1898).

spaltung von Schwefelwasserstoff eintritt, und dass in Folge dessen die gebildete Gallerte die Schwefelbleireaction nicht mehr giebt. Nasse[1]) beobachtete bei gar nicht intensiver Einwirkung von Säuren oder Alkalien eine Ammoniakabspaltung; er fand die Syntonine wie die Alkalialbuminate stickstoffärmer als das betreffende native Eiweiss. Schmiedeberg[2]) konnte beides bestätigen, und fand, dass es bei der Alkalialbuminatbildung unter Umständen zu einer Ammoniakabspaltung kommen kann, ohne dass Schwefelwasserstoff austritt; er nennt den so entstandenen Körper, der also erheblich weniger Stickstoff enthält als das native Eiweiss, aber noch dessen vollen Schwefelgehalt besitzt und dementsprechend die Schwefelbleireaction giebt, Desamidoalbumin- säure. Der bei der Acidalbumin- oder Alkalialbuminatbildung ab- gespaltene Stickstoff scheint der gleiche zu sein, der nach Paal[3]) und Schiff[4]) durch Einwirkung salpetriger Säure entwickelt wird, und den sie deshalb als Aminrest ansehen, sowie derselbe, der bei totaler Spaltung des Eiweiss durch Säuren als Ammoniak erhalten wird. Bei welcher Grenze nun diese uns heute schon deutlich erkennbare Ver- änderung des Eiweiss beginnt, ist unbekannt; es hängt von der Con- centration der Säuren und Alkalien, wie von der Temperatur ab; ausserdem weisen die einzelnen Eiweisse grosse Differenzen auf. Nur gilt im Allgemeinen, dass das Eiweiss gegen Alkalien empfindlicher ist, als gegen Säuren, und dass daher bei gleicher Einwirkung die Ver- änderung des Alkalialbuminats eine intensivere sein wird, als die des Acidalbumins; das Alkalialbuminat wird dem nativen Eiweiss ferner stehen, als das durch die entsprechende Säure gebildete Product. Man muss daher sowohl Soyka beistimmen, der einen wirklichen Unter- schied zwischen Acidalbumin und Alkalialbuminat leugnet, als auch Mörner, der zu dem Schlusse kommt: ein Acidalbumin könne durch Lösen in Alkali wohl zu einem Alkalialbuminat werden, aber nicht umgekehrt. Die einzelnen Stufen, in denen sich diese Veränderung vollzieht, und der nähere Vorgang bei dieser Veränderung des nativen Eiweiss sind unbekannt. Einer Rückbildung ist das einmal denaturirte Eiweiss niemals fähig; der Spaltungsprocess kann nur weitergehen, aber nicht durch eine Synthese umgekehrt werden; die darauf bezüg- lichen Angaben Danilewsky's sind irrthümlich.

In der Natur kommen Albuminate, wie alle denaturirten Eiweisse nicht vor, dagegen sind gelegentlich solche, die als Kunstproducte ent- standen waren, beschrieben worden: dahin gehört, wie Brunner[5]) gezeigt hat, das von Chabrié[6]) beschriebene „Albumon", das im

---

[1]) O. Nasse, Pflüger's Arch. f. d. gesammte Physiol. 7, 139 (1872). — [2]) O. Schmiedeberg, Schmiedeberg's Arch. f. experiment. Pathol. und Pharmakol. 39, 1 (1897). — [3]) C. Paal, Ber. deutsch chem. Ges. 29, I, 1084 (1896). — [4]) H. Schiff, ibid. 29, II, 1354 (1896). — [5]) R. Brunner, Eiweiss- körper des Blutserums, Diss., Bern 1894. — [6]) Chabrié, C. r., 113, 1891 (citirt nach Brunner).

Serum von Menschen und Säugethieren vorkommen sollte, das aber
erst bei der Coagulation der Serumeiweisse bei nicht richtiger Reaction
entsteht. Auch das von Faust[1]) beschriebene Glutolin erinnert sehr
an ein Alkalialbuminat, das dann aber ebenfalls durch die Coagulation
entstanden wäre, und kein präexistirender Körper ist. (Näheres beim
Glutin.)

II. Albumosen und Peptone.

(32) Als die ersten Spaltungsproducte des Eiweiss, die bei jeder
Spaltung, sei es durch die Verdauungsfermente, sei es durch Säuren,
durch Erhitzen unter Druck, oder durch den thierischen Stoffwechsel
entstehen, sind die Albumosen und Peptone anzusehen. Es sind dies
Verbindungen, die offenbar noch die chemische Structur des Eiweiss
besitzen; denn sie geben noch, wenigstens zum grossen Theil, die
Farbenreactionen der Eiweisskörper, die ja auf dem Vorhandensein
ganz bestimmter Moleculargruppen im Eiweissmolecul beruhen, und sie
geben auch noch diejenigen Fällungsreactionen, bei denen es auf die
Structur des Eiweiss ankommt, die im engeren Sinne chemischen
Reactionen, d. h. sie werden sowohl durch die Alkaloidreagentien,
bei denen das Eiweiss als Base unlösliche Verbindungen eingeht, als
auch durch die Metallsalze, bei denen es sich um die Bildung unlöslicher eiweisssaurer Metallsalze handelt, gefällt. Dagegen fehlen ihnen
die so zu sagen mehr physikalischen Eigenschaften des Eiweiss, diejenigen, die auf seiner Moleculargrösse und seinen „colloidalen" Eigenschaften beruhen.

Die Albumosen können nicht mehr coagulirt werden, und ihr
Verhalten zu ausfällenden Salzen ist ein anderes, als das der nativen
Eiweisskörper. Sie sind im Allgemeinen löslicher als diese und werden
daher schwerer ausgesalzen; die dem Eiweiss am fernsten stehenden,
sehr löslichen Peptone sind überhaupt nicht mehr aussalzbar. Doch
auch für die anderen Fällungsreactionen gilt, dass die Albumosen und
ihre Salze viel löslicher sind, so dass sie, je weiter sie sich von den
Eiweisskörpern entfernen, desto schwerer gefällt werden, und eine Anzahl von Reactionen theils nicht mehr, theils nur unter besonderen
Bedingungen zeigen. Die Eigenschaften der Eiweisse, bei ihrem Ausfallen andere suspendirte oder gelöste Körper mit niederzureissen u. s. w.,
haben sie ebenfalls, wenn auch in minderem Grade als die echten
Eiweisse.

Eine genauere Darstellung und Eintheilung dieser ersten Spaltungsproducte des Eiweiss zu geben, ist zur Zeit sehr schwierig, da die
Fragen sich eben im vollen Flusse befinden. Nur das steht fest, dass
man unter Peptonen die letzten, einfachsten Spaltungs-

---

[1]) E. S. Faust, Schmiedeberg's Arch. f. exp. Pathol. und Pharmakol.
41, 309 (1898).

producte der nativen Eiweisskörper versteht, die sich durch
ihre Farbenreactionen, insbesondere die Biuretreaction,
ihre Zusammensetzung und ihr physiologisches Verhalten
noch als zur Eiweissgruppe im weiteren Sinne gehörig erweisen, und die daher keiner weiteren Spaltung mehr fähig
sind, ohne in ganz andere Körper von völlig differenter Zusammensetzung, Aminosäuren und noch einfachere Substanzen, zu zerfallen. Sie würden also, falls die gangbare Vorstellung richtig ist, den Monosacchariden entsprechen, den einfachst
gebauten Zuckern mit dem kleinsten Molecul, aus denen alle anderen
Kohlehydrate sich durch noch unbekannte Synthesen aufbauen.
Zwischen diesen einfachsten Eiweisskörpern, den Peptonen, aber und
den nativen, in der Natur vorkommenden Eiweisskörpern liegen eine
ganze Reihe von Uebergangsstufen. Man ist erst eben so weit, unter
dieser grossen Körperclasse wenigstens einige chemische Individuen
isoliren zu können; meist ist man darauf angewiesen, eine Reihe von
Gruppen aufzustellen, die in allen oder vielen Reactionen mit einander
übereinstimmen, und diese in ihrem genetischen Zusammenhange unter
einander zu verfolgen. Da aber die Uebergänge zwischen diesen
Gruppen äusserst langsame, gleitende sind, ist es nur natürlich, dass
noch keineswegs Uebereinstimmung herrscht, wo man die Grenzen
hinzulegen habe, was man zusammenlegen und was man trennen solle.
Als Charakteristicum der eigentlichen, genuinen Eiweisskörper gilt
ihre Fähigkeit, durch Erhitzen coagulirt und denaturirt zu werden,
eine Eigenschaft, die den hier zu behandelnden Körpern im Allgemeinen
abgeht; aber die Heteroalbumose wird beim Erhitzen ausgefällt, coagulirt, kann freilich nachher mit unveränderten Eigenschaften wieder-
gewonnen werden; und andererseits zeigen die Histone, also wirkliche
Eiweisskörper, eine ganz ähnliche Eigenschaft der so zu sagen halben
Coagulirbarkeit. Und in derselben Weise existiren Uebergangsglieder
zwischen den primären und den Deuteroalbumosen, und zwischen den
Deuteroalbumosen und den Peptonen, die je nach der Definition sowohl
hierhin wie dorthin gestellt werden können. So ist es denn bis jetzt
ziemlich willkürlich, wo man die Grenzen der einzelnen Classen ziehen
will. Die heute übliche Eintheilung stammt von Kühne[1]). Danach
werden als Peptone diejenigen Eiweisskörper bezeichnet,
die überhaupt nicht ausgesalzen werden können; sie geben
die Fällungsreactionen nur noch zum Theil, von den Farbenreactionen
ausnahmslos die Biuretreaction, die übrigen nur sehr theilweise. Ueber
ihre chemische Zusammensetzung s. unten. Dagegen werden alle

[1]) W. Kühne, Verh. des Naturhistor.-medicin. Vereins zu Heidelberg,
N. F. III. 286 (1885); Pollitzer, ibid. III. 293 (1885); S. Wenz, Zeitschr.
f. Biolog. 22, 1 (1886); W. Kühne und R. H. Chittenden, Zeitschr. f.
Biolog. 20, 11 (1884).

diejenigen löslichen Spaltungsproducte des Eiweiss, die
nicht mehr coagulirt werden können, aber. durch irgend-
welche Salze (am wirksamsten sind Ammonsulfat und Zinksulfat bei
saurer Reaction) ausgesalzen werden können, als Albumosen
bezeichnet. Die Albumosen geben noch die Farbenreactionen des
Eiweiss — über gewisse Einschränkungen s. unten —, die primären
Albumosen auch noch die Fällungsreactionen, die Deuteroalbumosen
wenigstens die meisten von ihnen, aber in abnehmender Intensität.
In früheren Zeiten wurden Albumosen und Peptone unter dem Namen
Peptone zusammengefasst, und diese Bezeichnung wird immer noch
vielfach gebraucht, da es an einem gemeinsamen Namen augenblicklich
fehlt. Kutscher[1]) hat neuerdings vorgeschlagen, die Deuteroalbumosen Kühne's und anderer Autoren zu den Peptonen zu rechnen,
und für die primären Albumosen den älteren Namen Propeptone wieder
einzuführen. Da die Deuteroalbumosen ihrem ganzen Habitus nach
aber den primären Albumosen entschieden näher stehen als den Peptonen,
scheint es einstweilen wohl richtiger zu sein, die eingebürgerte Nomen-
clatur nicht aufzugeben. Dagegen wäre es vielleicht empfehlenswerth,
statt der bisherigen Zwei- eine Dreitheilung vorzunehmen, und von
Albumosen, entsprechend den primären Albumosen, Propeptonen, entsprechend den Deuteroalbumosen, und Peptonen zu reden, schon um
die Zahlenausdrücke wieder verfügbar zu erhalten. Scheint es doch
nach den neuesten Veröffentlichungen der Hofmeister'schen Schule
wahrscheinlich, dass die Pepsinverdauung des Eiweiss wirklich in drei
Stufen verläuft.

1. Die Albumosen und Peptone der Magenverdauung.

(33) Die durch andere Processe gebildeten Albumosen und Peptone
sind selten untersucht worden, desto häufiger und eingehender dagegen
die durch die Pepsin- und Trypsinverdauung entstehenden Körper. Da
von diesen aber für die Trypsinverdauung die Albumosen und Peptone
nur — ganz oder theilweise — Durchgangsproducte zu einfacheren
Verbindungen sind, kommt im Wesentlichen die Pepsinverdauung in
Betracht; von der Untersuchung der peptischen, der Magenverdauung,
hoffte man am ersten einen Einblick in den Aufbau des Eiweiss erlangen zu können. Denn sie führt nach Kühne[2]) auch bei noch so
langer Dauer nur zu der Bildung von Albumosen und Peptonen, also
zu solchen Verbindungen, die noch als Eiweisskörper im weiteren Sinne
zu betrachten sind. Krystallinische Producte, Aminosäuren u. a. entstehen dabei nicht. Diese Angaben Kühne's sind bisher stets bestätigt

---

[1]) Fr. Kutscher, Die Endproducte der Trypsinverdauung. Habilitationsschrift, Marburg 1899. — [2]) W. Kühne, Untersuchungen aus dem physiologischen Institute Heidelberg II, S. 62 (1878).

worden; nur Zunz[1]) und Pick[2]) haben kürzlich mitgetheilt, dass nach der Ausfällung der Albumosen und Peptone schon nach kurzer Verdauung über die Hälfte des Stickstoffs in einer nicht eiweissartigen Form noch in Lösung sei. Die einzigen älteren Angaben, in denen auf die Mengenverhältnisse Rücksicht genommen wurde, von Chittenden[3]), widersprechen indessen diesen Angaben, ebenso sehr wie die allgemeine Erfahrung. Es ist daher einstweilen wohl richtiger, bis genauere Angaben vorliegen, noch an der bisherigen Anschauung festzuhalten.

Die ersten, welche die Magenverdauung untersucht haben, waren Meissner[4]) und Brücke[5]). Später haben die ausgedehnten und lange fortgesetzten Untersuchungen Kühne's[6]) und seiner Schüler[7]) den Mechanismus der Pepsinverdauung in grossen Zügen festgestellt und die Eigenschaften der verschiedenen Albumosen und Peptone kennen gelehrt.

Nach den Kühne'schen Vorstellungen, wie sie im Einzelnen dann insbesondere von Neumeister[8]) entwickelt worden sind, verläuft die Eiweissspaltung durch die Magen- und die darauf folgende Pankreasverdauung in folgender Weise:

Das Eiweiss wird zunächst in Acidalbumin übergeführt; dieses hat noch im Wesentlichen die Zusammensetzung des Eiweiss; es ist in Wasser und in neutralen Salzlösungen unlöslich, leicht löslich dagegen in Säuren und Alkalien, aus denen es durch Neutralisation gefällt wird.

Aus dem Acidalbumin gehen zunächst die beiden primären Albumosen hervor; sie werden durch Kochsalz bei völliger Sättigung der Lösung ausgesalzen, die Heteroalbumose bei neutraler, die Protalbumose vollständig nur bei saurer Reaction. Von ihnen ist die Protalbumose in Wasser, die Heteroalbumose nur in Salzlösungen löslich. Diese Eigenschaft benutzte Kühne zur Trennung der beiden Albumosen; denn wenn durch Dialyse die Salze entfernt wurden, fiel die Heteroalbumose aus, die Protalbumose blieb in Lösung. Ein Umwandlungsproduct der Heteroalbumose ist die Dysalbumose. Aus den primären Albumosen entstehen bei weiterer Verdauung, ebenso aber auch durch Kochen mit Säuren oder mit überhitztem Wasserdampf, die Deutero-

[1]) E. Zunz, Zeitschr. f. physiol. Chem. 28, 132 (1899). — [2]) E. P. Pick, ibid. 28, 219 (1899). — [3]) R. H. Chittenden and J. A. Hartwell, Journ. of Physiology 12, 12 (1891). — [4]) G. Meissner, Zeitschr. f. ration. Medicin, 3. R., 7, 1 (1859); 8, 280 (1860); 10, 1 (1861); 12, 46 (1861); 14, 78 (1862); 14, 303 (1862). — [5]) E. Brücke, Sitzungsber. d. Wiener Akad., Math.-naturw. Cl. 37, 131 (1859). — [6]) W. Kühne, Verh. d. Heidelb. naturh.-med. Vereins (N. F.) III, 286 (1885); W. Kühne u. R. H. Chittenden, Zeitschr. f. Biolog. 19, 159 (1883); Dieselben, ibid. 20, 11 (1884); Dieselben, ibid. 22, 423 (1885); W. Kühne, ibid. 29, 1 (1892); 29, 308 (1892). — [7]) S. Wenz, ibid. 22, 1 (1886); R. H. Chittenden and B. Goodwin, Journ. of Physiology 12, 34 (1891). — [8]) R. Neumeister, Zeitschr. f. Biolog. 23, 381 (1887); 24, 267 (1888); 26, 324 (1890); Lehrbuch der physiologischen Chemie, 2. Aufl., S. 228 ff. (1897).

albumosen, die von Kochsalz nur in Verbindung mit Essigsäure resp.
Salpetersäure, zum Theil aber auch gar nicht, sondern nur von Ammon-
sulfat ausgesalzen werden, die Hauptmasse bei neutraler, ein kleiner
Antheil nur bei saurer oder alkalischer Reaction. Aus den Deutero-
albumosen endlich ging als Endproduct der Pepsinverdauung das
Amphopepton hervor; doch erkannte Neumeister auch die eine der
Deuteroalbumosen als Endproduct. Die drei Albumosen sollten nicht
etwa chemische Individuen, sondern Gruppen sein, in die sich die
Albumosen eintheilen liessen. Später fügte Kühne[1]) ihnen noch die
Acroalbumose bei, die durch Essigsäure gefällt wird.

Neben dieser Eintheilung aber nahm Kühne noch eine weitere vor:
er stellte, im Anschluss an ältere Untersuchungen von Schützenberger,
fest, dass ein Theil des Eiweiss durch Pepsin, ebenso wie durch Säurewirkung sehr rasch aufgelöst und dann weiter gespalten wurde; er nannte
ihn die Hemigruppe. Ein anderer Antheil aber erwies sich als äusserst
resistent gegen die Einwirkung der Pepsinsalzsäure; er wurde auch
nach langer Dauer der Verdauung nicht weiter als bis zu Acidalbumin
verwandelt. Kühne nannte diesen Complex die Antigruppe. Wurde
das nach längerer Einwirkung der Pepsinsalzsäure noch nicht gespaltene
Eiweiss der Verdauung durch Trypsin ausgesetzt, so schied es sich als
feine Gallerte aus, das sogenannte Antialbumidgerinnsel, das auch
von Trypsin nur sehr schwer angegriffen werden konnte. Dies sehr
schwer spaltbare Antialbumid zeichnete sich weiterhin auch durch seine
Zusammensetzung aus; es hatte einen viel höheren Kohlenstoffgehalt
als das Eiweiss; Kühne fand

$$C\ 58,09,\ N\ 12,61.$$

Chittenden fand später für das Antialbumid der löslichen Eiweisskörper des Muskels

$$C\ 57,48,\ H\ 7,67,\ N\ 13,94,\ S\ 1,32,\ O\ 19,59.$$

Ausserdem fehlte dem Antialbumid die Millon'sche Reaction. — Die
Eintheilung in Hemi- und Antigruppen erwies sich auch weiterhin noch
als gültig. Denn wenn die Albumosen der Pepsinverdauung oder das
Eiweiss direct mit pankreatischem Saft zusammenkam, so zerfiel ein
Theil sehr leicht in krystallinische Producte, ein Theil aber wurde anscheinend nicht völlig gespalten, sondern nur bis zu Pepton, dem sogenannten Antipepton, verdaut.

Dieses Kühne'sche Schema hat nun in den letzten Jahren eine
sehr wesentliche Erweiterung und Modification durch die Untersuchungen
Hofmeister's und seiner Schüler[2]) erfahren. Sie bedienten sich zur
Trennung der einzelnen Albumosen und Peptone nicht verschiedener

[1]) W. Kühne, Proteïne des Tuberculins, Zeitschr. f. Biolog. 30, 221
(1894). — [2]) E. P. Pick, Zeitschr. f. physiol. Chem. 24, 246 (1897);
F. Umber, ibid. 25, 258 (1898); E. Zunz, ibid. 27, 219 (1899); Derselbe,
ibid. 28, 132 (1899); Fr. Alexander, ibid. 25, 411 (1898); E. P. Pick, ibid.
28, 219 (1899).

Salze, wie Kühne, sondern verwendeten die fractionirte Fällung mit Ammonsulfat und Zinksulfat, und sie führten dadurch etwas Neues ein, dass sie zuerst systematisch durch die Beobachtung der Farbenreactionen die Existenz oder Abwesenheit der betreffenden, die Reaction gebenden Gruppen in den einzelnen Spaltungsproducten festzustellen suchten. Es stellte sich dabei heraus, dass hier erhebliche Verschiedenheiten bestehen, dass also den Differenzen in der Fällbarkeit auch wirklich bedeutende Unterschiede im chemischen Aufbau entsprechen.

Sie bilden aus den Albumosen und Peptonen der Pepsinverdauung, nach Abscheidung des Acidalbumins, sechs Fractionen:

Für die erste Fraction sind die Grenzen der Fällung mit Ammonsulfat (vergl. S. 15) in neutraler Lösung 2,6 bis 4,4, und in saurer Lösung 1,2 bis 4,3.

Für die zweite Fraction in neutraler Lösung 5,4 bis 6,2, und in saurer Lösung 4,7 bis 5,9.

Für die dritte Fraction in neutraler Lösung 7,2 bis 9,5, und in saurer Lösung 6,3 bis 7,7. Bei neutraler Reaction ist die Sättigung am besten eine vollständige.

Die vierte Fraction fällt nur bei völliger Sättigung mit Ammonsulfat bei saurer Reaction aus; alsdann bleibt noch echtes, also überhaupt nicht aussalzbares Pepton zurück, das sich durch Fällen mit einer zinksulfatgesättigten Jodjodkaliumlösung wieder in zwei Fractionen zerlegen lässt, von denen die

fünfte Fraction in 96 proc. Alkohol unlöslich, die
sechste Fraction darin löslich ist.

Die erste Fraction entspricht den primären Albumosen Kühne's, und lässt sich dementsprechend auch durch Dialyse, vollkommener durch fractionirte Fällung mit Alkohol, in Protalbumose und Heteroalbumose zerlegen. Auch findet sich wiederum unter Umständen, bei schlecht wirkendem Pepsin, die Ausscheidung eines sehr schwer löslichen und spaltbaren Antheiles des Acidalbumins, also eines Antialbumins im Sinne Kühne's. Nach der Entfernung des Antialbumins fand sich die Heteroalbumose nur sehr spärlich vor, geht also wohl aus ihm hervor. Die Fractionen II bis IV entsprechen der Kühne'schen Deuteroalbumose. Bei der Behandlung von „Witte's Pepton" mit Zinksulfat zeigte sich zwischen beiden noch eine Fraction Ia, die als Uebergangsglied zwischen den primären und der Deuteroalbumose anzusehen ist. Die Fraction IV entspricht der von Neumeister gefundenen Deuteroalbumose, die sich durch neutrales Ammonsulfat nicht aussalzen lässt, und kann in der gleichen Weise eine Mittelstellung zwischen Peptonen und Albumosen beanspruchen.

Endlich wurde durch die quantitative Bestimmung der einzelnen Verdauungsproducte zu verschiedenen Zeiten von Zunz[1]) einmal der

---

[1]) E. Zunz, Zeitschr. f. physiol. Chem. 28, 132 (1899).

Nachweis geliefert, dass die primären Albumosen bereits im ersten Beginn der Verdauung, gleichzeitig mit oder selbst vor dem Acidalbumin auftreten. Andererseits ergab sich, dass mindestens die eine der Deutero-albumosen mit den primären Albumosen coordinirt, und also ein primäres Spaltungsproduct ist, während die anderen erst secundär aus diesen hervorgehen. Endlich konnte Zunz die früheren Angaben von Folin[1]), Neumeister[2]) und Lawrow[3]) bestätigen, dass die eine der Deuteroalbumosen ein Endproduct darstellt, das durch weitere Einwirkung von Pepsin-Salzsäure nicht in Pepton verwandelt wird. Das Entscheidende aber ist, dass es Pick[4]) gelungen ist, die von Kühne und Neumeister aufgestellte Forderung zu erfüllen, und reine Hemi- und Antialbumosen darzustellen.

Ferner ist die Untersuchung von Kossel und Folin[1]) zu erwähnen, die aus der Protalbumose aus Witte's Pepton eine durch Essigsäure fällbare Albumose, also eine Acroalbumose im Sinne Kühne's darstellten, und die dann übrig bleibende reine Protalbumose auffallend wenig fällbar fanden.

Endlich stellte Bang[5]) fest, dass im Gegensatze zu diesem sauren Körper sich unter den peptischen Spaltungsproducten auch ein basischer Eiweisskörper befindet, der durch Alkalien und Ammoniak gefällt wird, und mit den Alkaloidreagentien schon bei neutraler Reaction Fällungen giebt, also eine ähnliche Atomgruppirung wie die basischen Histone besitzen muss.

Von allen diesen Körpern scheinen bisher nur die Protalbumose und die Heteroalbumose von Pick mit einiger Garantie ihrer Reinheit und Einheitlichkeit dargestellt zu sein; alle übrigen sind Gemenge, deren Trennung auch dadurch erschwert wird, dass, wie Pick betont, die einzelnen Albumosen, die ja alle Säuren und Basen sind, sich mit einander zu salzartigen Verbindungen vereinigen, die sich gegenseitig auflösen. Indessen steht doch wohl für die nächste Zeit die vollständige Eintheilung der Albumosen in eine Anzahl chemischer Individuen zu erwarten.

A. Die Albumosen der Magenverdauung.

Was die allen Albumosen gemeinsamen Eigenschaften betrifft, so ist dem Gesagten hinzuzufügen, dass die Albumosen im reinen Zustande weisse, lockere, nicht hygroskopische Pulver bilden. Sie sind, bis auf die nur in Salzlösungen lösliche Heteroalbumose, in reinem Wasser mehr oder weniger leicht löslich, weit löslicher aber noch in Form ihrer Salze mit Säuren oder Alkalien. Krystallinisch sind sie nicht bekannt (doch vgl. S. 121), indessen gelang es Pick und Umber, mehrmals wenigstens

[1]) O. Folin, Zeitschr. f. physiol. Chem. 25, 152 (1898). — [2]) B. Neumeister, Zeitschr. f. Biolog. 24, 267 (1888). — [3]) D. Lawrow, Zeitschr. f. physiol. Chem. 26, 513 (1899). — [4]) E. P. Pick, ibid. 28, 219 (1899). — [5]) Ivar Bang, Studien über Histon, Zeitschr. f. physiol. Chem. 27, 463 (1899).

regelmässige Globulitenformen zu erhalten. Die primären Albumosen und das Gemenge der Albumosen reagiren in wässeriger Lösung alkalisch, die Deuteroalbumose häufig sauer, doch ist es schwer zu sagen, wie weit ihnen diese Eigenschaften wirklich zukommen, und wie weit sie von Salzbeimengungen herrühren, die von der Darstellung her ihnen anhaften. Sie haben zweifellos ein niederes Moleculargewicht als die Eiweisskörper, aber immer noch ein sehr hohes. — Sabanajeff's[1]) freilich kaum einwandsfreie Zahlen bewegen sich zwischen 2400 und 3200; die Gefrierpunktserniedrigung ist für salzarme Präparate jedenfalls ausserordentlich niedrig. Dem entspricht auch ihre geringe, aber immerhin — besonders in Form ihrer Salze — vorhandene Diffusibilität[2]).

Die Reactionen der Albumosen sind nach den verschiedenen Untersuchungen von Kühne[3]), Neumeister[4]) und der Hofmeister'schen Schule[5]) die folgenden: Die Albumosen werden durch Eisenchlorid, neutrales und basisches essigsaures Blei, Quecksilberchlorid, Platinchlorid und andere Metallsalze gefällt, die Niederschläge sind aber im Ueberschusse der Fällungsmittel mehr oder weniger leicht löslich. Kupfersulfat und das empfindlichere Kupferacetat fällen nur die primären, nicht die Deuteroalbumosen, dienen daher zu ihrer Trennung.

Die Ferrocyanwasserstoffsäure, gewöhnlich in der Form von Essigsäure plus Ferrocyankalium, fällt alle Albumosen; doch kann die Anwesenheit von Pepton die Reaction stören. Der Niederschlag verschwindet beim Erhitzen und kehrt in der Kälte wieder. Durch Salpetersäure werden die primären Albumosen auch in salzarmer Lösung, die Deuteroalbumosen nur bei Gegenwart von Kochsalz, die niedrigsten schliesslich nur in mit Kochsalz gesättigter Lösung gefällt. Der Niederschlag ist im Ueberschusse der Salpetersäure, besonders aber beim Erwärmen, löslich, und kehrt beim Abkühlen wieder; diese letztere Reaction bezeichnet Kühne als die eigentlich charakteristische Albumosenreaction; doch wird dieselbe auch von den Histonen gegeben (s. S. 185).

Durch die Alkaloidreagentien Phosphorwolframsäure, Phosphormolybdänsäure, Pikrinsäure, Gerbsäure, Trichloressigsäure, Metaphosphorsäure werden die Albumosen sämmtlich gefällt, doch ist der Gerbsäureniederschlag der Protalbumose im Ueberschusse löslich; ein Theil der Niederschläge ist in der Wärme' löslich, und kehrt beim Erkalten wieder, ein Theil bleibt auch in der Wärme bestehen. Auch Jodquecksilberjodkalium, Jodwismuthjodkalium und Jodjodkalium fällen

[1]) A. Sabanajeff, Journ. d. russ. physik. chem. Ges. 25, 11 [nach Maly's Jahresber. f. Thierchemie 23, 26 (1893)]. — [2]) W. Kühne, Erfahrungen über Albumosen und Peptone, Zeitschr. f. Biolog. 29, 1 (1892). — [3]) W. Kühne und R. H. Chittenden, ibid. 20, 11 (1884). — [4]) R. Neumeister, Ueber die Reactionen der Albumosen und Peptone, ibid. 26, 324 (1890). — [5]) E. P. Pick, Zeitschr. f. physiol. Chem. 24, 246 (1897); E. Zunz, ibid. 27, 219 (1899).

die Albumosen, doch sind die Fällungen der Deuteroalbumosen zum
Theil im Ueberschusse von Salzsäure leicht löslich. Endlich hat Bang
in dem Gemenge der Albumosen auch Stoffe gefunden, die durch die
Alkaloidreagentien auch bei neutraler Reaction gefällt werden.

Durch Alkohol werden die Albumosen gefällt; doch ist die hierzu
erforderliche Concentration verschieden. Durch Erhitzen ihrer Lösungen
werden sie nicht coagulirt; über das Verhalten der Heteroalbumose
siehe dort.

Von den Farbenreactionen geben alle Albumosen die Biuretreaction
mit Kupfersulfat und Nickelsulfat, und zwar nicht wie die eigentlichen
Eiweissstoffe mit violetter, sondern mit fast rother, nur wenig ins Violette
spielender Färbung, stehen also auch hierin zwischen dem Blauviolett
der Eiweisskörper und dem reinen Roth des Peptons. Auch geben alle
Albumosen die Xanthoproteïnreaction.

Was die procentische Zusammensetzung der Albumosen und Peptone
der Pepainverdauung anbelangt, so sind bis vor Kurzem nur Gemenge
verschiedener Albumosen analysirt worden; die Analysen wurden
wesentlich zur Entscheidung der lebhaft ventilirten Frage angestellt,
ob die Albumosen die gleiche procentische Zusammensetzung hätten
wie das Eiweiss, oder ob es sich bei ihrer Bildung um eine Spaltung
des Eiweissmoleculs unter Wasseraufnahme handle [1] [2]. Jetzt darf
es durch die Analysen Kossel's [3] und insbesondere Kühne's [1] als
sichergestellt gelten, dass mindestens die secundären Albumosen und
die Peptone einen deutlich niedrigeren Kohlenstoff- und höheren Sauerstoffgehalt haben als die Eiweisskörper, also wirklich durch hydrolytische
Spaltung aus ihnen entstanden sein können. Indessen ist die ganze
Frage durch die letzten Mittheilungen von Pick gegenstandslos geworden; denn da die einzelnen Albumosen ganz verschiedene Atomgruppen enthalten und einen verschiedenen Aufbau besitzen, sind die
Differenzen, die hierdurch entstehen, viel grösser, als die gesammte
Sauerstoff- oder Wasseraufnahme des Gemenges sein könnte. Bis auf
die beiden reinen Körper von Pick soll daher auch von einer Wieder-
gabe der Analysenzahlen abgesehen werden. Ebenso erledigt sich
die Aufführung der von Kühne [4] festgestellten specifischen Drehung
der einzelnen Albumosen. — Dazu kommt, dass es bei den Albumosen
und dem Pepton noch schwerer ist, als bei den eigentlichen Eiweisskörpern, sie aschefrei zu erhalten [5]; dann aber erhebt sich wieder
die Frage, ob man die Aschenbestandtheile einfach abziehen solle
oder ob dieselben — sie befinden sich ja zum Theil vielleicht in
chemischer Bindung — nicht irgend welche organische Radicale oder

[1]) W. Kühne und R. H. Chittenden, Zeitschr. f. Biolog. 20, 11
(1884). — [2]) R. Herth, Zeitschr. f. physiol. Chem. 1, 277 (1877). —
[3]) A. Kossel, Pflüger's Arch. f. d. ges. Physiol. 13, 309 (1876); Derselbe,
Zeitschr. f. physiol. Chem. 3, 58 (1879). — [4]) W. Kühne und R. H. Chittenden,
Ueber die Peptone, Zeitschr. f. Biolog. 22, 423 (1885).

Elemente ersetzen, die dann substituirt werden müssten. Unentschieden
ist auch noch die Frage nach dem Schwefelgehalte der Albumosen und
Peptone. Die primären und die Hauptmenge der secundären Albumosen
enthalten zweifellos Schwefel, und zwar in verschiedenen Formen, die
einen nur den locker gebundenen, die anderen beide Formen. Dagegen fehlt dem Amphopepton der leicht abspaltbare Schwefel jedenfalls, nach den bestimmten Angaben von Schrötter[1]), Fränkel[2]) und
Folin[3]), denen Neumeister[4]) freilich widerspricht, der Schwefel
überhaupt. Dass das Pepton der Pankreasverdauung, wie Siegfried[5])
gezeigt hat, schwefelfrei ist, kommt für das Amphopepton der Magenverdauung nicht in Betracht.

Die Salze der Albumosen und Peptone sind von Paal[6]), Sjöqvist[7]), Cohnheim[8]), Bugarszky und Liebermann[9]) untersucht
worden. Die salzsauren Salze sind äusserst lösliche Verbindungen, die
eine starke hydrolytische Dissociation zeigen. Der Salzsäuregehalt
wurde für Concentrationen von 5 bis 10 Proc. für das Albumosengemisch
auf 5 bis 6 Proc. festgestellt, doch zeigen die einzelnen Albumosen
starke Differenzen[8]); die viel höheren Zahlen Paal's beziehen sich nur
zum Theil auf Albumosen, zum Theil aber auf Peptone, und vielleicht
noch einfachere Spaltungsproducte. Die Salze mit anderen Säuren sind
kaum untersucht worden. Für die albumosensauren Natronsalze fanden
Bugarszky und Liebermann einen Natrongehalt von 12,4 Proc.
Auch sie sind sehr löslich.

Die salzsauren Salze haben eine ganz besondere Bedeutung durch
ihr Vorkommen bei der Pepsinverdauung. Da das Pepsin nur bei
Gegenwart von freien Säuren (im Magen handelt es sich um Salzsäure)
wirkt, werden die gebildeten Albumosen stets sofort in ihre salzsauren
Salze übergeführt, der Mageninhalt enthält bei normaler Eiweissver-
dauung überwiegend die salzsauren Albumosen in Lösung. Ihre Lösungen
reagiren auf Lackmus, Lackmoid, Phenolphthaleïn, Rosolsäure, Methyl-
orange u. s. w. sauer, auf einige andere Indicatoren, Tropäolin, Congoroth, Methylviolett, Phloroglucin-Vanillin und andere aber neutral, und
diese Reagentien werden daher zur Bestimmung der „freien Salzsäure"

---

[1]) H. Schrötter, Monatsh. f. Chem. 1895, S. 609; Derselbe, Zeitschr.
f. physiol. Chem. 26, 338 (1898). — [2]) S. Fränkel, Zerfallsproducte des
Eiweiss. Wien 1896. — [3]) O. Folin, Zeitschr. f. physiol. Chem. 25, 152
(1898). — [4]) R. Neumeister, Lehrbuch der physiologischen Chemie. 2. Aufl.,
S. 237 (1897). — [5]) M. Siegfried, Ueber Antipepton, Zeitschr. f. physiol.
Chem. 27, 335 (1899). — [6]) C. Paal, Peptonsalze des Glutins, Ber. deutsch.
chem. Ges. 25, I, 1202 (1892); Peptonsalze des Eieralbumins, ibid. 27, II, 1827
(1894). — [7]) J. Sjöqvist, Physiolog.-chem. Beobachtungen über Salzsäure,
Skandinavisches Arch. f. Physiol. V, 277 (1894). — [8]) O. Cohnheim, Salzsäurebindungsvermögen der Albumosen und Peptone, Zeitschr. f. Biolog. 33,
489 (1896). — [9]) St. Bugarszky und L. Liebermann, Bindungsvermögen
für Salzsäure, Natronlauge und Kochsalz, Pflüger's Arch. f. d. ges. Physiol.
72, 51 (1898).

im Gegensatze zur gebundenen klinisch viel benutzt, sie zeigen die Menge Salzsäure an, die mehr im Magen vorhanden ist, als den basischen Aequivalenten der Albumosen entspricht.

Noch gar nicht entschieden ist die Frage, ob aus den verschiedenen Eiweisskörpern verschiedene Albumosen und Peptone hervorgehen, oder ob gleiche Albumosen und Peptone durch ihr verschiedenes Zusammentreten die Verschiedenheit der einzelnen Eiweisskörper bedingen. Einigermaassen klar ist das Verhältniss nur beim Caseïn[1]) und dem Globin[2]), denen eine ganze Reihe von Spaltungsproducten, die „Antigruppe", ganz oder theilweise fehlt. Dagegen sind die Verschiedenheiten, welche die übrigen, in reinem Zustande untersuchten Eiweisskörper zeigen, noch nicht derart, dass man genaue Schlüsse daraus ziehen kann. Die ersten Untersuchungen Kühne's[3]) beziehen sich auf die Spaltung des Blutfibrins; er untersuchte theils selbst dargestelltes, thunlichst gereinigtes Fibrin, theils das käufliche Peptonum siccum von Witte, das, durch Pepsinverdauung von Fibrin dargestellt, ein Gemenge der Albumosen des Fibrins mit etwas Amphopepton ist. Dieses selbe Präparat untersuchten Pick[4]) und Zunz[5]); auch die Neumeister'schen[6]) Beschreibungen der Reactionen beziehen sich in der Regel auf die Albumosen des Witte-Peptons. Indessen stellte sich bei der Untersuchung der aus anderen Eiweissen gewonnenen Albumosen heraus, dass diese von den aus Fibrin gewonnenen sich durch ihre Eigenschaften kaum, mehr schon durch die Mengenverhältnisse und die Reihenfolge des Auftretens der einzelnen Körper[7]) unterscheiden. Auch die Analysen ergeben keine irgendwie constanten Differenzen, zeigen vielmehr immer wieder, dass die analysirten Producte bisher nicht rein genug waren, um Schlüsse aus ihrer procentischen Zusammensetzung ziehen zu können. Die Albumosen der einzelnen Eiweisse werden je nach der Herkunft aus Globulin, Vitellin, Myosin, Gelatine, Fibrin u. s. w. als Globulosen, Vitellosen, Myosinosen, Gelatosen, Fibrinosen bezeichnet; Albumosen würden danach nur die Spaltungsproducte des Eier- oder Serumalbumins heissen, doch wird der Name allgemein auch auf die Producte der anderen Eiweisskörper ausgedehnt, wie es auch im Vorhergehenden geschehen ist. Chittenden hat dafür den besonders im Englischen viel gebrauchten Namen Proteosen eingeführt.

Nach den Kühne'schen Methoden untersuchten Kühne und Chittenden[8]) die peptische Spaltung des Serumglobulins und des

[1]) Fr. Alexander, Zeitschr. f. physiol. Chem. 25, 411 (1898). — [2]) F. Schulz, ibid. 24, 449 (1898). — [3]) W. Kühne und R. H. Chittenden, Zeitschr. f. Biolog. 20, 11 (1884). — [4]) E. P. Pick, Zeitschr. f. physiol. Chem. 24, 246 (1897); Derselbe, ibid. 28, 219 (1899). — [5]) E. Zunz, ibid. 27, 219 (1899). — [6]) R. Neumeister, Zeitschr. f. Biolog. 26, 324 (1890). — [7]) E. Zunz, Zeitschr. f. physiol. Chem. 28, 132 (1899). — [8]) W. Kühne und R. H. Chittenden, Globulin und Globulosen, Zeitschr. f. Biolog. 22, 409 (1886).

Myosins[1]), Neumeister[2]) das krystallinische Phytovitellin aus Kürbis-samen, Chittenden[3]) das Eieralbumin, das freilich wohl Mucoid ent-hielt, Chittenden[4]) und Thierfelder[5]) das Caseïn, Chittenden[6]) das sogenannte Glutencaseïn, den Kleber aus Weizenkörnern, ferner die Albuminoide Elastin[7]) und Gelatine[8]). Auch untersuchte Chittenden[9]) die relative Menge der gebildeten Albumosen und Peptone in quantitativer Weise. Nach der neuen Hofmeister'schen Methode wurden die Albumosen des krystallinischen Eieralbumins und Serumalbumins, sowie des nach Hammarsten-Reye dargestellten Serumglobulins von Umber[10]), die des Caseïns von Alexander[11]) untersucht. Eine quantitative Untersuchung endlich über die bei der Spaltung derselben vier reinen Eiweisskörper gebildeten Antheile der einzelnen Albumosen und Peptone lieferten Zunz[12]) und Pick[13]).

Die einzelnen Albumosen lassen sich, wie folgt, beschreiben:

a) Primäre Albumosen.

(34) Sie sind die ersten Producte, die bei der peptischen, an-scheinend auch bei anderen Spaltungen, aus dem Eiweiss, beziehentlich aus dem Acidalbumin, entstehen[14]). Hierzu gehören, wie seit Kühne bekannt ist, die Protalbumose und die Heteroalbumose, ferner die mit der Protalbumose gemengte Acroalbumose[15]). Ausserdem aber weiss man jetzt durch Zunz und Pick, dass auch eine der Deuteroalbumosen, die von ihnen sogenannte Deuteroalbumose B, zum Theil ein primäres Spaltungsproduct des Eiweiss ist. Da sie sich ihrem Verhalten zu den fällenden Reagentien und Salzen nach aber wie die Deuteroalbumosen verhält, kann sich die Schilderung der gemeinsamen Eigenschaften der primären Albumosen nicht auf sie mit beziehen.

Die primären Albumosen.

Diese werden durch Kochsalz, die Heteroalbumose bei neutraler, die Protalbumose vollständig nur bei schwach saurer Reaction aus-

---

[1]) W. Kühne und R. H. Chittenden, Myosin und Myosinosen, Zeitschr. f. Biolog. 25, 358 (1889). — [2]) R. Neumeister, Vitellosen, ibid. 23, 402 (1887). — [3]) R. H. Chittenden and Percy R. Bolton, Egg-albumin and Albumoses, Studies from the physiologic. Laborat. of the Yale University 2, 126 [nach Maly's Jahresber. f. Thierchemie 17, 13 (1887)]. — [4]) R. H. Chittenden and H. M. Painter, Caseïn and its primary cleavage products, Studies etc. 2, 156 [nach Maly's Jahresber. 17, 16 (1887)]. — [5]) H. Thierfelder, Caseïn-peptone, Zeitschr. f. physiol. Chem. 10, 577 (1886). — [6]) R. H. Chittenden and E. E. Smith, Journ. of Physiology 11, 410 (1890). — [7]) R. H. Chittenden und A. S. Hart, Elastin und Elastosen, Zeitschr. f. Biolog. 25, 368 (1889). — [8]) R. H. Chittenden and F. P. Solley, J. of Physiology 12, 23 (1891). — [9]) R. H. Chittenden and J. A. Hartwell, ibid. 12, 12 (1891). — [10]) F. Umber, Z. f. physiol. Chem. 25, 258 (1898). — [11]) F. Alexander, ibid. 25, 411 (1898). — [12]) E. Zunz, ibid. 28, 132 (1899). — [13]) E. P. Pick, ibid. 28, 219 (1899). — [14]) F. Goldschmidt, Einwirkung von Säuren auf Eiweissstoffe. Dissert. Strassburg 1898; F. Klug, Pflüger's Arch. f. d. ges. Physiol. 60, 43 (1895); E. Zunz, Z. f. phys. Chem. 28, 132 (1899). — [15]) O. Folin, ibid. 25, 152 (1898).

gesalzen.   Die Grenzen für Ammonsulfat sind auch für die reine
Proto- und Heteroalbumose nach Pick identisch, nämlich 2,6 und 4,4;
die primären Albumosen werden also durch Halbsättigung gefällt.
Ferner geben sie mit Kupfersulfat und -acetat einen Niederschlag,
und ebenso mit Protaminen-und Histonen.   Durch die weitere Pepsinverdauung, oder durch Kochen mit Säuren oder überhitztem Wasser-
dampfe[1]) werden sie in Deuteroalbumosen und weiter in Pepton übergeführt, erweisen sich also auch hierdurch als primäre Producte der
Eiweissspaltung.

1. Die Heteroalbumose.

Die Heteroalbumose ist die eine der beiden einzig genauer bekannten
Albumosen; ihrem physikalischen Verhalten nach steht sie dem Eiweiss
noch recht nahe.   Durch vegetabilisches Pergament diffundirt sie in
neutraler Lösung gar nicht, in alkalischer recht unbedeutend.   Sie ist
in Wasser wenig oder nicht löslich, in verdünnten Salzlösungen dagegen
leicht löslich; aus diesen Lösungen kann sie, wie die Globuline, durch
Verdünnen mit Wasser theilweise gefällt werden.   Sie wird bei neutraler
Reaction durch Sättigen ihrer Lösungen mit Kochsalz, bei saurer schon
durch Halbsättigen ganz ausgefällt; für Ammonsulfat liegen die Fällungsgrenzen für sie mit der Protalbumose zusammen bei 2,6 und 4,4
in neutraler, bei 1,2 und 4,3 bei saurer Reaction, für Zinksulfat ebenso
bei 2,5 (je nach der Concentration auch 3,0) und 4,6.   Auch Kaliumacetat hat ähnliche Grenzen.

Eine Sonderstellung nimmt die Heteroalbumose dadurch ein, dass
sie beim Erhitzen ihrer concentrirten, nicht zu salzreichen Lösungen
mindestens partiell coagulirt[2]); die Coagulationstemperatur liegt zwischen
55 und 60°, beim weiteren Erwärmen zum Sieden löst sich das Coagulat
theilweise wieder auf.   Die Heteroalbumose erweist sich aber dadurch
wirklich als Albumose und nicht als Eiweiss, dass das zunächst unlösliche Coagulat, wenn in Salzsäure gelöst, wieder die unveränderten
Eigenschaften der Heteroalbumose besitzt, also keine Zeichen der
Denaturirung zeigt.   Ebenso hat die Heteroalbumose, in ähnlicher Art
wie etwa die Globuline, die Eigenschaft, beim Stehen leicht theilweise
unlöslich zu werden.   Dies ist die Dysalbumose Kühne's, die sich
aber auch durch Lösen in Soda in die unveränderte Heteroalbumose
zurückverwandeln lässt.

Die Heteroalbumose wird durch Alkohol auch in salzfreier Lösung
leicht gefällt, und ist in Alkohol von 32 Proc. schon ganz unlöslich,
was zu ihrer Trennung von der Protalbumose dient, die in verdünntem
Alkohol leicht löslich ist.   Salpetersäure, Metallsalze und die Alkaloidreagentien geben die gewöhnlichen Albumosenreactionen in sehr schöner,
deutlicher Form, lösen auch nicht im Ueberschusse.

---

[1]) R. Neumeister, Zeitschr. f. Biolog. 26, 57 (1890). — [2]) W. Kühne
und R. H. Chittenden, ibid. 20, 11 (1884).

Die Heteroalbumose gehört der Antigruppe des Eiweiss an, wie
bereits Kühne und Neumeister, neuerdings mit Bestimmtheit Hofmeister und Pick[1]) bewiesen haben; wenn es daher bei schlechter
Pepsinwirkung zu einer Antialbumidausscheidung kommt, so findet sich
im Filtrat wenig Heteroalbumose, und umgekehrt. Auch ist sie gegen
die peptische, wie gegen die tryptische Verdauung relativ sehr resistent;
das aus ihr hervorgegangene Pankreaspepton, das Antipepton, ver-
schwand nach Pick auch nach zwei Monaten wirksamer Verdauung
nicht.

Ihre procentische Zusammensetzung fand Pick:

C 55,12, H 6,61, N 17,98, S 1,22, O 19,07.

Der Schwefel ist durch Kochen mit Natronlauge völlig abspaltbar.
Von dem Stickstoff sind 6,45 Proc. Amidstickstoff, 38,93 Proc. Diaminostickstoff, 57,40 Proc. Monoaminostickstoff. Siegfried und Friedmann[2]) fanden ganz ähnliche Zahlen. Der Diaminostickstoff ist also
relativ hoch, d. h. es finden sich relativ viel Diaminosäuren unter den
Spaltungsproducten; sie sind noch nicht untersucht.

Unter den Monoaminosäuren finden sich, bei der tryptischen, wie
bei der Säurespaltung, sehr viel Leucin und alles Glycocoll, dagegen
nur spurweise, vielleicht auch gar kein Tyrosin. Dementsprechend giebt
sie kein Phenol, ausserdem kein Indol oder Skatol (vergl. S. 60) und
ebenso wenig die Millon'sche Reaction, wohl aber enthält sie einen
aromatischen Kern, da sich Benzoësäure aus ihr gewinnen lässt, der
aber nicht hydroxylirt sein kann, wahrscheinlich in Form der Phenylaminopropionsäure. Bei der Kalischmelze tritt der Geruch nach Fettsäuren deutlich auf. Ferner fehlt ihr die Kohlehydratgruppe des
Eiweissmoleculs ganz, sie giebt in Folge dessen auch Reactionen nach
Molisch und Adamkiewicz nicht, sondern nur die Xanthoproteïn-,
die Schwefelblei- und die Biuretreaction.

Bei weiterer Pepsinverdauung giebt die Heteroalbumose verschiedene
Deuteroalbumosen, darunter in Spuren die Deuteroalbumose C, die ein
Endproduct ist, und reichlicher das Pepton B. Genauere Untersuchungen
stehen indessen noch aus.

Das Salzsäurebindungsvermögen[3]) eines freilich unreinen Präparates
betrug 8 Proc., wovon die eine Hälfte anscheinend in festerer Form
gebunden ist, als die andere, so dass man an eine zweisäurige Base
denken muss.

2. Die Protalbumose.

Die Protalbumose steht in ihren physikalischen Eigenschaften dem
Eiweiss viel ferner, als die Heteroalbumose, der sie aber ihrem Auf-

---

[1]) E. P. Pick, Zeitschr. f. physiolog. Chem. 28, 219 (1899). — [2]) E. Friedmann, ibid. 29, 50 (1899). — [3]) O. Cohnheim, Zeitschr. f. Biolog. 33, 489
(1896).

treten nach coordinirt ist. Sie ist in Wasser sehr leicht löslich, noch
5 bis 10 proc. Lösungen sind völlig klar und durchsichtig; ihre Diffusibilität, freilich an unreinen Präparaten geprüft, ist nicht unerheblich,
nur dreimal schlechter als die des Traubenzuckers, ihr Moleculargewicht
niedriger als das des Gemenges der Deuteroalbumosen[1]). Die von Kühne
ursprünglich dargestellte Protalbumose enthält, wie Folin gezeigt hat,
Acroalbumose beigemengt, die Angaben über die Reactionen beziehen
sich daher zum Theil auf das Gemenge der beiden; ausserdem waren
die Präparate bis auf Pick niemals frei von Heteroalbumose. Sie
giebt die Reactionen der primären Albumosen, aber sowohl die Fällung mit Salpetersäure, wie mit den Kupfersalzen nur schwach, bei
hinreichender Concentration und Vermeidung eines Ueberschusses des
fällenden Reagens. Durch Kochsalz wird sie nur bei voller Sättigung,
ganz nur bei schwach saurer Reaction gefällt. Die Alkaloidreagentien,
insbesondere die Gerbsäure, geben zwar alle Niederschläge, aber sie
lösen im Ueberschusse wieder auf, ein Verhalten, das sonst nur die
Peptone zeigen[2]). Die Protalbumose ist relativ alkohollöslich, in verdünntem Alkohol sogar löslicher als in reinem Wasser, erst bei einem
Alkoholgehalt von 80 Proc. beginnt die Fällung und wird nur durch
Alkohol-Aether wenigstens nahezu vollständig[3]). Concentrirte Lösungen
lösen die Heteroalbumose auch in der Kälte auf.

Die procentische Zusammensetzung der Protalbumose fand Pick[2]):

C 55,64,   H 6,8,   N 17,66,   S 1,21,   O 18,69.

Der Schwefel ist ganz durch Kochen mit Natronlauge als Schwefelwasserstoff abzuspalten. Von dem Stickstoff ist

7,14 Amid-Stickstoff,
25,42 Diamino-Stickstoff,
68,17 Monoamino-Stickstoff,

also befinden sich unter den Producten der tryptischen wie der Säurespaltung relativ viel Monoaminosäuren. Unter diesen findet man nur
ganz wenig Leucin und kein Glycocoll, dagegen sehr viel Tyrosin.
Dementsprechend liefert die Protalbumose bei der Kalischmelze viel
Indol und Skatol und wenig Fettsäuren. Auch giebt sie eine pracht-
volle Millonsche Reaction. Dagegen fehlt auch ihr wie der Heteroalbumose die Kohlehydratgruppe ganz, und damit auch die Reactionen
von Molisch und Adamkiewicz. Das Fehlen der sauerstoffreichen
Kohlehydratgruppe bedingt offenbar die beiden Albumosen, der Proto-
und Heteroalbumose, trotz ihrer sonstigen Verschiedenheit, gemeinsame
Zusammensetzung, den hohen Kohlen- und Stickstoff-, den niederen
Sauerstoffgehalt.

Bei der weiteren Pepsinverdauung liefert die Protalbumose viel

---

[1]) Neumeister, Lehrb. der physiolog. Chem., S. 231. — [2]) E. P. Pick,
Zeitschr. f. physiol. Chem. 28, 219 (1899).

Deuteroalbumose A, sodann Pepton B, dagegen kein Pepton A und nicht die Deuteroalbumose C. Bei der Trypsinverdauung wird sie rasch verdaut, und schliesslich bis zum Schwinden der Biuretreaction, also ganz, zerlegt; sie liefert wenig Leucin, aber sehr reichlich Tyrosin und Tryptophan; sie gehört der Hemigruppe an.

Das Salzsäurebindungsvermögen — an einem unreinen Präparat untersucht — beträgt 4 bis 4,8 Proc.

3. Die Acroalbumose.

Die Acroalbumose wurde von Kühne[1]) im Nährboden, der zur Herstellung des Koch'schen Tuberculins gedient hatte, später auch im Witte-Pepton gefunden, und von Folin[2]) aus der Protalbumose des letzteren isolirt, gehört hiernach also, ihren Reactionen zufolge, zu den primären Albumosen. Sie ist in Wasser wenig löslich, leichter in Salzlösungen, sehr leicht in Alkalien; durch Säuren, schon die Kohlensäure, wird sie gefällt und im Ueberschusse wieder gelöst, aber nicht besonders leicht. Sie giebt die Reactionen der primären Albumosen, und zwar stärker und bei geringerer Concentration als die in allen ihren Verbindungen weit löslichere eigentliche Protalbumose. Sie enthält sehr viel leicht abspaltbaren Schwefel; die anderen Reactionen sind nicht genauer bestimmt worden, da sie mit der Protalbumose in der Regel zusammen untersucht wurde. Die Acroalbumose kommt in Witte's Pepton nicht constant vor.

4. Die sogenannte Deuteroalbumose Bα.

Die dritte Albumosenfraction der Hofmeister'schen Schule, die durch Zweidrittel-Sättigung mit Ammonsulfat noch nicht, wohl aber durch volles Sättigen der Lösung gefällt wird, haben Zunz und Pick in zwei Körper zerlegt, von denen der eine zwar ein secundäres, der andere dagegen ein der Hetero- und Protalbumose coordinirtes Product darstellt. Er unterscheidet sich von dem anderen durch eine in ihm vorhandene Kohlehydratgruppe, und eine dementsprechende sehr schöne Reaction nach Molisch. Seine procentische Zusammensetzung muss erheblich weniger Kohlen- und Stickstoff und mehr Wasser- und Sauerstoff aufweisen, als die Hetero- und Protalbumose. Auch wird er vermuthlich Schwefel in fester Bindung enthalten. Bei der weiteren Verdauung geht aus ihm, und wohl nur aus ihm, das Pepton A hervor. Weiteres ist noch unbekannt.

Eine Mittelstellung zwischen den primären und secundären Albumosen nimmt die aus der Deuteroalbumose A aus Witte's Pepton von

---

[1]) W. Kühne, Proteïne des Tuberculins, Zeitschr. f. Biolog. 30, 221 (1894). — [2]) O. Folin, Zeitschr. f. physiol. Chem. 25, 152 (1898).

Zunz in sehr geringer Menge isolirte Deuteroalbumose Aα ein, deren Fällungsgrenzen für Ammonsulfat 4 und 5,6 sind, die aber durch Kochsalz bei neutraler Reaction und durch Kupfersalze gefällt wird. Nähere Angaben fehlen noch.

Vielleicht ist die Zahl der primären Producte indessen auch hiermit noch nicht erschöpft, sondern es werden bei näherer Aufschliessung des Albumosengemenges noch mehr sich als solche herausstellen.

b) Die Deuteroalbumosen.

(35) Die Deuteroalbumosen sind, wie Neumeister[1]) gefunden hat und Zunz[2]) im Wesentlichen bestätigen konnte, überwiegend secundäre Producte der peptischen Eiweissspaltung, die aus den primären Albumosen durch weitere Pepsinverdauung, durch Säurespaltung oder durch überhitzten Dampf hervorgehen; doch hat Zunz[3]) festgestellt, dafs sich auch unter den Deuteroalbumosen primär entstehende Körper befinden. Andererseits ist mindestens eine der Deuteroalbumosen ein Endproduct der peptischen Verdauung, das nicht mehr weiter zu Pepton wird, während die anderen anscheinend Zwischenglieder der Verdauung sind. Dementsprechend nehmen sie auch in ihrem chemischen Verhalten eine Mittelstellung ein. Sie werden durch Ammonsulfat und Zinksulfat bei Halbsättigung noch nicht gefällt, bei weiterer Concentration lassen sich dann mehrere Fractionen erhalten. Durch Kochsalz lassen sie sich nur bei ziemlich stark saurer Reaction, und auch dann nur zum Theil aussalzen. Mit Kupfersalzen geben sie keine Fällungen, dagegen mit Eisenchlorid, Blei- und anderen Metallsalzen. Salpetersäure ruft theils schon bei geringerem Salzgehalte, theils erst bei Salzsättigung Niederschläge hervor, zum Theil wohl auch gar nicht; ebenso verhält sich Ferrocyanwasserstoffsäure. Die Alkaloidreagentien geben Niederschläge, die sich im Ueberschusse nicht lösen, zum Theil aber beim Erhitzen, um beim Abkühlen wiederzukommen. Mit Histonen und Protaminen geben die Deuteroalbumosen keine Niederschläge; dagegen beobachtete Kutscher[3]) Niederschläge, wenn er die Natronsalze von sauren Eiweisskörpern, Globulin, Myosin, Syntonin etc. in eine Deuteroalbumose fallen liess, wie er glaubt, in Folge Bildung von schwer löslichen, globulinsauren Deuteroalbumosen; doch handelt es sich wohl eher um die Bildung des leicht löslichen Natriumsalzes der Deuteroalbumose, und die dadurch bedingte Ausfällung der als solche ja schwer löslichen Globuline u. s. w., also um eine Verdrängungserscheinung. Die Reactionen sind bei den einzelnen Fractionen angegeben. Das Gemenge der Deuteroalbumosen aus Witte's Pepton

---

[1]) R. Neumeister, Chemie der Albumosen und Peptone, Zeitschr. f. Biolog. 24, 267 (1888). — [2]) E. Zunz, Zeitschr. f. physiol. Chem. 28, 132 (1899). — [3]) Fr. Kutscher, Zur Kenntniss der ersten Verdauungsproducte des Eiweiss, Zeitschr. f. physiol. Chem. 23, 115 (1897).

bildet leicht lösliche Salze; sein Salzsäurebindungsvermögen beträgt etwa 5,5 Proc.

Die procentische Zusammensetzung zeigt stets einen geringeren Kohlenstoffgehalt, als der betreffende Ausgangskörper, Analysen von reinen Körpern fehlen.

Neumeister unterschied zwei Deuteroalbumosen, die Hofmeister'sche Schule zunächst drei Fractionen, die aber noch weiter zerlegbar sind.

5. Die Deuteroalbumose A.

Ihre Fällungsgrenzen für Ammonsulfat sind

5,4 und 6,2 bei neutraler Reaction,
4,7 und 5,9 bei saurer Reaction,

für Zinksulfat 5,4 und 6,8 bei saurer Reaction, für Kaliumacetat 3,2 und 4,4.

Sie ist meist noch mit der Deuteroalbumose Aα verunreinigt gewesen, in Folge dessen sind ihre Reactionen nicht mit Bestimmtheit anzugeben. Ein Theil von ihr scheint primäres Spaltungsproduct zu sein, wahrscheinlich eben dieser Antheil. Durch Kupfersulfat wird sie nicht gefällt, aber durch Kochsalz bei neutraler Reaction wenigstens theilweise, steht also den primären Albumosen noch recht nahe. Sie enthält sehr viel leicht abspaltbaren Schwefel.

6. Die Deuteroalbumose B.

Sie bildet in der Regel die Hauptmasse der Deuteroalbumosen. Ihre Fällungsgrenzen für Ammonsulfat sind

7,2 und 9,5 bei neutraler Reaction,
6,3 und 7,7 bei saurer Reaction,

für Zinksulfat 6,8 und 9,0 bei saurer Reaction, für Kaliumacetat 6 und 7,6.

Sie wird also durch Zweidrittel-Sättigung noch nicht, wohl aber durch völlige Sättigung bei neutraler Reaction gefällt.

Sie giebt die typischen Reactionen der Deuteroalbumosen, wird von Kupfersalzen nicht, von Salpetersäure nur bei Gegenwart von viel Kochsalz, von Essigsäure auch in concentrirter Kochsalzlösung nur partiell gefällt. Die Alkaloidreagentien fällen alle im Ueberschuss nicht lösliche Niederschläge.

In dieser Fraction steckt die oben bereits besprochene Deuteroalbumose Bα, die primäres Product ist, ausserdem aber noch nicht näher untersuchte, zweifellos secundäre Producte, die anscheinend sowohl aus der Hetero- wie aus der Protalbumose hervorgehen, und die daher die Gruppenreactionen beider, d. h. alle Farbenreactionen des Eiweiss mit Ausnahme der Kohlehydratreactionen geben.

7. Die Deuteroalbumose C.

Sie wird nur durch vollständige Sättigung ihrer Lösungen durch Ammonsulfat und Zinksulfat gefällt, und zwar nicht bei neutraler, sondern nur bei saurer oder alkalischer Reaction, mit anderen Worten, sie ist nicht selbst fällbar, sondern nur ihre Salze; in zu stark alkalischer oder saurer Lösung ist sie wieder löslich. Sie ist sicher secundäres Spaltungsproduct, andererseits aber Endproduct, das nicht mehr zu Pepton wird. Nach Neumeister geht sie aus der Protalbumose, nach Pick dagegen eher aus der Heteroalbumose hervor. Sie enthält keinen abspaltbaren, vielleicht gar keinen Schwefel mehr; ihre übrigen Reactionen sind noch nicht mit hinreichender Genauigkeit festgestellt. Die Schweraussalzbarkeit dieser Deuteroalbumose, die ihr eine Mittelstellung zwischen Albumosen und Peptonen anweist, erklärt eine Reihe von Widersprüchen der Autoren bei der Abgrenzung der beiden Classen.

B. Die Peptone der Magenverdauung.

(36) Bei lange fortgesetzter Pepsinverdauung findet sich neben den Albumosen in steigender, doch nie bedeutender Menge Pepton, das von Kühne [1] im Gegensatz zu dem Antipepton der Pankreasverdauung Amphopepton genannt wurde. Im Magen des lebenden Menschen oder Thieres findet sich fast nie Pepton [2]. Es ist aber damit nicht gesagt, dass es nicht gebildet wird, da es vielleicht nur rasch durch den Pylorus entfernt wird.

Das Amphopepton ist ein gelbliches, sehr hygroskopisches Pulver, das sich schwer trocknen läfst, da es sich schon unter 100⁰ allmählich zersetzt [3]; doch scheint noch nicht ausgemacht, ob diese Eigenschaften nicht etwa mit mangelnder Reinheit zusammenhängen. Es ist in Wasser sehr löslich, und diffundirt durch Pergament relativ leicht, nur halb so langsam wie Traubenzucker [3]. Es wird durch kein Salz, weder bei neutraler, noch bei alkalischer oder saurer Reaction ausgesalzen [4] [5]; Salpetersäure und Ferrocyanwasserstoffsäure fällen nicht, ebenso wenig Kupfersalze und Eisensalze [6], dagegen fällen die Bleisalze etwas. Die Alkaloidreagentien fällen, aber nur unvollständig [7]; die Niederschläge sind im Ueberschusse löslich; nur Quecksilberchlorid [7] fällt, in salzfreier Lösung, vollständig. Das Pepton wird aus ammonsulfatgesättigter Lösung von einer mit Ammonsulfat gesättigten Jodjod-

[1] W. Kühne u. R. H. Chittenden, Ueber die Peptone, Zeitschr. f. Biolog. 22, 423 (1885). — [2] C. A. Ewald, Klinik der Verdauungskrankheiten. — [3] W. Kühne, Erfahrungen über Albumosen und Peptone, Z. f. Biolog. 29, 1 (1892). — [4] S. Wenz, ibid. 22, 1 (1886). — [5] W. Kühne, Verhandl. des naturhist.-medicin. Vereins Heidelberg, N. F. III, 286 (1885). — [6] Paul Müller, Zeitschr. f. physiolog. Chem. 26, 48 (1898). — [7] R. Neumeister, Reactionen der Albumosen und Peptone, Z. f. Biol. 26, 324 (1890).

kaliumlösung gefällt [1]). Das Amphopepton hat, im Gegensatz zu den geschmacklosen Albumosen, einen unangenehmen, bitter kratzenden Geschmack.

Die procentische Zusammensetzung des Amphopeptons zeigt, soweit man aus den Analysen ersehen kann, die an sehr aschereichen Producten und noch nicht getrennten Gemengen dargestellt sind, einen noch deutlich niederen Kohlenstoffgehalt als die Deuteroalbumosen [2]). Es ist weiter frei von leicht abspaltbarem Schwefel, wahrscheinlich überhaupt schwefelfrei [3]). Die Reactionen sind bei den zwei Peptonen verschieden. Gemeinsam ist ihnen nur eine ganz besonders schöne und rein rothe Biuretreaction, die sie noch in einem Verhältniss geben, in dem sie bei den Albumosen schon verdeckt und gestört wird [4]).

Hofmeister und seine Schüler [5]) konnten das Amphopepton in zwei gut unterscheidbare Producte zerlegen.

1. Das Amphopepton A.

Es ist in Alkohol von 96 Proc. unlöslich, was zu seiner Trennung von dem Pepton B dient, entweder nach vorheriger Fällung mit Jodjodkalium oder ohne dieselbe [6]). Es giebt die Millon'sche Reaction sehr schwach, dagegen die Reaction von Molisch sehr schön, und geht aus der Deuteroalbumose Bα hervor, gehört also wohl der dritten, kohlehydrathaltigen Gruppe an.

2. Das Amphopepton B.

Es ist in Alkohol von 96 Proc. löslich; es giebt noch die Millon'sche und die Biuretreaction, dagegen nicht die nach Molisch und Adamkiewicz. Seine Niederschläge mit den Alkaloidreagentien sind besonders leicht im Ueberschuss löslich. Es ist ein Verdauungsproduct der Hetero- und der Protalbumose, vermuthlich also auch noch ein Gemenge.

Grössere Gruppen. Anti- und Hemialbumosen.

(37) Nach dem heutigen Stande der Forschung kann man also in dem Eiweissmolecul bisher drei einigermaassen gut charakterisirte Gruppen unterscheiden, in die es bei der Pepsinverdauung zerfällt [7]); es ist aber bereits S. 78 die Rede davon gewesen, dass diese Eintheilung auch bei sehr vielen anderen Spaltungen und Reactionen der Eiweisse eine Rolle spielt.

---

[1]) E. P. Pick, Z. f. physiol. Chem. 24, 246 (1897). — [2]) W. Kühne u. R. H. Chittenden, Peptone, Zeitschr. f. Biolog. 22, 423 (1885). — [3]) Vgl. S. 103. — [4]) W. Kühne, Zeitschr. f. Biolog. 29, 308 (1892). — [5]) E. P. Pick, Zeitschr. f. physiol. Chem. 24, 246 (1897); F. Umber, Zeitschr. f. Biolog. 25, 258 (1898). — [6]) E. Zunz, Zeitschr. f. physiol. Chem. 27, 219 (1899). — [7]) E. P. Pick, Zeitschr. f. physiol. Chem. 28, 219 (1899).

1. Die erste Gruppe enthält einen nicht hydroxylirten aromatischen Complex, viel Mono- und besonders auch Diaminosäuren der Fettreihe, darunter Glycocoll, reichlich abspaltbaren Schwefel und keine Kohlehydratgruppe. Sie entspricht der Antigruppe Kühne's; zu ihr gehört die Heteroalbumose, sowie noch nicht aufgeklärte Deuteroalbumosen und ein Theil des Peptons B. Sie scheint im Caseïn und Globin schwach entwickelt zu sein, vielleicht sogar zu fehlen. Sie ist gegen alle spaltenden Processe sehr resistent.

2. Die zweite Gruppe enthält einen hydroxylirten aromatischen Complex, relativ wenig Mono- und besonders Diaminosäuren der Fettreihe, kein Glycocoll, ebenfalls keine Kohlehydratgruppe, wohl aber auch reichlich abspaltbaren Schwefel. Sie zeichnet sich durch grosse Alkohollöslichkeit aus. Zu ihr gehört die Protalbumose, sowie mindestens ein Theil des Peptons B; die Deuteroalbumosen sind noch nicht klar. Sie kommt allen bisher untersuchten Eiweisskörpern, vielleicht mit Ausnahme des Leims, zu. Sie ist leicht verdaulich und spaltbar. Sie heisst die Hemigruppe.

3. Die dritte Gruppe zeichnet sich durch die Anwesenheit einer Kohlehydratgruppe aus, enthält vielleicht auch nicht abspaltbaren Schwefel. Sie fehlt dem Caseïn und Globin offenbar, wahrscheinlich noch vielen anderen Eiweisskörpern, auch wenn diese die Furfurolreactionen geben, da Verunreinigungen mit den Glycoproteïden bisher weder bei den Serum- noch bei anderen Eiweissen ausgeschlossen werden konnten. Zu dieser Gruppe gehört ein Theil der Deuteroalbumose B, sowie das Pepton A; die secundären Albumosen lassen sich noch nicht eintheilen. Ob die Glycoproteïde, die Mucine und ihre Verwandten einfach diese Gruppe nur in grösserer Menge enthalten, als die übrigen Eiweisse, oder ob sie ganz anders zusammengesetzt sind, ist unbekannt.

Das Schema hätte demnach zu lauten:

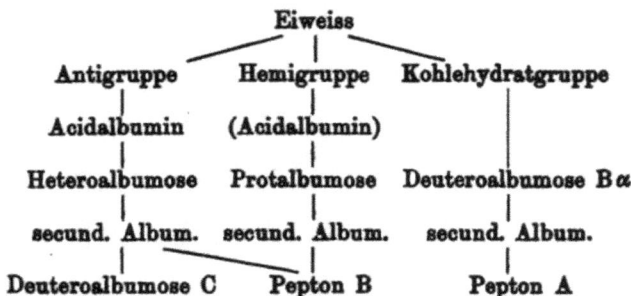

```
                              Eiweiss
                                 |
        Antigruppe          Hemigruppe         Kohlehydratgruppe
             |                   |                     |
        Acidalbumin         (Acidalbumin)              |
             |                   |                     |
      Heteroalbumose        Protalbumose       Deuteroalbumose B α
             |                   |                     |
      secund. Album.       secund. Album.       secund. Album.
             |                   |                     |
   Deuteroalbumose C        Pepton B              Pepton A
```

Ueber die Acidalbuminbildung, die nur bei der Antigruppe sicher erwiesen ist, vergl. S. 90.

2. Die Albumosen und Peptone der tryptischen Verdauung.

(38) Kühne [1]), der die tryptische Verdauung zuerst eingehend untersucht hat, stellte fest, dass aus dem Eiweiss durch Trypsin zunächst, aber nur in geringer Menge und vorübergehend, Albumosen und zwar solche vom Charakter der Deuteroalbumosen entstehen; dann wird aber sofort reichlich Pepton gebildet. Auch von diesem wurde ein Theil wieder sehr rasch weiter in krystallinische Producte — zunächst fanden sich Leucin, Tyrosin und Tryptophan — gespalten, ein anderer erwies sich dagegen als sehr resistent. Ja Kühne nahm an, dass das Pepton, das der Antigruppe des Eiweiss entspräche, von Trypsin überhaupt nicht weiter gespalten würde; er hielt dies sogenannte Antipepton für ein Endproduct der pankreatischen Verdauung. Später wurden neben dem Leucin und Tyrosin noch andere Aminosäuren, Asparaginsäure und Glutaminsäure, ferner Diaminosäuren, Arginin, Lysin und Histidin, endlich Ammoniak als Producte der tryptischen Eiweissspaltung aufgefunden (vgl. S. 45), und damit der Antheil des Antipeptons immer mehr eingeengt. Schliesslich gelang es Kutscher [2]), durch Monate lang fortgesetzte Selbstverdauung des Pankreas ein Präparat zu erhalten, das die Biuretreaction nicht mehr gab. Er nimmt daher an, dass das Trypsin das Eiweissmolecul, ganz ähnlich wie das Kochen mit Schwefelsäure, vollständig in krystallinische Producte zerlegen könne. Andererseits vermochte Siegfried [3]) das Kühne'sche Antipepton in grosser Reinheit und Aschefreiheit darzustellen; er hält es für nahe verwandt, wenn nicht identisch mit seiner Fleischsäure, die er im Fleischextract, in Milch, Muskeln, Harn u. s. w. entdeckte. Festgestellt dürfte sein, dass das Antipeptonpräparat in der Regel beträchtliche Mengen krystallinischer Producte, insbesondere Arginin, enthält; ob Kühne und Siegfried aber durch fractionirte Alkoholfällungen nicht doch ein von diesen Beimengungen freies oder an ihnen wenigstens armes Präparat, wenn auch in sehr schlechter Ausbeute, erhalten haben, muss dahingestellt bleiben.

[1]) W. Kühne, Verdauung der Eiweissstoffe durch den Pankreassaft, Virchow's Arch. 39, 130 (1867); Derselbe, Weitere Mittheilungen über die Verdauungsenzyme und die Verdauung der Albumine, Verhandl. d. Heidelberger naturhistor.-medicin. Ver., N. F. I, 236 (1876); W. Kühne und R. H. Chittenden, Die nächsten Spaltungsproducte der Eiweisskörper, Zeitschr. f. Biolog. 19, 159 (1883); Dieselben, Ueber die Peptone, ibid. 22, 423 (1885); vergl. auch S. 98. — [2]) Fr. Kutscher, Endproducte der Trypsinverdauung, Habilitationsschrift, Marburg 1899; Derselbe, Ueber das Antipepton, Zeitschr. f. physiol. Chem. 28, 88 (1899). — [3]) M. Siegfried, Ueber Fleischsäure, Arch. f. Anat. u. Physiol., Physiol. Abthl. 1894, S. 401; Derselbe, Ueber Antipepton, Zeitschr. f. physiol. Chem. 27, 335 (1899).

Am wahrscheinlichsten verläuft die Eiweissspaltung durch das
Trypsin nach dem Schema:

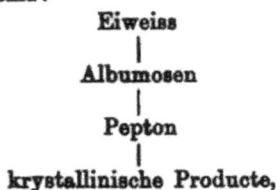

Eiweiss
|
Albumosen
|
Pepton
|
krystallinische Producte,

also der Kutscher'schen Annahme entsprechend. Während aber ein
Theil des Eiweissmoleculs, die Hemigruppe, schnell bis zu den letzten
Stufen gespalten wird, besitzt die andere Hälfte eine sehr grosse Resistenz, noch nach langer Zeit ist eine gewisse Menge des Peptons, eben
das Antipepton, ungespalten zu finden. Die von Kühne gefundene
Differenz zwischen der Hemi- und der Antigruppe des Eiweiss wäre
dann keine absolute, sondern nur eine relative, freilich mit grossen
zeitlichen Unterschieden. Offenbar verhalten sich die einzelnen Eiweisskörper verschieden, die Nucleoproteïde u. s. w. des Pankreas
werden verhältnissmässig leicht ganz zerlegt; auch Kühne stimmt mit
Kutscher überein, dass das sogenannte Drüsenpepton, das er durch
Selbstverdauung des Pankreas erhielt, nur eine schwache Biuretreaction
zeigt. Bei anderen Eiweisskörpern ist es dagegen bisher noch nie gelungen, das Pepton ganz zum Verschwinden zu bringen. Pick [1]
hat gezeigt, dass die Protalbumose, die aus reinem Hemieiweiss besteht,
durch Trypsin gänzlich zerlegt wird, die Heteroalbumose der Antigruppe dagegen nicht. Da sicher ist, dass der Antheil der Hemi- und
Antikörper an dem Aufbau der einzelnen Eiweisse ein sehr verschiedener ist, würden sich die Differenzen der Autoren leicht durch die
Unterschiede der von ihnen untersuchten Eiweisse erklären; für das
Globin, das ebenso wie die Hauptmasse der Eiweisskörper des Pankreas
zu den Histonen gehört, ist es nach Schulz [2] wahrscheinlich, dass es
sehr wenig von der Antigruppe enthält, mindestens sehr leicht verdaulich ist. Ehe nicht die Hofmeister'schen Untersuchungen auf
eine grössere Zahl von Eiweisskörpern ausgedehnt sind, ist hier keine
Entscheidung zu treffen.

Endlich ist auch die Möglichkeit zu erwägen — und dies ist die
Anschauung Siegfried's —, dass aus dem Eiweiss neben dem Tyrosin, das die Millon'sche Reaction veranlasst, und den anderen Gruppen
auch ein Körper hervorgeht, der der Träger der Biuretreaction ist, von
vorläufig noch unbekannten Eigenschaften. Dies wäre das Antipepton,
das danach also gar kein Pepton, kein Eiweisskörper im weitesten
Sinne wäre, sondern ein dem Leucin, Tyrosin, Arginin, Histidin etc.

---

[1] E. P. Pick, Zeitschr. f. physiol. Chem. 28, 219 (1899). — [2] F. N.
Schulz, Zeitschr. f. physiol. Chem. 24, 449 (1898).

coordinirter Körper von einfacher Zusammensetzung. Dann müsste freilich angenommen werden, dass der Körper den Nucleoproteïden, Nucleoalbuminen u. s. w. des Pankreas ebenso fehlt, wie etwa dem Caseïn das Glycocoll.

Das Antipepton zeigt im Wesentlichen dieselben Reactionen wie das Magenpepton [1] [2] [3]); es wird gar nicht ausgesalzen; es wird durch Salpeter- und Ferrocyanwasserstoffsäure nicht gefällt, ebenso wenig durch Kupfersalze; Platinchlorid, Bleisalze, Quecksilberchlorid und Quecksilbernitrat geben partielle Fällungen, desgleichen Eisenchlorid, das aber im Ueberschuss löst. Die Alkaloidreagentien fällen und lösen im Ueberschuss wieder auf. Von den Farbenreactionen giebt das Antipepton nur die Biuretreaction schön, gerade wie das Amphopepton, die Millon'sche Reaction fehlt, die anderen sind nicht untersucht. Es ist schwefelfrei. Physiologisch verhält es sich nicht wie ein Pepton, hat keine gerinnungshemmende Eigenschaften [4]), und vermag die Eiweissnahrung nicht zu ersetzen [5]). Das Pankreas- oder Antipepton wurde früher, z. B. von Ludwig und Fano [4]), auch Trypton genannt.

Die Albumosen, die bei der Trypsinverdauung vorübergehend entstehen, zeigen den Charakter der Deuteroalbumosen [6]); doch haben Neumeister und Salkowski und Biffi [7]) auch Spuren von primären Albumosen erhalten; die Albumosen werden nach Neumeister durch Sättigung mit Ammonsulfat bei neutraler Reaction ganz ausgesalzen; weitere Untersuchungen stehen noch aus. Bei den Albuminoiden werden anscheinend auch durch das Trypsin primäre Albumosen gebildet.

Die Fleischsäure.

(39) An dieser Stelle ist wohl am richtigsten die von Siegfried [8]) und seinen Schülern [9]) beschriebene Fleischsäure zu erwähnen.

[1]) W. Kühne und R. H. Chittenden, Zeitschrift f. Biolog. 22, 423 1885). — [2]) M. Siegfried, Ueber Fleischsäure, Arch. f. Anat. u. Physiol., Physiol. Abthl. 1894, S. 401; Zeitschr. f. physiol. Chem. 27, 335 (1899). — [3]) U. Biffi, Virchow's Arch. 152, 130 (1898). — [4]) Fano, Arch. f. Anat. u. Physiol., Physiol. Abthl. 1881, S. 277; K. Spiro und A. Ellinger, Zeitschr. f. physiol. Chem. 23, 121 (1897); W. H. Thompson, Journ. of Physiology 24, 374 (1899). — [5]) A. Ellinger, Zeitschr. f. Biolog. 33, 190 (1896). — [6]) R. Neumeister, Kenntniss der Albumosen, ibid. 23, 381 (1887); 24, 267 (1887). — [7]) U. Biffi, Virchow's Arch. 152, 130 (1898).— [8]) M. Siegfried, Ueber Fleischsäure, Arch. f. Anat. u. Physiol., Physiologische Abtheilung 1894, S. 401; Zur Kenntniss der Phosphorfleischsäure, Zeitschr. f. physiol. Chem. 21, 360 (1895); 22, 575 (1897); Ueber Antipepton I, ibid. 27, 335 (1899); 28, 524 (1899). — [9]) W. S. Hall, Resorption des Carniferrins, Arch. f. Anat. u. Physiol., Physiol. Abthl. 1894, S. 455; C. W. Rockwood, Fleischsäure im Harn, ibid. 1895, 1; P. Balke und Ide, Quantitative Bestimmung der Phosphorfleischsäure, Zeitschr. f. physiol. Chem. 21, 380 (1895); F. R. Krüger, ibid. 22, 45 (1896); P. Balke, Spaltungsproducte des Carniferrins, ibid. 22, 248 (1896); Martin Müller, Ueber den Gehalt der mensch-

Siegfried stellte aus dem Kemmerich'schen Fleischextract durch Fällung mit Eisenchlorid einen Körper dar, der die Reactionen der einfachsten Eiweisskörper giebt und auch in der Zusammensetzung diesen nahe steht. Er ist stark sauer und giebt mit Baryum, Kupfer, Silber, Zink und Ammoniak gut ausgebildete Salze; Siegfried nannte ihn Fleischsäure. Die procentische Zusammensetzung stimmt auf einen Körper von der Formel:

$$C_{10}H_{15}N_3O_5.$$

Das Moleculargewicht wurde zu 257 bestimmt. Die Fleischsäure giebt die Biuretreaction, aber nicht oder doch nur schwach die Millon'sche Reaction, wird durch Eisenchlorid gefällt, im Ueberschusse gelöst; auch andere Metallsalze fällen; ferner fällen Phosphorwolframsäure, Pikrinsäure, Gerbsäure. Durch Ammonsulfat soll sie nicht ausgesalzen werden, wenigstens nicht die in den Muskeln gefundene Fleischsäure, wohl aber die in der Milch beobachtete. Auf Grund dieser Beschreibung nahm Siegfried die Identität der Fleischsäure mit Kühne's Antipepton an. Sie addirt ferner Salzsäure und enthält das Eisen nicht oder nur theilweise als Ion (vergl. indessen S. 25 über das Eisen der Nucleïnsäure). Als Spaltungsproducte wurden Ammoniak, Lysin, Arginin, gelegentlich auch Leucin und Bernsteinsäure gefunden. In der Regel enthält die Fleischsäure Phosphor und kommt als sogenannte Phosphorfleischsäure vor, die Siegfried als ein Nucleon bezeichnet. Die Eisenverbindung der Phosphorfleischsäure ist das Carniferrin, dem Siegfried eine gewisse Bedeutung für den Stoffwechsel zuschreibt. Es findet sich in den Muskeln, im Harn und in der Milch. Für das Carniferin fand Siegfried die procentische Zusammensetzung C 22,6, H 3,0, N 5,8, Fe 29,46, P 2,0.

Nach den Angaben von Mays[1]), Folin[2]) und Kutscher[3]) ist es am wahrscheinlichsten, dass es sich bei der Trypsinverdauung um ein mehr oder weniger reines Pankreaspepton, also Antipepton im Kühne'schen Sinne, im Fleischextract aber um Deuteroalbumosen, beziehentlich um ein Gemenge dieser mit Pepton, handelt, die bei der Darstellung dieses Präparates entstanden sind. Auch die geringen Mengen Carniferrin oder Phosphorfleischsäure, die sich in den Muskeln und der Milch finden, sind wahrscheinlich albumosenartige Substanzen, die bei der Coagulation der Eiweisskörper, richtiger der Nucleoproteïde bezw. Nucleoalbumine entstanden sind. Bekanntlich sind gerade die

lichen Muskeln an Nucleon, ibid. **22**, 561 (1897); K. Wittmaack, Nucleongehalt der Milch, ibid. **22**, 567 (1897); R. T. Krüger, ibid. **28**, 530 (1899); J. J. R. Macleod, ibid. **28**, 535 (1899).

[1]) K. Mays, Ueber uncoagulirbare Eiweisskörper der Muskeln, Zeitschr. f. Biolog. **34**, 268 (1896). — [2]) O. Folin, Ueber einige Bestandtheile von Witte's Pepton, Zeitschr. f. physiol. Chem. **25**, 152 (1898). — [3]) Fr. Kutscher, Ueber das Antipepton, I bis III, ibid. **25**, 195 (1898); **26**, 110 (1898); **28**, 88 (1899).

Eiweisse etc. der Muskeln und der Milch, zumal der Frauenmilch, schwer ganz auszufällen, und Siegfried macht keine Angaben über die Präexistenz seiner Phosphorfleischsäure oder Fleischsäure. Die Constanz der Zusammensetzung ist gross, könnte aber freilich auch durch die gleiche Behandlung bedingt sein. Freilich ist auch das Vorkommen intermediärer phosphorhaltiger Stoffwechselproducte im Muskel sehr möglich, und die Phosphorfleischsäure hätte dann ein hohes biologisches Interesse.

Die Albumosen des Harns.

(40) Früher sind eine ganze Reihe von Angaben gemacht worden, die sich auf das Vorkommen von Albumosen und Peptonen in verschiedenen normalen oder pathologischen Geweben oder Flüssigkeiten des Körpers beziehen. Dieselben haben sich mit wenigen Ausnahmen alle als irrthümlich herausgestellt. Es ist insbesondere das Verdienst Neumeister's [1]), festgestellt zu haben, dass in der Norm kein Theil des menschlichen oder thierischen Organismus, mit Ausnahme des Verdauungstractus, jemals nachweisbare Mengen von Albumosen oder Pepton enthält. Die Angaben der Autoren erklären sich aus der Schwierigkeit, die unter Umständen die völlige Abscheidung des Eiweiss macht; die nach der Coagulation übrig gebliebenen Reste sind dann für präexistirende Albumosen gehalten worden. Die durch die Verdauung gebildeten Albumosen und Peptone aber, die von der Darmschleimhaut resorbirt werden, sind jenseit derselben nicht mehr nachzuweisen, das Blut der Mesenterialvenen, der Chylus des Ductus thoracicus, sind, wie die Leber, stets, auch bei lebhaftester Verdauung, frei von Verdauungsproducten des Eiweiss gefunden worden. Nur in der Darmschleimhaut selbst finden sich Albumosen und Peptone in geringer Menge, aber auch hier verschwinden sie rasch; sie werden, wie man seit Hofmeister [2]) annimmt, in der Darmwand selbst zu Eiweiss zurückverwandelt [3]). Dagegen kommt es bei Eiterungen [4]), bei der Einschmelzung und Resorption von Exsudaten und ähnlichen Processen, zur Bildung von Albumosen im thierischen Organismus, ein Vorgang, der nach Buchner [5]) u. A. durch Enzyme peptischer oder tryptischer Natur bedingt ist, die von den Leukocyten und anderen Zellen des Organismus erzeugt werden. Ebenso sollen bei der Phosphorvergiftung Albumosen in den fettig degenerirten Organen, insbesondere in der Leber, gefunden worden sein [6]).

---

[1]) R. Neumeister, Ueber die Einführung der Albumosen und Peptone in den Organismus, Zeitschr. f. Biolog. 24, 272 (1888). — [2]) F. Hofmeister, Zur Lehre vom Pepton, Zeitschr. f. physiol. Chem. 6, 51, 69 (1881). — [3]) R. Neumeister, Zeitschr. f. Biolog. 27, 309 (1890). — [4]) F. Hofmeister, Ueber das Pepton des Eiters, Zeitschr. f. physiol. Chem. 4, 268 (1880). — [5]) H. Buchner, Natürliche Schutzeinrichtungen des Organismus, Münch. med. Wchschr. 1899, S. 1261. — [6]) M. Miura, Ueber pathologischen Peptongehalt der Organe, Virchow's Arch. 101, 316 (1885).

Ferner hat sich aus den Untersuchungen von Krehl[1]) eine nahe
Beziehung von im Blut kreisenden Albumosen zum Fieber ergeben;
der temperatursteigernde Bestandtheil des Koch'schen Tuberculins
sind die Albumosen des Nährbodens[2]), und ebenso sind bei vielen
fieberhaften Erkrankungen Albumosen beobachtet worden.   Bei allen
diesen Processen wurden nun stets auch Albumosen im Harn gefunden,
und zwar anscheinend in der Regel solche vom Charakter der Deuteroalbumosen[3]); ebenso erscheinen künstlich in die Blutbahn eingeführte
Albumosen im Harn wieder, und zwar werden durch das mit dem Harn
stets ausgeschiedene Pepsin primäre in Deuteroalbumosen, diese in
Pepton verwandelt[4]).   Ausser bei derartigen Versuchen ist echtes
Pepton nie im Harn gefunden worden. Wie weit bei den Angaben
über Albumosurie Verwechselungen mit dem Nucleoalbumin des Harns
stattgefunden haben[2])[5]), wie weit es sich dabei nicht um Albumosen,
sondern um ein Histon handelt, wie Jolles[6]) angiebt, ist schwer zu
sagen.   Ueber die Gefahr einer Verwechselung mit Urobilin s. dort.

Dagegen erfordert ein Körper eine gesonderte Besprechung: die
Harnalbumose von Bence-Jones.   Bence-Jones[7]) beobachtete
1848 zuerst die Ausscheidung des Körpers, dann wurde er 1869 von
Kühne[8]) wieder gefunden und beschrieben.   Spätere Beobachtungen
stammen von Matthes[9]) und besonders von Ellinger[10]) (bei Ellinger findet sich eine vollständige Literaturzusammenstellung), der
die Albumose zuletzt genau beschrieben hat.   Es handelt sich in allen
genügend beobachteten Fällen um eine multiple Sarcomatose des
Knochenmarkes — nicht, wie man früher meinte, um Osteomalacie —;
bei den Patienten wurde entweder während der ganzen Krankheit oder
zeitweise die betreffende Albumose in reichlichen Mengen im Harn
ausgeschieden.

Die Bence-Jones'sche Albumose gehört zu den primären Albumosen; sie wird durch Kochsalz bei saurer Reaction schon vor der
Sättigung gefällt; die Fällungsgrenzen für Ammonsulfat sind zwei und
vier bei neutraler Reaction.   Sie ist in Wasser schwer löslich, ist sie

---

[1]) L. Krehl, Versuche über die Erzeugung von Fieber bei Thieren,
Schmiedeberg's Arch. f. exp. Path. u. Pharm. 35, 222 (1893); L. Krehl und
M. Matthes, Febrile Albumosurie, D. Arch. f. klin. Medicin 54, 501 (1894).
— [2]) M. Matthes, ibid. 54, 39 (1894). — [3]) F. Hofmeister, Ueber den
Nachweis von Pepton im Harn, Zeitschr. f. physiol. Chem. 4, 251 (1880).
— [4]) R. Neumeister, Z. f. Biolog. 24, 272 (1888). — [5]) R. Neumeister,
Lehrb. d. physiol. Chem., 2. Aufl., S. 805 (1897). — [6]) A. Jolles, Ueber das
Auftreten und den Nachweis von Histonen im Harn, Zeitschr. f. physiol.
Chem. 25, 236 (1898). — [7]) Bence-Jones, Philosophical Transact. 1848, I.
— [8]) W. Kühne, Ueber Hemialbumose im Harn, Zeitschr. f. Biolog. 19, 209
(1883). — [9]) M. Matthes, Verhandl. d. 14. Congresses f. inn. Medicin, Wies-
baden 1896, S. 476. — [10]) A. Ellinger, Das Vorkommen des Bence-
Jones'schen Körpers im Harn bei Tumoren des Knochenmarkes u. s. w.,
Deutsch. Arch. f. klin. Medicin 62, 255 (1899).

aber einmal durch Salze gelöst, so bleibt sie es zum grossen Theil auch nach Entfernung der Salze. Salpetersäure, Metallsalze, die Alkaloidreagentien geben die üblichen Fällungen, von den Farbenreactionen sind die Millon'sche, die Biuret- und die Schwefelbleireaction positiv, die anderen nicht untersucht. Sehr charakteristisch für die Bence-Jones'sche Harnalbumose ist, dass sie bei Salzgegenwart durch Essigsäure gefällt wird; im Ueberschuss ist sie schwer löslich. Beim Erhitzen wird sie, je nach dem Salzgehalt der Lösung, zwischen 43 und 60° partiell coagulirt; bei stärkerem Erhitzen löst sich das Coagulat zum Theil wieder, ohne indess auch beim Sieden ganz zu verschwinden; die coagulirte Albumose ist dann in Wasser schwer löslich, durch Lösen in Alkalien aber unverändert wieder zu erhalten. Durch Pepsin wird sie zu Deuteroalbumose und Pepton weiter gespalten.

Die Bence-Jones'sche Harnalbumose stimmt daher mit keiner der Verdauungsalbumosen ganz überein, erinnert aber in vielem an die Heteroalbumose; besonders die Heteroglobulose aus Serumglobulin fand Kühne[1]) ihr sehr ähnlich.

Ferner gehört hierher, wie Huppert[2]) gezeigt hat, vielleicht auch der von Noël Paton[3]) im Harn eines an unbekannter Krankheit leidenden Mannes beobachtete Eiweisskörper, den er als krystallinisches Globulin beschrieb; es hätte das ein ganz besonderes Interesse dadurch, dass es der einzige bekannte Fall ist, in dem irgend eine Albumose krystallinisch erhalten wurde; sie krystallisirte in breiten, rhombischen Nadeln (vergl. S. 155).

Ueber den Ursprung der Bence-Jones'schen Albumose ist nichts Sicheres bekannt, da die früheren Beobachtungen von Virchow[4]) u. A. nach den heutigen Kenntnissen über Eiweisskörper nicht verwerthbar sind[5]). Nur Ellinger hat den Körper wahrscheinlich, wenn auch in sehr geringer Menge, aus dem erkrankten Knochenmark darzustellen vermocht.

Die Atmidalbumosen.

(41) Zu den wenigen Albumosen, die ausser den durch die Verdauungsfermente entstandenen bisher untersucht worden sind, gehören die Producte der Einwirkung überhitzten Wasserdampfes auf Eiweisskörper; dieselben sind, abgesehen von älteren Untersuchungen von

[1]) W. Kühne und R. H. Chittenden, Globulin und Globulosen, Z. f. Biolog. 22, 409 (1886). — [2]) Huppert, Ueber einen Fall von Albumosurie, Zeitschr. f. physiol. Chem. 22, 500 (1896). — [3]) Noël Paton, On a crystalline Globulin occurring in human urine, Proceed. of the Royal Society of Edinburgh 1891/2, p. 102. — [4]) R. Virchow, Ueber parenchymatöse Entzündung, Virchow's Arch. 4, 261, 308 ff. (1852). — [5]) R. Fleischer, ibid. 80, 482 (1880).

Meissner, Krukenberg u. A., von Neumeister[1]) und Salkowski[2])
beschrieben worden. Wenn man Fibrin oder irgend einen anderen
coagulirten Eiweisskörper etwa eine Stunde lang im Autoclaven bei
reichlichem Wasserzusatz auf 160° erhitzt, so entweicht Schwefelwasserstoff und Ammoniak, das Eiweiss geht ganz oder grösstentheils
in Lösung, in der Flüssigkeit befinden sich Pepton und Albumosen.
Wurde das Erwärmen bei saurer Reaction vorgenommen, so fand
Neumeister Körper, die sich ganz wie die gewöhnlichen Kühne'schen
Albumosen der Magenverdauung verhalten; geschah es aber bei neutraler oder alkalischer Reaction, so bildeten sich statt dessen zwei
Albumosen von besonderen Eigenschaften, die Neumeister als Atmidalbumin und Atmidalbumose bezeichnete. Das Atmidalbumin
wird durch Kochsalz bei neutraler Reaction nahezu, vollständig aber
erst bei schwach saurer ausgesalzen, ebenso durch Ammonsulfat; die
genauen Fällungsgrenzen sind nicht bestimmt. Es wird durch Säuren,
schon durch Kohlensäure, gefällt, und im Ueberschusse wieder gelöst;
zu beiden ist um so mehr Säure nöthig, je mehr Salz in Lösung
ist. Es ist in reinem Wasser löslich, mehr noch in Salzlösungen, am
leichtesten in Soda; coagulirt werden kann es nicht, doch zeigen seine
Lösungen die Eigenschaft echter Eiweisslösungen, beim Kochen alkalischer zu werden. Durch Salpetersäure wird das Atmidalbumin gefällt,
zeigt aber ein äusserst wechselvolles Verhalten gegen diese Säure,
welches von dem Gehalte der Lösung an Säure abhängig erscheint;
der Grund dürfte vermuthlich darin liegen, dass es sich um ein
Gemenge handelt. Ferner giebt das Atmidalbumin Fällungen mit
allen Fällungsmitteln der primären Albumosen, sowie die Biuretreaction mit violetter Farbe, die Reactionen nach Molisch und Adamkiewicz gut, die Millon'sche dagegen nur schwach, die Schwefelbleireaction nicht; es enthält aber noch Schwefel, wenn auch wenig. Die
procentische Zusammensetzung entspricht éinem Magenpepton, doch
ist der Stickstoffgehalt recht niedrig. — Die Atmidalbumose wird durch
Kochsalz nur bei stärker saurer Reaction, dann aber vollständig, ausgesalzen, sie giebt mit Salpetersäure und allen anderen Fällungsmitteln
die Reactionen der primären Albumosen; die Farbenreactionen verhalten sich wie beim Atmidalbumin; die Atmidalbumose ist in reinem
Wasser leicht löslich; Säuren fällen und lösen im Ueberschuss. Atmidalbumin und Atmidalbumose werden durch siedende Schwefelsäure in
Deuteroalbumosen und Peptone verwandelt, sind dagegen für Pepsin
und Trypsin sehr schwer angreifbar. Es handelt sich also im
wesentlichen um eine durch die intensive Zersetzung desamidirte

---

[1]) R. Neumeister, Ueber die nächste Einwirkung gespannter Wasser-
dämpfe auf Proteïne, und über eine Gruppe eigenthümlicher Eiweisskörper
und Albumosen, Zeitschr. f. Biolog. 26, 57 (1890); Derselbe, ibid. 36, 420
(1898). — [2]) E. Salkowski, Ueber die Einwirkung überhitzten Wassers auf
Eiweiss, ibid. 34, 190 (1896); Derselbe, ibid. 37, 401 (1899).

Albumose der Antigruppe, vielleicht gemischt mit einer Art Acidalbumin.

Durch länger dauerndes Erhitzen auf nur 130° erhielt Salkowski aus Fleisch und aus Fibrin Producte, die den Neumeister'schen im wesentlichen gleichen; sie unterscheiden sich vor allem durch die gut eintretende Millon'sche Reaction, auch zeigten sie nicht die Schwerverdaulichkeit der Neumeister'schen Präparate. Wahrscheinlich ist das Product keine Albumose, sondern das Salz einer solchen mit Ammoniak, das durch Abspaltung entstanden ist.

Neumeister glaubt das Atmidalbumin in einem Körper wiederzuerkennen, den Thormählen [1] einmal im Harn gefunden hat.

Interessant ist, dass nach Neumeister die Spaltung des Eiweiss durch das Papayotin, ein in Sodalösung wirksames Enzym der Pflanze Carica Papaya, genau in der Weise verläuft, wie die durch überhitzten Wasserdampf; als Zwischenproduct vor der Bildung von Pepton erscheint ein Körper, der alle Reactionen des Atmidalbumins zeigt. Das Antweiler'sche Pepton ist durch Papayotin verdautes Fleisch [2] [3]; ebenso verhält sich die Somatose wie eine Atmidalbumose [4].

Indessen ist hierbei sehr zu bedenken, dass die Frage nach dem Vorhandensein von Albumosensalzen u. s. w. noch nicht untersucht ist; bei verschiedener Reaction verhalten sich diese Albumosen vielleicht alle sehr verschieden.

Untersuchungen der Atmidalbumosen nach den Hofmeister'schen Methoden stehen noch aus.

Giftwirkungen der Albumosen.

(42) Im Anschluss an die Albumosen soll eine sehr merkwürdige physiologische Eigenschaft dieser Körper erwähnt werden, die von Ludwig und seinen Schülern Schmidt-Mülheim [5] und Fano [6] entdeckt wurde. Sie fanden, dass, wenn sie die Albumosen der Magenverdauung, z. B. Witte's Pepton, mit Umgehung der Darmwand direct ins Blut einführten, dann Blut und Lymphe ungerinnbar wurden, und gleichzeitig der Blutdruck ausserordentlich sank, so dass grössere Dosen tödtlich wirken. Ausserdem wirken die Albumosen ähnlich wie Blutegelextract und andere Stoffe als starke Lymphagoga [7] der Leber und Cholagoga [8].

[1] J. Thormählen, Virchow's Arch. 108, 322 (1887). — [2] J. Munk, Therapeutische Monatshefte 1888, S. 176. — [3] R. Neumeister, Zeitschr. f. Biolog. 26, 57 (1890). — [4] R. Neumeister, Ueber Somatosen und Albumosenpräparate im Allgemeinen, Deutsche med. Wochenschr. 1893, Nr. 36 und Nr. 46. — [5] Schmidt-Mülheim, Arch. f. Anat. u. Physiol., Physiol. Abth., 1880, S. 33. — [6] Fano, ibid., 1881, S. 277. — [7] R. Heidenhain, Lymphbildung, Pflüger's Arch. 49, 209 (1891); E. H. Starling, J. of Physiol. 18, 30 (1895). — [8] L. Asher u. G. Barbéra, Lymphbildung, Zeitschr. f. Biolog. 36, 154 (1897).

Später wurde dann von Kühne und Pollitzer[1]), sowie von Chittenden[2]) und Thompson[3]) der wirksame Bestandtheil des Verdauungsgemisches zu ermitteln gesucht. Das Pankreaspepton ist wirkungslos. Von den peptischen Verdauungsproducten wirkt Amphopepton wenig, die Deuteroalbumosen stärker, weitaus am meisten die primären Albumosen, und zwar nach Thompson überwiegend die Protalbumose; nach Kühne und Pollitzer, die mit reineren Präparaten arbeiteten, ist dagegen die Heteroalbumose der eigentlich wirksame Körper, die Protalbumose wirkt nur durch die ihr beigemengte Heteroalbumose. Seit der Reindarstellung einiger Albumosen durch Pick sind noch keine Versuche gemacht worden. Die verschiedenen Wirkungen scheinen unabhängig von einander zu sein[2]). Die Wirkung auf den Blutdruck kommt nach Thompson durch eine locale Schädigung des nervösen Apparates der Blutgefässwände, vornehmlich des Splanchnicusgebietes, zu Stande. Die gerinnungshemmende Wirkung[4]) ist nur durch eine Einwirkung auf die Körperzellen zu erklären, wozu die Leber nöthig ist, nicht etwa durch directen Eingriff in den Gerinnungsprocess. Diese Albumosenwirkung hat grosse ·Aehnlichkeit mit der der bacteriellen Toxine und Antitoxine[4]). Ob die Albumosen selbst wirksam sind, oder irgend eine unbekannte Beimengung, steht noch nicht fest. Um ein Enzym, ein Toxalbumin oder einen ähnlichen Körper kann es sich nicht handeln, da die Albumosen, ebenso wie der Blutegel- und Krebsmuskelextract, das Erhitzen auf 100° ertragen, ohne ihre gerinnungshemmenden und blutdruckverändernden Eigenschaften zu verlieren. Auch haben darauf gerichtete Untersuchungen Salkowski's[5]) ergeben, dass bei der Pepsinverdauung keine Toxine und ähnliche Substanzen entstehen. Die Albumosen, die auf andere Weise als durch die Verdauung entstanden sind, besitzen diese Eigenschaften nach Spiro und Ellinger nicht.

Die Oxyprotsäure oder Oxyprotsulfonsäure.

(43) Ein der Albumosenbildung sehr nahe stehender Process ist die Oxydation von Eiweiss mit Kaliumpermanganat in alka-

---

[1]) W. Kühne und S. Pollitzer, Verhandl. des Naturhistor.-medicin. Vereins zu Heidelberg, N. F. 3, 292 (1885); S. Pollitzer, Journ. of Physiol. 7, 283 (1886). — [2]) R. H. Chittenden, L. B. Mendel and Y. Henderson, A chemico-physiological study of certain derivates of the proteïds, Americ. Journ. of Physiol. II, 142 (1899). — [3]) W. H. Thompson, Journ. of Physiol. 24, 374 (1899). — [4]) K. Spiro und A. Ellinger, Der Antagonismus gerinnungshemmender und gerinnungsbefördernder Stoffe im Blute und die sogenannte Peptonimmunität, Zeitschrift f. physiologische Chemie 23, 121 (1897) (daselbst eine Zusammenstellung der Literatur). — [5]) E. Salkowski, Peptotoxin, Virch. Arch. 124, 409 (1891); Deutsche med. Wochenschr. 1891, Nr. 29.

lischer Lösung; Brücke[1]) fand zuerst, dass dabei eine eigenartige Säure entstände, und Maly[2]), der den Vorgang eingehend untersucht und beschrieben hat, fasst diese, die er Oxyprotsäure, beziehentlich Peroxyprotsäure nennt, als ein ohne Spaltung entstandenes reines Oxydationsproduct des Eiweiss auf. Später haben unter Bunge's Leitung Bondzynski und Zoja[3]), von reinerem Material ausgehend, die Oxyprotsäure oder Oxyprotsulfonsäure wieder dargestellt, neuerdings aber Hofmeister und Bernert[4]) gezeigt, dass dabei Albumosen abgespalten werden, und auch die Oxyprotsäure selbst ein zu den Albumosen gehörender Körper ist.

Wenn man Hühnereiweiss oder eine andere Eiweisslösung mit reichlichen Mengen Kaliumpermanganat bei Zimmertemperatur, bei stark alkalischer Reaction, behandelt, so wird ein Theil des Eiweiss sehr rasch gespalten. Es finden sich einmal Albumosen und Peptone, und zwar lassen sich durch fractionirte Ammonsulfatfällung dieselben Fractionen erhalten, wie bei der Pepsinverdauung, die auch das gleiche Verhalten zu den fällenden Reagentien haben, wie die bekannten Verdauungsalbumosen und Peptone; nur dass sie auffallender Weise von Pikrinsäure nicht gefällt werden, während die anderen Alkaloidreagentien wirksam sind. Dagegen fehlt allen diesen Körpern die Schwefelbleireaction, die Millon'sche, die Xanthoproteïnreaction und die Reaction von Adamkiewicz; sie geben die Biuretreaction sehr schön, und ebenso alle, bis auf das Pepton B, dem sie ja auch sonst fehlt, eine sehr intensive Reaction nach Molisch. Neben diesen eiweissähnlichen Körpern aber fanden sich stets auch einfache Spaltungsproducte, Essigsäure und ihre höheren Homologen, Ammoniak, sowie die bekannten Diaminosäuren. Dies ist nicht auffallend, wenn man bedenkt, wie empfindlich die Eiweisskörper gegen jede Alkalieinwirkung sind, und dass bei der Oxydation mit Kaliumpermanganat eine Temperatursteigerung von 12 bis 16° intensive chemische Reactionen anzeigt. Dagegen bleibt ein anderer Theil des Eiweiss im ungespaltenen Zustande zurück, und dies ist die Oxyprotsulfonsäure. Sie bildet in reinem Zustande ein lockeres, weisses, nicht hygroskopisches Pulver von stark sauren Eigenschaften; sie ist in Wasser und Salzen unlöslich, in Alkalien dagegen sehr leicht löslich, wird durch Säuren gefällt, was zu ihrer Reindarstellung gedient hat. Stärkere Säuren lösen wieder auf. Die Fällungsgrenzen für Ammonsulfat bei schwach alkalischer Reaction liegen für die Oxyprotsulfonsäure aus krystallinischem

---

[1]) E. Brücke, Sitzungsber. d. Wien. Akad., Math.-naturw. Cl., III. Abtheilung, 83, (1881), Jan. u. Febr. — [2]) R. Maly, Untersuchungen über die Oxydation des Eiweiss mittelst Kaliumpermanganat, Monatsh. f. Chem. 6, 107 (1885); 9, 258 (1888); 10, 26 (1889). — [3]) St. Bondzynski u. L. Zoja, Ueber die Oxydation der Eiweissstoffe mit Kaliumpermanganat, Zeitschr. f. physiol. Chem. 19, 225 (1894). — [4]) R. Bernert, Ueber Oxydation von Eiweiss mit Kaliumpermanganat, ibid. 26, 272 (1898).

Serumalbumin bei 3,4 und 6,2, die aus unreinem Eiereiweiss zeigt eine
reichlich vorhandene Fraction mit den Fällungsgrenzen 2,8 und 4,2
und eine spärlich vorhandene mit den Grenzen 4,8 und 6,4, vermuthlich von zwei verschiedenen Eiweisskörpern herrührend. Die Säure
wird durch die üblichen Fällungsmittel gefällt, sie giebt die Biuretreaction und eine sehr intensive Reaction nach Molisch, nicht aber
die Millon'sche, die Adamkiewicz'sche und die Xanthoprotein-
reaction. Eigenthümlich sind die Verhältnisse des Schwefels; Maly
und Bernert fanden, dass die Schwefelbleireaction ausbleibt, und sie
nahmen daher eine Oxydation des gesammten, leicht abspaltbaren
Sulfidschwefels an; Schulz[1]) dagegen gelang es, nachzuweisen, dass
die Oxyprotsulfonsäure doch noch 0,33 Proc. abspaltbaren Schwefel
enthält. Dies ist freilich weniger als vorher; offenbar ist gerade der
leichtest angreifbare Theil verändert, und daher der negative Ausfall
der Probe. Der procentische Gehalt an Schwefel ist jedenfalls nicht
verändert. Maly fand für seine Oxyprotsulfonsäure aus Hühnereiweiss

$$C\ 51,21,\ H\ 6,89,\ N\ 14,59,\ S\ 1,77,\ O\ 25,54,$$

Bondzynski und Zoja noch etwas niederen Stickstoff- und Kohlenstoffgehalt für das Oxydationsproduct des reinen Eieralbumins, etwas
höheren für das des Hämoglobins; immer aber bleibt das Verhältniss
C : N unverändert, und der Schwefelgehalt zeigt keine Verminderung.

Wenn man nun diese Oxyprotsulfonsäure der weiteren Oxydation
und Spaltung mit Kalilauge und Kaliumpermanganat unterwirft, so
erhält man die Peroxyprotsäure; sie giebt von allen Farbenreactionen
des Eiweiss nur die Biuretreaction; von Metallsalzen geben Quecksilbernitrat und -acetat, sowie Silbernitrat und die Bleiacetate Fällungen,
von den Alkaloidreagentien nur Phosphorwolfram- und Phosphormolybdänsäure Niederschläge, die im Ueberschusse der Säure löslich
sind. Durch Quecksilberacetat und neutrales essigsaures Blei lässt sich
der Körper in zwei verschiedene zerlegen.

Für seinen scheinbar einheitlichen Körper fand Maly

$$C\ 46,22,\ H\ 6,43,\ N\ 12,30,\ S\ 0,96,\ O\ 34,09,$$

also wieder ein gemeinsames Heruntergehen des Kohlen- und Stickstoffgehaltes, sowie eine Herabsetzung des Schwefelwerthes auf die Hälfte.

Spaltet man die Oxyprotsulfonsäure mit siedender Salzsäure, so
erhält man Leucin, Asparaginsäure und die Diaminosäuren, nicht aber
Tyrosin. Beim Kochen mit Aetzbaryt liefert sie Leucin, Essigsäure,
Kohlensäure und andere Säuren, beim Schmelzen mit Kali Pyrrol,
aber kein Indol, Skatol oder Phenol, dagegen Benzoësäure. Die Peroxyprotsäure liefert bei der Barytspaltung Leucin, Glutaminsäure,
Ameisensäure, Essig-, Propion-, Butter- und Valeriansäure, Benzoësäure, Pyrrol, Ammoniak und viel Oxalsäure; ausserdem erhielt Maly

---

[1]) F. N. Schulz, Zeitschr. f. physiol. Chem. 29, 86 (1899).

einen Körper, den er für Isoglycerinsäure hält. Auch ein Pyridin-derivat scheint zu entstehen (doch vergl. S. 39).

Die Spaltung und Oxydation des Eiweiss mit Kalilauge und Per-manganat verläuft demnach folgendermaassen. Einmal wird ein Theil des Eiweissmoleculs in der gewöhnlichen Weise gespalten; dass dabei die Spaltung zum Theil bis zu den Endproducten fortgeschritten ist, zum Theil aber auch noch die Zwischenstufen erhalten sind, hat nichts Wunderbares. Der resistentere Theil des Eiweiss weist aber nun ebenfalls Veränderungen auf, er enthält anscheinend noch ebenso viel Schwefel wie das Ausgangsmaterial, aber dieser ist nicht mehr durch Kochen mit Bleiacetat und Natronlauge abzuspalten; er enthält ferner zwar noch einen aromatischen Kern, aber nicht die Oxyphenylgruppe. Das letztere kann vielleicht darauf beruhen, dass in dem Benzol-kern eine Veränderung vorgegangen ist, entsprechend wie bei der Jodirung des Eiweiss. Wahrscheinlicher dürfte es sein, dass von den Gruppen des Eiweissmoleculs die eine, die bei allen Processen leichter spaltbare Hemigruppe, wegoxydirt, die anderen aber, die resi-stente Antigruppe und die kohlehydrathaltige Gruppe, übrig geblieben sind. Von den zwei aromatischen Complexen ist der hydroxylirte der Hemigruppe verschwunden, der andere aber erhalten geblieben. Auch die procentische Zusammensetzung der gebildeten Producte würde mit dieser Vermuthung übereinstimmen; von den ja procentisch gleich zu-sammengesetzten Anti- und Hemigruppen, die vor Allem auch keine Differenzen im Schwefelgehalt zeigen, ist die eine verloren gegangen, die andere aber und die dritte Gruppe mit dem höheren Sauerstoffgehalt bleiben übrig, der dann natürlich stärker hervortreten kann. Ob der Schwefel wirklich oxydirt worden ist und dadurch seine Abspaltbarkeit verloren hat, oder ob es sich um andere Umlagerungen handelt, steht noch nicht fest; doch ist das erstere wohl wahrscheinlicher.

Grosse Aehnlichkeit mit der Bildung der Oxyprotsäure besitzt, wie v. Fürth[1]) gezeigt hat, die Spaltung des Eiweiss durch wenig intensive Wirkung der Salpetersäure, die mit einer mehr oder weniger heftigen Reaction, unter Umständen selbst mit Verpuffen unter Feuererschei-nung, einen Theil des Eiweiss in Albumosen und Peptone spaltet und oxydirt, einen anderen aber nitrirt (s. S. 136). Wie weit die Ueberein-stimmung eine vollständige ist, muss dahingestellt bleiben, so lange bis beide Processe an einem und demselben Eiweiss durchgeführt sind.

Das Oxyproteïn.

Neuerdings hat Schulz[2]), unter Wiederaufnahme älterer, un-beachtet gebliebener Arbeiten von Chandelon und Wurster, krystalli-

[1]) O. v. Fürth, Wirkung der Salpetersäure auf Eiweisskörper. Habili-tationsschrift, Strassburg 1899. — [2]) F. N. Schulz, Zeitschr. f. physiol. Chem. 29, 86 (1899). Daselbst findet sich auch die frühere Literatur.

sirtes Eieralbumin mit Wasserstoffsuperoxyd oxydirt, und dabei
einen Körper erhalten, den er Oxyproteïn nennt, und der sich durch
seine Zusammensetzung als ein Oxydationsproduct des Eiweiss zu erkennen giebt, ohne dass gleichzeitig eine Spaltung, wie bei der Bildung
der Oxyprotsulfonsäure, zu bemerken wäre. Nur wenn dem reinen
neutralen Wasserstoffsuperoxyd noch eine Säure oder ein Alkali hinzu-
gesetzt wird, läuft neben der Oxydation auch eine Spaltung und
Peptonisation des Eiweiss einher.

Setzt man zu einer Eiweisslösung im Ueberschuss Wasserstoffsuperoxyd, am besten bei Gegenwart von etwas Platinmohr, so scheidet
sich bei Zimmertemperatur in Wochen, in der Wärme rascher, allmählich das gesammte Eiweiss als Niederschlag ab, das sogenannte Oxyproteïn. Es ist eine Säure, in Säuren, Wasser und Salzlösungen unlöslich, sehr leicht löslich in Alkalien und kohlensauren Alkalien. Aus
diesen seinen Lösungen wird es durch Säuren gefällt, vollständig
indessen nur im Anfange, während nach einigem Stehen in alkalischer
Lösung ein Theil nicht mehr gefällt wird; im Unterschiede von dem
Acidalbumin und vielen sauren Eiweissen wird es von Säuren nur in
sehr grossem Ueberschusse wieder gelöst. Ferner werden die Alkalisalze des Oxyproteïns durch geringe Mengen Kochsalz und andere
Neutralsalze gefällt. Coagulirt werden kann es nicht. Von den Reactionen des Eiweiss giebt es die Biuretreaction sehr intensiv, ebenso
die Reactionen von Millon (dagegen fehlte bei der Spaltung das
Tyrosin), Molisch und Adamkiewicz und die Schwefelbleireaction,
nicht die von Liebermann. Die Alkaloidreagentien fällen, nicht aber
die Schwermetallsalze — Kupfer und Silber —, was vielleicht von dem
Mangel an Neutralsalzen herrührt. Alkohol fällt das Alkalisalz nicht.
Die procentische Zusammensetzung beträgt:

C 50,85, H 6,82, N 14,6, S 1,2, O 26,5 Proc.

Im Vergleich mit dem Ausgangsmaterial

(C 52,26, H 7,4, N 15,19, S 1,23, O 23,92)

ist also nur eine Oxydation, ohne eine weitere, durch die Analyse erkennbare Veränderung erfolgt. Von dem Schwefel war ein Theil noch
als Schwefelwasserstoff abzuspalten, doch weniger als beim Ausgangsmaterial.

Schulz nimmt daher an, dass das Wasserstoffsuperoxyd thatsächlich nur eine Oxydation des Eiweiss ohne weitere Veränderung
bewirkt, wobei etwa eine indifferente Gruppe durch Sauerstoffeintritt
saure Eigenschaften annimmt; der Schwefelcomplex kann dies aber
nicht sein. Eine Denaturirung des Eiweiss wird man bei der Oxydation wohl annehmen müssen; weiter braucht die Veränderung in der
That aber nicht gegangen zu sein.

III. Die Halogeneiweisse.

Jodeiweiss.

(44) Nachdem schon früher Böhm und Berg [1]) die Aufmerksamkeit auf die Möglichkeit gelenkt hatten, im Eiweiss Wasserstoff durch Jod zu substituiren, sind in den letzten Jahren eine Reihe von eingehenden Untersuchungen angestellt worden, die es sich zur Aufgabe machten, Halogenatome in das Eiweissmolecul einzuführen. Es sind dies die Arbeiten von Liebrecht [2]), Hopkins [3]), besonders aber von Blum [4]) und von Hofmeister [5]) und seinem Schüler Kurajeff [6]). Ferner wurde durch Baumann [7]), Drechsel [8]) und Harnack [9]) gezeigt, dass derartige Halogeneiweisse, und zwar Jodeiweisse, auch in der Natur vorkommen, in der Schilddrüse der Wirbelthiere und in den Gerüsten von Schwämmen und Korallen.

Die Halogeneiweisse entstehen, wie Blum und Hofmeister übereinstimmend gezeigt haben, dadurch, dass in einem oder mehreren der aromatischen Complexe des Eiweiss ein oder mehrere Wasserstoffatome durch Fluor, Chlor, Brom oder Jod substituirt werden. Die so gebildeten Producte verhalten sich wie die halogensubstituirten Benzole überhaupt, sie geben keine Fällungen mit Silbernitrat, sondern gestatten den Nachweis des Halogens erst nach erfolgter Verbrennung. Am genauesten untersucht sind die Jodeiweisse, von deren Darstellung und Eigenschaften daher zunächst die Rede sein soll. Die Jodirung erfolgt dadurch, dass man Jod in alkoholischer Lösung oder Jod, das beim Vermischen von Jodkalium und jodsaurem Kalium entsteht, auf eine Eiweisslösung einwirken lässt. Dabei tritt nun ein Theil des Jods in das Eiweissmolecul substituirend ein, gleichzeitig aber findet eine Oxydation des Eiweiss statt. Ein anderer Theil des Jods wird zu Jodwasserstoffsäure, welche das Eiweiss zersetzen könnte, und die daher von Hofmeister in einigen Versuchen durch allmählichen Zusatz von kohlensaurer Magnesia zum Theil beseitigt wird; Blum lässt den ganzen Vorgang von vornherein bei durch Natriumbicarbonat bedingter schwach alkalischer Reaction verlaufen. Es gelingt so in der That, eine weitergehende Spaltung des Eiweiss zu verhüten, das Jodeiweiss scheint viel-

[1]) R. Böhm und F. Berg, Schmiedeberg's Arch. f. experiment. Pathol. u. Pharm. 5, 329 (1876). — [2]) A. Liebrecht, Ber. deutsch. chem. Ges. 30, II, 1824 (1897). — [3]) F. G. Hopkins, ibid. 30, II, 1860 (1897); F. G. Hopkins u. S. N. Pinkus, ibid. 31, II, 1311 (1898). — [4]) F. Blum u. W. Vaubel, Journal f. prakt. Chem. [2] 56, 393 (1897); [2] 57, 365 (1898); F. Blum, Zeitschr. f. physiol. Chem. 28, 288 (1899). — [5]) F. Hofmeister, ibid. 24, 158 (1897). — [6]) D. Kurajeff, ibid. 26, 462 (1899). — [7]) E. Baumann, ibid. 21, 319 (1895); E. Baumann und E. Roos, ibid. 21, 481 (1896); E. Baumann, ibid. 22, 1 (1896). — [8]) Drechsel, Zeitschr. f. Biolog. 33, 84 (1896) (II und III). — [9]) E. Harnack, Z. f. physiol. Chem. 24, 412 (1898).

mehr nach Hofmeister wirklich das bis auf die anzuführenden Vorgänge unveränderte Eiweissmolecul zu repräsentiren; sicher ist dies
freilich noch nicht, sondern es muss die Möglichkeit zugegeben
werden, dass hier ebenso bereits eine Spaltung eingetreten ist, wie bei
Harnack's aschefreiem Eiweiss. Ja, dass mindestens eine Denaturirung stattfindet, ist nach allen sonstigen Analogien wahrscheinlich,
und das Jodeiweiss wäre also nicht dem nativen Eiweiss, sondern dem
Acidalbumin zu vergleichen. Wie Kurajeff gezeigt hat, bestehen
hier, wie bei jeder Spaltung, Differenzen zwischen den einzelnen
Eiweissen; das Eieralbumin wird leichter verändert als das Serumalbumin; ebenso aber fand er, dass im Allgemeinen die Jodirung das
Eiweiss sogar vor der spaltenden Einwirkung von Säuren oder Alkalien
zu schützen scheint, so dass wenigstens das Verhältniss von Kohlenstoff zu Stickstoff und der Gehalt an Schwefel sich auch bei lang-
dauernder Jodirung bei 40 und 50⁰ nicht ändert; Temperaturen von
96 bis 100⁰, oder eine über drei Tage hinaus gehende Jodirung führen
dann freilich doch eine allmähliche Spaltung herbei; die Einwirkung
der Alkalien, gegen die ja sonst alle Eiweisskörper höchst empfindlich
sind, ist noch nicht hinreichend untersucht.

Was nun die Menge des in das Eiweissmolecul eintretenden Jods
anlangt, so weisen die einzelnen Eiweisse sehr beträchtliche Unterschiede auf. Die folgenden Eiweisse sind bisher jodirt worden, wobei
nur die Zahlen von Hofmeister für das Eieralbumin, von Kurajeff
für das Serumalbumin sich auf reine krystallisirte Körper beziehen;
auch erfolgte die Jodirung hier anscheinend vorsichtiger. Die Zahlen
für das Caseïn stammen von Liebrecht, die anderen von Blum und
Vaubel. Das Jodeiweiss enthielt Jod in Procenten:

Serumalbumin[1] 12
Eieralbumin[2] 8,93
Eiereiweissgemenge[3] 7,1
Serumglobulin[3], Mensch 8,99
Serumglobulin[3], Rind 8,45
Myogen[3] bezw. Muskeleiweiss[4] . . 10 bis 11
Thyreoglobulin[3] (-toxalbumin). . . 6,0 bis 6,6
Nucleïn(?)[3] aus Hefe 6,9
Nucleohiston[3] 11,22
Thyreo-Nucleoproteïd[3] 12,5
Caseïn[5] . . . . 5,7 bis 8,7
Somatose[3] . . . . 7,5.

---

[1] D. Kurajeff, Zeitschr. f. physiol. Chem. 26, 462 (1899). — [2] F. Hofmeister, ibid. 24, 158 (1897). — [3] F. Blum, ibid. 28, 288 (1899). —
[4] Vermuthlich wenigstens soll der Blum'sche Ausdruck Muskelalbumin die
nicht durch Halbsättigung mit Ammonsulfat fällbaren Eiweisse des Muskels
bezeichnen, also überwiegend Myogen. — [5] A. Liebrecht, Ber. deutsch.
chem. Ges. 30, II, 1824 (1897).

Für die Spaltungsproducte des Eiweiss hat Blum eine Reihe von sehr wechselnden Zahlen festgestellt, die theils höher, theils niedriger lagen, als die des Ausgangsmaterials. Hofmeister beobachtete gelegentlich bei der Spaltung ein Heruntergehen des Jodgehaltes. Seit den neuesten Feststellungen Pick's erweist es sich als nothwendig, derartige Untersuchungen nur an einheitlichen, reinen Albumosen vorzunehmen, da ja den einzelnen Albumosen der zu jodirende Complex in ganz verschiedenem Maasse zukommt; dies ist aber noch nicht geschehen.

Die gebildeten Jodeiweisse sind braune, lockere Pulver, die in Wasser, Alkohol und Säuren nicht löslich sind, sehr leicht dagegen sich in Alkalien, Ammoniak oder kohlensauren Alkalien lösen, und aus diesen ihren Lösungen durch Säuren gefällt werden, um sich im Ueberschusse wieder zu lösen. Sie geben die Fällungsreactionen der übrigen Eiweisskörper, von den Farbenreactionen die Biuretreaction, die Molisch'sche Reaction und die Xanthoproteïnreaction, nicht aber die Reactionen von Millon, Liebermann und Adamkiewicz, auch nicht die Schwefelbleireaction. In ihrer procentischen Zusammensetzung zeigen sie, wenn man das Jod abzieht, keine bedeutenden Differenzen gegen den betreffenden unveränderten Eiweisskörper; sie zeigen noch den vollen Schwefelgehalt, und das Verhältniss $C:N$ zeigt keinen Unterschied. Das Jodcaseïn enthält nach Liebrecht noch Phosphor, das Jodhämoglobin nach Böhm und Berg und Hopkins und Pinkus noch Eisen.

Auf Grund dieser Thatsachen sind Hofmeister und Blum übereinstimmend zu dem Resultate gekommen, dass bei dem Vorgange der Jodirung in den Tyrosincomplex des Eiweiss zwei Jodatome substituirend eintreten. Blum und Vaubel berechnen auch, dass für das Jodcaseïn wenigstens die gefundene Tyrosinmenge und die gefundene Jodmenge mit der Voraussetzung, dass zwei Atome Jod in ein Tyrosinmolecul eintreten, gut übereinstimmen; die anderen Eiweisse enthalten zwar weniger Tyrosin, dafür aber steht ihnen ja auch noch der andere, nicht hydroxylirte, aromatische Complex des Eiweiss zur Verfügung. Das Ausbleiben der Millon'schen und der Adamkiewicz'-schen Reaction beruht nicht, wie es anfangs schien, auf der Substitution der Hydroxylgruppe im Tyrosin, sondern das Tyrosin und die entsprechend gebauten Körper geben, wie Blum und Vaubel gezeigt haben, die Millon'sche Reaction nicht, wenn beide Ortho- oder beide Metastellungen durch Halogen substituirt sind, sie tritt wieder auf, wenn das Halogen durch einen Druck von 5 bis 6 Atmosphären abgespalten wird. Die Jodeiweisse verhalten sich ebenso.

Daneben aber findet, wie schon aus der reichlichen Bildung von Jodwasserstoffsäure zu schliessen ist, eine Oxydation des Eiweiss statt, durch welche unter Anderem der leicht abspaltbare Schwefel derart oxydirt wird, dass er nicht mehr als Schwefelwasserstoff abgespalten

werden kann. Der Vorgang ist nach Harnack[1]) ganz analog dem
bei der Fällung mit Kupferoxyd, oder bei der oxydativen Spaltung mit
Kaliumpermanganat nach Maly[2]): in allen drei Fällen ist der procentische Schwefelgehalt derselbe geblieben, der Schwefel aber oxydirt
oder anderweitig verändert, so dass er nicht mehr als Schwefelwasserstoff austritt. Ausserdem findet nach Hofmeister mindestens bei der
Jodirung des Eieralbumins eine Abspaltung einer Kohlehydratgruppe
statt, und vielleicht auch ein Eintritt von Wasser und von Sauerstoff
ins Molecül; doch „reichen für die endgültige Formulirung so complicirter Verhältnisse die Thatsachen noch bei Weitem nicht aus[3])".
Die für Serumalbumin gefundenen Werthe können nach Kurajeff der
Formel entsprechen:

$$C_{450} H_{693} J_{11} N_{116} S_4 O_{132}$$

für Eieralbumin nach Hofmeister — des Vergleichs wegen ver-
doppelt — der Formel:

$$C_{454} H_{740} J_8 N_{116} S_4 O_{150}.$$

Für die anderen jodirten Eiweisse fehlen hinreichend genaue
Untersuchungen.

Physiologisch sind die künstlich dargestellten Jodeiweisse anscheinend indifferent, trotz der gegentheiligen Behauptungen Blum's,
resp. sie wirken nicht anders als irgend welche Jodsalze. Denn im
Laufe des Stoffwechsels — nach Hofmeister schon durch die Pepsin-,
stärker durch die Trypsinverdauung — wird Jod aus ihnen als Ion frei,
und erscheint als Jodalkali im Harn. Nur bei grossen Gaben geht das
Jodeiweiss unzersetzt in den Harn über, sonst ist nichts über Verdaulichkeit und Ausnutzbarkeit bekannt.

Unter den in der Natur vorkommenden hat die grösste Bedeutung
das von Baumann entdeckte, später von Hofmeister und Osswald[4])
näher beschriebene Jodeiweiss der Schilddrüse. Es ist ein Globulin
mit den gewöhnlichen Eigenschaften eines solchen; die procentische
Zusammensetzung beträgt:

C 52,21, H 6,83, N 16,6, Jod 1,57 bis 1,75, S 1,95 bis 1,77 Proc.

Die Coagulationstemperatur ist 65° C. Es lässt sich aus ihm ein
Kohlehydrat abspalten.

Im Vergleich zu den künstlichen Jodeiweissen enthält das Thyreoglobulin viel weniger Jod und ist daher wahrscheinlich noch weiterer
Jodsubstituirung fähig, dementsprechend ist es weniger sauer, als die
maximal jodirten Eiweisse, hat aber sonst die gleichen Eigenschaften.

An diesem Jodeiweiss haftet die der Schilddrüse eigenthümliche
physiologische Wirkung. Ob der Jodgehalt für diese Wirkung er-

---

[1]) E. Harnack, Ber. deutsch. chem. Ges. 31, II, 1938 (1898). —
[2]) R. Bernert, Zeitschr. f. physiol. Chem. 26, 272 (1898). — [3]) F. Hofmeister, ibid. 24, 171 (1897). — [4]) A. Osswald, Zeitschr. f. physiol. Chem.
27, 14 (1899) (daselbst auch die frühere Literatur).

forderlich ist, steht noch nicht fest; wie Roos[1]) gezeigt hat, nimmt die Wirksamkeit der Schilddrüse mit der Jodmenge, die in ihr enthalten ist, zu; andererseits aber wird der Jodgehalt, offenbar ganz unabhängig von den biologischen Eigenschaften, durch die Nahrung beeinflusst, und zahlreiche Schilddrüsen sind überhaupt jodfrei. Auf die Verhältnisse des Jodstoffwechsels, auf die Blum'schen Entgiftungstheorien etc. kann hier nicht eingegangen werden[2])[3]). Eine Zusammenfassung unserer heutigen Kenntnisse findet sich bei Osswald[4]).

Ferner wurde von Drechsel[5]) im Gerüste der Gorgonia Cavolinii, einer Koralle, ein jodirtes Albuminoid, ein Keratin gefunden, das Gorgonin. Das Gorgonin zeigt die Eigenschaften des Keratins, enthält aber daneben fast 8 Proc. organisch gebundenes Jod, ältere, festere Gerüsttheile vielleicht noch viel mehr. Ein anderes, ähnliches Jodalbuminoid, das Jodospongin, stellte Harnack[6]) — in Uebereinstimmung mit Hundeshagen[7]) und Baumann[6]) — aus dem Badeschwamm dar. Das von ihm analysirte Präparat hat die Zusammensetzung:

C 47,66, H 6,17, N 9,93, S 4,54, J 9,01, O 22,69 Proc.

Indessen ist das Jodospongin kein eigentliches Jodeiweiss, sondern ein aus der ursprünglichen Substanz abgespaltenes Product; auffallend ist vor Allem der selbst für ein Keratin hohe Schwefelgehalt, weshalb Harnack an eine Beziehung zu den Melaninen denkt; mit dem Charakter als Spaltungsproduct hängt offenbar auch der niedere Stickstoffgehalt und das Fehlen der Biuretreaction zusammen. Von den anderen Reactionen fehlen dem Jodospongin in Uebereinstimmung mit den anderen Jodeiweissen die Reactionen von Millon, Molisch und Adamkiewicz; dagegen ist die Schwefelbleireaction positiv, was nach den Untersuchungen Mörner's[8]) über das im Keratin enthaltene, schwer angreifbare Cystin nicht zu verwundern ist. Bemerkenswerth ist, dass das Verhältniss J:S im ganzen Schwamme das gleiche ist, wie im Jodospongin, dass also „das Jod nur von den schwefelhaltigen Atomgruppen der organischen Substanz des Schwammes aufgenommen wird". Sie bilden dem Gewichte nach etwa ein Sechstel des gesammten ursprünglichen Molecula.

Von der biologisch höchst interessanten Eigenschaft der Schwämme, Korallen und der Säugethier - Schilddrüsen, das ihnen als Ion in kleinster Menge gebotene Jod zu entionisiren und äusserst reichlich zu binden, war schon S. 25 die Rede. Dass das Gorgonin und das

---

[1]) E. Roos, Zeitschr. f. physiol. Chem. 28, 40 (1899). — [2]) E. Roos, ibid. 28, 40 (1899). — [3]) F. Blum, Pflüger's Arch. f. d. ges. Physiol. 77, 70 (1899). — [4]) A. Osswald, ibid. 79, 450 (1900). — [5]) E. Drechsel, Z. f. Biolog. 33, 84 (1896). — [6]) E. Harnack, Zeitschr. f. physiol. Chem. 24, 412 (1898). — [7]) F. Hundeshagen, Zeitschr. f. angewandte Chem. 1895, S. 473 (Chem. Centr. 1895, II, 570). — [8]) K. A. H. Mörner, Zeitschr. f. physiol. Chem. 28, 595 (1899).

Jodospongin noch keineswegs das Maximum der Jodirung darstellen, zeigt die Beobachtung von Hundeshagen, der in tropischen Hornschwämmen 8 bis 14 Proc. Jod fand, während der Badeschwamm im Ganzen nur 1,5 bis 1,6 Proc. enthält. Junge Schwämme und Korallen enthalten, wie die Schilddrüsen junger Thiere, erheblich weniger Jod.

Die nächsten Spaltungsproducte der künstlichen wie der natürlich vorkommenden Jodeiweisse, die Albumosen, enthalten das Jod noch in der gleichen Weise wie diese selbst; bei völliger Zerstörung des Moleculs dagegen durch Kochen mit Säuren oder im thierischen Stoffwechsel wird das Jod schliesslich als Ion abgespalten. Die gebildeten Spaltungsproducte der Säurespaltung oder der Trypsinverdauung enthalten nach Osswald kein Jod, auch das Tyrosin nicht. Dazwischen treten nun aber Producte auf, in denen das Jod noch organisch gebunden ist; Hundeshagen fand so Jodtyrosin und Jodoaminofettsäuren, Drechsel die Jodgorgosäure, anscheinend eine Jodoaminobuttersäure. Als ein derartiges jodirtes Zwischenproduct fasst Harnack auch sein Jodospongin auf, das dem ursprünglichen Jodkeratin des Schwammes freilich noch näher steht, als die einfacheren Producte Drechsel's und Hundeshagen's. Besonderes Interesse beansprucht das Jodothyrin, ebenfalls ein derartiges complicirtes Spaltungsproduct, das Baumann direct aus der Schilddrüse, Osswald aus dem Thyreoglobulin darstellte. Es ist kein Eiweiss oder eiweissartiges Derivat mehr, aber auch noch kein einfaches Spaltungsproduct; es enthält 14,2 Proc. Jod, in Wasser und Säuren ist es unlöslich, in Alkalien dagegen löslich. Es besitzt noch die physiologische Wirksamkeit des Thyreoglobulins.

Eine ähnliche Substanz, deren genaue Beschreibung indessen noch aussteht, hat Hofmeister aus dem Jodeieralbumin durch siedende Mineralsäuren abgespalten. Aus dem Jodcaseïn gewann Liebrecht in entsprechender Weise das Caseojodin, ein weisses Pulver von sauren Eigenschaften; es ist in 70procentigem Alkohol löslich, enthält 8,7 Proc. Jod und zeigt im Unterschied von den vorigen die Biuretreaction.

Andere Halogeneiweisse.

Ganz analog dem Jod lassen sich nun auch die anderen Halogene Brom, Chlor und Fluor in das Eiweissmolecul einführen, wie dies Blum und Vaubel[1]) und Hopkins[2]) gezeigt haben. Die Methode war im Wesentlichen die gleiche wie bei der Jodirung, die Chlorirung erfolgt bereits bei Zimmertemperatur; auch auf elektrolytischem Wege ist Blum die Einführung gelungen. Der Halogengehalt der so er-

---

[1]) F. Blum und W. Vaubel, Journal f. prakt. Chem. [2] 56, 393 (1897); Dieselben, ibid. [2] 57, 365 (1898). — [2]) F. G. Hopkins, Ber. deutsch. chem. Ges. 30, II, 1860 (1897); F. G. Hopkins u. S. N. Pinkus, ibid. 31, II, 1311 (1898).

baltenen Halogeneiweisse entspricht dem des Jodeiweiss; für das Eiereiweiss, das von Globulin thunlichst gereinigt war, fand H o p k i n s
einen Gehalt von

6,2 Proc. Jod,
3,84 „ Brom,
1,93 „ Chlor.

B l u m für das Eiereiweiss

6 bis 7 Proc. Jod,
4 „ 5 „ Brom,
2 Proc. Chlor,
1,2 „ Fluor.

Auch die Brom- und Chloreiweisse sind braune oder graue Pulver;
die Löslichkeitsverhältnisse, Fällungs- und Farbenreactionen sind die
gleichen wie die der betreffenden Jodeiweisse. Ebenso verhalten sie
sich im Stoffwechsel; physiologisch sind sie indifferent, bezw. zeigen
das Verhalten der betreffenden Chlor- und Bromsalze. Von einem Vorkommen in der Natur ist nichts bekannt, höchstens könnte man nach
einer beiläufigen 'Angabe D r e c h s e l ' s die Existenz eines Chloreiweiss
neben Jodeiweiss in dem Gorgoniaskelett vermuthen. Ein Chloreiweiss
ist die Chloralbacidsäure B l u m ' s.

Ausser den bisher aufgeführten Halogeneiweissen mit sehr constanten Eigenschaften sind nun noch eine Reihe von höher halogenirten
Körpern beschrieben worden, die das betreffende Halogen indessen
nicht oder nur zum Theil in der gleichen festen Bindung enthalten.
Es handelt sich hier vielmehr um eine Anlagerung von Halogen oder
Halogenwasserstoff an das Eiweiss, bezw. das Halogeneiweiss; vielleicht
sind es einfache Gemenge, begünstigt durch die bekannte Eigenschaft
des Eiweiss, alle möglichen Körper auf sich niederzuschlagen; wahrscheinlicher ist indessen, dass doch eine Art von Bindung, vielleicht
eine Salzbildung oder Aehnliches, vorliegt, da H o p k i n s und P i n k u s
Körper von recht constanter Zusammensetzung gefunden haben. Sie
fanden folgenden maximalen Bromgehalt für die untersuchten Eiweisse:

Eieralbumin, krystallisirt . . 12,6 bis 16,43 Proc.
Serumalbumin . . . . . . 12,15 „ 12,94 „
Serumglobulin . . . . . . 13,53 „ 14,03 „
Caseïn . . . . 11,17 „
Albumosen . . . . 16,3 „ 17,63 „

Der Bromgehalt ist also — unter Berücksichtigung des niedrigeren Atomgewichtes des Broms — sehr viel höher als bei den
Jodeiweissen. Dahin gehört auch das Perjodcaseïn L i e b r e c h t ' s mit
einem Jodgehalt von 17,8 Proc., der mit dem Bromgehalt des höchst
bromirten Caseïns von H o p k i n s sehr gut übereinstimmt; auch dies
spricht für irgend eine lockere Bindung. Nach H a r n a c k gehört ein

Theil der technisch dargestellten Halogeneiweisse in diese Kategorie.
Nach Drechsel ist auch im Gorgonin ein Theil des Jods lockerer ge-
bunden, als in den eigentlichen Jodalbuminen, so dass er an eine
Jodosoverbindung denkt.

Nitrosubstitutionsproducte.

(45) In analoger Weise wie durch Halogene werden Eiweisskörper
durch Nitrogruppen substituirt, wie dies früher von Löw [1]), in neuester
Zeit sehr eingehend von v. Fürth [2]) beschrieben ist.   Löw's Trinitro-
albumin und Hexanitroalbuminsulfonsäure sind durch weitgehende Zerstörung des Eiweiss entstanden; dagegen gelang es v. Fürth, dadurch,
dass er der Salpetersäure Harnstoff hinzufügte und so das Auftreten
von salpetriger Säure hintanhielt, ein Nitrocaseïn von folgender Zusammensetzung zu erhalten:

$$C\ 52,6,\ H\ 6,69,\ N\ 15,87,\ NO_2\ 1,78,\ S\ 0,64,\ P\ 0,56,\ O\ 23,64\ Proc.$$

Diese Analyse zeigt, dass zwar die Abspaltung von Schwefel,
Phosphor und vielleicht Stickstoff bereits begonnen hat, dass aber die
Abweichung von dem Caseïn noch keine grosse ist.   In der Regel aber
bildet sich dieses wenig veränderte Product der Nitrirung, das Xanthoproteïn oder die Xanthoproteïnsäure, nicht sehr reichlich, und daneben
findet eine erhebliche Abspaltung von Albumosen und Peptonen statt.
Diese aber sind ebenfalls, bis auf eine von ihnen, nitrirt.   Die Nitro-
substitutionsproducte haben sauren Charakter und zeichnen sich vor
Allem durch ihre gelbe Farbe aus, die in Rothbraun übergeht, wenn
man die Lösung alkalisch macht.   Sie zeigt also die Farbe der Xanthoproteïnreaction, die auf der Bildung derartiger Körper beruht.   Ferner
findet bei der Nitrirung eine Oxydation des Schwefels statt, so dass
weder das Xanthoproteïn noch die Nitroalbumosen die Schwefelbleireaction
geben; im Uebrigen zeigen sie die gewöhnlichen Eiweissreactionen, bis
auf die Millon'sche Reaction, die ihnen wie der einen nicht nitrirbaren
Albumose fehlt; das Xanthoproteïn ergiebt bei der Säurespaltung Leucin,
Glutamin- und Asparaginsäure, dagegen kein Tyrosin, statt dessen das
Xanthomelanin, ein Nitrirungsproduct (vgl. S. 41), das bei der Kalischmelze Indol liefert; bei der Pepsin- und Trypsinverdauung entstehen
nitrirte Albumosen und Peptone. — Der Vorgang der Nitrirung durch
Salpetersäure hat, wie v. Fürth betont, grosse Aehnlichkeit mit der
Acidalbuminbildung und der Bildung der Maly'schen Oxyprotsulfon-
säure; er nimmt daher in Uebereinstimmung mit Bernert und Goldschmidt an, es würden von einem festeren Kern lose Albumosen-

---

[1]). O. Löw, Journal f. prakt. Chem. [2] 3, 180 (1871); [2] 5, 433
(1872). — [2]) O. v. Fürth, Einwirkung von Salpetersäure auf Eiweissstoffe.
Habilitationsschrift, Strassburg 1899 (daselbst auch die ältere Literatur).

complexe abgespalten, und beide gleichzeitig nitrirt. Das Tyrosin werde durch die Nitrirung zu Xanthomelanin. Nach der letzten Pick'schen Publication ist es indessen auch hier möglich, dass von den grösseren coordinirten Complexen im Eiweiss der eine ganz zerfällt, der andere viel grössere Resistenz zeigt, und dass dieser letztere von vornherein tyrosinfrei ist. Allerdings liegt für diese Auffassung eine Schwierigkeit darin, dass v. Fürth gerade das Caseïn verwendete, dem die resistente „Antigruppe" sonst anscheinend fehlt.

Physiologisch ist das Xanthoproteïn nicht indifferent; 50 g, einem Hunde per os gegeben, rufen Vergiftungserscheinungen hervor, die dem Körper als solchem, und nicht den Nitrogruppen zuzukommen scheinen. Im Harn erscheint dabei Xanthomelanin oder ein Verwandter desselben.

Specieller Theil.

I. Die eigentlichen Eiweisse.

Die eigentlichen, nativen, echten oder genuinen Eiweisse sind es, die bei der allgemeinen Betrachtung der Eiweisskörper im Wesentlichen geschildert worden sind. Auf sie, die Albumine und Globuline, beziehen sich alle Angaben über Coagulirbarkeit, Denaturiren u. s. w. in erster Linie.

I. Die Albumine.

(46) Die Albumine sind die bestgekannten und leichtest zugänglichen Eiweisskörper. Sie sind alle in gut ausgebildeten Krystallen erhalten, gehören demnach zu den wenigen Eiweisskörpern von gesicherter Individualität. Dagegen sind auch sie nicht völlig aschefrei gewonnen worden, wenn auch bei den meisten Präparaten nur noch Spuren, besonders Kalk, zurückblieben [1].

Sie sind in reinem Wasser löslich, ebenso in verdünnten Säuren, Alkalien und Salzlösungen. Sie werden relativ schwer unlöslich, aber trotzdem, wie alle echten Eiweisse, auch schon durch anhaltendes Schütteln ihrer Lösung gefällt [2]. Durch Berührung mit Thierkohle oder Thon werden sie, im Unterschiede etwa vom Caseïn, nicht unlöslich, können daher durch Thonplatten filtrirt werden, ohne auszufallen.

Die Fällungs- und Farbenreactionen sind die gewöhnlichen der Eiweisse; die Biuretreaction geben die Albumine mit blauvioletter Farbe. Im Allgemeinen sind sie schwerer fällbar als die Globuline und viele Proteïde, was zu ihrer Reindarstellung häufig Verwendung gefunden hat. Insbesondere äussert sich dies in ihrem Verhalten beim Aussalzen. Sie werden nicht gefällt durch Sättigen ihrer Lösungen mit Kochsalz [3]

[1] D. Huizinga, Dialysirtes Eiereiweiss, Pflüger's Arch. f. d. gesammte Physiologie 11, 392 (1875); F. Hofmeister, Zeitschr. f. physiol. Chem. 16, 187 (1897). — [2] W. Ramsden, Arch. f. Anat. u. Phys., physiol. Abth., 1894, S. 517. — [3] J. Lewith, Schmiedeberg's Arch. f. experiment. Pathol. u. Pharmakol. 24, 1 (1887).

bei neutraler Reaction; ebenso wenig durch Sättigen ihrer Lösung mit Magnesiumsulfat[1][2][3][4][5], auch nicht bei 40°[5], dagegen nach Starke durch Sättigen mit Magnesiumsulfat und Natriumsulfat combinirt, sowie durch Sättigen mit Kochsalz[6] oder mit Magnesiumsulfat[3] bei saurer Reaction. Für Ammonsulfat liegen ihre Fällungsgrenzen nach Hofmeister zwischen 6,4 und 9, also sehr hoch; sie werden demnach durch Halbsättigung ihrer Lösungen nicht ausgesalzen, wohl das bequemste Mittel, um sie von den Globulinen zu trennen, mit denen sie stets zusammen vorkommen. Bei saurer Reaction tritt die Fällung auch hier viel leichter ein, die Fällungsgrenzen werden herabgedrückt.

Die Spaltungsproducte sind die gewöhnlichen aller Eiweisse. Bei der Spaltung durch Pepsin und Salzsäure ist bemerkenswerth, dass nach Chittenden[7], Umber[8] und Goldschmidt[9] aus den Albuminen auch primäre Albumosen hervorgehen, die nach ihrem Verhalten zu den Salzen den Globulinen näher stehen, als ihre Muttersubstanz. Ferner ist der hohe Schwefelgehalt des Serum- wie des Eieralbumins zu erwähnen; für das Serumalbumin ist er, abgesehen von den Keratinen, am höchsten von allen Eiweissen. Erwähnenswerth ist auch ihre Schwerspaltbarkeit durch Säuren sowohl, wie dies Johansson[3] festgestellt hat, als auch durch die Verdauung.

Am wichtigsten ist aber ihre Krystallisirbarkeit. Hofmeister[10] und nach ihm Gabriel[11], Bondzynski und Zoja[12] und Hopkins und Pinkus[13] haben gezeigt, dass, wenn man in einer Eiereiweisslösung die Globuline und andere Eiweisse durch Halbsättigung mit Ammonsulfat fällt, aus dem Filtrat beim langsamen Eindunsten der Lösung sich das Eieralbumin anfangs in Kugeln und Globuliten, nach ein- oder mehrmaligem Umkrystallisiren in gut ausgebildeten Krystallen ausscheidet. Durch wiederholtes Umkrystallisiren wird es sehr leicht amorph. Am besten gelingt die Krystallisation des Eieralbumins nach Hopkins und Pinkus bei Zusatz von Essigsäure. Nach einer ähnlichen Methode gelang es Gürber[14] und seinen Schülern, auch das Serumalbumin krystallinisch darzustellen. Leichter gelingt es auch hier

---

[1] Tolmatscheff, Hoppe-Seyler's med.-chem. Untersuchungen, S. 272 (1867). — [2] O. Hammarsten, Zeitschr. f. physiol. Chem. 8, 467 (1884). — [3] E. Johansson, ibid. 9, 310 (1885). — [4] K. V. Starke, Maly's Jahresber. f. Thierchem. 11, 17 (1881). — [5] J. Lewith, Schmiedeberg's Arch. 24, 1 (1887). — [6] P. Panum, Virchow's Archiv 4, 419 (1851). — [7] R. H. Chittenden and P. R. Bolton, Studies f. the laborat. f. physiol. chem. of the Yale University 2, 126. — [8] F. Umber, Zeitschr. f. physiol. Chem. 25, 258 (1898). — [9] F. Goldschmidt, Dissertation, Strassburg 1898. — [10] Hofmeister, Zeitschr. f. physiol. Chem. 14, 163 (1889); 16, 187 (1891). — [11] S. Gabriel, ibid. 15, 456 (1891). — [12] St. Bondzynski u. S. Zoja, ibid. 19, 1 (1893). — [13] F. G. Hopkins u. S. N. Pinkus, Journ. of Physiology 23, 130 (1898). — [14] A. Gürber, Sitzungsber. d. Würzburger Physik.-Med. Ges. 1894, S. 143; 1895, S. 26; G. Meyer, Diss., Würzburg 1896; A. Michel, Würzburger Sitzungsber. 29, 117 (1895); A. Gürber, ibid. 29, 139 (1895).

nach Krieger [1]), die Albuminkrystalle zu erhalten, wenn man das Aus-
krystallisiren bei durch Schwefelsäure bedingter saurer Reaction vor
sich gehen lässt; doch ist dann die Frage, ob es sich um das Albumin als
solches und nicht vielmehr um sein schwefelsaures Salz handelt. Freilich weiss man dies ja auch von den aus annähernd neutraler Lösung
fallenden Krystallen nicht, die Beobachtungen Krieger's über das
Freiwerden von Ammoniak aus neutralen Lösungen sprechen aber
dafür, und die grosse Aschearmuth der Hofmeister'schen Präparate
schliesst es keineswegs aus; sie beweist ja doch nur die Abwesenheit
der Basen und der Phosphate, nicht des Chlors oder gar der Schwefelsäure. Schulz [2]) fand für Eieralbumin, das er nach der Krieger'schen
Methode unter Zusatz von Schwefelsäure erhielt, Zahlen, aus denen er
auf die Möglichkeit einer Hydratbildung schliesst, die aber auch anders
gedeutet werden können. — Nach der Gürber'schen Methode vermochte Wichmann [3]) auch das Milchalbumin zur Krystallisation zu
bringen.

Die einzelnen Eiweisse erschienen anfangs in ganz verschiedenen
Krystallformen, als Nädelchen, Plättchen, Tafeln etc. Gürber meinte
sogar im Serumalbumin drei verschiedene Körper annehmen zu sollen.
Indessen beobachtete Krieger, dass die einzelnen Formen der Serumalbuminkrystalle in einander übergehen, und wie Wichmann kürzlich
in einer eingehenden Untersuchung gezeigt hat, sind alle Albuminkrystalle krystallographisch identisch oder doch mindestens isomorph.
Sie gehören wahrscheinlich dem hexagonalen System an, und sind
mehr oder weniger stark, und zwar positiv, doppelbrechend. Eieralbumin liefert überwiegend sechsseitige Säulen von 0,1 bis 0,15 mm
Länge und 0,003 bis 0,021 mm Dicke; Serumalbumin und Milchalbumin verschiedene Combinationen von Protoprisma und Protopyra-
mide. In Form dieser seiner Krystalle bleibt das Albumin recht lange
löslich, wird indessen schliesslich doch denaturirt; die Krystalle gehen
nach Wichmann's Ausdruck aus der monotropen α-Modification in
die enantiotrope β-Form über, sie werden zu Pseudomorphosen,
wobei sie auch ihre optischen Eigenschaften ändern. Sehr interessant
und von fundamentaler Bedeutung für die Auffassung der Eiweiss-
färbungen sind die Beobachtungen, die Wichmann über das Verhalten
dieser Krystalle zu Farbstoffen, Salzen etc. gemacht hat; sie saugen
sich mit diesen Stoffen voll „wie ein Schwamm" und bewahren sie auch
als Pseudomorphosen, mechanisch wie in ein Gerüst in ihre Krystallform eingelagert, ohne dabei chemische Verbindungen mit ihnen einzugehen.

In Wasser lösen sich die Albuminkrystalle nach Michel und
Wichmann leicht auf, und können durch Dialyse von den anhaftenden

[1]) H. Krieger, Diss., Strassburg 1899. — [2]) F. N. Schulz, Zeitschr. f.
physiol. Chem. 29, 86 (1899). — [3]) A. Wichmann, ibid. 27, 575 (1899).

Aschebestandtheilen nahezu befreit werden. Beim Erhitzen in einer
halb oder stärker gesättigten Ammonsulfatlösung werden sie coagulirt
und damit zu Pseudomorphosen; trocken können sie ohne Zersetzung
bis auf 150° erhitzt werden.

Drei Albumine sind bekannt.

1. Das Serumalbumin.

(47) Es bildet ungefähr die Hälfte der Eiweisskörper des Blutserums [1]) der Wirbelthiere, kommt ebenso in der Lymphe vor, und findet
sich daher in allen nicht gründlich von Blut und Lymphe befreiten
Organen. Bei Nierenentzündungen geht es in den Harn über, ebenso
in pathologische Transsudate.

Ob die Serumalbumine der einzelnen Thierarten identisch sind
oder verschiedene, wenn auch nahe verwandte Körper darstellen, ist
nicht bekannt. Es zeigen sich in der procentischen Zusammensetzung, im Coagulationspunkte, im Drehungsvermögen und in der
Krystallisirbarkeit deutliche und constante Differenzen. Bis zu der
Darstellung der Serumalbuminkrystalle bezeichnete man als Serumalbumin das native Eiweiss, das im Blutserum durch Magnesiumsulfat,
Chlornatrium oder Halbsättigen mit Ammonsulfat nicht ausgesalzen
wurde, und hier kann es sich sehr wohl um Beimengung des Serum-
Mucoids handeln. Die Krystallisation nach Gürber aber ist bisher
nur beim Pferdeserum — und einmal beim Kaninchenserum — gelungen, sonst bei keiner untersuchten Thierart [2]). Es ist ja sogar zu
wiederholten Malen von mehreren Albuminfractionen mit verschiedenen
Eigenschaften die Rede gewesen. Wenn auch nach Frédéricq [3]),
Krieger und Wichmann die Einheitlichkeit des Serumalbumins
wahrscheinlich ist, so reichen die Thatsachen offenbar zu einer Entscheidung der Identitätsfrage bei verschiedenen Thieren beim Serumalbumin
so wenig wie bei den anderen Eiweissen aus. — Selbst bei den gut
gekannten Mono- und Disacchariden zeigen die gleichen Körper, wenn
sie aus verschiedenen Pflanzen dargestellt sind, kleine Differenzen im
Aussehen, der Krystallform oder dem Grade der Reinheit, die nur durch
eine umständliche Darstellung und Reinigung überwunden werden
können, wie wir deren beim Eiweiss noch nicht fähig sind. Noch ausgesprochener ist dies bei den colloidalen Polysacchariden der Fall;
Kartoffel-, Reis- und Maisstärke oder die Cellulosen verschiedener Herkunft zeigen beträchtliche Unterschiede, ohne dass man mit Sicherheit
entscheiden kann, ob es sich um chemisch verschiedene Stärke handelt,

---

[1]) O. Hammarsten, Zeitschr. f. physiologische Chemie 8, 467 (1884);
Gaëtano Salvioli, Arch. f. Anat. u. Phys., Physiol. Abth. 1881, S. 269. —
[2]) H. Krieger, Diss., Strassburg 1899. — [3]) L. Frédéricq, Bull. de l'Acad.
r. d. Belg., 2. sér., T. 64, 7 (1877); Derselbe, Arch. de Biolog. I, 457
(1880).

oder ob nur die Anordnung in den Amylumkörnern etc. die Unterschiede bedingt. Dasselbe aber gilt von den Eiweissen der einzelnen
Organe und der verschiedenen Thiere. Wir wissen, dass wir aus dem
Protoplasma aller drüsigen Organe Nucleoalbumine, Globuline und
wohl auch myosinartige Körper isoliren können; aber wir wissen nicht,
ob bereits an diesen Körpern die Specificität der Organe haftet, ob die
einzelnen chemischen Individuen die Function der Organe bedingen,
oder ob nicht vielmehr aus gleichen chemischen Körpern das Protoplasma sich in jeweils besonderer Art und Weise aufbaut. Bei dem
Serumalbumin liegt die Sache wohl einfacher, da es ja nicht diese
differenzirten Functionen hat, vielmehr ein reines Nährmaterial darstellt.
Aber dafür haben das Serumalbumin und -globulin physiologisch dadurch eine ganz besondere Bedeutung, dass anscheinend alle anderen
Eiweisse des Körpers aus ihnen hervorgehen. Man hat niemals, auch
nach reichlicher Fütterung mit Myosin, Caseïn oder anderen Eiweissen,
einen anderen Eiweisskörper als die stets in ihm vorhandenen im Blute
oder in der Lymphe gefunden. In diese zwei Serumeiweisse werden
offenbar alle Eiweisse bei der Resorption umgewandelt und aus ihnen
machen die Zellen wiederum alle die zahllosen complicirten und hoch-
differenzirten Eiweisse, die wir im thierischen Organismus wiederfinden.
Ob aber die Specificität der Art bereits bei diesem „circulirenden Eiweiss" (Voits) einsetzt, oder ob diese Nahrungsstoffe bei verschiedenen
Thieren die gleichen sind, ebenso gut wie in ganz verschiedenen Pflanzen
der Transport des Nahrungsmaterials in der Form des einen Wan-
derungsstoffes „Rohrzucker" erfolgt[1]), darüber lässt sich noch nichts
Bestimmtes sagen.

Im Folgenden sollen die wichtigsten Angaben über das Serumalbumin
verschiedener Thiere mitgetheilt werden, ohne zu der hier erwähnten
Frage irgendwie Stellung zu nehmen. Die Analysen beziehen sich
sämmtlich auf Serum aus Pferdeblut.

Für krystallinisches Serumalbumin fanden Gürber und Michel[2])
die procentische Zusammensetzung:

C 53,08, H 7,1, N 15,93, S 1,9, O 21,99.

Schulz[3]) fand:

C 52,95, H 6,96, S 1,94.

Ferner fand Middeldorf[4]):

S = 1,88.

Hofmeister's und Kurajeff's[5]) Zahlen für das Jodserumalbumin

[1]) E. Schulze, Zeitschr. f. physiol. Chem. 27, 267 (1899); E. Schulze
und S. Frankfurt, ibid. 20, 511 (1895). — [2]) A. Michel, Sitzungsber. d.
Würzburger Phys.-Med. Ges., N. F. 29, 117 (1895). — [3]) F. N. Schulz,
Zeitschr. f. physiol. Chem. 25, 16 (1898). — [4]) Middeldorf, Würzburger
Sitzungsber., N. F. 31 (1897). — [5]) D. Kurajeff, Zeitschr. f. physiol. Chem.
26, 462 (1898).

stimmen gut damit überein. Für ein nicht krystallinisches, aber gründlich gereinigtes Präparat fanden Hammarsten und Starke [1]):

C 53,05, H 6,85, N 16,04, S 1,77, O 22,29,

ebenso Michel [2]) für ein durch Dialyse gereinigtes:

C 53,04, H 7,1, N 15,71, S 1,86, O 22,29.

Auch diese Zahlen stimmen mit den vorigen vortrefflich überein. Für Serumalbumin aus Menschenblut fand Starke:

S = 2,31 Proc.,

aus Ochsenblut Blum [3]):

N = 16,18 und 16,33 Proc.

Die Coagulationstemperatur wurde wiederholt bestimmt. Frédéricq [4]) fand:

65 bis 67° C.

Starke und Sebelien [5]):

67 bis 72° C.

Gürber und Michel:

64° C.

Auch die specifische Drehung wurde von Frédéricq [6]) bestimmt; er fand für Pferdeblut, Ochsen- und Kaninchenblut übereinstimmend:

$$\alpha_D = -57,3.$$

für Hundeblut:

$$\alpha_D = -44.$$

Für Pferdeserumalbumin fand Starke:

$$\alpha_D = -62,6,$$

Sebelien:

$$= -62,$$

Michel für die erste Fraction:

$$\alpha_D = -61,1,$$

Gürber [7]) für die dritte:

$$\alpha_D = -64.$$

Nur die letzten Angaben stammen von einem krystallinischen Präparat.

Gürber [7]) unterscheidet drei Krystallfractionen, die sich bei wach-

[1]) K. V. Starke, nach dem schwedischen Original ref. von Hammarsten in Maly's Jahresber. f. Thierchem. 11, 17 (1881). — [2]) A. Michel, Sitzungsber. der Würzburger Phys.-Med. Ges., N. F. 29, 117 (1895). — [3]) F. Blum, Zeitschr. f. physiol. Chem. 28, 288 (1899). — [4]) L. Frédéricq, Bull. de l'Acad. r. de Belgique, 2. sér., T. 64, 7 (1877); Derselbe, Ann. de Soc. d. médécine de Gent, 1877 (Separatabdr.). — [5]) J. Sebelien, Zeitschr. f. physiol. Chem. 9, 445 (1885). — [6]) L. Frédéricq, Arch. de Biolog. I, 457 (1880). — [7]) A. Gürber, Sitzungsber. der Würzburger Phys.-Med. Ges. 29, 139 (1895).

sendem Salzgehalta ausscheiden; die erste besteht aus Prismen mit aufgesetzten Pyramiden, die zweite aus breiten, stumpfen, die dritte aus feinen, spitzen Nadeln. Die zweite Fraction ist wenig untersucht, da nur in geringer Menge vorhanden; die erste und dritte sind, trotz der kleinen Differenz in der Drehung, nach Wichmann wahrscheinlich identisch; jedenfalls ist man zur Zeit völlig berechtigt, das Serumalbumin als einheitlichen Körper aufzufassen. Auch die Annahme Gürber's, dass das krystallinische Serumalbumin im Pferdeblut gelegentlich fehle, ist von Krieger widerlegt worden.

Von dem Schwefel des Serumalbumins sind nach Schulz[1]) zwei Drittheile als Schwefelwasserstoff abzuspalten, so dass dem Serumalbumin mindestens drei Schwefelatome zukommen müssen. Von dem Stickstoff sind nach Hausmann[2]) 6,34 Proc. Ammoniak-Stickstoff. Die Angaben über seinen Kohlehydratgehalt schwanken, doch ist er jedenfalls sehr gering, auch fand Umber[3]) bei den Albumosen des Serumalbumins die Molisch'sche Reaction nur sehr schwach. Die Pepsinverdauung erfolgt leicht, und liefert die gewöhnlichen Albumosen[3]). Das Salzsäure- und Alkalibindungsvermögen wurde von Spiro und Pemsel[4]) bestimmt; danach bindet

$$1 \text{ g Serumalbumin } 104 \text{ mg Salzsäure}$$
$$\text{und } 32 \text{ bez.}$$
$$61 \text{ mg Natronlauge.}$$

Gürber erwähnt ein krystallisirendes Kupferalbuminat; von den Salzen mit Säuren zeichnet sich nach Krieger das Sulfat durch leichte Krystallisirbarkeit aus.

Das Jodserumalbumin enthält nach Hofmeister und Kurajeff[5]) 12 Proc. Jod. Sie berechneten aus dem Jod- und dem Schwefelgehalt die Minimalformel:

$$C_{450}H_{720}N_{116}S_6O_{140}$$

und demnach das Moleculargewicht 10166.

Zum Unterschiede gegen das Eieralbumin wird das Serumalbumin nach Starke durch Alkohol, ebenso durch Aether, zwar gefällt, aber nur langsam denaturirt.

Die Darstellung des krystallinischen Serumalbumins erfolgt am besten nach der von Krieger modificirten Methode von Gürber. Man versetzt hämoglobinfreies Serum mit dem gleichen Volumen einer kalt gesättigten neutralen Ammonsulfatlösung, filtrirt nach einigen bis 24 Stunden von dem dicken Niederschlage, der das Serumglobulin und die Reste des Fibrinogens enthält, ab, und setzt zu dem Filtrate so viel $^1/_5$ normale Schwefelsäure hinzu, bis eben eine leichte Trübung

---

[1]) F. N. Schulz, Z. f. physiolog. Chem. 25, 16 (1898). — [2]) W. Hausmann, ibid. 27, 95 (1899). — [3]) F. Umber, ibid. 25, 258 (1898). — [4]) K. Spiro und W. Pemsel, ibid. 26, 231 (1898). — [5]) D. Kurajeff, ibid. 26, 462 (1899).

erscheint; gewöhnlich sind dazu 6,8 bis 7,5 ccm für 100 ccm der Serum-Ammonsulfatmischung erforderlich. Bis zum nächsten Tage scheidet sich ein krystallinischer Niederschlag ab, den man umkrystallisiren kann, indem man ihn in kaltem Wasser löst, und zum zweiten Male, wie beschrieben, behandelt. Bei öfterem Umkrystallisiren als ein- bis zweimal wird das Albumin leicht amorph. — Die Krystalle filtrirt man ab, und kann sie von den Resten Ammonsulfat durch Dialyse befreien; dabei lösen sie sich freilich auf, und sind dann nicht wieder krystallinisch zu erhalten, sondern müssen entweder in Lösung oder denaturirt untersucht werden. — Zu dieser Darstellung eignet sich nur das Serum vom Pferde; alle anderen Blutsorten geben amorphe Niederschläge, die man sonst in der gleichen Weise behandeln kann.

2. Das Eieralbumin.

Das Eieralbumin bildet den Hauptbestandteil der concentrirten Eiweisslösung, die als Eiereiweiss, Eierweiss oder Hühnereiweiss bezeichnet wird, und das Weisse der Hühnereier bildet. Sie enthält ausser dem Eieralbumin noch ein Globulin, und ein Mucoid, von denen das letztere erst vor kurzem von Mörner[1]) und Zanetti[2]) genauer erforscht und von dem Eieralbumin getrennt wurde. Alle älteren und viele neueren Untersuchungen beziehen sich daher nicht auf das reine Eieralbumin, sondern auf sein Gemenge mit dem einen oder anderen dieser Eiweisskörper. Das Eieralbumin ist wegen seiner leichten Zugänglichkeit der häufigst untersuchte Eiweisskörper.

Wie schon erwähnt, ist das Eieralbumin der erste Eiweisskörper, den Hofmeister[3]) in krystallinischer Form erhielt. Seine Krystalle sind nach Wichmann[4]) isomorph mit denen des Serumalbumins.

Die Analysen auch dieses krystallinischen, reinen Eieralbumins zeigen noch erhebliche Differenzen:

Hofmeister[5]) fand für ein nahezu aschefreies Product die procentische Zusammensetzung:

C 53,28, H 7,26, N 15, S 1,18, O 23,28.

Dagegen fanden Bondzynski und Zoja[6]):

C 52,44 — 52,07, H 7,26 — 6,95, N 15,58 — 15,11, S 1,614—1,7.

Hammarsten und Starke[7]) fanden für ein nicht krystallisirtes, wahrscheinlich mit Mucoid vermengtes Präparat:

C 52,25, H 6,9, N 15,25, S 1,93.

---

[1]) C. T. Mörner, Zeitschr. f. physiol. Chem. 18, 525 (1893). — [2]) C. U. Zanetti, Ann. di Chim. e Farmac. 12 (1897) [cit. nach Maly's Jahresber. 27, 31 (1897)]. — [3]) F. Hofmeister, Zeitschr. f. physiol. Chem. 14, 163 (1889). — [4]) A. Wichmann, ibid. 27, 575 (1899). — [5]) F. Hofmeister, ibid. 16, 187 (1891); F. N. Schulz, ibid. 25, 16 (1898); F. Hofmeister, ibid. 24, 159 (1897). — [6]) St. Bondzynski und S. Zoja, ibid. 19, 1 (1893). — [7]) K. V. Starke, Maly's Jahresber. f. Thierchem. 11, 17 (1881).

Hammarsten[1]) fand für ein mit etwas Globulin vermengtes Präparat einen Schwefelgehalt von 1,67 Proc.

Schulz[2]) fand für ein unter Schwefelsäurezusatz krystallisirtes Präparat:

C 52,26, H 7,4, N 15,19, S 1,23, O 23,92.

Der Grund für diese Differenzen dürfte nicht, wie Bondzynski und Zoja vermuthen, darin liegen, dass man verschiedene, nach einander krystallisirende Fractionen zu unterscheiden habe. Hofmeister[3]) hat nie derartiges bemerkt, er nimmt vielmehr an, dass neben dem krystallisirenden Eieralbumin noch andere Eiweisse — vielleicht auch Albumine — von insbesondere höherem Stickstoff- und Schwefelgehalt im Hühnereiweiss vorhanden sind, und dass deren Beimengung die Unterschiede verursacht hat. Dies würde auch die Abweichungen der Angaben über die Coagulationstemperatur und das specifische Drehungsvermögen erklären.

Die Coagulationstemperatur wird von Starke zu 56°, von Bondzynski und Zoja zu 56 bis 64,5° angegeben.

Dagegen stimmen die Angaben über die specifische Drehung gut überein. Starke fand:

$$\alpha_D = -37,79,$$

Haas[4]) ähnliche Zahlen.

Bondzynski's und Zoja's Präparate zeigen Drehungen zwischen 25 und 42°.

Fällung auch durch salzfreien Alkohol macht Eieralbumin nach Starke sehr rasch unlöslich, im Unterschiede von Serumalbumin; ebenso wird es von Aether schneller coagulirt, als die anderen Albumine.

Das Eieralbumin nimmt vielleicht dadurch unter den eigentlichen Eiweisskörpern eine Sonderstellung ein, dass es, wie sonst nur die Glycoproteïde, beim Kochen mit Säuren einen Zucker, resp. ein Glucosamin abspaltet[5])[6])[7]). Indessen kommt hier die schwer zu vermeidende Verunreinigung mit dem Ovomucoid sehr wesentlich in Betracht; Eichholz fand denn auch so wenig Zucker, dass er ihn auf eine Verunreinigung beziehen möchte, Seemann allerdings erheblich mehr. Hofmeister stellte endlich aus dem reinen krystallisirten Eieralbumin reichliche Mengen eines Osazons dar, und schätzt seinen Kohlehydratgehalt auf 15 Proc. Ein Zweifel kann demnach für das krystallisirte Präparat wohl nicht bestehen, und es ist nur die Frage, ob man

[1]) O. Hammarsten, Zeitschr. f. physiol. Chem. 9, 273 (1885). — [2]) F. N. Schulz, ibid. 29, 86 (1899). — [3]) F. Hofmeister, ibid. 16, 187 (1897); F. N. Schulz, ibid. 25, 16 (1898); F. Hofmeister, ibid. 24, 159 (1897). — [4]) A. Haas, Pflüger's Arch. f. d. gesammte Physiol. 12, 378 (1876). — [5]) A. Eichholz, Journ. of Physiology 23, 163 (1898). — [6]) J. Seemann, Diss., Marburg 1898. — [7]) F. Müller und J. Seemann, Deutsche med. Wochenschr. 1899, Nr. 13, S. 209.

dann nicht Hammarsten [1]) folgen soll, der das Eieralbumin gar nicht als Albumin gelten lässt, sondern zu den Glycoproteïden stellt. Hierüber wird wohl bald die weitere Erforschung der Pepsinverdauung der verschiedenen Eiweisskörper, wie sie Hofmeister und Pick begonnen haben, Aufschluss geben.

Das Eieralbumin enthält nach Hausmann [2]) 8,53 Proc. seines Stickstoffs in der Form von Ammoniak abspaltbar, 67,8 in der Form von Monoaminosäuren, 21,33 Proc. in der Form von Diaminosäuren. Die von F. Müller [3]) veröffentlichten Zahlen von Kossel zeigen Abweichungen.

Von dem Schwefel ist nach Schulz nicht ganz die Hälfte als Schwefelwasserstoff abspaltbar.

Das Säurebindungsvermögen wurde von Sjöqvist [4]) für verdünnte, stark dissociirte Lösungen zu 3,65 Proc., für Eiweiss in Substanz zu 12 bis 13 Proc. gefunden. Bugarszky und Liebermann [5]) fanden für verdünnte Lösungen ein Säurebindungsvermögen von 4,4 Proc., ein Alkalibindungsvermögen von 3,7 Proc. Beider Präparate waren nicht rein. Von den Salzen zeichnet sich nach Hopkins und Pinkus das Acetat durch leichte Krystallisirbarkeit aus.

Das Jodeieralbumin enthält nach Hofmeister [6]) etwa 9 Proc. Jod. Blum und Vaubel [7]) und Hopkins [8]) haben keine reinen Präparate verwendet, sondern das Gemenge des Hühnereiweiss, dessen Jodbindungsvermögen erheblich niedriger liegt, als das des reinen Albumins.

Auf Grund des Schwefel- und Jodgehalts berechnet Hofmeister [6]) die Minimalformel

$$C_{239} H_{386} N_{58} S_2 O_{78}$$

und danach das Moleculargewicht 5378.

Die Darstellung des Eieralbumins geschieht am besten nach der von Hopkins und Pinkus [9]) modificirten Methode von Hofmeister. Das möglichst frische, vom Dotter ganz freie Eiereiweiss wird durch gründliches Schütteln mit Glasscherben von Membranen befreit, durch Gaze filtrirt, und mit dem gleichen Volum kaltgesättigter Ammonsulfatlösung versetzt. Nach einigen bis 24 Stunden filtrirt man von dem dicken Globulinniederschlag ab, versetzt unter Umschwenken

---

[1]) O. Hammarsten, Lehrbuch der physiol. Chem., S. 388, 4. Aufl., 1899. — [2]) W. Hausmann, Zeitschr. f. physiol. Chem. 27, 95 (1899). — [3]) F. Müller und J. Seemann, loc. cit. — [4]) J. Sjöqvist, Ueber Salzsäure, Skandin. Arch. f. Physiol. 5, 276 (1894). — [5]) St. Bugarszky u L. Liebermann, Pflüger's Arch. f. d. ges. Physiol. 72, 51 (1898). — [6]) F. Hofmeister, Zeitschr. f. physiol. Chem. 24, 158 (1897). — [7]) F. Blum und W. Vaubel, Journ. f. prakt. Chem., N. F. 57, 365 (1898); F. Blum, Zeitschr. f. physiol. Chem. 28, 288 (1899). — [8]) F. G. Hopkins, Ber. deutsch. chem. Ges. 30, II, 1860 (1897); F. G. Hopkins und S. N. Pinkus, ibid. 31, II, 1311 (1898).— [9]) Dieselben, Journ. of Physiol. 23, 130 (1898).

so lange mit concentrirter Ammonsulfatlösung, bis eben eine deutliche Trübung entsteht, fügt dann tropfenweise destillirtes Wasser bis zum Wiederverschwinden der Trübung hinzu, und ruft diese dann durch vorsichtigen Zusatz von mit Ammonsulfat gesättigter Essigsäure von neuem hervor. Bis zum nächsten Tage scheidet sich ein krystallinischer Niederschlag ab, den man in wenig kaltem Wasser lösen und in der gleichen Weise wieder erzeugen kann. Ein öfteres Umkrystallisiren verträgt das Eieralbumin nicht. Von der weiteren Behandlung der Krystalle gilt das beim Serumalbumin Gesagte. Da die Albumine nur aus halbgesättigter Ammonsulfatlösung krystallisiren, ist die Darstellung von aschefreiem Eiweiss in Substanz nur unter Denaturirung möglich.

Physiologisch hat das Eiereiweiss die Eigenthümlichkeit, wenn es ungekocht in sehr grossen Mengen genossen wird, anscheinend als solches resorbirt, und durch den Harn, unter Schädigung der Nierenepithelien, ausgeschieden zu werden[1].

Das Weisse anderer Vogeleier ist kaum untersucht worden; bei den Nesthockern findet sich statt des gewöhnlichen Eiereiweiss das sogenannte Tataeiweiss[2], das beim Erhitzen durchsichtig erstarrt; indessen beruht dies nicht auf der Existenz einer besonderen Eiweissart, sondern ist durch den Mangel an Salzen bedingt (vergl. S. 85).

8. Das Milchalbumin.

Das Milchalbumin ist ein constanter Bestandtheil aller Milcharten. Es ist aber gegenüber dem Caseïn nur in geringer Menge vorhanden, und daher auch bei der Untersuchung häufig vernachlässigt worden. Die älteren Untersucher haben alle kein reines Präparat in Händen gehabt, sondern Gemenge von Albumin mit Caseïn und Globulin. Der Einzige, der reine, trotz verschiedener Darstellungsweise unter einander identische Präparate untersucht hat, ist Sebelien[3] in Hammarsten's Laboratorium gewesen. Wichmann[4] gab kürzlich an, dass es ihm gelungen sei, nach Gürber's Methode das Milchalbumin zur Krystallisation zu bringen; die Krystalle gleichen denen der anderen Albumine. Sebelien fand eine procentische Zusammensetzung von

C 52,19, H 7,18, N 15,77, S 1,73, O 23,13.

Die Coagulationstemperatur fand er zu 67 bis 72°, das specifische Drehungsvermögen

$$\alpha_D = -37^0 \text{ bis} -38^0.$$

Die Zusammensetzung und das sonstige Verhalten lassen also das Lactalbumin dem Serumalbumin sehr nahe verwandt erscheinen, nur die

[1] Stokvis, Centralbl. f. d. med. Wiss. 1864, S. 596. — [2] J. Tarchanoff, Pflüger's Arch. f. d. ges. Physiol. 31, 368 (1883) und 39, 476 und 485 (1886). — [3] J. Sebelien, Zeitschr. f. physiol. Chem. 9, 445 (1885); Daselbst auch die ältere Literatur. — [4] A. Wichmann, Zeitschr. f. physiol. Chem. 27, 575 (1899).

specifische Drehung spricht dafür, dass es sich um einen eigenen Körper handeln kann.

Gefällt wird es durch die gewöhnlichen Eiweissreagentien, z. B. durch Kupferoxyd und Tannin [1]). Die anderen Bestimmungen, wodurch sich die einzelnen Eiweisskörper charakterisiren, wurden nicht ausgeführt.

Andere Albumine sind nicht bekannt. Das von C. T. Mörner [2]) im Auge, von Kühne [3]) im Muskel gefundene Albumin entstammt Resten von Blut oder Lymphe [4]). In der Leber der Schilddrüse und anderen thierischen Organen vermochten Plósz [5]), Osswald [6]) u. A. kein Albumin zu finden. H. Buchner [7]) giebt an, im Presssafte aus Bacterien ein „Albumin" erhalten zu haben; da er darunter aber nur ein natives Eiweiss, im Gegensatz zu den Proteïden, versteht, kann es eben so gut ein Globulin sein. Nur Palladin [8]) erwähnt den Befund eines pflanzlichen Albumins, ohne es näher zu charakterisiren.

II. Die Globuline.

(48) Die Globuline gehören mit den Albuminen zu den eigentlichen Eiweissen; sie werden wie diese durch Erhitzen ihrer Lösungen bei ganz schwach saurer Reaction gefällt und denaturirt. Von den Albuminen unterscheiden sie sich dadurch, dass sie in reinem Wasser nicht oder schwer löslich sind; sie sind vielmehr nur in verdünnten, neutralen Salzlösungen löslich, und werden durch Verdünnen derselben mit Wasser, besser noch durch Fortdialysiren der Salze, ganz oder theilweise gefällt, sind aber dann in Salzlösungen wieder löslich. Ebenso werden sie, durch Ansäuern ihrer Lösungen, auch schon durch anhaltendes Durchleiten von Kohlensäure, gefällt, und sind dann in neutralen Lösungen ebenfalls wieder löslich. Indessen werden sie, nach dem Fällen mit Säure oder durch Dialyse, sehr bald, viel rascher als die Albumine, unlöslich, d. h. denaturirt, und sind nur frisch gefällt wieder vollständig aufzulösen.

Ihre Fällbarkeit durch Ansäuern scheint darauf zu beruhen, dass sie, mindestens ein Theil von ihnen, selbst Säuren sind, die auch auf Lackmus sauer reagiren [8]). Bei ihrer Ausfällung durch Verdünnen ist von Interesse, dass es dabei nicht auf die absolute Menge des Salzes, sondern auf seine Concentration ankommt. Offenbar

[1]) J. Sebelien, Z. f. phys. Chem. 13, 135 (1888); A. Schlossmann, ibid. 22, 197 (1886); J. Munk, Virch. Arch. 134, 501 (1893). — [2]) C. T. Mörner, Zeitschr. f. physiol. Chem. 18, 61 (1893). — [3]) W. Kühne, Arch. f. Anat. u. Physiol. 1859, S. 748. — [4]) O. v. Fürth, Schmiedeberg's Arch. 36, 231 (1895). — [5]) P. Plósz, Pflüger's Arch. f. d. ges. Physiol. 7, 371 (1873). — [6]) A. Osswald, Zeitschr. f physiol. Chem. 27, 14 (1899). — [7]) H. Buchner, Münchner med. Wochenschr. 1897, Nr. 12. — [8]) W. Palladin, Zeitschr. f. Biolog. 31, 191 (1894).

gehen die Globuline Verbindungen mit dem Salze oder einem seiner
Ionen ein. Näheres ist hierüber nicht bekannt; die einzigen Untersuchungen, die zur Aufklärung dieser Verhältnisse unternommen worden
sind, stammen von Stewart[1]), der beobachtete, dass die Globuline bei
ihrer Ausfällung Salze mit ausscheiden, und von Pauli[2]). Pauli fand,
dass Nichtelektrolyte, wie Zucker und Harnstoff, in keiner Concentration das Globulin in Lösung halten können; er vermuthet, dass das
Globulin beide Ionen an verschiedener Stelle seines Moleculs anlagere;
die Thatsache, dass das Globulin aus seiner salzhaltigen Lösung durch
Verdünnen ausfällt, wobei ja keine Verminderung der Ionen eintritt,
wird dadurch nicht erklärt. Wahrscheinlich spielt hier die starke
hydrolytische Dissociation der Eiweisssalze eine Rolle.

Die Globuline werden durch Magnesiumsulfat, theilweise auch durch
Chlornatrium, bei vollständiger Sättigung der Lösung ausgesalzen; bei
neutralem Ammonsulfat liegen die Grenzen für Serumglobulin bei 2,9
und 4,6, für die anderen Globuline ganz ähnlich; jedenfalls werden sie
alle durch Halbsättigung ihrer Lösungen mit Ammonsulfat vollständig
gefällt, und stehen so in der Mitte zwischen den schwerer aussalzbaren
Albuminen und dem Fibrinogen, Caseïn etc., die noch leichter ausgesalzen werden. Die Abgrenzung gegen eine Anzahl von Nucleoalbuminen lässt bisher zu wünschen übrig, da von den wichtigsten
pflanzlichen Eiweissen nicht feststeht, ob sie Phosphor im Molecul enthalten oder nicht. Vergl. darüber weiter unten S. 183.

Die Darstellung der Globuline erfolgt so, dass man die globulin-
haltige Flüssigkeit, z. B. das Serum, nach Hammarsten mit neutralem
Magnesiumsulfat sättigt, oder bequemer nach Hofmeister mit dem
gleichen Volum kaltgesättigter neutraler Ammonsulfatlösung versetzt.
Der Niederschlag wird in Wasser gelöst, — falls die anhaftenden Salze
nicht genügen sollten, unter Zusatz von etwas Chlornatrium —, dann
entweder sehr stark mit destillirtem Wasser verdünnt oder besser die
Salze durch Dialyse entfernt, und endlich das Globulin durch sehr verdünnte Essigsäure vorsichtig gefällt. Die Ausbeute ist aber bei der
Fällung durch Dialyse und Ansäuern schlecht, und, falls es nicht auf
Salzfreiheit ankommt, ist es zweckmässiger, das Globulin nur durch
wiederholtes Aussalzen darzustellen. — Bei dem Arbeiten mit Globulin
müssen alle Manipulationen sehr rasch vorgenommen werden, da das
nicht gelöste Globulin schnell unlöslich wird. — Der Nachweis der
Globuline beruht darauf, dass sie phosphorfreie, coagulirbare Eiweisse
sind, die durch Verdünnen und Ansäuern gefällt werden.

Die eigentlichen Globuline sind bisher nicht krystallinisch bekannt.
Ihre Zusammensetzung weicht nicht wesentlich von der der Albumine ab,
ebenso sind ihre Spaltungsproducte und Reactionen die üblichen aller

[1]) G. N. Stewart, Journ. of Physiology 24, 460 (1899). — [2]) W. Pauli,
Pflüger's Arch. f. d. ges. Physiol. 78, 315 (1899).

Eiweisse. Genauer bekannt sind das Serum-, Milch- und Eierglobulin, die vielleicht identisch sind, und eine Reihe von Zellglobulinen. Fibrinogen, Myosin und einige verwandte Körper stehen zwar durch ihre sauren Eigenschaften und ihre Löslichkeitsverhältnisse den Globulinen nahe, müssen aber als besondere Gruppe beschrieben werden.

1. Das Serumglobulin.

Nachdem Panum[1]) die Existenz eines durch Verdünnen oder Ansäuern fällbaren Eiweisskörpers im Serum gezeigt, und Weyl[2]) diesen als einheitlichen Körper erkannt und mit dem Namen Serumglobulin belegt hatte, wurde er später insbesondere durch Hammarsten[3])[4])[5]) untersucht und beschrieben. Alexander Schmidt[6]) bezeichnete ihn als fibrinoplastische Substanz und brachte ihn mit der Gerinnung in Beziehung; Hammarsten wies nach, dass er nichts damit zu thun habe. Die ältere Bezeichnung Paraglobulin rührt von der Meinung her, dass es mehrere Globuline im Serum gebe, die indessen von Weyl und Hammarsten widerlegt ist. Die irrthümliche Annahme Al. Schmidt's beruht darauf, dass das Globulin sehr leicht sich auf dem gerinnenden Fibrin niederschlägt[7]), und dann bald unlöslich wird, sowie darauf, dass es seinerseits das Fibrinferment leicht beim Ausfällen mitreisst, und so zur Gewinnung des Fibrinferments gedient hat.

Das Serumglobulin bildet einen Theil der Eiweisskörper des Blutserums, und zwar, wie Krieger[8]) gezeigt hat, bei verschiedenen Thierspecies und bei einzelnen Thieren der gleichen Art, in verschiedenem Antheil, ohne dass sich bisher Gesetzmässigkeiten finden liessen. Doch fanden Ludwig und Salvioli[9]), dass in der Lymphe das Verhältniss des Albumins zum Globulin dasselbe ist wie im Blut. Ferner geht das Globulin bei Nierenkrankheiten in den Harn[10]), in die Transsudate, z. B. ins Fruchtwasser[11]), und die Lymphe über.

Es ist nicht krystallinisch bekannt.

Seine procentische Zusammensetzung ist nach Hammarsten[12]):

$$C\,52{,}71,\ H\,7{,}01,\ N\,15{,}85,\ S\,1{,}11,\ O\,23{,}32.$$

---

[1]) P. Panum, Virchow's Arch. 4, 419 (1851). — [2]) Th. Weyl, Pflüger's Arch. f. d. ges. Physiol. 12, 635 (1876); Derselbe, Zeitschr. f. physiol. Chem. 1, 72 (1877). — [3]) O. Hammarsten, Pflüger's Arch. f. d. ges. Physiol. 17, 413 (1878). — [4]) Derselbe, ibid. 18, 38 (1878). — [5]) Derselbe, Zeitschr. f. physiol. Chem. 8, 467 (1884). — [6]) Al. Schmidt, Zur Blutlehre, Leipzig 1892 (Zusammenfassung). — [7]) J. J. Frederikse, Zeitschr. f. physiol. Chem. 19, 143 (1894). — [8]) H. Krieger, Dissert. Strassburg 1899. — [9]) G. Salvioli, Arch. f. (Anat. u.) Physiol. 1881, 269. — [10]) J. Pohl, Schmiedeberg's Arch. f. experim. Patholog. u. Pharm. 20, 426 (1886). — [11]) Th. Weyl, Arch. f. (Anat. u.) Physiol. 1876, S. 543. — [12]) O. Hammarsten, Ueber das Fibrinogen, Pflüger's Arch. f. d. ges. Physiol. 22, 431 (1880).

Hausmann[1]) fand N = 15,88 Proc., Blum[2]) N = 15,82 Proc., also vorzügliche Uebereinstimmung.

Schulz[3]) fand S = 1,38 Proc., wovon 0,63 Proc. als Schwefel- wasserstoff abspaltbar.

Von dem Stickstoff sind nach Hausmann[4]) 8,9 Proc. Ammoniak- stickstoff, 68,28 Proc. in Form von Monoaminosäuren, 24,95 Proc. in basischer Form vorhanden.

Die Coagulationstemperatur wurde von allen Forschern[5])[6]) über- einstimmend gefunden. Sie beträgt 75⁰ und ist vom Salzgehalte wesentlich unabhängig.

Die specifische Drehung beträgt nach Frédéricq[6]):

$$\alpha_D = - 47,8.$$

Das Serumglobulin ist in reinem Wasser schwer, aber nicht un- löslich[5]), in verdünnten neutralen Salzlösungen sehr leicht löslich und relativ haltbar[7]). Es reagirt sauer, und kann bei völliger Abwesenheit von Salzen durch etwas Alkali in — neutraler — Lösung gehalten werden, fällt bei dem geringsten Salzzusatze aus, um sich dann im Ueberschusse zu lösen[5]).

Trägt man Globulin in ganz verdünnte Sodalösung ein, so löst es sich zuerst, fällt bei weiterem Zusatz wieder aus, um sich bei noch weiterem Alkalizusatz ebenfalls wieder zu lösen.

Das Serumglobulin wird niemals vollständig[5])[6]) gefällt durch Verdünnen seiner Lösung mit Wasser, durch die Dialyse, durch An- säuern oder Kohlensäureeinleiten; wie Hammarsten[5]) aber gezeigt hat, ist sowohl der gefällte wie der nicht gefällte Theil dann wieder theilweise fällbar, und es ist daher unrichtig, wie es Marcus[8]) gethan hat, aus diesen Beobachtungen auf die Existenz zweier ver- schiedener Globuline im Serum zu schliessen. Vielmehr ist das Serum- globulin nach Hammarsten's Feststellungen sicher ein einheitlicher Stoff, die partielle Fällung beruht nur darauf, dass es in reinem Wasser und in Säuren nicht unlöslich, sondern nur schwer löslich ist. Voll- ständig gefällt und von dem Albumin getrennt wird es nur durch Aussalzen, durch Halbsättigen mit Ammonsulfat oder Sättigen mit Magnesiumsulfat; auch Kochsalz fällt es wenigstens bei Körpertempera- tur und nicht zu hoher Concentration des Globulins[5])[9]).

Salze des Serumglobulins sind nicht untersucht, für das Jodeiweiss fand Blum[10]) einen Jodgehalt von 8,45 und 8,99 Proc. Die Pepsin-

---

[1]) W. Hausmann, Z. f. physiol. Chem. 27, 95 (1899). — [2]) F. Blum, ibid. 28, 288 (1899). — [3]) F. N. Schulz, ibid. 25, 16 (1898). — [4]) W. Haus- mann, ibid. 27, 95 (1899). — [5]) O. Hammarsten, Pflüger's Arch. f. d. ges. Physiol. 18, 38 (1880); Zeitschr. f. physiol. Chem. 8, 467 (1884). — [6]) L. Frédéricq, Ann. de la Soc. de Médecine de Gant 1877 (Separatabdr.); Th. Weyl, loc. cit. — [7]) L. Frédéricq, Arch. de biologie I, 457 (1880). — [8]) E. Marcus, Zeitschr. f. physiol. Chem. 28, 559 (1899). — [9]) Th. Weyl, ibid. 1, 72 (1877). — [10]) F. Blum, ibid. 28, 288 (1899).

verdauung ist von Kühne und Chittenden[1]), sowie von Hofmeister und Umber[2]) untersucht worden; die Albumosen sind die
üblichen, die der Antigruppe sind besonders reichlich vorhanden; das
Serumglobulin ist schwer verdaulich. Unter den Spaltungsproducten
des reinen Serumglobulins befindet sich nach Eichholz[3]) kein Zucker;
doch findet sich häufig ein Serummucoid im Gemenge mit dem Globulin.

Bei der Darstellung des Serumglobulins ist das Serum zunächst
von den Fibrinogenresten zu befreien, am besten durch Zusatz von
43 ccm Ammonsulfatlösung zu 100 ccm Serum.

2. Zellglobuline.

Dem Serumglobulin nahe stehende, wenn nicht identische Körper,
die vor Allem alle gleiche Coagulationstemperatur zeigen, sind aus vielen
Organen gewonnen worden, so von Kühne[4]) aus dem Muskelplasma,
von Plósz[5]) und Halliburton[6]) aus der Leber, von Laptschinsky[7])
aus der Linse des Auges, von Halliburton[8]) und Lilienfeld[9]) reichlich
aus den Leukocyten, von Halliburton aus dem Centralnervensystem[10])
und den rothen Blutkörperchen[11]). Auch aus dem Pankreas lässt sich
ein solcher Körper extrahiren. Es bleibt allerdings immer noch der
Einwand, dass es sich um echtes Serumglobulin aus nicht genügend
entferntem Blut oder der Lymphe handelt, wie denn v. Fürth[12]) im
gründlich ausgespülten Muskel kein solches Globulin mehr fand. Indessen ist es doch wohl sicher, dass sich aus den meisten zellreichen
Organen wenigstens echte Globuline gewinnen lassen, die dem Serumglobulin sehr nahe stehen.

Ferner fand Halliburton[6]) im Protoplasma der Zellen der Leber,
Niere und Leukocyten Eiweisskörper, die er ihrer sauren Eigenschaften
wegen als Globuline, als Zellglobuline α bezeichnet. Der Coagulationspunkt liegt zwischen 48 und 52°, die Fällung erfolgt durch Magnesiumsulfat und Chlornatrium schon vor der vollen Sättigung; es dürfte sich
daher wohl eher um Körper handeln, die zur Gruppe des Myosins (s. d.)
gehören. Auch Hammarsten und Lönnberg[13]) fanden in der Cortical-
masse der Niere einen globulinartigen Körper. — Wieweit diesen Zellglobulinen etwa specifische Wirkungen auf die Gerinnung und anderes

---

[1]) W. Kühne und R. H. Chittenden, Zeitschr. f. Biolog. 22, 409
(1886). — [2]) F. Umber, Zeitschr. f. physiol. Chem. 25, 258 (1898). —
[3]) A. Eichholz, Journ. of Physiology 23, 163 (1898). — [4]) W. Kühne,
Untersuchungen über das Protoplasma und die Contractilität. Leipzig 1864. —
[5]) P. Plósz, Pflüger's Arch. f. d. ges. Physiol. 7, 371 (1873). — [6]) W. D. Halliburton, Journ. of Physiology 13, 806 (1892). — [7]) M. Laptschinsky,
Pflüger's Arch. f. d. ges. Physiol. 13, 631 (1876). — [8]) W. D. Halliburton,
Journ. of Physiology 9, 229 (1888). — [9]) L. Lilienfeld, Zeitschr. f. physiol.
Chem. 18, 473 (1893). — [10]) W. D. Halliburton, Journ. of Physiol. 15,
90 (1894). — [11]) Derselbe and W. M. Friend, ibid. 10, 532 (1889). —
[12]) O. v. Fürth, Schmiedeberg's Arch. f. experim. Patholog. u. Pharmak. 36,
231 (1895). — [13]) J. Lönnberg, Skandinav. Arch. f. Physiol. 3, 1 (1890).

zukommen, oder wie weit hier mitgefällte Fermente eine Rolle spielen,
ist nicht bekannt.

Nur eines von diesen Zellglobulinen ist genauer untersucht; es ist
das von Hofmeister und Osswald[1]) aus der Schilddrüse extrahirte
Thyreoglobulin. Es ist durch die gleichen Mittel fällbar wie das
Serumglobulin, hat die gleichen Fällungsgrenzen für Ammonsulfat,
unterscheidet sich aber von ihm sehr wesentlich durch seinen Jodgehalt.
Es hat die procentische Zusammensetzung:

$$C\,52,21,\quad H\,6,83,\quad N\,16,6,\quad S\,1,86,\quad J\,1,66,\quad O\,20,86.$$

Seine Coagulationstemperatur beträgt 65°.

Es ist kein Salz, sondern ein Jodeiweiss. An ihm haftet die
specifische physiologische und pharmakologische Wirksamkeit der Schilddrüse. Ein Spaltungsproduct des Thyreoglobulins ist das Jodothyrin
von Baumann.

3. Krystallin.

Der mit diesem Namen von Berzelius belegte Eiweisskörper der
Krystalllinse des Auges wurde von Laptschinsky[2]) als aus Globulin,
resp. Vitellin und Albumin zusammengesetzt angesehen, und später
von Mörner[3]) genauer untersucht. Mörner unterscheidet

1. Das α-Krystallin. Es hat die gleichen Reactionen wie das
Serumglobulin; nur wird es durch Chlornatrium nicht, durch Ammonsulfat erst bei höherer Concentration vollständig gefällt, auch ist es in
Wasser anscheinend löslicher, und wird daher durch Verdünnen nicht
gefällt. Die Schwefelbleireaction scheint ihm zu fehlen. Seine procentische Zusammensetzung beträgt:

$$C\,52,83,\quad H\,6,94,\quad N\,16,68,\quad S\,0,56,\quad O\,22,99,$$
$$\alpha_D = -\,46,9,$$
$$\text{Coagulationstemperatur} = 72°.$$

Es findet sich hauptsächlich in den äusseren Schichten der Linse.

2. Das β-Krystallin. Es ist durch Essigsäure und Kohlensäure
nur schwer fällbar, giebt sonst die gewöhnlichen Globulinreactionen.
Von der Zusammensetzung wurden bestimmt:

$$N\,17,04,\quad S\,1,27,$$
$$\alpha_D = -\,43,3.$$
$$\text{Coagulationstemperatur} = 63°.$$

Es findet sich hauptsächlich in den inneren, festeren Schichten
der Linse.

---

[1]) A. Osswald, Zeitschr. f. physiologische Chemie 27, 14 (1899). —
[2]) M. Laptschinsky, loc. cit. — [3]) C. T. Mörner, Zeitschr. f. physiol.
Chem. 18, 61 (1893).

4. Das Eierglobulin.

Das seit Langem bekannte [1]) Globulin des Eiereiweiss wurde von Hammarsten und Dillner [2]), sowie von Corin und Bérard [3]) untersucht. Es hat die gleichen Reactionen u. s. w. wie das Paraglobulin des Serums; es beträgt etwa 6,6 Proc. der Eiweissstoffe überhaupt, 0,677 Proc. der Lösung des Hühnereiweiss.

Corin und Bérard fanden zwei durch Magnesiumsulfat fällbare, also wohl zu den Globulinen gehörende Körper von den Coagulationstemperaturen 57,5 und 67[°].

5. Das Milchglobulin.

Es wurde von Sebelien [4]) in der Milch entdeckt, später auch von Hewlett [5]) gefunden; die Milch enthält aber nur wenige Milligramm im Liter. Seine Fällungsverhältnisse sind die des Serumglobulins, ebenso die Coagulationstemperatur von 75[°]. Im Colostrum ist das Globulin viel reichlicher als in der Milch enthalten [6]).

6. Krystallinisches Globulin aus Harn.

Noël Paton [7]) hat einmal im Harn eines an einer unbekannten Krankheit leidenden Mannes eine grosse Menge krystallisirenden Globulins neben gewöhnlichem Albumin gefunden. Huppert [8]) hat später, wie es scheint mit Recht, behauptet, es handle sich nicht um ein Globulin, sondern um Heteroalbumose bezw. Heteroglobulose. Leider finden sich keine Angaben über eine etwaige Knochenerkrankung, bei der sonst Albumosen vorkommen; die Section ergab eine Verfettung der Leber. Die Natur dieses Körpers steht daher noch nicht fest.

Der Körper krystallisirte aus dem relativ sehr salzarmen, stark sauren Urin beim Stehen nach einigen Stunden, oft auch erst nach Wochen, in breiten Nadeln, die dem rhombischen System angehörten.

Die Analyse ergab:

C 51,89, H 6,88, N 16,06, S 1,26, O 23,93.

---

[1]) E. Schütz, Pepsinbestimmung, Zeitschr. f. physiol. Chem. 9, 576 (1885); H. Haas, Pflüger's Archiv f. d. ges. Physiol. 12, 871 (1876). — [2]) H. Dillner, Maly's Jahresber. f. Thierchemie 15, 31 (1885) (nach dem schwedischen Original von Hammarsten referirt). — [3]) G. Corin et E. Bérard, Travaux du laborat. d. Frédéricq (Liège) 2, 170 [nach Maly's Jahresber. f. Thierchemie 18, 13 (1888)]. — [4]) J. Sebelien, Zeitschr. f. physiol. Chem. 9, 445 (1885); Derselbe, Journ. of Physiology 12, 95 (1891). — [5]) Hewlett, ibid. 13, 798 (1892). — [6]) J. Sebelien, Zeitschr. f. physiol. Chem. 13, 135 (1888). — [7]) Noël Paton, Proceedings of the Royal Society of Edinburgh 1891/92, S. 102. — [8]) Huppert, Zeitschr. f. physiol. Chem. 22, 500 (1896).

Die Coagulationstemperatur betrug 58 bis 59°, die Coagulation
war aber nicht recht vollständig. Die Reactionen waren die gewöhnlichen der Globuline, nur wurde es schon durch Kochsalz vollständig
ausgesalzen.

7. Pflanzliche Globuline. Phytoglobuline.

Dass in den Samen der Pflanzen globulinartige Körper vorkommen,
ist wohl zuerst von Liebig[1]) gezeigt worden, der sie als Pflanzencaseïn beschreibt. Später wurden sie von Hoppe-Seyler[2]) und
seinen Schülern, besonders Weyl[3]), untersucht, von dem die beste
Beschreibung dieser Körper herrührt.

Hoppe-Seyler und Weyl erkannten die grosse Aehnlichkeit dieser
Körper mit dem Vitellin und bezeichneten sie als Phytovitelline. Da
eine Abgrenzung der wirklichen Phytoglobuline von den Phytovitellinen,
phosphorhaltigen Nucleoalbuminen, zur Zeit unmöglich ist, diese Pflanzeneiweisse aber eine einheitliche Gruppe bilden, so sollen sie gemeinsam
bei den Nucleoalbuminen besprochen werden (S. 183).

III. Gerinnende Eiweisskörper.

(49) Die folgenden Eiweisskörper haben die Eigenschaft, dass sie
unter dem Einflusse eines Fermentes gerinnen, d. h. in den festen
Aggregatzustand übergehen. Dieser geronnene Zustand ist ein Mittel-
ding zwischen dem löslichen Zustande, in dem sich diese Eiweisskörper wie
alle anderen nach dem Ausfällen mit Salzen befinden, und dem coagulirten, in den sie nach der Denaturirung übergehen. Sie sind in Wasser
und Salzlösungen unlöslich geworden, aber sie können nachträglich
noch durch die gewöhnlichen Mittel, Hitze, Alkohol, Formaldehyd[4]),
denaturirt und damit fester coagulirt werden. Ramsden[5]) vergleicht die geronnenen Eiweisskörper mit den durch Schütteln ge-
fällten, ebenfalls halb coagulirten; es ist das nicht zutreffend; da diese
zunächst wieder löslich sind, und da bei dem Fibrinogen wenigstens,
dem bestgekannten der Gruppe, das allmählich unlöslich gewordene
Fibrinogen von dem eigentlichen Fibrin deutlich unterschieden werden
kann[6]). Diese Eiweisskörper haben dreierlei Möglichkeiten, gefällt zu
werden, die Fällung oder „précipitation", die Denaturirung oder „coagulation", die Gerinnung oder „caséification"[7]) (vergl. S. 10). Mit

---

[1]) J. v. Liebig, Ann. Chem. Pharm. 39, 128. — [2]) Hoppe-Seyler,
Med.-chem. Untersuch. S. 215 (1867). — [3]) Th. Weyl, Pflüger's Arch. f. d.
ges. Physiol. 12, 635 (1876); Zeitschr. f. physiol. Chem. 1, 72 (1877). —
[4]) A. Benedicenti, Arch. f. Anat. u. Physiol., Physiol. Abtheilung 1897,
S. 219. — [5]) W. Ramsden, ibid. 1894, S. 517. — [6]) O. Hammarsten,
Zeitschr. f. physiol. Chem. 22, 333 (1896). — [7]) M. Arthus et C. Pagès,
Arch. de Physiol. normale et pathologique 1890, Nr. 4, S. 739.

Bestimmtheit kann indessen die Fähigkeit zu gerinnen nur dem Fibrinogen zugeschrieben werden, ausserdem noch dem zu den Nucleoalbuminen gehörenden Caseïn. Beim Myosin, Myogen und Kleber liegen vielleicht andere Verhältnisse vor; da diese aber sonst in Bezug auf ihren niederen Coagulationspunkt, auch ihre Löslichkeitsverhältnisse, Aehnlichkeit mit dem Fibrinogen haben, werden sie in der Regel mit ihm zusammengefasst.

1. Fibrinogen und Fibrin.

Das Fibrinogen ist der bestgekannte Eiweisskörper dieser Gruppe, und einer der häufigst untersuchten Eiweisskörper überhaupt. Es ist im Blutplasma aller Wirbelthiere enthalten; es wird, sobald das Blut die Ader verlässt, unter pathologischen Verhältnissen schon im Gefässsystem, durch das Fibrinferment in Fibrin verwandelt und bedingt dadurch die Gerinnung des Blutes. Die Blutflüssigkeit vor der Gerinnung nennt man Plasma, die nach der Gerinnung, die also kein Fibrinogen mehr enthält, Serum. Die ersten eingehenden Untersuchungen über die Gerinnung des Blutes stammen von Denis[1] und Alexander Schmidt[2] und seinen Schülern. Al. Schmidt lehrte: Im Blute sind die fibrinogene Substanz, das Fibrinogen, und die fibrinoplastische Substanz, das Paraglobulin, vorgebildet; sie treten unter dem Einflusse des Fibrinfermentes zu Fibrin zusammen; das Fibrinferment geht aus dem Zerfall der Leukocyten, aber auch aus allen anderen Zellen[3] hervor. Dem gegenüber zeigte Hammarsten[4] einerseits die Entbehrlichkeit des Paraglobulins für die Gerinnung[5], andererseits die Bedeutung der löslichen Kalksalze für dieselbe, stellte das Fibrinogen zuerst rein dar, und beschrieb es genau. In die Zeit zwischen die ersten und die letzten Hammarsten'schen Arbeiten fallen die Untersuchungen und Theorien von Lilienfeld[6] und Arthus[7]. Lilienfeld lehrte, das Fibrinogen werde durch Säuren, z. B. Essigsäure, besonders auch durch die aus den zerfallenden Kernen der Leukocyten

[1] Denis, Mémoires sur le sang. Paris 1859. — [2] Al. Schmidt, Arch. f. Anat. u. Physiol. 1861, S. 682; E. Samson-Himmelstjerna. Dissert. Dorpat 1882; Al. Schmidt, Die Lehre von den fermentativen Gerinnungsvorgängen. Dorpat 1876. Zusammengefasst: Al. Schmidt, Zur Blutlehre, Leipzig 1892 und Weitere Beiträge zur Blutlehre, Wiesbaden 1895. — [3] F. Rauschenbach, Dissert. Dorpat 1882. W. Grohmann, Dissert. Dorpat 1884. — [4] O. Hammarsten, Untersuchungen über die Faserstoffgerinnung, Nova acta societ. scientiar. Upsaliensis. Ser. III, Vol. X, 1 (1875). Derselbe, Pflüger's Arch. f. d. ges. Physiol. 14, 211 (1876); 19, 563 (1879); 22, 431 (1880); 30, 437 (1883). — [5] Ausser Hammarsten auch J. J. Frederikse (Utrecht), Zeitschr. f. physiol. Chem. 19, 143 (1894). — [6] L. Lilienfeld, ibid. 20, 89 (1894). Daselbst findet sich eine sehr vollständige Uebersicht über die ältere Literatur. — [7] M. Arthus et C. Pagès, Arch. de Physiol. normale et pathologique 1890, S. 739. — M. Arthus, ibid. 1894, S. 552; 1896, S. 47. M. Arthus, Thèse 1890. Ebenfalls gute Literaturübersicht.

entstehende Nucleïnsäure in einen albumosenartigen Körper und in Thrombosin gespalten; Thrombosin bilde mit den Kalksalzen des Blutes ein unlösliches Salz, den Thrombosinkalk, eben das Fibrin. Arthus hält das Fibrin für Fibrinogenkalk; die Gerinnung des Fibrinogens sei ebenso wie die des Caseïns die Bildung einer Kalkverbindung. Beider Ansichten wurden durch Hammarsten widerlegt.

Der heutige Stand der Gerinnungslehre wird durch die letzten Untersuchungen Hammarsten's aus den Jahren 1896[1]) und 1899[2]) bezeichnet. Danach gerinnt das Fibrinogen, das im Blute vorgebildet ist, in reinem Zustande so gut wie im Blute zu Fibrin; dieser Process wird durch ein Ferment hervorgerufen; dieses Ferment entsteht aus den zerfallenden Zellen des Blutes. Aus den Leukocyten oder den rothen Blutkörperchen geht aber nicht gleich das Ferment als solches hervor, sondern zunächst sein Zymogen, eine unwirksame Vorstufe, das Prothrombin. Dieses Zymogen wird dann im Plasma zu dem wirksamen Ferment, dem Thrombin. Nur zu dieser Umwandlung des Zymogens in das Enzym sind Kalksalze nothwendig; sie bleibt aus, wenn die im Plasma vorhandenen löslichen Kalksalze durch Oxalat gefällt werden. Dagegen erfolgt die Bildung des Zymogens aus den Zellen auch bei Fehlen der Kalksalze bezw. bei einem Ueberschusse von Oxalat. Und vor Allem hat Hammarsten unwiderleglich bewiesen, dass das einmal gebildete Fibrinferment das Fibrinogen auch bei Abwesenheit von Kalk in Fibrin umwandelt. Weder ist das Fibrin Fibrinogenkalk, noch hat überhaupt der Kalk etwas mit dem Fibrinogen oder Fibrin zu thun. Dass man beide Körper stets, auch wenn ein Ueberschuss von Oxalat zugegen war, kalkhaltig fand, liegt nur an der Eigenthümlichkeit der Eiweisse, Salze mechanisch auf sich niederzuschlagen, beziehentlich unlösliche Salze irgendwie in Lösung zu halten. Es gelang zwar auch Hammarsten nicht, den Kalk ganz zu beseitigen, aber seine reinsten Fibrinogen- und Fibrinpräparate enthielten nur noch 0,006 resp. 0,007 05 Proc. Kalk; wenn dieses in chemischer Bindung vorhanden sein sollte, müsste dem Fibrinogen ein Moleculargewicht von 800 000 zukommen, was wohl als ausgeschlossen gelten darf.

Das Fibrinferment hat die Eigenschaften der anderen Fermente: es ist in äusserst geringen Mengen wirksam, Hammarsten[1]) stellte eine höchst wirksame Lösung dar, die überhaupt nur 0,3 Prom. an festen Stoffen enthielt; es wird durch Erwärmen, und beim längeren Liegen unter Alkohol zerstört; von einer Reindarstellung ist natürlich nicht die Rede. Geringe Mengen von Kalk beschleunigen seine Wirkung, aber nur unbedeutend, grössere hemmen[2]). In den Zellen des Blutes und mancher Organe kommen neben den gerinnunghervorrufenden, das Ferment producirenden oder enthaltenden auch Stoffe

---

[1]) O. Hammarsten, Zeitschr. f. physiol. Chem. 22, 333 (1896). — [2]) Derselbe, ibid. 28, 98 (1899).

vor, welche die Gerinnung hemmen; ein solcher ist z. B. das von Lilienfeld[1]) aus den Leukocyten der Thymus dargestellte Nucleohiston.

Dagegen fand Wooldridge[2]) in vielen zellreichen 'Organen einen
sauren Eiweisskörper, der, ins Gefässsystem eines Hundes eingeführt,
ausgedehnte intravasculäre Gerinnungen hervorrief. Unter den Albumosen finden sich Substanzen, bis jetzt überwiegend der Heteroalbumose
zugehörig, die in kleiner Menge gerinnungsbeschleunigend, in grösserer
gerinnungshemmend wirken[3]); ähnliche Körper finden sich in den Blut-
egeln, den Krebsmuskeln u. s. w. Sie wirken nur zum Theil direct, meist
auf dem Umwege über die Körper-, besonders die Leberzellen, und es
besteht anscheinend ein Gleichgewicht zwischen gerinnungshemmenden
und -befördernden Substanzen, Verhältnisse, die noch sehr wenig aufgeklärt sind und die in vieler Hinsicht an Bacterientoxine und Antitoxine erinnern. Eine Darstellung des heutigen Standes findet sich in
der Untersuchung von Spiro und Ellinger[4]). Dass bei der Blutgerinnung noch viele unaufgeklärte Dinge eine Rolle spielen, beweist
die von Lilienfeld beschriebene, leicht zu beobachtende Thatsache,
dass in ungerinnbar gemachtem Blute die Blutkörperchen sich viel
besser absetzen, als im defibrinirten. Die bekannte Beobachtung Frédéricq's[5]), dass man im Plasma die drei Coagulationstemperaturen der drei Eiweisse, 56°, 67°, 75°, leicht feststellen kann, während
im Serum zwischen 64 und 75° keine scharfen Grenzen zu erhalten sind,
beruht auf der Bildung des bei 64° gerinnenden Fibringlobulins aus
dem Fibrinogen, sowie auf der Gegenwart von Zelleiweissen, die aus
den zerfallenden Blutkörperchen stammen.

Frédéricq[5]) fand im Blutplasma 0,4299 Proc. Fibrinogen, Reye[6])
0,3479; auch in der Lymphe und in pathologischen Transsudaten findet
sich Fibrinogen.

Das Fibrinogen ist krystallinisch nicht bekannt[7]). Seine procentische Zusammensetzung fand Hammarsten[8]):

C 52,93, H 6,9, N 16,66, S 1,25, O 22,26.

Cramer[9]) fand N = 16,4 Proc.

Die Coagulationstemperatur ist nach den genauen und umfassenden
Untersuchungen Frédéricq's[5])[10]) 56°.

Hammarsten[8]) fand ebenfalls 53 bis 56°.

---

[1]) L. Lilienfeld, Zeitschr. f. physiologische Chemie 20, 89 (1894). —
[2]) L. C. Wooldridge, Archiv f. Anat. u. Physiol., physiolog. Abth. 1886,
S. 397. — [3]) Schmidt-Mülheim, ibid. 1880, S. 33; Fano, ibid. 1881, S. 277.
— [4]) K. Spiro und A. Ellinger, Zeitschr. f. physiol. Chemie 23, 121
(1897). — [5]) L. Frédéricq, Bull. de l'Acad. r. d. Belgique, 2. sér. 64, 7
(1877) (Separatabdr.). — [6]) Reye, Diss., Strassburg 1898. — [7]) S. Dzierz-
gowski, Zeitschr. f. physiol. Chem. 28, 65 (1899). — [8]) O. Hammarsten,
Pflüger's Arch. f. d. ges. Physiologie 22, 431 (1880). — [9]) C. D. Cramer,
Zeitschr. f. physiol. Chem. 23, 74 (1897). — [10]) L. Frédéricq, Ann. de Soc.
de Médecine de Gant 1877.

Die specifische Drehung wurde für Fibrinogen vom Pferde von Mittelbach [1]) und Cramer [2]) übereinstimmend gefunden. Sie beträgt:

$$\alpha_D = -52{,}5^0.$$

Für das Rinderfibrinogen fand Cramer:

$$\alpha_D = -36{,}8^0,$$

für Pferdefibrinogen in Sodalösung, d. h. sein Natronsalz

$$\alpha_D = -45{,}5^0.$$

Salze und Halogenverbindungen sind nicht bekannt.

Das Fibrinogen zeigt die allgemeinen Eigenschaften der Globuline; es ist unlöslich in Wasser, löslich in Salzlösungen. Es ist in verdünnten Alkalien und kohlensauren Alkalien löslich, fällt aber beim Zusatz einer äusserst geringen Menge von Neutralsalz aus, um sich im Ueberschuss zu lösen [3]). Es ist durch Verdünnen mit Wasser, durch die Dialyse, durch Einleiten von Kohlensäure und durch Essigsäure fällbar. Doch ist die Fällung ebenso wenig vollständig, wie bei den Globulinen.

Die Aussalzungsgrenzen mittelst Ammonsulfat liegen für das Fibrinogen nach Hofmeister und Reye [4]) bei 1,7 bis 1,9 und 2,5 bis 2,8, je nach der Concentration. Da für Globulin die untere Grenze erst bei 2,7 bis 3,1 liegt, kann das Fibrinogen durch fractionirte Fällung mit Ammonsulfat rein gewonnen werden. Auch Magnesiumsulfat und Natriumchlorid [3]) salzen bereits vor der vollen Sättigung aus, Hammarsten's Reindarstellungen beruhen auf der Fällung mit dem gleichen Volum einer gesättigten Kochsalzlösung, die ein sehr reines Präparat, wenn auch in schlechter Ausbeute, liefert. Das Fibrinogen bildet also mit dem Casein, dem Myosin und manchen Zelleiweissen zusammen eine Gruppe der leichtest fällbaren Eiweisskörper.

Das ausgefällte Fibrinogen ist ein zäher, sehr elastischer, zusammenklebender Körper von der Consistenz der bei der Blutgerinnung gebildeten Gallerte. Es hat die Besonderheit, noch weit rascher als die anderen Globuline unlöslich zu werden, gleichgültig, ob es durch Verdünnen mit Wasser, durch Säure oder durch Aussalzen gefällt ist; am schnellsten geschieht dies, wie übrigens in gewisser Weise bei allen Eiweissen [5]), in Gegenwart von Kalksalzen [6]). Dies unlöslich gewordene Fibrinogen hat nichts mit dem geronnenen Fibrin zu thun, sondern ist ein wirklich denaturirter Eiweisskörper [6]). Auf der Verwechslung dieses coagulirten Fibrinogens mit Fibrin, sowie auf der raschen Bildung unlöslichen Fibrinogenkalks beruhen zum Theil die irrthümlichen Angaben von Arthus und Lilienfeld [6]). Selbst in Lösung [6]) ver-

[1]) F. Mittelbach, Zeitschr. f. physiolog. Chem. 19, 289 (1894); J. J. Frederikse, a. a. O. — [2]) C. D. Cramer, Zeitschr. f. physiol. Chem. 23, 74 (1897). — [3]) O. Hammarsten, Pflüger's Arch. f. d. ges. Phys. 22, 431 (1880). — [4]) W. Reye, Diss., Strassburg 1898. — [5]) Cf. S. 6 u. S. 87. — [6]) O. Hammarsten, Zeitschr. f. physiol. Chem. 22, 333 (1896).

ändert es sich rasch, und wird bei zu lange fortgesetzter Dialyse, noch ehe es ausfällt, ungerinnbar. Essigsäure fällt das Fibrinogen, wie alle Globuline, nicht vollständig, ein Theil bleibt in Lösung; darauf bezieht sich Lilienfeld's Angabe über die Spaltung des Fibrinogens.

Wird das Fibrinogen entweder durch Erwärmen auf 56° coagulirt, oder durch Fibrinferment zur Gerinnung gebracht, so bleibt stets eine Substanz, das sogenannte Fibringlobulin, in Lösung [1]. Auch bei der Gerinnung im Blute ist dies der Fall, so dass das Serum nach Frédéricq und Reye stets Fibringlobulin, erkennbar an seiner Coagulationstemperatur von 64° C. und seinen Aussalzungsgrenzen, enthält. Das coagulirte oder das geronnene Fibrin hat eine annähernd gleiche, von dem des Fibringlobulins etwas abweichende Zusammensetzung.

Hammarsten fand für das unveränderte Fibrinogen (s. o.):

$$C \ 52,93, \quad H \ 6,9, \quad N \ 16,66, \quad S \ 1,25, \quad O \ 22,26,$$

für das Fibrin (durch Ferment geronnen):

$$C \ 52,68, \quad H \ 6,83, \quad N \ 16,91, \quad S \ 1,1, \quad O \ 22,48,$$

für das durch Erwärmen coagulirte Fibrinogen:

$$C \ 52,46, \quad H \ 6,84, \quad N \ 16,93, \quad S \ 1,24, \quad O \ 22,53,$$

für das lösliche Product aber, das Fibringlobulin:

$$C \ 52,84, \quad H \ 6,92, \quad N \ 16,25, \quad S \ 1,03, \quad O \ 22,96$$

und

$$C \ 52,70, \quad H \ 6,98, \quad N \ 16,07,$$

also für die unlöslichen Körper einen hohen Stickstoff- und geringen Kohlenstoffgehalt, für die löslichen umgekehrt.

Das Fibringlobulin hat eine Coagulationstemperatur von 64°.

Lilienfeld, Frederikse, Schmiedeberg [2] u. A. wurden dadurch zu der Vermuthung geführt, es bestände die Gerinnung in einer hydrolytischen Spaltung des Fibrinogens in Fibrin und Fibringlobulin; auch Hammarsten hielt diese Anschauung früher wenigstens für möglich. Neuerdings nimmt er im Gegentheil an [3], das Fibrinogen werde durch das Ferment zwar vollständig in Fibrin umgewandelt, aber ein Theil des Fibrins fiele nicht aus, sondern bliebe in Lösung. Dafür spricht die Coagulationstemperatur des Fibringlobulins von 64° C., die mit der des Fibrins identisch ist; die analytischen Differenzen hält Hammarsten für zu gering, um sie als Beweis gegen diese Anschauung ins Feld führen zu können; die Aussalzungsgrenzen des

---

[1] O. Hammarsten, Pflüger's Arch. f. d. ges. Physiol. 22, 431 (1880); Derselbe, Zeitschr. f. physiol. Chem. 22, 333 (1896), S. 385; Derselbe, ibid. 28, 98 (1899); Derselbe, Pflüger's Arch. 30, 437 (1883); Frederikse und Lilienfeld, l. c.; W. Reye, Diss., Strassburg 1898; L. Frédéricq, l. c. — [2] O. Schmiedeberg, Schmiedeberg's Arch. f. experiment. Pathologie und Pharmakol. 39, 1 (1897). — [3] O. Hammarsten, Zeitschr. f. physiol. Chem. 28, 98 (1899).

Fibrin.

Fibringlobulins sind nach Reye die gleichen, wie die des Fibrinogens. Auch Denis, der das Fibringlobulin als Fibrine concrète pure bezeichnete, und Frédéricq [1]) theilen diese Auffassung. Nach Hammarsten [2]) werden durch Fermentwirkung in reinen Fibrinogenlösungen 77 bis 81 Proc. unlöslich, Frédéricq beobachtete, dass aus 0,4299 Proc. Fibrinogen sich 0,375 Proc. Fibrin bildeten, was 87 Proc. entspräche.

Durch die Einwirkung des Fibrinferments wird das Fibrinogen zu Fibrin. Fibrin, der bekannte Faserstoff des Blutes, der Typus der geronnenen Eiweisskörper, ist ein zäher, derb elastischer, gallertartiger Körper. Er ist äusserst voluminös, da er trotz seiner geringen Menge die ganze Blutmasse zum Erstarren bringt. Er wird durch Erhitzen, durch Alkohol, durch Formaldehyd [3]), durch lange Einwirkung von Salzen denaturirt, er hat dann seine charakteristischen Eigenschaften verloren, und verhält sich wie jeder andere coagulirte Eiweisskörper.

Das nicht coagulirte Fibrin ist in Salzlösungen relativ leicht löslich [4]) [5]) [6]), ebenso in Harnstofflösungen [5]), leichter noch in Säuren [6]) [7]). Doch ist es wahrscheinlich, dass hierbei proteolytische Fermente oder deren Zymogene, die durch Resorption ins Blut gelangt sind und sich auf dem Fibrin niedergeschlagen haben, eine Rolle spielen; auszuschliessen sind sie kaum, da bei jedem Versuche, sie zu zerstören, auch das Fibrin denaturirt wird. Durch Pepsin und Salzsäure [8]), wie durch Trypsin [8]) wird das Fibrin äusserst rasch, in wenigen Minuten, gelöst. Doch hat man in der Regel das durch Defibriniren erhaltene Fibrin zu den Verdauungsversuchen verwendet; dieses aber enthält stets nicht unbedeutende Mengen von Serumglobulin, das dann in Lösung geht; dadurch erklären sich manche ältere Angaben über Globuline als erste Verdauungsproducte des Fibrins [8]). Dass das Fibrin selbst erst als solches wieder in Lösung geht, ehe es zu Acidalbumin wird, wie dies Arthus [9]) behauptet, erscheint unwahrscheinlich. — Spaltungsversuche mit reinem Fibrin stehen bisher noch aus. Gewöhnliches Fibrin hat dagegen, als leicht verdaulich und relativ rein, zu den meisten Verdauungsversuchen gedient, und unsere Kenntnisse über die ersten Spaltungsproducte der Eiweisskörper entstammen zumeist Untersuchungen über das Fibrin; die Albumosen von Kühne und seinen Schülern sind Fibrinosen (s. S. 104), das sogenannte Witte-Pepton

[1]) L. Frédéricq, Bull. de l'Acad. r. de Belgique, 2. sér., 64, 7 (1877) (Separatabdr.). — [2]) O. Hammarsten, Zeitschr. f. physiol. Chem. 28, 98 (1899). — [3]) A. Benedicenti, Arch. f. Anat. u. Physiol., Phys. Abth. 1897, S. 219. — [4]) O. Hammarsten, Zeitschr. f. physiol. Chem. 22, 333 (1896). — [5]) Ph. Limbourg, ibid. 13, 450 (1889). — [6]) Claudio Fermi, Zeitschr. f. Biolog. 28, 229 (1891). — [7]) G. Wolffhügel, Pflüger's Arch. f. d. ges. Physiol. 7, 188 (1873). — [8]) K. Hasebroek, Zeitschr. f. physiol. Chem. 11, 348 (1887); A. Herrmann, ibid. 11, 508 (1887). — [9]) M. Arthus et A. Huber, Arch. de Physiol. normale et patholog. 1893, S. 447.

besteht aus Fibrinosen, die ersten Untersuchungen der Hofmeister'-schen Schule sind an diesen ausgeführt[1]), und so sind denn auch die ersten rein dargestellten Albumosen Pick's[2]) Proto- und Hetero-fibrinose. Nach Salkowski und Reach[3]) liefert das Fibrin minde-stens 3,8 Proc. Tyrosin, enthält also viel von der Hemigruppe, was mit seiner Leichtverdaulichkeit übereinstimmt.

Die Darstellung des Fibrinogens kann entweder nach Hammarsten durch Fällen mit dem gleichen Volum concentrirter Kochsalzlösung oder mit besserer Ausbeute nach Reye durch Fällen mit vier Volum-theilen gesättigter Ammonsulfatlösung auf 10 Volumtheile Plasma erfolgen. Das Fibrinogen scheidet sich aber nur amorph ab; Reinigen durch Dialyse ist ohne Denaturirung kaum möglich; überhaupt ist sehr rasches Arbeiten bei niedriger Temperatur wegen der Gefahr des Unlöslichwerdens hier noch viel mehr erforderlich als bei dem Globulin. Zur Darstellung eignet sich am meisten Pferdeblut; doch kann auch anderes Blut, das durch Zusatz von 1 p. m. Natriumoxalat ungerinnbar gemacht ist, verwendet werden. — Will man nur coagulirtes Fibrin untersuchen, so kann man es durch vorsichtiges Erwärmen von Blut-plasma auf 56⁰ rein erhalten. Der gewöhnliche Blutfaserstoff enthält immer Zellreste, Hämoglobin und vor allem Globulin; er muss minde-stens ausser mit Wasser noch gründlich mit Kochsalzlösung von 3 Proc. gewaschen werden, ist aber auch dann unrein.

Aus dem Blute von Krebsen stellte Halliburton[4]) ein Fibrinogen dar, das sich bis auf seine Coagulationstemperatur von etwa 65⁰ C. genau wie das der Wirbelthiere verhält, in seinem chemischen Ver-halten ebenso, wie bei der Fermentgerinnung.

2. Das Myosin und die verwandten Eiweisskörper.

(50) In den quergestreiften Muskeln sind Eiweisskörper enthalten, deren chemische Natur einen Theil der am Muskel beobachteten That-sachen erklärt. Die altbekannte Erscheinung, dass die Muskeln längere oder kürzere Zeit nach dem Tode in einen Zustand der Starre ver-fallen, führte Kühne[5]) auf die Existenz eines eigenartigen Eiweiss-körpers zurück, den er Myosin nannte, und den er aus den Muskeln der Frösche darzustellen vermochte. Seine wichtigste Eigenthümlich-keit war, dass es, sei es an Ort und Stelle, sei es in der durch das Auspressen der Muskeln gewonnenen Flüssigkeit, dem sogenannten Muskelplasma, „spontan gerann", d. h. in eine fibrinähnliche Modi-fication überging; auf diesem Process beruht die Todtenstarre. In der Flüssigkeit, die nach der Myosingerinnung übrig blieb, dem Muskel-

---

[1]) E. P. Pick, Zeitschr. f. physiol. Chem. 24, 246 (1897); E. Zunz, ibid. 27, 219 (1899). — [2]) E. P. Pick, ibid. 28, 219 (1899). — [3]) F. Reach, Virchow's Arch. 158, 288 (1899). — [4]) W. D. Halliburton, Journ. of Phy-siolog. 6, 300 (1885). — [5]) W. Kühne, Arch. f. Anat. und Physiol. 1859, S. 748; Derselbe, Lehrbuch d. physiol. Chem., S. 272 (1868).

serum, fand sich dann ausser anderen, weniger charakteristischen
Körpern noch ein weiterer Eiweisskörper, der bei 47° coagulirte; auf
dieser Coagulation beruht die Wärmestarre. Später hat Halliburton[1])
auch die Eiweissstoffe des Säugethiermuskels untersucht; er fand darin
einmal den bei 47° gerinnenden Körper, den er Paramyosinogen
nannte; das Kühne'sche lösliche Myosin bezeichnet er als Myosinogen,
und nimmt an, dass es unter der Einwirkung eines Fermentes, des
Myosinfermentes, in die geronnene Modification, das Myosin, übergeht, also in voller Analogie zur Fibrinogengerinnung. Eine weitere
eingehende Untersuchung dieser Eiweisskörper hat dann v. Fürth[2])
geliefert, dessen Angaben der folgenden Darstellung zum grössten
Theil zu Grunde liegen. In letzter Zeit hat Stewart[3]) die v. Fürth'-
schen Mittheilungen im Wesentlichen bestätigt. Auch nach der
v. Fürth'schen Arbeit bleiben noch verschiedene unaufgeklärte Punkte
in der Chemie der Muskeleiweisse, vor Allem auffallende Widersprüche
zwischen den Autoren bestehen.

Danach existiren in den Muskeln der Säugethiere und Amphibien
— soweit sie untersucht sind — zwei charakteristische Eiweisskörper:

1. Das Myosin.

Es bildet einen Theil des im Muskelplasma spontan entstehenden
Gerinnsels, ist also im Kühne'schen Myosin zu einem gewissen Antheile
mit enthalten. Der nicht spontan gerinnende Rest des Myosins ist derjenige Eiweisskörper, dessen Coagulation bei 47° Kühne beobachtete.
Halliburton bezeichnet diesen Eiweisskörper als Paramyosinogen,
ebenso Stewart. Das Myosin hat alle wesentlichen Eigenschaften der
Globuline: es ist in Wasser unlöslich, leicht löslich in verdünnten Salzlösungen, aus denen es durch Eintropfen in Wasser oder durch Dialyse
gefällt werden kann. Ebenso wird es durch verdünnte Säuren und durch
Einleiten von Kohlensäure gefällt, ist aber im Ueberschuss der Säuren
ausserordentlich leicht löslich. Es wird durch verschiedene Salze sehr
leicht ausgesalzen: für Chlornatrium liegen die Grenzen zwischen 15 und
26 Proc., für Magnesiumsulfat zwischen 30 und 50 Proc., für Ammonsulfat zwischen 17 und 28 Proc., oder nach der üblichen Bezeichnung
bei 2,2 und 3,6; die Hauptfällung ist schon bei 24 Proc. — gleich
3,1 — vollendet, d. h. die Grenzen sind nicht erheblich höher als die
des Fibrinogens. Auch dadurch steht es dem Fibrinogen nahe, dass es
nach dem Ausfällen durch Dialyse, Aussalzen, Ansäuern oder mit
Alkohol sehr rasch unlöslich wird, noch leichter als das Fibrinogen.

---

[1]) W. D. Halliburton, Journ. of Physiol. 8, 133 (1887); Derselbe,
Lehrbuch der chem. Physiologie, deutsch von K. Kaiser, 1892, S. 425. —
[2]) O. v. Fürth, Schmiedeberg's Arch. f. experiment. Pathol. und Pharmak.
36, 231 (1895). — [3]) G. N. Stewart and O. Sollmann, Journ. of Physiol.
24, 427 (1899).

Seine wichtigste Eigenschaft aber ist, dass es auch in Lösung befind-
lich sehr leicht „gerinnt", d. h. ausfällt und unlöslich. wird und in
einen fibrinähnlichen Zustand übergeht. Je höher die Temperatur ist,
desto leichter findet dies Unlöslichwerden statt, bei 40° ausserordentlich rasch, bei 32 bis 35° kann in 24 Stunden das gesammte Myosin
geronnen sein; eine Fermentwirkung, die hierbei mitspielte, konnte von
v. Fürth nicht festgestellt, doch auch nicht ausgeschlossen werden.
v. Fürth nennt das geronnene Myosin Myosinfibrin, Halliburton
Paramyosin. In dem Gerinnsel, das in todten Muskeln oder in dem
ausgepressten Muskelplasma sich bildet, ist Myosinfibrin enthalten; ob
daneben noch lösliches Myosin im Muskel oder im Serum vorhanden
ist, hängt von der Zeit und der Temperatur ab.

Die Coagulationstemperatur ist 47°, doch ist zur völligen Abscheidung in der Regel ein Erwärmen auf 50 bis 52° erforderlich; das
Myosin hat also von allen Eiweissen die niedrigste Coagulationstemperatur.

Das Myosin giebt die gewöhnlichen Fällungs- und Farbenreactionen
der Eiweisskörper; Analysen, die sich mit Sicherheit auf reines Myosin
beziehen, liegen nicht vor. Nach v. Fürth bildet das Myosin etwa
20 Proc. der Eiweisskörper des Muskels.

2. Das Myogen.

Das Myogen bildet nach v. Fürth etwa 80 Proc. des Muskeleiweiss; es entspricht dem Halliburton'schen Myosinogen, und nach
v. Fürth's Auffassung zum Theil dem Kühne'schen Myosin. Es hat
eine Reihe von Eigenschaften mit den Globulinen gemeinsam, nämlich
seine Fällbarkeit durch Säuren und seine partielle Fällbarkeit durch
Verdünnen mit Wasser, oder die Dialyse; es unterscheidet sich von ihnen
aber dadurch, dass es durch die Dialyse nur zum kleineren Theile gefällt wird, vielmehr auch in reinem Wasser noch ziemlich löslich ist,
und zwar mit neutraler Reaction. Durch Mineralsäuren wird es, wie
gesagt, gefällt, aber schon durch einen ganz geringen Ueberschuss
wieder gelöst; es ist überhaupt von allen Eiweisskörpern derjenige, der
am leichtesten in Acidalbumin übergeführt werden kann, wie schon
seit Liebig bekannt ist. Auf der raschen Ueberführung des Myogens
in Acidalbumin durch die Milchsäure des absterbenden Muskels beruht
die Lösung der Todtenstarre. Durch Essigsäure wird es nur bei
Gegenwart von Neutralsalzen gefällt, sonst sofort in Acidalbumin umgewandelt. Andererseits aber wird das Myogen, nach v. Fürth, bei
Salzgegenwart, auch von Alkalien und Ammoniak gefällt, verhält sich
in diesem Punkte also wie die basischen Histone. Das Myogen wird
durch Chlornatrium und Magnesiumsulfat nur bei völliger Sättigung
der Lösungen — nach v. Fürth auch dann nicht vollständig —
gefällt. Die Fällungsgrenzen für Ammonsulfat liegen zwischen 28 und

40 Proc., resp. bei 3,6 und 5,2; ein Theil fällt aber auch erst bei völliger Sättigung aus.

Das Myogen wird nicht, wie das Myosin, nach dem Ausfällen rasch unlöslich, es wird durch Alkohol im Gegentheil nur sehr langsam denaturirt, so dass v. Fürth dies zur Reindarstellung benutzen konnte. Dagegen hat es, gerade so wie das Myosin, die Eigenschaft, sich beim Stehen seiner Lösungen zu verändern; es geht zunächst in eine noch lösliche Modification über, die v. Fürth als „lösliches Myogenfibrin" bezeichnet, und die noch die übrigen Eigenschaften des Myogens besitzt, sich von ihm nur durch ihre viel niedrigere Coagulationstemperatur unterscheidet. Dies lösliche Myogenfibrin aber wird dann seinerseits zu unlöslichem „Myogenfibrin", so dass also auch Myogenlösungen wie solche von Myosin nach einiger Zeit ein Gerinnsel fallen lassen. Halliburton nimmt an, dass dies durch die Mitwirkung eines Fermentes, des Myosinfermentes, zu Stande komme, oder durch das Ferment mindestens beschleunigt werde, was v. Fürth nicht bestätigen konnte. Ferner glaubt Halliburton, dass das Myogenfibrin, das er Myosin nennt, sich in Salzlösungen wieder auflösen, und dann zum zweiten Male coaguliren könne. Es beruht dies aber, wie v. Fürth gezeigt hat, auf dem gleichen Irrthume, der die Lehre von der Fibrinogengerinnung so lange gestört hat, nämlich darauf, dass bei dem Verdünnen einer Salzlösung das Myogen mindestens theilweise ausfällt, um sich bei Hinzufügung von Salz wieder aufzulösen; dies Ausfallen aber ist etwas ganz Anderes, als die Gerinnung, die Entstehung von Myogenfibrin aus Myogen. — Schwieriger liegt dagegen der andere Punkt, in dem die Autoren differiren. Kühne, und mit ihm wesentlich übereinstimmend Halliburton, giebt an, dass sich das geronnene Myosin zwar nicht in Wasser, aber in Salzlösungen — 10 procentiger Chlornatrium- oder 15 procentiger Chlorammoniumlösung — wieder auflöst, und beschreibt von dieser Myosinlösung dieselben Eigenschaften, die v. Fürth seiner unveränderten Myogenlösung zuschreibt. v. Fürth hält dagegen sein Myogenfibrin, das ja Kühne's geronnenem Myosin entspricht, für ebenso unlöslich wie Fibrin. Er sucht die Lösung des Widerspruches darin, dass das gerinnende Myosinfibrin und Myogenfibrin stets mechanisch etwas unverändertes Myogen mit niederreissen, das dann wieder in Lösung gehen könne. Wenn man — an einem derartigen Präparate sind ja viele Untersuchungen gemacht worden — einen bereits todtenstarr gewordenen Muskel mit Salzlösungen extrahirt, so ist das in Lösung befindliche Eiweiss also nach Kühne — und Halliburton — geronnenes und wieder gelöstes Myosin, resp. nach der v. Fürth'schen Bezeichnung ein Gemenge von Myosin- und Myogenfibrin —, während v. Fürth es als unverändertes, noch nicht geronnenes Myogen, vielleicht Myosin plus Myogen auffasst. Im Muskel bleibt nach v. Fürth Myosinfibrin und Myogenfibrin zurück, während nach Kühne alle myosinartigen Substanzen gelöst werden müssten.

Aufgeklärt ist die Chemie dieser interessanten Eiweisskörper jedenfalls noch nicht; vor Allem steht ja noch gar nicht fest, ob die Gerinnung durch ein Ferment erfolgt oder nicht. Die Bildung einer löslichen Zwischenstufe und die sehr allmähliche Gerinnung, die durch erhöhte Temperatur beschleunigt wird, spricht für die Analogie mit der Fibrin- und der Milchgerinnung, ohne beweisend zu sein. Der entscheidende Versuch würde sein, festzustellen, ob die geronnenen Muskeleiweisse durch Erhitzen oder andere Processe einer weiteren vollständigen Coagulation und Denaturirung fähig sind, wie dies bei dem Fibrin der Fall ist; dieser Versuch aber wurde bisher nicht gemacht.

Das Myogen zeigt die gewöhnlichen Farbenreactionen der Eiweisskörper; bei den Fällungen ist zu bemerken, dass es von den Salzen der Schwermetalle nur bei Gegenwart von Neutralsalzen gefällt wird; auch die eigenthümliche Resistenz gegen die Denaturirung durch Alkohol gehört hierher, falls nicht beide Unterschiede nur durch die besonders sorgfältige Entfernung der Salze durch v. Fürth bedingt sind.

Die Coagulationstemperatur des unveränderten Myogens wird übereinstimmend auf etwa 56° angegeben; doch ist zumal in salzarmen Lösungen nur schwer eine völlige Coagulation zu erzielen, da wegen der beschriebenen leichten Umwandelbarkeit des Myogens in Acidalbumin leicht ein Theil der Fällung entgeht. Das lösliche Myogenfibrin hat eine Coagulationstemperatur von 40°, geht aber, wie beschrieben, auch bei niederen Temperaturen in das unlösliche Myogenfibrin über.

v. Fürth fand für das Myogen die procentische Zusammensetzung:

C 52,69, H 6,96, N 16,27, S 1,04, O 22,80.

Kühne und Chittenden[1]) fanden für ihr — wieder aufgelöstes — Myosin, das nach v. Fürth als ein Gemenge von Myogen und Myosin, eventuell auch löslichem Myogenfibrin, aufzufassen ist:

C 52,79, H 7,12, N 16,86, S 1,26, O 21,86.

Chittenden und Cummins[2]) fanden für das gleiche Präparat ganz ähnliche Zahlen, und eben so wenig weichen die von Chittenden[1]) aus den Muskeln verschiedener Thiere dargestellten und analysirten Myosine davon ab. Die specifische Drehung wurde nicht bestimmt. Dagegen fanden Danilevsky und Schipiloff[3]) die interessante Thatsache, dass Myosinlösungen sowohl flüssig, wie in dünnen Schichten aufgetrocknet, eine ausgesprochene Doppelbrechung zeigen. Auf den

---

[1]) W. Kühne und R. H. Chittenden, Zeitschr. f. Biolog. 25, 358 (1889). — [2]) R. H. Chittenden and G. W. Cummins, Yale Univers. 3, 115 [nach Maly's Jahresber. f. Thierchemie 20, 298 (1890)]. — [3]) Cathérine Schipiloff und A. Danilevsky, Zeitschrift f. physiol. Chemie 5, 349 (1881).

vermutheten Zusammenhang mit der Doppelbrechung eines Theiles des intacten Muskels, sowie auf die anderen Fragen, welchen morphologischen Theilen die verschiedenen Eiweisskörper entsprechen, kann hier nicht eingegangen werden.

Was die Mengenverhältnisse anlangt, so sind nach v. Fürth circa 80 Proc. der löslichen Eiweisskörper des Säugethiermuskels Myogen; daneben findet sich in der Regel schon gleich bei der Darstellung etwas lösliches Myogenfibrin, das dann bald gerinnt. Dass dies Myogenfibrin schon im Muskel präformirt sei, wie er glaubt, ist wohl unwahrscheinlich. Im Froschmuskel scheint die Umwandlung in Myogenfibrin dagegen rascher vor sich zu gehen; doch ist bei diesen quantitativen Versuchen sehr darauf Rücksicht zu nehmen, dass eventuell schon in situ, also vor der Verarbeitung, ein gewisser Theil der Eiweisskörper unlöslich werden kann [1]).

Die salzartigen Verbindungen des Myosins — es handelt sich wahrscheinlich um ein Gemenge von etwas Myosin und viel Myogen — mit Säuren wie mit Metallen sind von Danilevsky [2]) und Chittenden [3]) untersucht worden. Genauere Angaben über die Darstellung des Myosins oder Myogens lassen sich bei den Widersprüchen der Autoren zur Zeit kaum machen. Den Hauptbestandtheil des Muskeleiweiss erhält man, wenn man Muskeln, die gründlich blutfrei gespült sind, mit Kochsalzlösung von 10 Proc. extrahirt.

Bei der Pepsinverdauung [4]) giebt das Myosin die gewöhnlichen Albumosen, bei der Trypsinverdauung [5]) wenig Albumosen, sonst die üblichen Spaltungsproducte. Bei der Pepsinverdauung geht das Myosin, entsprechend seiner leichten Umwandlung in Acidalbumin, sehr rasch in Lösung, wird aber dann nur sehr schwer weiter gespalten, ein grosser Theil bleibt bei beiden Verdauungen als Antialbumid zurück [5]).

Was das Vorkommen anlangt, so sind keine Unterschiede zwischen den einzelnen Muskeln und den verschiedenen Arten von Warmblütern und Amphibien gefunden worden [4]); auch im Herzen fand Stewart die gleichen zwei Körper. Ueber die glatte Musculatur fehlen noch Untersuchungen.

Andere lösliche Eiweisskörper als Myosin und Myogen kommen, wie v. Fürth und Stewart festgestellt haben, in der eigentlichen Muskelsubstanz nicht vor; das von Kühne seiner Zeit beschriebene Albumin entstammt der Lymphe, das Myoglobulin und die Myoalbumose Halliburton's sind Reste von nicht coagulirtem Myogen.

---

[1]) G. N. Stewart and T. Sollmann, J. of Physiol. 24, 427 (1899). —
[2]) A. Danilevsky, Centralbl. f. d. med. Wiss. 1880, S. 929; Derselbe, Zeitschr. f. physiol. Chem. 5, 158 (1881). — [3]) R. H. Chittenden and H. Whitehouse, Yale Univers. 2, 95 [nach Maly's Jahresber. f. Thierchemie 17, 11 (1887)]. — [4]) W. Kühne und R. H. Chittenden, Zeitschr. f. Biolog. 25, 358 (1889). — [5]) R. H. Chittenden and R. Goodwin, Journ. of Physiol. 12, 34 (1891).

Doch hat auch Mays[1]) neuerdings wieder nicht coagulirende Eiweisskörper in den Muskeln gefunden. Ferner wäre Siegfried's[2]) Angabe
über das Vorkommen von Fleischsäure in den Muskeln zu erwähnen,
von der aber nicht sicher ist, ob sie präformirt vorkommt, oder erst
bei der Behandlung des Muskelfleisches entsteht. Beide Angaben
beziehen sich vielleicht auf das von Pekelharing[3]) und Kossel[3])
beschriebene Nucleoproteïd aus den Zellkernen des Muskels. Endlich
hat Holmgren[4]) einen schwer löslichen, nur als Albuminat extrahir-
baren Eiweisskörper beschrieben, von dem es schwer zu sagen ist, ob
es sich um einen geronnenen Eiweisskörper handelt, oder um einen das
Muskelstroma bildenden, zur Gruppe der Albuminoide gehörigen Körper;
er wird bei den letzteren besprochen werden.

Sodann hat v. Fürth in den Muskeln der Fische — vielleicht
auch der Frösche — neben Myogen einen Eiweisskörper gefunden, den
er Myoproteïd nennt. Das Myoproteïd ist in Wasser löslich, wird
durch Kochen nicht coagulirt, dagegen durch Säuren, aber erst bei
einem hohen Grade von Acidität gefällt. Magnesiumsulfat und Natriumchlorid salzen aus; für Ammonsulfat liegt die obere Grenze bei 25 bis
35 Proc., also um 4,0, die untere anscheinend erst bei völliger
Sättigung bei saurer Reaction. Natronlauge fällt auch bei Salzgegenwart nicht. Im Uebrigen giebt der Körper die gewöhnlichen
Fällungs- und Farbenreactionen der Eiweisse. Er enthält keine
nennenswerthe Menge Phosphor und giebt keine reducirende Substanz,
auch kein Pseudonucleïn.

Endlich ist noch zu besprechen, wie weit Eiweisskörper, die dem
Myosin oder Myogen verwandt sind, in anderen Organen vorkommen.
Bekanntlich zeigen alle Gewebe in gewissem Sinne die Erscheinung der
Todtenstarre, und es ist daher die Annahme naheliegend, dass in jedem
Protoplasma derartige spontan gerinnende Körper sich finden. Reinke
und Rodewald[5]) fanden einen solchen denn auch im Protoplasma von
Aethalium septicum, Plósz[6]) fand in der Leber einen Körper von
der Coagulationstemperatur des Myosins (47° C.), Lilienfeld[7]) einen
eben solchen in den Leukocyten aus der Thymusdrüse; auch Chittenden[8])
fand Myosin in der Retina, Halliburton[9]) beobachtete in einer grossen
Reihe von zellreichen Organen, wie Milz, Schilddrüse etc., Eiweisse

---

[1]) K. Mays, Z. f. Biolog. 34, 268 (1896). — [2]) M. Siegfried, Arch. f.
Anat. und Physiol., Physiol. Abtheil., 1894, S. 401; Derselbe, Zeitschr. f.
physiol. Chem. 21, 360 (1895); 28, 524 (1899); J. Macleod, ibid. 28, 535
(1899). — [3]) C. A. Pekelharing, ibid. 22, 245 (1896); A. Kossel, ibid. 7,
7 (1882). — [4]) J. F. v. Holmgren, nach dem schwedischen Original ref. von
Hammarsten in Maly's Jahresber. f. Thierchemie 23, 360 (1893). —
[5]) J. Reinke und H. Rodewald, Botanikerztg. 38 (1880). — [6]) P. Plósz,
Pflüger's Arch. 7, 371 (1873). — [7]) L. Lilienfeld, Zeitschr. f. physiol. Chem.
18, 473 (1893). — [8]) R. H. Chittenden, Histochemie des Sehepithels, Untersuchungen aus dem Heidelberger physiolog. Institute II, 438 (1879). —
[9]) Vgl. Anm. 2 auf S. 181.

von der Gerinnungstemperatur des Myosins, nicht aber im Gehirn und den rothen Blutkörperchen. Ebenso lässt sich aus dem Pankreas ein Eiweisskörper gewinnen, der spontan bei Körpertemperatur gerinnt, und auch sonst die Eigenschaften des Myosins besitzt; er hat eine Coagulationstemperatur von 50° C. oder etwas darunter; seine Aussalzungsgrenzen für Ammonsulfat liegen zwischen 1,5 und 3, also so niedrig, wie bei Fibrinogen und Myosin. Auch in Schleimhäuten kommen gerinnende Eiweisskörper vor. Es ist wohl sicher, dass man das Myosin als zur Zusammensetzung jedes Protoplasmas gehörig ansehen darf.

8. Kleber.

An dieser Stelle ist auch der sogenannte Kleber zu erwähnen; es ist dies ein, bezw. der Eiweisskörper der Getreidekörner. Weyl und Bischoff[1]), die Einzigen, die ihn untersucht haben, beschreiben den betreffenden Körper als ein Eiweiss vom Charakter der Globuline, löslich in Salzlösungen, unlöslich in Wasser, aus seiner Lösung durch Verdünnen fällbar. Sie bezeichnen ihn als kleberbildende Substanz und halten ihn für identisch mit dem Pflanzenmyosin, das sie sonst in vielen Pflanzen gefunden hatten, und das wohl eher zu den Nucleoalbuminen gehört. Hatten sie diesen Körper mit Salzlösungen, Soda oder verdünnten Säuren extrahirt, so fand sich nachher kein Kleber, und sie vermuthen, dass der Kleber aus dieser Globulinsubstanz unter der Einwirkung eines Ferments entsteht; ein Versuch, dieses Ferment zu isoliren, schlug fehl. Weitere Untersuchungen scheinen nicht gemacht worden zu sein, so dass weder die genaueren Eigenschaften des Klebers bekannt sind, noch die Thatsache seiner fermentativen Gerinnung überhaupt bewiesen ist. Sollte sie sich bestätigen, so wäre es sehr interessant, dass die drei wichtigsten, menschlichen Nahrungseiweisse, Caseïn, Myosin und das Broteiweiss, zu den gerinnenden Eiweissen zählen.

IV. Die Nucleoalbumine.

(51) Die Nucleoalbumine sind phosphorhaltige Eiweisskörper und wurden deshalb früher mit den Nucleoproteïden vereinigt. Sie haben ausser dem Phosphorgehalt auch das mit ihnen gemeinsam, dass bei der Verdauung mit Pepsin und Salzsäure, während die Hauptmenge des Eiweiss in Lösung geht, in einem gewissen Stadium ein phosphorhaltiger Complex aus ihnen abgespalten wird, der sich später wieder löst. Er wird von Kossel[2]) Paranucleïn, von Hammarsten[3])

---

[1]) Th. Weyl und Bischoff, Sitzungsber. der Erlanger phys.-med. Soc. 1880; Ber. deutsch. chem. Ges. 13, I, 367 (1880). — [2]) A. Kossel, Verh. d. Berl. physiol. Ges., Arch. f. Anat. u. Physiol., Physiol. Abtheil., 1891, S. 181; L. Lilienfeld, ibid. 1892, S. 128. — [3]) O. Hammarsten, Zeitschr. f. physiol. Chemie 19, 19 (1893).

Pseudonucleïn genannt. Ob aber aller Phosphor der Nucleoalbumine in diesem Pseudonucleïn enthalten ist, oder ob nicht auch die gebildeten Albumosen und Peptone noch phosphorhaltig sind, wie Alexander[1]) angiebt, steht eben so wenig fest, wie über die Bindung des Phosphors in den Nucleoalbuminen überhaupt etwas bekannt ist.

Von den Nucleoproteïden unterscheiden sich die Nucleoalbumine dagegen scharf durch das Fehlen der Xanthinbasen unter ihren Spaltungsproducten[2]); auch die Nucleïnsäure, die ja diese Basen enthält, fehlt ihnen, und ebenso fehlt ihnen das aus den Nucleoproteïden zu gewinnende Kohlehydrat. Anfangs versuchten Kossel und Hammarsten, denen wir die Trennung der beiden Gruppen und die Aufklärung des Aufbaues der Nucleoproteïde verdanken, noch eine grössere Uebereinstimmung der beiden Arten von Körpern festzustellen und eine Analogie zwischen der sogenannten Thyminsäure, dem nach Abspaltung der Xanthinbasen aus der Nucleïnsäure verbleibenden Complexe, und dem Pseudonucleïn, resp. einer daraus zu gewinnenden Pseudonucleïnsäure, zu finden. Indessen haben genauere Untersuchungen immer mehr gelehrt, dass die Nucleoalbumine den Nucleoproteïden doch recht fern stehen[3]). Es wäre wohl richtig, dem auch im Namen Ausdruck zu geben und die betreffenden Körper, die mit den Zellkernen gar nichts zu thun haben, etwa als Phosphoglobuline oder ähnlich zu bezeichnen.

Zu dieser Gruppe werden allgemein das Caseïn, das Vitellin und eine Reihe von Zellnucleoalbuminen gerechnet. Dagegen stellt Hammarsten das Ichthulin als Phosphoglycoproteïd zu den Proteïden; es ist wohl richtiger, es hier zu behandeln, da es seinen Eigenschaften und seiner biologischen Bedeutung nach offenbar mehr mit dem Vitellin zusammen gehört, als mit den Mucinen. Von den sogenannten Phytovitellinen oder Phytoglobulinen gehört ein Theil sicher hierher, ein Theil vielleicht zu den Globulinen, sie sollen hier gemeinsam besprochen werden (vergl. S. 156 und 183).

Die Nucleoalbumine sind ausgesprochene Säuren; sie röthen Lackmuspapier, sind in Wasser als solche wenig löslich, sehr leicht dagegen in Form ihrer Salze mit Alkalien oder Ammoniak; durch Säuren werden sie aus diesen Lösungen frei gemacht und gefällt. Die Lösungen ihrer Salze sind nicht coagulirbar, und können daher ohne Veränderung gekocht werden. Dagegen gelingt es bei so schwach saurer Reaction, dass das Nucleoalbumin noch nicht ausfällt, bei vielen von ihnen eine deutliche Coagulation bei einer bestimmten Temperatur zu erzielen. Im Uebrigen geben sie die gewöhnlichen Fällungs- und Farbenreactionen der Eiweisskörper. Sie sind im All-

---

[1]) F. Alexander, Zeitschr. f. physiologische Chemie 25, 411 (1898). — [2]) A. Kossel, ibid. 10, 248 (1886). — [3]) A. Neumann, Arch. f. Anat. und Physiol., Physiol. Abtheil., 1898, S. 374 (Verh. d. Berl. physiol. Ges.).

gemeinen leichter auszusalzen, als die eigentlichen Globuline, gehören also mit Fibrinogen und Myosin zu den leichtest auszufällenden Eiweissen. Beim Liegen in nicht gelöstem Zustande werden sie nicht unlöslich; auch sind sie gegen Säuren relativ resistent, durch Alkalien werden sie dagegen leicht zersetzt und verändert.

Das Hauptcharakteristicum der Gruppe ist ihr zuerst von Lubavin[1]) beschriebenes Verhalten gegen Pepsinsalzsäure. Deren Einwirkung verläuft, nach den Untersuchungen von Salkowski[2]) und Wildenow[3]), in drei Stadien: zuerst wird das Nucleoalbumin gelöst, zum Theil schon in Albumosen umgewandelt; dann wird ein phosphorhaltiger Complex abgespalten und zunächst ausgeschieden; endlich geht dieser wieder in Lösung, während die Peptonisation des übrigen Caseïns fortschreitet. Bei sehr wirksamem Pepsin kommt es nur zu einer ganz vorübergehenden, geringen Ausscheidung, bei wenig wirksamem kann die Ausscheidung reichlich sein und dauernd bestehen bleiben. Das so abgeschiedene Pseudo- oder Paranucleïn enthält mehr Phosphor als die Muttersubstanz; es ist ebenfalls eine ausgesprochene Säure, die in Alkalien leicht löslich ist und durch Säuren gefällt wird. Auch in Barythydrat ist es, wie Hammarsten und Giertz[4]) gefunden haben, leicht löslich — im Unterschiede zu den echten Nucleïnen —, wird aber in der Barytlösung sehr rasch schon bei niederer Temperatur in Acidalbumin, Albumosen und Phosphorsäure zerlegt; auch in anderen alkalischen Lösungen wird es schnell zersetzt. Eine Abspaltung von Orthophosphorsäure findet bei der Pepsinverdauung nach Salkowski und Hahn[2]) nicht statt.

Spaltungsproducte des Pseudonucleïns sind nicht bekannt; Versuche, mit Thyminsäure oder anderen Präparaten und Eiweisskörpern synthetisch Verbindungen herzustellen, die den Nucleoalbuminen entsprechen sollten, haben zu keinem Resultat geführt[5]). Von Trypsin wird das Pseudonucleïn aufgelöst, im Darme gut resorbirt und im Harn als Phosphorsäure ausgeschieden[6]).

Die Frage, ob die neben dem Pseudonucleïn gebildeten Albumosen Phosphor enthalten, ist meist bejaht worden, so von Alexander[7]) und früher auch von Salkowski; nach den neuesten Ausführungen Salkowski's dürfte es auf den Zeitpunkt ankommen, in dem man die Pepsinverdauung untersucht. Doch ist nicht zu vergessen, dass sich das wieder aufgelöste Pseudonucleïn den Albumosen beimengen, und

[1]) N. Lubavin, Hoppe-Seyler's Med.-chem. Untersuchungen, S. 463 (1871). — [2]) E. Salkowski, Centralbl. f. d. med. Wiss. 1893, Nr. 23 u. 28; Derselbe, Pflüger's Arch. f. d. ges. Physiol. 63, 401 (1896); Derselbe, Zeitschr. f. physiol. Chem. 27, 297 (1899); E. Salkowski und M. Hahn, Pflüger's Arch. f. d. ges. Physiol. 59, 225 (1895); vergl. auch W. v. Moraczewski, Zeitschr. f. physiol. Chem. 20, 28 (1894). — [3]) Clara Wildenow, Dissert., Bern 1893. — [4]) K. H. Giertz, Zeitschr. f. physiol. Chem. 28, 115 (1899). — [5]) T. H. Milroy, ibid. 22, 307 (1896). — [6]) W. Sandmeyer, ibid. 21, 87 (1895); J. Sebelien, ibid. 20, 443 (1895). — [7]) F. Alexander, ibid. 25, 411 (1898).

dass andererseits die bei der Albumosendarstellung etwa benutzte
Barytlösung Störungen verursachen kann. Ein Theil, unter Umständen
über die Hälfte, des Phosphors wird nach Salkowski und Biffi[1]
bei der Trypsinverdauung als Orthophosphorsäure abgespalten.

Mehrere der Nucleoalbumine kommen krystallinisch vor, andere
zeigen wenigstens Andeutungen von Krystallisation. Mehrere oder
alle enthalten Eisen.

1. Das Caseïn.

(52) Das Caseïn ist der hauptsächliche, charakteristische Eiweisskörper der Milch. Es ist, seiner sauren Eigenschaften wegen, lange
für ein Albuminat gehalten, und mit den aus den anderen Eiweisskörpern durch Denaturirung entstandenen Alkalialbuminaten zusammen-
geworfen worden. Erst Hoppe-Seyler[2]) und dann insbesondere
Hammarsten[3] lehrten es als einen eigenen und einheitlichen Körper
kennen; dass es sich in der That um ein chemisches Individuum handelt, ist — mit einer kleinen Einschränkung — durch Hammarsten[4]
ausser Zweifel gestellt worden. Eine Differenz besteht dagegen
darüber, ob die Caseïne der verschiedenen Thiere identisch sind oder
nicht, trotzdem dass die Frage wegen der vermutheten praktischen
Wichtigkeit sehr lebhaft erörtert worden ist[5]. Die Analysenzahlen
geben trotz Wróblewski's[6] Ausführungen durchaus noch keinen
sicheren Anhalt, und die gewöhnlich betonten Unterschiede, die fein-
flockigere Fällung und viel leichtere Verdaulichkeit des Frauen- und
Eselinnencaseïns im Vergleiche zu dem Kuhcaseïn beruhen nicht auf
einer chemischen Verschiedenheit der zwei Caseïne, sondern auf dem
verschiedenen Salzgehalte und der verschiedenen Concentration der
beiden Milchsorten, wie auch von den Verfechtern der chemischen Verschiedenheit zugegeben wird.

Das Caseïn ist als solches in Wasser unlöslich, ebenso in verdünnten Säuren, dagegen sind seine Salze sehr leicht löslich. Es bildet
zwei Reihen von Salzen[7], die wiederholt — am eingehendsten von
Söldner[8] — untersucht worden sind. Söldner unterscheidet
basische Salze, mit einem Gehalte von 2,32 Proc. Calciumoxyd, oder
entsprechenden Mengen anderer Basen, und neutrale Salze mit einem

[1]) U. Biffi, Virch. Ann. **152**, 130 (1898). — [2]) F. Hoppe-Seyler, ibid.
17, 417 (1859). — [3]) O. Hammarsten, Autoreferat nach dem schwedischen
Original in Maly's Jahresber. f. Thierchemie **2**, 118 (1872); Derselbe,
Königl. Gesellsch. der Wissensch. zu Upsala 1877. — [4]) O. Hammarsten,
Zeitschr. f. physiol. Chem. **7**, 227 (1883). — [5]) A. Dogiel, ibid. **9**, 591
(1885); Ellenberger, Arch. f. (Anat. u.) Phys. 1899, S. 33; F. Soxhlet,
Münchener med. Wochenschrift 1893, Nr. 4. — [6]) A. Wróblewski, Diss.,
Bern 1894. — [7]) O. Hammarsten, Zeitschr. f. physiol. Chem. **7**, 227 (1883);
Derselbe, Upsala läkareförennings förhandlingar **9**, 363 und 452, Auto-
referat in Maly's Jahresber. f. Thierchemie **4**, 135 (1874). — [8]) F. Söldner,
Dissert., Erlangen 1888.

Kalkgehalt von 1,55 Proc. Die basischen Salze bilden eine opalescente Lösung, die Lösung der neutralen Caseïnsalze ist ausgesprochen milchig. Von den künstlichen Milchpräparaten ist Eucasin Caseïnammonium [1]), Nutrose Caseïnnatrium. Auch das neueste Nährpräparat, das Plasmon, ist nach Prausnitz [2]) Caseïnnatrium.

In der Milch ist das Caseïn als neutrales Caseïncalcium enthalten [3]); es steht noch nicht fest, ob es als solches die Eigenthümlichkeit hat, das gleichzeitig in der Milch vorhandene neutrale Calciumphosphat irgendwie in Lösung resp. in fein suspendirtem Zustande zu erhalten, wie Söldner meint, oder ob in der Milch ein eigentliches Doppelsalz von Caseïncalcium und Calciumphosphat anzunehmen ist, wie dies Lehmann und Hempel [4]) thun. Dass jedes Caseïn phosphorsauren Kalk enthält, beweist nichts für die letztere Anschauung, da das Caseïn das Salz mechanisch mit niederreissen kann. Nach der ersteren Annahme würde sich das Calciumphosphat zu dem Caseïn gerade so wie das Fett verhalten, dessen Emulsion in der Milch anscheinend auf deren Caseïngehalt beruht; bei der Ausfällung des Caseïns wird das Fett immer mit niedergerissen, und es ist ausserordentlich schwer, das Caseïn fettfrei zu erhalten [4]) [5]). Andererseits wird das Caseïn selbst sehr leicht mechanisch, durch Oberflächenattraction, gefällt, wenn man in seine Lösung viel gebrannten Thon oder Thierkohle einträgt [6]), während die anderen Eiweisskörper in Lösung bleiben; ebenso scheidet es sich in Berührung mit einer Thonwand aus, was Lehmann und Hempel [4]), und Zahn [7]) zu einer Bestimmung des Caseïns, und zu seiner Trennung von den anderen Eiweisskörpern der Milch benutzt haben.

In Bezug auf die Hitzecoagulation gilt das von den Nucleoalbuminen überhaupt Gesagte; d. h. die Salze des Caseïns können ohne Veränderung zum Sieden erhitzt werden, während das in Wasser suspendirte, nicht lösliche, oder das bei saurer Reaction eben noch gelöste freie Caseïn durch Erhitzen so verändert wird, dass es sich auch in Gestalt seiner Salze nicht mehr löst. Die Coagulationstemperatur ermittelte Halliburton [8]) zu etwa 75°, gelegentlich aber auch höher. Auch die Caseïnsalze werden nach Hammarsten [9]) durch Erhitzen auf 120 bis 130° denaturirt.

Ebenso wird das Caseïn, wie alle Nucleoalbumine, durch Mineralsäuren in sehr geringer, durch Essigsäure in stärkerer Concentration

[1]) E. Salkowski, Zeitschr. f. Biolog. 37, 401 (1899). — [2]) W. Prausnitz u. H. Poda, Z. f. Biolog. 39, 277 (1900). — [3]) F. Söldner, Dissert., Erlangen 1888. — [4]) W. Hempel, J. Lehmann's Milchuntersuchungen, Pflüger's Arch. f. d. ges. Physiol. 56, 558 (1894). — [5]) R. Cohn, Zeitschr. f. physiol. Chem. 22, 156 (1896). — [6]) L. Hermann, Pflüger's Arch. f. d. ges. Physiol. 26, 442 (1881). — [7]) F. W. Zahn, ibid. 2, 598 (1870). — [8]) W. D. Halliburton, Journ. of Physiol. 11, 448 (1890). — [9]) O. Hammarsten, Autoreferat in Maly's Jahresber. f. Thierchemie 4, 135 (1874).

gefällt und im Ueberschusse gelöst; auch Kohlensäure fällt. Die Reindarstellung des Caseïns, wie sie zuerst Hammarsten[1][2]) ausgeführt
hat, geschieht so, dass man Milch mit Essigsäure fällt, den Niederschlag in verdünntem Ammoniak oder Natriumcarbonat unter Vermeidung alkalischer Reaction löst und das Verfahren mehrmals wiederholt. Dann wird das Caseïn mit Alkohol und Aether gründlich von
Fett befreit, und nochmals mit Essigsäure und Salz behandelt. Eine
Denaturirung ist ausgeschlossen, falls man stärkere alkalische Reaction
vermeidet. Die Entfettung kann man sich sehr erleichtern, wenn man
statt der Vollmilch die fabrikmässig entfettete Magermilch benutzt.

Das Caseïn, und ebenso seine Salze, wird durch Kochsalz[3]) und
durch Magnesiumsulfat[4]) ausgesalzen, wenn die Flüssigkeit völlig
gesättigt ist. Die Grenzen für Ammonsulfat liegen nach der Hofmeister'schen Bezeichnung für die Hauptmasse des Caseïns zwischen
2,2 und 3,6[5]). Doch beginnt eine sehr geringe Trübung sich schon
bei 1,2 zu zeigen, so dass Hofmeister und Alexander Zweifel an
der Einheitlichkeit des Caseïns aussprechen.

Die Fällungsreactionen sind die gewöhnlichen der Eiweisskörper,
dazu kommt nach Schlossmann[6]) noch das Kalialaun, das bei ge-
eigneter Concentration das Caseïn in der Milch ohne die anderen
Eiweisskörper ausfällt, im Ueberschusse wieder löst.

Das Caseïn wird durch ein von der Magenschleimhaut ab-
gesondertes Ferment, das von Hammarsten[7]) entdeckte Labferment,
in eine andere Modification, das Paracaseïn, umgewandelt. Das
Paracaseïn ist wie das unveränderte Caseïn in Alkalien leicht löslich;
dagegen ist sein Kalksalz unlöslich. Befindet sich daher ein lösliches
Kalksalz in der Flüssigkeit, so bildet sich unlöslicher Paracaseïnkalk, oder Käse, d. h. die Milch gerinnt[7][8]). Wie man sieht,
besteht der Gerinnungsprocess aus zwei Theilen, die sich auch zeitlich
trennen lassen[9]), der eigentlichen fermentativen Umwandlung des
Caseïns, die nur von dem Vorhandensein des Labferments abhängt,
und dem sichtbaren Gerinnungsvorgang; nur für den letzteren ist die
Anwesenheit von Kalk erforderlich; das Paracaseïn fällt nicht aus,
wenn die löslichen Kalksalze der Milch, etwa durch Oxalat, entzogen
sind[7][9][10]). Halliburton[8]) bezeichnet nur das geronnene Caseïn mit
diesem Ausdruck, das lösliche nennt er Caseïnogen, um die Analogie

[1]) O. Hammarsten, Autoreferat in Maly's Jahresber. f. Thierchem. 4,
135 (1874). — [2]) Ders., Z. f. physiol. Chem. 7, 227 (1883). — [3]) J. Sebelien,
ibid. 9, 445 (1885). — [4]) Tolmatscheff, Hoppe-Seyler's Medicin.-chem.
Untersuch., S. 272 (1867). — [5]) Fr. Alexander, Zeitschr. f. physiol. Chem.
25, 411 (1898). — [6]) A. Schlossmann, Zeitschr. f. physiol. Chem. 22, 197
(1896). — [7]) O. Hammarsten, Maly's Jahresber. f. Thierchemie 2, 118
(1872); Derselbe, Sitzungsber. der Königl. Gesellsch. der Wiss. zu Upsala
1877. — [8]) W. D. Halliburton, Journ. of Physiol. 11, 448 (1890). —
[9]) S. Ringer, ibid. 12, 164 (1891). — [10]) M. Arthus, Arch. de Physiol.
norm. et pathol. 1893, S. 673; 1894, S. 257.

mit der Fibrin- und Myosingerinnung deutlicher auszusprechen; der Name hat sich indessen nicht eingebürgert.

In seinen übrigen Eigenschaften stimmt das Paracaseïn ganz mit dem Caseïn überein, nur wird es durch Chlornatrium leichter als dieses gefällt, so dass es durch reichliche Mengen Chlornatrium, auch ohne Kalkzusatz, zu einer Art von Gerinnung kommen kann[1]); die Wiederauflösung dieses Paracaseïns beweist dann aber nicht die Wiederherstellung des Caseïns, das etwa zum zweiten Male gerinnen könnte[1]). Der aus der Milch ausgefallene Käse enthält erhebliche Mengen phosphorsauren Kalk, so dass auch hier wieder die Möglichkeit vorliegt, dass es sich nicht um ein mechanisches Gemenge, sondern um ein unlösliches Doppelsalz handelt[1]). Die Gerinnung kann aber jedenfalls auch bei Abwesenheit von Calciumphosphat erfolgen[2]). Nach Hammarsten besteht die Gerinnung des Caseïns in einer Spaltung, indem nach erfolgter Ausfällung des Käses noch etwas sogenanntes Molkeneiweiss in Lösung bleibt, das etwa die Eigenschaften einer Albumose haben soll; doch sind die Verhältnisse hier noch eben so wenig klar, wie bei der Fibringerinnung. Die Wirkung des Labferments wird durch geringe Säuremengen begünstigt, durch Alkali verzögert, aber, wie Söldner[3]) überzeugend dargethan hat, nur deshalb, weil durch Ansäuern in der Milch die Menge des löslichen Kalksalzes sich auf Kosten des Calciumphosphats vermehrt und umgekehrt.

Man muss zwei ganz verschiedene Möglichkeiten unterscheiden: 1. die Labgerinnung und die sich daran anschliessende Bildung von unlöslichem Paracaseïnkalk oder Käse, 2. die Säurefällung des Caseïns mit unveränderten Eigenschaften, wie sie unter Anderem durch die bei der bacteriellen Zersetzung der Milch gebildete Milchsäure statthat.

Im Magen werden in der Regel beide Processe neben einander vorkommen; in Bezug auf das weitere Verhalten gegen Pepsinsalzsäure besteht zwischen beiden, wie Lindemann[4]) gezeigt hat, kein Unterschied.

Auch der Saft des Pankreas ruft in der Milch eine Gerinnung hervor, die aber nicht die ganze Flüssigkeit in eine feste Gallerte verwandelt, sondern nur einen feinflockigen Niederschlag bildet, der erst in der Kälte fest wird. Das auf diese Weise gefällte Caseïn steht nach Halliburton[5]) zwischen dem Caseïn und dem Paracaseïn. Starkes Trypsin verhindert diese Gerinnung.

Das Caseïn ist häufig analysirt worden; für das Caseïn der Kuhmilch ermittelte Hammarsten[6])

C 52,96, H 7,05, N 15,65, S 0,758, P 0,847.

[1]) O. Hammarsten, Zeitschr. f. physiol. Chem. 22, 103 (1896). — [2]) Derselbe, Maly's Jahresber. f. Thierchemie 4, 135 (1874). — [3]) F. Söldner, Dissert., Erlangen 1888. — [4]) W. Lindemann, Virchow's Arch. 149, 51 (1897). — [5]) W. D. Halliburton and F. G. Brodie, Journ. of Physiol. 20, 97 (1896). — [6]) O. Hammarsten, Zeitschr. f. physiol. Chem. 7, 227 (1883); Derselbe, ibid. 9, 273 (1885).

Chittenden und Painter[1]) fanden

C 53,3, H 7,07, N 15,91, S 0,82.

Lehmann und Hempel[2]) fanden

C 54,0, H 7,04, N 15,6, S 0,771, P 0,847.

Alle drei Analysen sind, wie üblich, auf das aschenfreie Product berechnet; das Hammarsten'sche Präparat enthielt am wenigsten, das von Lehmann, der sein vermuthetes Caseïncalciumphosphat analysirt hat, am meisten Asche.

Für das Caseïn der Frauenmilch fand Wróblewski[3]) die folgenden Werthe:

C 52,24, H 7,32, N 14,97, S 1,11, P 0,68.

Gegen die Reinheit und Unzersetztheit des Wróblewski'schen Präparats lassen sich Einwendungen erheben, und ebenso ist bei den Präparaten Chittenden's und Lehmann's eine Beimengung von Globulin nicht auszuschliessen, so dass die Analysenzahlen Hammarsten's am wahrscheinlichsten sind.

Was die chemischen Eigenschaften anlangt, so giebt das Caseïn die Schwefelbleireaction nur schwach, enthält also nur sehr wenig locker gebundenen Schwefel[4]). Nach Hausmann[5]) enthält das Caseïn 13,37 Proc. seines Stickstoffs in der leicht als Ammoniak abspaltbaren Form, 11,71 Proc. als Diaminostickstoff, 75,98 Proc. als Monoaminostickstoff, am meisten von allen Eiweisskörpern; die von Müller und Seemann[6]) mitgetheilten vorläufigen Zahlen Kossel's geben etwas höhere Werthe für den Diaminostickstoff. Ferner giebt nach Hofmeister und Alexander[4]) das Caseïn die Reaction von Molisch, die an das Vorhandensein einer kohlehydratähnlichen Gruppe geknüpft ist, nur ganz schwach, reines Caseïn wahrscheinlich gar nicht, und es sind unter seinen peptischen Spaltungsproducten die Heteroalbumose und die aus ihr hervorgegangenen secundären Producte, die der Antigruppe entsprechen, nur in äusserst geringer Menge vorhanden. Sonach wäre das Caseïn einer der wenigen, auch chemisch charakterisirten Eiweisskörper, es würde ein reines Hemieiweiss sein; damit stimmt seine Leichtverdaulichkeit und sein sehr hoher Tyrosingehalt[7]) gut überein. Inwieweit etwa die anderen Nucleoalbumine sich ebenso verhalten, ist nicht untersucht. Doch spricht die vollständige Spalt-

---

[1]) R. H. Chittenden and H. M. Painter, Studies from the Yale Univers. 2, 156 [nach Maly's Jahresbericht f. Thierchemie 17, 16 (1887)]. — [2]) W. Hempel, Pflüger's Arch. f. d. gesammte Physiol. 56, 558 (1894). — [3]) A. Wróblewski, Dissert., Bern 1894. — [4]) Fr. Alexander, Zeitschr. f. physiol. Chem. 25, 411 (1898). — [5]) W. Hausmann, Zeitschr. f. physiol. Chem. 27, 95 (1899). — [6]) F. Müller und J. Seemann, Deutsche med. Wochenschr. 1899, S. 209. — [7]) F. Reach, Virchow's Arch. 158, 288 (1899) (vergl. S. 38 und 79).

barkeit[1]) der Eiweisse des Pankreas durch Trypsin dafür; denn diese bestehen ja zum grossen Theil aus Nucleoalbumin.

Betreffs der Pseudonucleïnbildung ist auf das über die Nucleoalbumine im Allgemeinen Gesagte zu verweisen; die Untersuchungen beziehen sich zum grössten Theile auf die Verhältnisse beim Caseïn. Für das gebildete Pseudonucleïn fand Wildenow einen Phosphorgehalt von 3,85 bis 4,66 Proc., Salkowski noch niedrigere Werthe.

Die Pepsinverdauung wurde von Alexander[2]) und Chittenden[3]) untersucht; sie fanden die gewöhnlichen Albumosen, Alexander mit der obigen Einschränkung. Ferner sind mehrere Spaltungsversuche, so der sehr genau durchgeführte von Cohn[4]), an Caseïn angestellt worden.

Von Halogenderivaten des Caseïns ist das Jodeiweiss von Blum und Vaubel[5]), sowie von Röhmann und Liebrecht[6]) dargestellt worden. Erstere fanden 6 bis 7 Proc. Jod, letztere fanden 5,7 Proc., ausserdem stellten sie ein Perjodcaseïn mit 17,8 Proc. Jod, vermuthlich ein Gemenge, dar, aus dem durch Kochen mit Schwefelsäure das Caseojodin mit 8,7 Proc. Jodgehalt hervorgeht. v. Fürth[7]) hat das Nitrosubstitutionsproduct des Caseïns untersucht.

Auf die Bestimmung des Moleculargewichts gerichtete Untersuchungen liegen nicht vor. Aus Salkowski's[8]) Angabe über das Caseïnammonium berechnet sich ein Aequivalentgewicht von 5100; Hammarsten's[9]) Zahl für das Caseïncalcium giebt 5000, Lehmann's und Hempel's[10]) Caseïncalciumphosphat 6600, Söldner's[11]) Kalkzahlen etwa 3600.

Krystallinisch ist das Caseïn bisher nicht bekannt; nur v. Moraczewski[12]) giebt an, dass er bei Vermischung von Caseïn mit Magnesiamixtur mikroskopische Sphärolithen und Nadeln bekommen habe, die vielleicht Caseïn seien.

Es fragt sich nun noch, ob das Caseïn neben dem Lactalbumin und Lactoglobulin der einzige Eiweisskörper der Milch ist; wie schon erwähnt, wurden Hofmeister und Alexander[2]) durch mehrere Beobachtungen auf die Vermuthung gebracht, dass dem Caseïn ein anderer

---

[1]) F. Kutscher, Endproducte der Trypsinverdauung, Marburg 1899. — [2]) Fr. Alexander, Zeitschrift f. physiol. Chem. 25, 411 (1898). — [3]) R. H. Chittenden and H. M. Painter, Studies of the Yale Univers. 2, 156 [nach Maly's Jahresber. 17, 16 (1887)]. — [4]) R. Cohn, Zeitschr. f. physiol. Chem. 22, 153 (1896); 26, 395 (1899). — [5]) F. Blum und W. Vaubel, Journ. f. prakt. Chem., N. F. 57, 365 (1898). — [6]) A. Liebrecht, Ber. deutsch. chem. Ges. 30, II, 1824 (1897). — [7]) O. v. Fürth, Einwirkung der Salpetersäure auf Eiweissstoffe, Strassburg 1899. — [8]) E. Salkowski, Zeitschr. f. Biolog. 37, 401 (1899). — [9]) O. Hammarsten, Königl. Gesellsch. der Wiss. zu Upsala 1877. — [10]) W. Hempel, Pflüger's Arch. f. d. ges. Physiol. 56, 558 (1894). — [11]) F. Söldner, Dissert., Erlangen 1888. — [12]) W. v. Moraczewski, Zeitschr. f. physiol. Chem. 21, 71 (1895).

Eiweisskörper in äusserst geringer Menge beigemengt sei, der die frühere Trübung bei der partiellen Ammonsulfatfällung, sowie die schwach an-gedeuteten Reactionen von Molisch u. s. w. verursache. Diesen Eiweisskörper glaubt nun Wróblewski[1]) in dem Opalisin gefunden zu haben. Er beobachtete in sehr geringer Menge in der Kuhmilch, etwas reichlicher in der Stuten- und Frauenmilch, einen Eiweisskörper, der durch Essigsäure nicht gefällt wird, sondern nur eine leichte Opales-cenz hervorruft; er kann durch Kochsalz und Magnesiumsulfat aus-gesalzen werden, ist in Wasser löslich, nicht zu coaguliren; er giebt die Färbungsreactionen der Eiweisse, auch die dem Caseïn fehlenden. Ob es sich in der That um einen eigenen Körper und nicht um einen der Fällung durch Säure entgangenen Caseïnrest handelt, steht dahin. Wróblewski fand die procentische Zusammensetzung des Opalisins:

$$C\ 45{,}01,\ H\ 7{,}31,\ N\ 15{,}07,\ P\ 0{,}8,\ S\ 4{,}7,\ O\ 27{,}11\ (!).$$

Albumosen fehlen in der frischen Milch, wie Halliburton[2]) ge-zeigt hat, durchaus, kommen in der durch bacterielle Einwirkung zersetzten Milch dagegen in Menge vor.

Ueber die Natur der von Siegfried[3]) und seinen Schülern in der Milch in nicht unbeträchtlichen Mengen gefundenen Fleischsäure resp. Phosphorfleischsäure lässt sich noch kein sicheres Urtheil fällen; insbesondere ist aus den Schilderungen kaum zu entnehmen, ob sie in der Milch als solche vorgebildet ist oder ob sie aus den Eiweisskörpern bei der Behandlung erst entsteht (vergl. S. 118).

2. Vitellin.

(53) Im Eidotter der Hühnereier befindet sich ein phosphorhaltiger Eiweisskörper, der zuerst von Hoppe-Seyler[4]) eingehender unter-sucht und als Vitellin bezeichnet wurde. Eine genauere Beschreibung dieses und der entsprechenden, in anderen Eiern vorkommenden Körper, sowie Analysen der reinen Substanz stehen noch aus, doch kann es wohl keinem Zweifel unterliegen, dass es sich wirklich um ein Nucleoalbumin handelt. Weyl[5]) bestimmte die Coagulationstemperatur in 10 procentiger Chlornatriumlösung zu circa 75°; durch Kochsalz wird es nach Weyl nicht ausgesalzen. Es ist bisher noch nicht gelungen, das Vitellin ohne Beimengung von Lecithin zu erhalten; Hoppe-Seyler nimmt eine Verbindung des Vitellins mit dem Lecithin, ein Lecithalbumin, an. Eingehender ist dagegen das aus dem Vitellin

---

[1]) A. Wróblewski, Zeitschr. f. physiol. Chem. 26, 308 (1898). — [2]) W. D. Halliburton, Journ. of Physiol. 11, 448 (1890). — [3]) M. Siegfried, Zeit-schrift f. physiol. Chem. 21, 360 (1895); Martin Müller, ibid. 22, 561 (1897); K. Wittmaack, ibid. 22, 567 (1897); M. Siegfried, ibid. 22, 575 (1897); R. Krüger, ibid. 28, 530 (1899). — [4]) F. Hoppe-Seyler, Medic.-chem. Untersuch. S. 215 (1868); J. L. Parke, ibid. S. 209; Diakonow, ibid. S. 221 (1868). — [5]) Th. Weyl, Zeitschr. f. physiol. Chem. 1, 72 (1877).

entstehende Pseudonucleïn von Bunge[1]) untersucht worden, das durch Pepsinsalzsäure entsteht. Es hat die gewöhnlichen Eigenschaften der Pseudonucleïne, enthält aber ausserdem Eisen, und zwar nicht als Ion, sondern in sogenannter organischer Bindung, oder als „maskirtes Eisen". Die procentische Zusammensetzung beträgt:

C 42,11, H 6,08, N 14,73, S 0,55, P 5,19, Fe 0,39.

Bunge nennt den Körper Hämatogen und betrachtet ihn als die Muttersubstanz des Hämoglobins.

8. Ichthulin.

Ganz ähnliche Körper wie das Ovovitellin des Hühnereies sind in den Eiern der Fische enthalten; sie sind lange bekannt, und erregten die Aufmerksamkeit dadurch, dass sie in krystallinischer Form, als sogenannte Aleuronkrystalle[2]) oder Dotterplättchen, vorkommen. Auch hier hat es lange gedauert, bis die Substanz rein dargestellt wurde; Hoppe-Seyler nimmt auch hier die Existenz eines Lecithalbumins an. Eine genauere Untersuchung eines Ichthulins, und zwar des in den unreifen Eiern des Karpfens enthaltenen, verdanken wir erst Kossel und Walter[3]).

Das Ichthulin löst sich in verdünnten Salzlösungen zu einer opalescirenden Flüssigkeit, aus der es durch Verdünnen mit Wasser oder Einleiten von Kohlensäure gefällt werden kann. In verdünnten Alkalien ist es dagegen ganz klar löslich. Chlornatrium und Magnesiumsulfat salzen es aus, ob vollständig, ist nicht angegeben. Es giebt die gewöhnlichen Reactionen der Eiweisskörper, speciell der Nucleoalbumine. Die procentische Zusammensetzung beträgt:

C 53,52, H 7,71, N 15,64, S 0,41, P 0,43, Fe 0,1.

Durch Pepsinsalzsäure entsteht ein Pseudonucleïn, das etwa 4 Proc. des Ichthulins bildet. Walther's Analysenzahlen zeigen erhebliche Abweichungen unter einander, wie dies ja bei den Nucleïnen häufig der Fall ist. Er fand:

C 47 bis 48, N 11,87 bis 14,66, P 2,4 bis 2,8, S 0,3, Fe 0,25.

Sehr bemerkenswerth ist, dass sich aus dem Ichthulin durch Kochen mit Säuren ein Kohlehydrat abspalten lässt; Xanthinbasen enthält es dagegen nicht. Hammarsten stellt es daher als Glycoproteïd mit den Mucinen u. s. w. zusammen.

[1]) G. Bunge, Zeitschr. f. physiol. Chem. 9, 49 (1884). — [2]) M. Gobley, Journ. de Pharm. et de Chim. Sér. III, 17, 401 (1850). A. Valenciennes und E. Frémy, Compt. rend. 38, 471 (1854). F. Hoppe-Seyler, Medic.-chem. Untersuch. S. 215, 221 (1868). — [3]) G. Walter, Zeitschr. f. physiol. Chem. 15, 477 (1891).

4. Nucleoalbumine des Zellprotoplasmas.

In dem Protoplasma des Zellleibes sind neben Globulinen und zur Gruppe des Myosins gehörigen Substanzen stets eisenhaltige Nucleoalbumine enthalten. Sie sind — abgesehen von älteren Untersuchungen, bei denen noch keine Abtrennung von den Nucleoproteïden des Kernes vorgenommen wurde [1] — von Halliburton [2], Lilienfeld [3]) und Hammarsten [4]) und seinem Schüler Lönnberg [5]) untersucht worden. Sie geben die allgemeinen Reactionen der Nucleoalbumine, d. h. ihre Salze sind sehr leicht löslich, sie selbst sind in Wasser schwer oder nicht, in verdünnten Salzlösungen leichter löslich. Bei manchen der Halliburton'schen Körper, zumal bei den früher untersuchten, ist es indessen sehr schwierig, festzustellen, ob es sich nicht um Nucleoproteïde der Zellkerne handelt. Das Nucleoalbumin der Niere, das aus den Lymphkörperchen, und das von Hammarsten aus der Leber der Weinbergsschnecke dargestellte haben die Eigenthümlichkeit, mit concentrirten Salzlösungen eine schleimige Gallerte zu bilden; das Lebernucleoalbumin hat nach Halliburton diese Eigenschaft nicht. Die Farbenreactionen sind die gewöhnlichen der Eiweisskörper; die Biuretreaction geben sie mit violetter Farbe. Sie werden durch Chlornatrium und Magnesiumsulfat vollständig nur bei völliger Sättigung gefällt; Ammonsulfat fällt bei Halbsättigung, die genauen Fällungsgrenzen sind nicht bekannt.

Die Coagulationstemperatur bestimmte Halliburton für das Nierennucleoalbumin zu 63°, für das der Leber und vieler anderer Organe zu 56 bis 60°.

Eine vollständige Analyse liegt von dem Nucleoalbumin der Schneckenleber vor, von dem indessen nicht zu ersehen ist, ob es hierher gehört, und nicht vielleicht ein Nucleoproteïd ist. Hammarsten fand:

$$C\ 52{,}37,\quad H\ 6{,}81,\quad N\ 17{,}33,\quad S\ 1{,}06,\quad P\ 0{,}42.$$

Es enthält ausserdem Eisen. Durch Kochen mit Säuren wird ein Kohlehydrat abgespalten, so dass es, falls es kein Nucleoproteïd ist, mit dem Ichthulin zusammen eine Ausnahmestellung unter den Nucleoalbuminen einnehmen würde. Vollständig analysirt wurde auch das

---

[1]) P. Plósz, Pflüger's Arch. f. d. ges. Physiol. 7, 371 (1873). — [2]) W. D. Halliburton, The Proteïds of Kidney and Liver Cells, Journ. of Physiol. 13, 896 (1892). Derselbe, ibid. 9, 229 (1888). Derselbe, Proteïds of Nervous Tissues, ibid. 15, 90 (1894). W. D. Halliburton and Gregor Brodie, Nucleoalbumins and Intravasc. Coagul., ibid. 17, 135 (1894). Forrest, Red Marrow, ibid. 17, 174 (1894). F. Gourlay, Thyroid and Spleen, ibid. 16, 23 (1894). — [3]) L. Lilienfeld, Zeitschr. f. physiol. Chem. 18, 473 (1893). — [4]) O. Hammarsten, Studien über Mucin u. s. w., Pflüger's Arch. 36, 373 (1885). — [5]) Ingolf Lönnberg, Skandiv. Arch. f. Physiol. 3, 1 (1890).

Nucleoalbumin des Zellplasmas der Leukocyten von Lilienfeld; er fand:

C 53,46, H 7,64, N 15,57, P 0,43 Proc.

Für das Nucleoalbumin aus der Rindensubstanz der Niere fand Lönnberg:

N 15,37 Proc.

Für das Nucleoalbumin der Niere fand Halliburton:

P 0,37 Proc.,

für das der Leber:

P 1,45 Proc.

Das letztere enthält ausserdem Eisen.

Einige dieser Nucleoalbumine sind, offenbar mit Unrecht, mit den Gerinnungsvorgängen u. s. w. in Verbindung gebracht worden. Vergl. darüber S. 158. Man kann nur sagen, dass Organextracte theils gerinnungshemmende, theils gerinnungsbeschleunigende Wirkung, zum Theil auch andere toxische Einflüsse ausüben, ohne dass man dies einem der aus den Extracten isolirten Eiweisskörper zuschreiben könnte.

5. Mucinähnliche Nucleoalbumine.

Die hier aufzuführenden Körper sind von den vorigen schwer deutlich abzugrenzen; sie haben die Eigenthümlichkeit, sich physikalisch genau wie die eigentlichen Schleimsubstanzen, die Mucine und Mucoide, zu verhalten, d. h. die neutralen Ammoniak- oder Alkalisalze bilden zähe, fadenziehende Flüssigkeiten; durch Säuren werden sie gefällt, bei der Denaturirung, z. B. durch zu starke oder zu langdauernde Alkaliwirkung, langes Kochen oder lange fortgesetzte Alkoholbehandlung verlieren sie diesen Schleimcharakter. Coagulirt werden sie nicht. Ihre Kenntnisse verdanken' wir Hammarsten[1] und seinen Schülern Paijkull[2] und Lönnberg[3], die feststellten, dass von der Schleimhaut der Nieren und der Blase des Rindes, von der Gallenblasenschleimhaut des Rindes und der Gelenksynovia überhaupt kein Mucin abgesondert wird. Das, was der Rindergalle ihre schleimige Consistenz verleiht, ist ein Nucleoalbumin, und ebenso kommt im Harn dieser Thiere überhaupt kein Mucin vor, sondern das in der Regel dafür gehaltene ist ein Nucleoalbumin, das von dem Epithel der Harnwege abgesondert wird. Die Menschen- und Hundegalle enthält dagegen ein echtes Mucin. Ebenso hat Salkowski[4] in der bei Coxitis aus dem Hüftgelenk entleerten Flüssigkeit neben dem Nucleoalbumin ein Mucin, bezw. Mucoid gefunden. — Der aus der Schleimhaut der Gallenblase extrahirte und

---

[1]) O. Hammarsten, Chemie der Synovia, Autoreferat in Maly's Jahresber. f. Thierchemie 12, 480 (1882). — [2]) L. Paijkull, Schleimsubstanz der Galle, Zeitschr. f. physiol. Chem. 12, 196 (1887). — [3]) J. Lönnberg, Eiweisskörper der Nieren und der Harnblase, Skandinav. Arch. f. Physiol. 3, 1 (1890). — [4]) E. Salkowski, Virchow's Arch. 132, 304 (1893).

der aus der Galle durch Wegdialysiren der Gallenbestandtheile rein erhaltene Körper sind identisch; bei den anderen Substanzen war ein derartiger Vergleich unmöglich. Die Körper zeigen die gewöhnlichen Fällungs- und Farbenreactionen. Für das Gallennucleoalbumin fand Paijkull:

C 50,89, H 6,74, N 16,14, S 1,66.

Der Phosphor wurde nicht quantitativ bestimmt.

Für das Nierennucleoalbumin fand Lönnberg:

C 53,02, H 7,18, N 15,6, S 1,14, P 0,72,

für das aus der Blasenschleimhaut:

C 53,42, H 7,2, N 16,19, S 1,34, P 0,67.

Alle diese Körper enthalten kein Kohlehydrat; sie geben mit Pepsinsalzsäure ein Pseudonucleïn; das Pseudonucleïn des Synovial-nucleoalbumins beträgt etwa 4 Proc. des Eiweisskörpers und hat einen Phosphorgehalt von etwa 5 Proc.

6. Die Phytoglobuline.

(54) Während die Eiweissstoffe in den übrigen Theilen der Pflanzen noch kaum untersucht sind, ist dies seit lange in ausgedehntem Maasse mit einer Classe von Eiweisskörpern der Fall, die sich, wesentlich als Reservestoffe, in vielen Pflanzensamen finden, und dort, in den Getreide-körnern, den Samen der Leguminosen u. s. w., von grösster, auch prak-tischer Bedeutung sind. Der erste, der diese Körper beobachtete, war wohl Liebig[1]), der sie als Pflanzencaseïn bezeichnete. Indessen sind die älteren Arbeiten, insbesondere die zahlreichen Ritthausen's[2]) und seiner Schüler, mit ungenügenden Methoden ausgeführt worden; die Eiweisskörper wurden mit Alkalien extrahirt, und dadurch so ver-ändert, dass man nur Alkalialbuminate vor sich hat, welche die Eigen-schaften der Muttersubstanzen kaum mehr erkennen lassen. Erst durch die Untersuchungen von Weyl[3]), Palladin[4]), Wiman[5]) u. A. wurde eine genauere Kenntniss dieser zahlreichen Classe von Körpern angebahnt; aber auch jetzt noch herrscht über wichtige Punkte Unklar-heit; vor allem ist noch nicht entschieden, in wie weit diese Eiweisse phosphorhaltig sind oder nicht, richtiger ob der stets gefundene Phos-phor zum Molecul des Eiweiss gehört, oder als Calciumphosphat eine Aschenbeimengung bildet. Nur von dem Legumin hat Wiman bewiesen, dass es ein Nucleoalbumin ist und in eine Gruppe mit dem Caseïn und dem Vitellin gehört; wahrscheinlich wird sich dies mit der

---

[1]) J. v. Liebig, Ann. Chem. Pharm. 39, 128. — [2]) H. Ritthausen, Die Eiweisskörper der Getreidearten, Bonn 1872. Derselbe, Journ. f. prakt. Chem. 103 u. 107 (1868, 1869). — [3]) Th. Weyl, Zeitschr. f. physiol. Chem. 1, 72 (1877). — [4]) W. Palladin, Zeitschr. f. Biolog. 31, 191 (1895). — [5]) A. Wiman, Studien über Legumin, nach dem schwedischen Original ref. von Hammarsten in Maly's Jahresber. über Thierchemie 27, 21 (1897).

Zeit auch für viele andere Körper dieser Gruppe, wenn nicht für alle,
herausstellen. Dann würde der alte Liebig'sche Name Pflanzencaseïn
von Neuem zu Ehren kommen. Die Beschreibungen Palladin's
stimmen besser für ein Vitellin, als für ein Globulin; dazu kommt die
biologische Gleichwerthigkeit mit dem Vitellin, dem Ichthulin, die beide
ebenfalls Reservestoffe für den Embryo sind, und dem Caseïn, das ja
auch der Ernährung des wachsenden Organismus dient. Es ist daher
wohl richtiger, die betreffenden Körper hier gemeinsam zu besprechen,
da eine Unterscheidung in Vitelline und Globuline einstweilen nicht zu
treffen ist. Die Namen Phytovitelline und Phytoglobuline werden bis
jetzt durch einander für ein und dieselben Körper gebraucht.

Ein besonderes Interesse haben die Phytoglobuline dadurch, dass
einige von ihnen in den Samen in krystallinischer Form vorkommen [1]),
und auch aus ihren Lösungen unschwer in gut ausgebildeten Krystallen
erhalten werden können [2]). Bis zur Krystallisation der Albumine waren
sie die einzigen krystallinischen Eiweisskörper, und wurden daher oft
analysirt.

Nach den im Wesentlichen übereinstimmenden Schilderungen von
Weyl, Palladin und Vines [3]) sind die Phytoglobuline saure Eiweisskörper; sie werden daher durch Säuren gefällt, im Ueberschusse aber,
besonders in salzarmen Lösungen, leicht wieder gelöst. Sie sind in
Wasser schwer oder nicht löslich, in verdünnten Salzlösungen aber und
verdünnten Alkalien leicht löslich, und werden durch Kochsalz und
Magnesiumsulfat ausgesalzen, durch Dialyse und Verdünnen mit Wasser
gefällt, zeigen also die Charaktere der Globuline. Sie zeigen eine
Coagulationstemperatur von etwa 75°, also ähnlich wie das Paraglobulin,
indessen sind sie nur bei sehr sorgfältiger Ausführung zu coaguliren [4]),
in concentrirter Lösung entzieht sich ein Theil der Coagulation, oder
fällt erst bei höherer Temperatur aus.

Von den Fällungsreactionen geben sie die gewöhnlichen der nativen
Eiweisskörper, Salpetersäure löst bei geringer Concentration des Eiweiss
im Ueberschusse oder beim Erwärmen den Niederschlag wieder auf.
Sie geben alle Farbenreactionen der Eiweisskörper, die Biuretreaction
nicht violett, sondern mit der rothen Farbe der Albumosen. Wegen
dieser Färbung, der Salpetersäurereaction, und der nur theilweisen
Coagulirbarkeit will Palladin ihnen eine Stellung zwischen dem Eiweiss und den Albumosen zuweisen; es spricht dies wohl eher für ihren
Charakter als Vitelline.

Die Phytovitelline gehen eine gut charakterisirte Kalkverbindung
ein, und diese ist nach Palladin [4]) das sogenannte Pflanzenmyosin von

---

[1]) Hartig, Botanikerzeitung 13, 881 (1855); 14, 257, 297 u. 313 (1856).
Maschke, ibid. 17, 409 u. 417 (1859). — [2]) G. Grübler, Journ. f. prakt.
Chem. 131, 97 (1881). O. Schmiedeberg, Zeitschr. f. physiol. Chem. 1, 205
(1877). — [3]) S. H. Vines, Journ. of Physiology 3, 93 (1880). — [4]) W. Palladin, Zeitschr. f. Biol. 31, 191 (1895).

Weyl und früheren Autoren. Es coagulirt schon bei 60°, löst sich leicht in verdünnten Kochsalzlösungen, um beim Sättigen als gummiartige Masse auszufallen. Aus dem Kalksalz lässt sich das freie Eiweiss leicht wieder gewinnen, und hat dann wieder Vitellincharakter.

Am genauesten untersucht sind die Eiweisskrystalle aus den Paranüssen; es sind gut ausgebildete Octaëder[1]), die Kalk und Magnesia enthalten, und von Schmiedeberg[2]) und Drechsel[3]) auch künstlich als Kalk- und Magnesiasalze dargestellt wurden.

Weyl[4]) fand für sie:

C 52,43, H 7,12, N 18,1, S 0,55, O 21,8, P?.

Für eine ganz ähnliche Verbindung aus Kürbissamen fand Grübler[5]):

C 53,21, H 7,22, N 19,22, S 1,07, O 19,10, P?.

Für die Salze berechnet er einen Gehalt von 0,47 Proc. Magnesia und 1,09 Proc. Kalk, woraus sich ein Aequivalentgewicht von 5000 und 8800 ergeben würde.

Ferner haben Osborne und seine Schüler eine grosse Anzahl ähnlicher Körper aus verschiedenen Pflanzensamen beschrieben und analysirt[6]).

Für das Legumin fand Wiman[7]) 0,35 Proc. Phosphor; bei der Pepsinverdauung entsteht aus dem Legumin ein Pseudonucleïn, das 1 bis 1,83 Proc. Phosphor enthält. Das Legumin ist also sicher ein Nucleoalbumin.

In den Weizenkörnern ist nach Weyl[8]) eine Substanz enthalten, die spontan, resp. unter der Einwirkung eines Fermentes gerinnt, wie das Myosin, und in der gewonnenen Form den sogenannten Kleber bildet (vergl. S. 168). Sie wurde neuerdings von Morishima[9]) untersucht und als Artolin bezeichnet.

Ob andere Eiweisskörper, z. B. Albumine, in den Pflanzen vorkommen, ist noch nicht bekannt; die zahlreichen älteren Angaben über die Auffindung von Albumosen erklären sich durch die von Palladin beschriebenen Eigenschaften der Vitelline, oder es handelt sich um Kunstproducte. Doch ist es nach Martin[10]) und E. Schulze[11]) möglich, dass gelegentlich doch Albumosen gefunden werden, die als leicht

[1]) R. H. Chittenden and J. A. Hartwell, J. of Physiol. 11, 434 (1890). — [2]) O. Schmiedeberg, Zeitschr. f. physiol. Chemie 1, 205 (1877). — [3]) E. Drechsel, Journ. f. prakt. Chem. (2) 19, 331 (1879). — [4]) Th. Weyl, Zeitschr. f. physiol. Chem. I, 72 (1877). — [5]) G. Grübler, Journ. f. prakt. Chem. 131, 97 (1881). — [6]) T. B. Osborne and G. F. Campbell, Journ. Americ. Chem. Soc. 19, 494, 454, 487, 525 (1897) (nach Maly's Jahresber. f. Thierchemie 27, 22 ff.). Osborne, ibid. 14, 28, 33; 15, 392 (1893) (nach Maly's Jahresber. f. Thierchemie 23, 18 ff.). — [7]) A. Wiman, Maly's Jahresber. f. Thierchem. 27, 21 (1897). — [8]) Th. Weyl u. Bischoff, Ber. deutsch. chem. Ges. 13, 367 (1880). — [9]) K. Morishima, Schmiedeb. Arch. 41, 345 (1898). — [10]) S. H. Martin, Journ. of Physiology 6, 336 (1885). — [11]) E. Schulze, Ueber den Eiweissumsatz u. s. w., Zeitschr. f. physiol. Chem. 26, 411 (1899).

lösliche Körper zum Transporte des Eiweiss vom Orte der Ablagerung nach dem Orte des Bedarfes dienen.

Die Spaltung der pflanzlichen Eiweisse verläuft, soweit untersucht, wie die der thierischen; Chittenden[1]) und Neumeister[2]) stellten aus dem Vitellin der Kürbissamen die bekannten Albumosen und andere Verdauungsproducte dar; gegen Trypsin erwies es sich als sehr resistent, durch Pepsin leicht auflöslich. Im Allgemeinen haben die Phytovitelline einen hohen Stickstoff- und niederen Sauerstoffgehalt, was zu ihrem Charakter als Reservestoffe passt; damit im Zusammenhange steht wohl die grosse Menge von Diaminosäuren, die einige von ihnen bei der Spaltung liefern[3]). Das krystallisirte Edestin aus Hanfsamen ist kürzlich von Hausmann[4]) genauer untersucht worden; es enthält 18,53 Proc. Stickstoff. Davon kommen 10,25 Proc. auf den Ammoniakstickstoff, 38,15 Proc. auf die Diamino-, 54,99 Proc. auf die Monoaminosäuren. Asparagin- und Glutaminsäure wurden aus pflanzlichen Eiweissen leichter und früher gewonnen, als aus thierischen, doch gestatten die bisherigen Angaben noch keine quantitativen Schlüsse[5]).

V. Histone.

(55) Die Histone sind eine Classe von Eiweisskörpern, die erst in jüngster Zeit als solche zusammengefasst worden sind. Am längsten bekannt ist das Histon, das Kossel[6]) aus den rothen Blutkörperchen der Gans dargestellt hat. Ferner gehören dazu das Nucleohiston von Lilienfeld, das Globin, der Eiweisskörper des Hämoglobins der Säugethiere, sowie gewisse, in Verbindung mit Nucleïnsäure auftretende Eiweisskörper, die von Miescher und Bang in den unreifen Hoden von Fischen gefunden wurden. Wahrscheinlich wird sich die Zahl der in diese Classe gehörigen Körper noch beträchtlich vermehren. Ihre genaue Charakterisirung und thunlichst scharfe Abgrenzung verdanken wir Bang[7]). Dort findet sich auch die letzte und vollständige Beschreibung der Eigenschaften dieser Körper.

Die Histone sind Körper von entschieden basischem Charakter[8]), die in Folge dessen, und das ist ihre auffallendste Eigenschaft, von Alkalien gefällt, im Ueberschusse aber — wenigstens die meisten — wieder aufgelöst werden. In Säuren sind sie sehr leicht löslich; sie

---

[1]) R. H. Chittenden and J. A. Hartwell, Journ. of Physiology 11, 434 (1890). — [2]) R. Neumeister, Zeitschr. f. Biolog. 23, 402 (1887). — [3]) E. Schulze, Zeitschr. physiol. Chem. 22, 435 (1896). — [4]) W. Hausmann, ibid. 29, 136 (1900). — [5]) F. Kutscher, ibid. 28, 123 (1899). — [6]) A. Kossel, Ueber einen peptonartigen Bestandtheil des Zellkernes, ibid. 8, 511 (1884). — [7]) Ivar Bang, Studien über Histon, Zeitschr. f. physiol. Chem. 27, 463 (1899). — [8]) A. Kossel, Lymphzellen, Deutsche med. Wochenschr. 1894, Nr. 7, S. 146.

verhalten sich also umgekehrt wie die Eiweisse von saurem Charakter, die Globuline und Caseïne. Die Histone kommen als solche nicht präformirt vor, sondern nur gepaart mit einer „prosthetischen Gruppe", wie Kossel sie bezeichnet, bilden aber in dieser Form Körper, die zu den wichtigsten Zellbestandtheilen überhaupt gehören, das Hämoglobin, einige Nucleoproteïde und andere. Es wäre daher zweifellos richtiger, die Histone gar nicht hier, sondern in Verbindung mit ihren Paarlingen, d. h. bei den Proteïden, zu besprechen; sie sind aber genügend selbstständige chemische Individuen, um ihre Einreihung unter die eigentlichen Eiweisskörper, nicht bei der Aufstellung des Systems, aber bei der Besprechung zu rechtfertigen.

Ueber ihr Verhältniss zu den Protaminen siehe dort.

Die fünf charakteristischen Eigenschaften der Histone sind nach Bang die folgenden; nur das gemeinsame Vorkommen dieser Reactionen bezeichnet den betreffenden Körper als Histon, da einzelne derselben auch anderen Eiweisskörpern zukommen.

1. Die Histone werden aus ihrer wässerigen Lösung durch Zusatz einer sehr geringen Menge von Ammoniak — jedenfalls aber bis zur deutlich alkalischen Reaction — gefällt; ein geringer Ueberschuss von Ammoniak löst das Histon wieder auf, aber nur in salzfreier Lösung. Ist dagegen ein Ammoniaksalz in Lösung, oder bildet es sich beim Hinzufügen des Ammoniaks mit einer vorhandenen Säure, so ist das Histon im Ueberschusse des Ammoniaks nicht oder schwer löslich; die Histone können daher aus der salzsauren Lösung durch Ammoniak, aus der ammoniakalischen durch Chlorammonium gefällt werden. Wie Ammoniak verhalten sich die Alkalien und alkalischen Erden; doch lösen die Alkalien noch leichter auf als das Ammoniak, sind daher praktisch kaum verwendbar. Die Mengenverhältnisse, bei denen Fällung und Lösung auftreten, sind bei den einzelnen Histonen verschieden.

Dieselbe Reaction wie die Histone geben nach Bang das Vitellin und die Acidalbumine aus Fibrin wie aus Hühnereiweiss; die letzteren sind ja sicher Basen. Auch das Myogen hat nach v. Fürth dieselbe Eigenschaft.

2. Wenn man die Histone in salzfreier Lösung kocht, so werden sie nicht coagulirt, gehen überhaupt keine Veränderung ein; kocht man sie dagegen bei Gegenwart von Salzen, z. B. in einer 0,5 proc. Lösung von Chlornatrium, so werden sie, aber nicht quantitativ, aus ihrer Lösung gefällt. Es handelt sich aber nicht um eine eigentliche Coagulation; denn wenn man den Niederschlag in Säuren löst und neutralisirt, so bleibt er in Lösung, ist also nicht zu Acidalbumin geworden, sondern kann ein zweites Mal durch Erhitzen ausgefällt werden. Ob es sich hierbei nur um die auch sonst bekannte Schwerfällbarkeit salzarmer Eiweisslösungen handelt, oder ob die Histone noch in besonderer Weise des Salzes zum Ausfällen bedürfen, ist aus den Angaben nicht zu ersehen. Die Histone sind jedenfalls nicht einfach durch Erhitzen dena-

turirbar, wie die eigentlichen Eiweisskörper, dagegen theilen sie mit
ihnen die Eigenschaft, nach längerem Verweilen im ungelösten Zustande,
zumal bei Salzgegenwart, unlöslich zu werden. Sie nehmen also
gewissermaassen eine Mittelstellung zwischen den eigentlichen Eiweisskörpern und den Albumosen, insbesondere der Heteroalbumose, ein.

3. Mit Salpetersäure geben die Histone in der Kälte einen Niederschlag, der sich beim Erwärmen löst und beim Abkühlen wiederkehrt,
d. h. sie geben die sonst für die Albumosen als charakteristisch an-
gesehene Reaction; ihr Entdecker Kossel stellte sie daher anfangs
auch zu den Albumosen.

4. Während die übrigen Eiweisskörper durch die sogenannten
Alkaloidreagentien nur bei saurer Reaction gefällt werden, ist dies bei
den Histonen auch in neutraler Lösung der Fall. Sie werden also
durch phosphorwolframsaures und phosphormolybdänsaures Natron,
durch pikrinsaures Natron, durch Ferrocyankalium gefällt; das Globin
wird durch einen Ueberschuss gelöst, aber wohl nur in Folge der entstehenden alkalischen Reaction. Das Scombron wird auch bei schwach
alkalischer Reaction gefällt, ebenso wie die Protamine. Während die
anderen Eiweisskörper erst beim Zusammentreffen mit einer Säure zu
einer Base werden, sind dies die stärker basischen Histone auch bei
Abwesenheit einer solchen, und verhalten sich daher wie die Alkaloide
oder andere organische Basen (vergl. S. 21). Die Histone sind wirkliche Basen, nicht Pseudobasen im Sinne von Hantzsch, wie die anderen
Eiweisse.

5. Neutrale Lösungen von Histon geben mit salzarmen Lösungen
von Ovalbumin, Caseïn und Serumglobulin einen Niederschlag, ebenso
natürlich auch mit Eiereiweiss und Blutserum. Der Niederschlag enthält auf 1 Thl. Histon 2 Thle. Caseïn und Serumglobulin, und 1 Thl.
Ovalbumin. Er ist in Säuren und Alkalien löslich, und wird auch bei
Salzgegenwart durch Alkalien, z. B. Ammoniak, nicht gefällt.

Die letzten beiden Reactionen, das Gefälltwerden durch die Alkaloidreagentien bei neutraler resp. alkalischer Reaction, und die eiweiss-
fällenden Eigenschaften sind den Histonen mit den Protaminen gemeinsam, und ausserdem, wie Kutscher[1]) und Bang gefunden haben, auch
einer oder einigen Substanzen, die aus Fibrin und anderen Eiweisskörpern bei der Pepsinverdauung entstehen, und zu der Classe der
Albumosen gehören.

Die übrigen Fällungsreactionen der Histone sind die gewöhnlichen
der Eiweisse. Das Globin wird als solches durch Alkohol gefällt, seine
Salze mit Alkalien wie mit Säuren dagegen nicht oder schwer. — Was
das Verhalten zu den Salzen anlangt, so werden die Histone durch
geringe Mengen Ammonsulfat und Kochsalz in der Art wie die Acidalbumine bei neutraler, wie bei saurer Reaction, gefällt. Magnesium-

---

[1]) Fr. Kutscher, Zeitschr. f. physiol. Chem. 23, 115 (1897).

sulfat salzt aus; Calciumchlorid, neutrales Bleiacetat, Kupfersulfat, Eisenchlorid fällen das Globin wenigstens nicht; doch könnte hier bei dem sehr reinen Präparat der Mangel an Alkalisalzen schuld sein, wie dies nach v. Fürth beim Myogen der Fall ist. Quecksilberchlorid fällt das Histon aus den Hoden der Fische, nicht die anderen Histone. Von den Farbenreactionen geben sie die Biuretreaction sehr schön und zwar mit violetter Farbe, sowie die Xanthoproteïnreaction, die Millon'sche Reaction dagegen sehr schwach. Eine Kohlehydratgruppe ist aus keinem derselben abzuspalten. Das Globin giebt die Reaction nach Molisch nicht, die nach Adamkiewicz schwach. Nach Bang enthalten alle Histone Schwefel in leicht abspaltbarer Form.

Die Histone sind krystallinisch nicht bekannt; die elementare Zusammensetzung ist verschieden, doch zeigen sie alle einen hohen Stickstoffgehalt, das Scombron den höchsten Stickstoffgehalt aller bisher untersuchten Eiweisskörper überhaupt; nach den Untersuchungen von Kossel[1]) enthält das Histon aus der Thymusdrüse 40,5 Proc. des Stickstoffs in durch Phosphorwolframsäure fällbarer Form, also in der Form von Diaminosäuren; 38,4 Proc. in der Form von Monoaminosäuren, das stickstoffreichere Scombron enthält ebenfalls 40 Proc. Diaminostickstoff. Die Histone sind phosphorfrei, das Nucleohiston aus der Thymus enthält Eisen. Nach Kossel[2]) sind die Histone als Verbindungen von Protamin mit Eiweiss aufzufassen; wenigstens erhielt er aus Protamin und Eiweiss Niederschläge, die alle Eigenschaften der Histone besassen. Da aber die Histone ihrerseits noch weitere Eiweissfällungen geben, müssten sie als ungesättigte Eiweissverbindungen aufgefasst werden[3]). Aus Thymushiston erhielt Bang durch die Pepsinverdauung, neben Spuren von Albumosen und vielleicht Pepton, einen Körper, der eine erhebliche Aehnlichkeit mit dem Protamin besitzt, was vielleicht zu Gunsten der Kossel'schen Ansicht gedeutet werden kann. Sichergestellt ist diese freilich damit noch nicht. Das Scombron wird von dem Pepsin überhaupt sehr schwer angegriffen; die Untersuchung seiner Verdauungsproducte ist durch Bang in Angriff genommen worden. Das Globin endlich wird nach Schulz durch Pepsin sehr schnell in Pepton, resp. einen nicht mehr aussalzbaren Körper verwandelt. — Trypsin verdaut das Globin rasch, anscheinend aber ohne Tyrosin zu liefern, was mit dem Fehlen der Millon'schen Reaction gut übereinstimmte.

Die bisher untersuchten Histone sind:

---

[1]) A. Kossel, mitgetheilt von F. Müller und J. Seemann, Deutsche med. Wochenschr. 1899, Nr. 13, S. 209. — [2]) A. Kossel, Lymphzellen, loc. cit. Derselbe, Zeitschr. f. physiol. Chem. 22, 176 (1896). — [3]) J. Bang, loc. cit.

1. Das Histon aus den Leukocyten der Thymusdrüse.

Es wurde von Lilienfeld[1]) entdeckt und als Nucleohiston
bezeichnet. Es kommt in salzartiger Verbindung mit einem Nucleïn
vor, aus der es durch Extraction mit 0,8 procentiger Salzsäure und
darauf folgende Fällung mit wenig Ammoniak leicht gewonnen werden
kann. Auch aus den Leukocyten der Lymphdrüsen konnte Lilienfeld
denselben Körper darstellen. Die procentische Zusammensetzung
ermittelte Lilienfeld für Kohlenstoff und Wasserstoff, Bang für den
Stickstoff:

$$C\ 52,34,\quad H\ 7,31,\quad N\ 18,35.$$

Fleroff[2]) fand:

$$C\ 52,37,\quad H\ 7,7,\quad N\ 18,35,\quad S\ 0,62.$$

Es enthält Eisen.

Das Nucleoproteïd, das durch Zusammentreten dieses Histons mit
einem Nucleïn entsteht, und den Hauptbestandtheil der Leukocyten
bildet, wird bei den Nucleoproteïden besprochen.

Ferner haben Kossel und Fleroff[3]), freilich durch eine recht
eingreifende Behandlung, aus der Thymusdrüse einen verwandten Körper,
das Parahiston, dargestellt. Es giebt die meisten Reactionen der anderen
Histone, wird aber von Salpetersäure und von Ammoniak nicht gefällt,
und coagulirt auch nicht; vielleicht ist es bei der Darstellung doch
schon umgewandelt. Besonders leicht wird es durch Alkohol-Aether
gefällt. Die procentische Zusammensetzung ist:

$$C\ 51,84,\quad H\ 7,93,\quad N\ 17,84,\quad S\ 1,99,\quad O\ 20,46.$$

Das Nucleohiston hat, wie Lilienfeld[3]) und Thompson[4]) gefunden
haben, die gleiche toxische Wirkung wie die Albumosen und die Protamine: es wirkt gerinnungsverzögernd, macht anfangs Beschleunigung,
dann Stillstand der Athmung, ruft ein starkes Sinken des Blutdruckes
hervor, und vermindert die Zahl der Leukocyten im Blute. Thompson
glaubt, dass manche Wirkungen der Injection von Organextracten auf
ihrem Gehalt an Histon beruhen.

2. Das Histon aus den rothen Blutkörperchen der Gans.

Es wurde, als erstes Histon, von Kossel[5]) entdeckt und beschrieben,
und ebenfalls durch Zerlegen seines nucleïnsauren Salzes mittelst Salzsäure gewonnen. Die procentische Zusammensetzung fand Kossel je
nach der Darstellung:

$$C\ 52,31\ bis\ 50,67,\quad H\ 7,09\ bis\ 6,99,\quad N\ 18,46\ bis\ 17,93,\quad S\ 0,5.$$

[1]) L. Lilienfeld, Zeitschr. f. physiologische Chemie 18, 473 (1893). —
[2]) A. Fleroff, ibid. 28, 307 (1899). — [3]) L. Lilienfeld, ibid. 20, 89 (1894).
— [4]) W. H. Thompson, ibid. 29, 1 (1899). — [5]) A. Kossel, ibid. 8, 511
(1884).

Bang fand N 17,48.

Unklar ist noch, in welcher Beziehung dies Histon zu dem Nucleïn der kernhaltigen rothen Blutkörperchen der Vögel einerseits, zu dem Hämatin andererseits steht; beide geben ja Paarlinge mit Histon. Es könnte sich also um ein Gemenge von Nucleohiston und Hämoglobin (= Hämatin-Histon) ebensowohl, wie um einen einheitlichen, complicirt gebauten Körper handeln. Kossel und Jnoko[1]) haben aus Nucleïnsäure aus Thymus und Oxyhämoglobin aus Pferdeblut einen krystallinischen Niederschlag erhalten, der 0,413 Proc. Phosphor aufwies, während das Hämoglobin der Gans 0,3 bis 0,4 Proc. Phosphor enthält.

3. Das Globin.

Das Globin ist der, oder jedenfalls der hauptsächlichste, Eiweissbestandtheil des Hämoglobins. Es ist länger bekannt, unter anderen von Preyer[2]) beschrieben worden, von dem auch der Name herrührt; aber erst Schulz[3]) stellte es rein dar, und erkannte es als Histon.

Das Globin zeichnet sich vor den anderen Histonen dadurch aus, dass es durch eine besonders geringe Menge Ammoniak und Alkali gefällt, aber ebenso schon durch einen sehr geringen Ueberschuss wieder gelöst wird, bei stärkerem Ueberschusse sogar bei Gegenwart eines Ammoniaksalzes. Die procentische Zusammensetzung ist nach Schulz:

$$C\,54,97,\quad H\,7,2,\quad N\,16,89,\quad S\,0,42,\quad O\,20,52.$$

Von dem Schwefel sind nach Schulz[4]) 0,2 Proc., also die Hälfte, leicht abspaltbar.

Von dem Stickstoff des Globins sind nach Hausmann[5]) 4,62 Proc. Amidstickstoff, 29,37 Proc. Diamino-, 67,08 Proc. Monoaminostickstoff.

4. Histon aus den Hoden von Fischen und anderen Thieren.
Scombron, Arbacin, Salmon.

Miescher[6]) fand in unreifen Lachshoden, in Verbindung mit Nucleïnsäure, einen Körper, den er als eine Albumose ansah, der aber wohl zu den Histonen zu rechnen ist, und dem man, nach der Analogie des Bang'schen Scombrons, das bei der Reifung zu dem Protamin Scombrin wird, wohl am besten den Namen Salmon giebt. Bang fand in den unreifen Hoden der Makrele einen Körper, der die grösste Aehnlichkeit mit der Miescher'schen Albumose hat, und den er Scombron genannt hat. Auch aus anderen Fischhoden lassen sich derartige Körper gewinnen.

[1]) Yoshito Jnoko, Zeitschrift f. physiol. Chemie 18, 57 (1893). — [2]) W. Preyer, Pflüger's Archiv 1, 395 (1868). Derselbe, Die Blutkrystalle, Jena 1871. — [3]) F. N. Schulz, Zeitschr. f. physiol. Chem. 24, 449 (1898). — [4]) Derselbe, ibid. 25, 16 (1898). — [5]) W. Hausmann, ibid. 29, 136 (1900). — [6]) F. Miescher und O. Schmiedeberg, Arch. f. exp. Patholog. u. Pharmak. 37, 1 (1896).

Kossel und Matthews[1]) fanden in den reifen Spermatozoen des Seeigels Arbacia pustulosa ebenfalls in Verbindung mit Nucleïnsäure einen Körper, den sie Arbacin nannten, und der alle Eigenschaften der Histone besitzt.

Das Scombron (und der Miescher'sche Körper) zeichnet sich vor den anderen Histonen dadurch aus, dass es auch bei Abwesenheit von Salzen durch einen Ueberschuss von Ammoniak nicht wieder gelöst werden kann, dass die Fällung mit Ammoniak keine vollständige ist, und dass es durch Quecksilberchlorid nicht gefällt wird.

Millon's Reagens giebt eine Rothfärbung, aber keinen Niederschlag.

Miescher fand die procentische Zusammensetzung des Salmons:

$$C \, 51,21, \quad H \, 7,6, \quad N \, 17,64.$$

Bang fand für das Scombron:

$$C \, 49,86, \quad H \, 7,23, \quad N \, 19,79, \quad S \, 0,79, \quad O \, 22,33.$$

Matthews fand für das Arbacinsulfat:

$$N \, 15,91 \, Proc.$$

Die Spermatozoen anderer Fische enthalten in reifem Zustande nucleïnsaures Protamin, die der bisher untersuchten Säugethiere andere Eiweisskörper.

Ob der von Jolles[2]) in dem Harn von Patienten, die an Eiterungen litten, beschriebene Eiweisskörper wirklich ein Histon ist, muss dahin gestellt bleiben.

VI. Die Protamine.

(56) Miescher[3]) fand 1874 in den reifen Spermatozoen des Lachses eine· Base, die er Protamin nannte; seitdem sind durch Kossel[4]) und seine Schüler in den Spermatozoen noch mehrerer anderer Fische Protamine gefunden worden, die unter einander grosse Aehnlichkeit zeigen, und die man nach Kossel's Vorgange, je nach dem Thiere, von dem sie stammen, als Salmin, Sturin, Clupeïn, Scombrin u. s. w. bezeichnet. — Ueber die Stellung der Protamine zu den eigentlichen Eiweisskörpern besteht noch keine Klarheit; indessen ist es wohl das Richtigste, sie als wirkliche Eiweisskörper aufzufassen, die sich nur durch eine Reihe bestimmter Eigenschaften als besondere Gruppe darstellen, und denen einige der Reactionen und der diese bedingenden

---

[1]) A. Matthews, Zeitschrift f. physiol. Chemie 23, 399 (1897). — [2]) A. Jolles, ibid. 25, 236 (1898). — [3]) F. Miescher, Die Spermatozoen einiger Wirbelthiere, Verh. d. naturf. Ges. zu Basel VI, 138 (1874). — [4]) A. Kossel, Ueber die basischen Stoffe des Zellkernes, Zeitschr. f. physiol. Chem. 22, 176 (1896). D. Kurajeff, Ueber das Protamin aus den Spermatozoen der Makrele, ibid. 26, 524 (1899). N. Morkowin, ibid. 28, 313 (1899).

Gruppen der meisten übrigen Eiweisskörper fehlen. Die Histone, besonders das Scombron, bilden einen Uebergang zwischen ihnen und den anderen Eiweisskörpern, einmal in chemischer und dann auch in genetischer Beziehung, indem sich nur in den reifen Spermatozoen Protamin findet, in den unreifen Hoden derselben Thiere aber das Scombron und Salmon[1]), d. h. Histone, aus denen das Protamin hervorgeht; diese Histone aber entstehen ihrerseits aus anderem Eiweiss, nach Miescher[2]) zum grossen Theile aus der Muskulatur der Fische.

Die Protamine sind starke Basen, die mit Säuren gut charakterisirte, krystallisirende Salze bilden. In den Hoden der Fische kommen sie als nucleïnsaure Salze vor. Von den Farbenreactionen der Eiweisskörper geben sie die Biuretreaction in sehr schöner Weise, dagegen die Millon'sche und die Adamkiewicz'sche Reaction nicht. Sie enthalten keinen Schwefel.

Von den Fällungsreactionen des Eiweiss ist zu bemerken, dass die Protamine durch Erhitzen nicht coagulirt werden können. Ueberhaupt scheinen sie nicht denaturirt zu werden, also die eigenthümliche Structur der eigentlichen Eiweisskörper nicht zu besitzen. Durch die Alkaloidreagentien werden die Protamine, ebenso wie die Histone, nicht nur bei saurer, sondern auch bei neutraler Reaction gefällt; die Protamine unterscheiden sich aber von den meisten Histonen noch dadurch, dass sie auch bei alkalischer Reaction gefällt werden; sie sind eben noch stärkere Basen, und die Reihe: Eiweiss — Histon — Protamin ist hier sehr deutlich.

Die Protamine werden also gefällt durch phosphorwolfram- und wolframsaures Alkali, Ferro- und Ferricyankalium, Jodjodkalium, Jodquecksilberjodkalium, pikrinsaures Alkali, Quecksilberchlorid, Quecksilbernitrat, Platinchlorid, Goldchlorid und andere Schwermetallsalze. Ferner geben sie mit Eiweiss und mit primären Albumosen Niederschläge, die nach Kossel grosse Aehnlichkeit mit den Histonen haben. Durch Ammonsulfat und Kochsalz werden die Protamine ausgesalzen.

Ganz abweichend von der der Eiweisskörper ist die procentische Zusammensetzung der Protamine.

Kossel[3]) ermittelte für das Sturinsulfat:

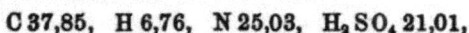

$$C\ 37{,}85,\quad H\ 6{,}76,\quad N\ 25{,}03,\quad H_2SO_4\ 21{,}01,$$

und berechnete daraus die Minimalformel für das Protamin aus den Hoden des Störs:

$$C_{30}\ H_{57}\ N_{17}\ O_6.$$

Auch hier bilden die Histone mit ihrem hohen Stickstoffgehalte ein Bindeglied zwischen den eigentlichen Eiweissen und den Protaminen.

---

[1]) J. Bang, Studien über Histon. Zeitschr. f. physiol. Chem. 27, 463 (1899). — [2]) F. Miescher, herausgegeben von O. Schmiedeberg, Arch. f. experim. Patholog. u. Pharmak. 37, 1 (1896). — [3]) A. Kossel, Zeitschr. f. physiol. Chem. 25, 165 (1898).

Die von Miescher und Schmiedeberg für das Salmin aufgestellten Formeln unterscheiden sich im Wesentlichen nur durch ein Mehr oder Minder von Wassermoleculen von der Kossel'schen. Das auffallendste Merkmal der Protamine ist danach der hohe Stickstoffgehalt, und dem entsprechen denn auch ihre Zersetzungsproducte, die Kossel[1])[2])[3]) eingehend studirte. Pepsin scheint auf die Protamine nicht einzuwirken, Trypsin dagegen und ebenso Kochen mit Salzsäure oder Schwefelsäure verwandelt sie zunächst in Protone, die den Peptonen entsprechen, und spaltet sie dann in Ammoniak und andere Verbindungen. Unter diesen aber überwiegen die durch Phosphorwolframsäure fällbaren Diaminosäuren sehr stark. Kossel[4]) erhielt bei der Schwefelsäurespaltung 93,3 Proc. des Stickstoffs des Sturins in dieser Form, Miescher mit Salzsäure 89 Proc.

Anfangs glaubte Kossel sogar die Protamine geradeauf in die drei bekannten Diaminosäuren Arginin, Lysin und Histidin zerlegen zu können und vermuthete in den Protaminen einen in allen Eiweissen vorhandenen und für ihren Aufbau nothwendigen Kern[1]). Wenn dies sich auch nicht bestätigt hat[5]), so bildet den überwiegenden Bestandtheil der Spaltungsproducte jedenfalls das stickstoffreiche Arginin, neben dem aus dem Sturin noch Lysin und Histidin in reichlicher Menge, ein Körper von der Zusammensetzung der Aminovaleriansäure in Spuren, aus dem Clupeïn dieser letztere isolirt werden konnte[5]).

Von den Salzen ist zu erwähnen, dass das Pikrat gut krystallisirt. Das Sulfat ist in Wasser löslich und scheidet sich beim Erkalten auf + 2° C. oder beim Zusatze von Aether als dunkles Oel ab.

Unter einander sind die Protamine, mindestens Sturin, Salmin, Clupeïn und Scombrin ziemlich ähnlich, doch zweifellos nicht identisch.

Wie Thompson[6]) gefunden hat, haben die Protamine dieselben toxischen Wirkungen wie die Verdauungsalbumosen: sie machen das Blut nicht oder doch schwer gerinnbar, sie verursachen eine anfängliche Beschleunigung der Athmung, der dann ein Stillstand folgt, und sie setzen den Blutdruck stark herab; diese Blutdrucksenkung ist genau wie bei den Albumosen eine durch periphere Lähmung der Gefässmuskulatur bedingte. Die Toxicität ist eine grosse; von Salmin, Scombrin und Clupeïn genügen 15 bis 18 mg pro Kilo Hund, um den Tod herbeizuführen, vom Sturin 20 bis 25 mg. Auch die Spaltungsproducte der Protamine, die Protone, sind noch toxisch, aber sehr viel weniger. Von den Albumosen unterscheiden sich die Protamine dadurch, dass ihre gerinnungsverzögernde Wirkung auch in vitro, also ausserhalb des Körpers, deutlich ist; ferner bewirken die Protamine eine sehr

---

[1]) A. Kossel, Zeitschr. f. physiol. Chem. 25, 165 (1898). — [2]) Derselbe, ibid. 22, 176 (1896). — [3]) Derselbe u. A. Matthews, ibid. 25, 190 (1898). — [4]) Derselbe, 25, 165 (1898). — [5]) Derselbe, ibid. 26, 588 (1899). — [6]) W. H. Thompson, ibid. 29, 1 (1899).

erhebliche Verminderung der Leukocytenzahl, auf ein Viertel und weniger, von der bei den Albumosen nichts bekannt ist. Eine Immunität besteht, wie bei den Albumosen, ist aber wenig ausgesprochen.

Von den Protaminen sind bekannt:

1. **Salmin.** Es ist das am längsten bekannte, von Miescher, dann von Piccard[1]) aus den reifen Spermatozoen des Lachses dargestellte Protamin. Die freie Base ist schwer rein zu erhalten, dagegen ist das salzsaure Salz, das im rhombischen System krystallisirt und leicht in Wasser löslich ist, genauer untersucht. Mit Platinchlorid bildet es ein unlösliches Doppelsalz, nach Miescher von der Formel:

$$C_{16} H_{29} N_9 O_2, \quad 2 H Cl, \quad Pt Cl_4.$$

2. **Sturin.** Es ist von Kossel[2]) aus den reifen Hoden des Störs dargestellt worden.

3. **Clupeïn.** Seine Zusammensetzung kann durch die Minimalformel:

$$C_{30} H_{57} N_{17} O_6$$

ausgedrückt werden.

Es wurde von Kossel[2]) aus Heringssperma gewonnen. Es hat ein charakteristisches Sulfat, von dem Kossel auch die specifische Drehung:

$$\alpha_D = -85,49$$

und den Brechungscoëfficienten

$$= 1,439$$

bestimmt hat. In heissem Wasser ist es leicht löslich, in kaltem 1,62 Thle. in 100 Thln. Es ist ein weisses, krystallinisches, sauer reagirendes Pulver von der Zusammensetzung:

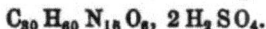

$$C_{30} H_{60} N_{18} O_8, 2 H_2 SO_4.$$

4. **Scombrin.**

Es wurde von Kurajeff[3]) aus dem Sperma der Makrele dargestellt. Er bestimmte für das Sulfat:

$$\alpha_D = -71,8.$$

Brechungscoëfficient $= 1,436.$

Auch das Chromat, $C_{30} H_{58} N_{16} O_5, 2 H_2 Cr O_4$, ist leicht darzustellen.

5. **Cyclopterin.**

Es wurde von Kossel und Morkowin[4]) aus dem Sperma von Cyclopterus lumpus dargestellt. Für sein Sulfat fand Morkowin die procentische Zusammensetzung:

$$C 42, \quad H 6,73, \quad N 22,4, \quad S 8,1.$$

Aus diesen Zahlen und ebenso aus seinen Eigenschaften — es giebt z. B. die Millon'sche Reaction — ergiebt sich, dass es kein

---

[1]) J. Piccard, Ber. deutsch. chem. Ges. 7, II, 1714 (1874). — [2]) A. Kossel, Zeitschr. f. physiol. Chem. 22, 176 (1896). — [3]) D. Kurajeff, ibid. 26, 524 (1899). — [4]) N. Morkowin, ibid. 28, 313 (1899).

eigentliches Protamin ist, sondern ein Uebergangsglied zwischen den
Protaminen und den Histonen, was ja bei der Entstehung der Protamine
aus den Histonen leicht erklärlich ist. Dass es sich etwa um ein
Gemenge von Histon und Protamin handelt, konnte ausgeschlossen
werden.

6. **Tuberculosamin.**

Von Ruppel[1]) wurde in den nach Koch zerriebenen Tuberkelbacillen in Form seines nucleïnsauren Salzes ein Körper von den Eigenschaften eines Protamins gefunden, den er Tuberculosamin nannte.

---

[1]) W. G. Ruppel, Zeitschr. f. physiol. Chem. 26, 218 (1898).

II. Die Proteïde.

1. Nucleoproteïde.

(57) Die Nucleoproteïde sind von Miescher[1]) und Plósz[2]) entdeckt, aber erst in den letzten Jahren, vornehmlich durch die Untersuchungen von Hammarsten und Kossel und ihren Schülern, besser bekannt geworden. Immerhin befinden sich unsere Kenntnisse dieser wichtigen und eigenartigen Classe von Proteïden, zumal die ihrer Eiweisspaarlinge, erst in den Anfängen.

Die Nucleoproteïde sind Verbindungen von Eiweiss mit Nucleïnsäure. Sowohl die Eiweisskörper, wie die einzelnen Nucleïnsäuren, wie endlich die Art ihrer Zusammenfügung zeigt grosse Verschiedenheiten. Das von Kossel und Lilienfeld[3]) aufgestellte Schema für die Zusammensetzung und den Zerfall der Nucleoproteïde ist das folgende:

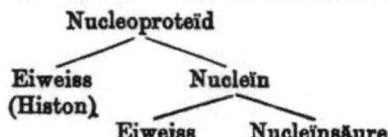

Nucleoproteïd

Eiweiss (Histon)

Nucleïn

Eiweiss   Nucleïnsäure

Es findet also bei den meisten Behandlungsmethoden die Abspaltung des Eiweiss von seiner „prosthetischen Gruppe"[4]) nicht auf einmal statt, sondern es bilden sich Zwischenproducte von verschiedener Zusammensetzung. Man nennt diese Zwischenproducte, die also noch Eiweissreactionen geben, sich von den Nucleoproteïden aber durch ihren höheren Gehalt an Nucleïnsäure und damit an Phosphor unterscheiden, Nucleïne. Es ist sehr wohl möglich, dass die Spaltung wirklich stufenweise verläuft, dass also 1 Molecul Nucleïnsäure mit mehreren Moleculen Eiweiss verbunden ist, von denen die einen leichter abspaltbar sind als die anderen, dass es also eine Reihe von Nucleïnen

---

[1]) F. Miescher, Chemische Zusammensetzung der Eiterzelle. Hoppe-Seyler's Med.-chem. Untersuch., S. 441 (1871). — [2]) P. Plósz, Kerne der Vogel- und Schlangenblutkörperchen, ibid., S. 461 (1871). — [3]) L. Lilienfeld, Hämatologische Untersuchungen, B) Nucleïn, Arch. f. Anat. u. Physiol., Physiol. Abth. 1892, S. 128. — [4]) A. Kossel, ibid. 1893, S. 157.

giebt. Es ist indessen ebenso möglich, dass es sich bei den verschiedenen Nucleïnen um Gemenge handelt, Beimengungen von noch un-
gespaltenem Nucleoproteïd oder von schon freier Nucleïnsäure zu einem
zwischen ihnen stehenden Nucleïn. Jedenfalls hat noch Niemand reine
Nucleïne in Händen gehabt, und die aus dem gleichen Nucleoproteïd
auf verschiedenem Wege gewonnenen Nucleïne zeigen grosse Differenzen
in der procentischen Zusammensetzung. Das ist kein Wunder, wenn
man bedenkt, dass die gebräuchlichste Methode der Nucleïndarstellung
die Verdauung mit Pepsin-Salzsäure ist, die kaum in jeweils gleicher
Weise angewandt werden kann. — Denn es ist eine der charakteristischen Eigenschaften der Nucleoproteïde, die zu ihrer Entdeckung
geführt hat und auch später sehr oft bei ihrer Untersuchung verwendet
worden ist, dass sie, bei Körpertemperatur mit Pepsin-Salzsäure
zusammengebracht, nach einiger Zeit einen Niederschlag fallen
lassen, der den gesammten Phosphor der Nucleoproteïde enthält, eben
das Nucleïn. Doch kann Nucleïn auch durch Behandlung mit Säuren
oder Alkalien, Kochen mit Wasser etc. aus den Nucleoproteïden gewonnen werden. Natürlich kommen nur die Nucleoproteïde als solche
vor, keines ihrer Spaltungsproducte; die älteren Angaben über das
Auftreten freier Nucleïnsäure in Geweben oder Zellen und derartiges
haben sich als irrthümlich erwiesen; sowohl die Nucleïne, wie die
Nucleïnsäure sind ausschliesslich durch Spaltung gewonnen.

Es ist dringend wünschenswerth, dass man sich auch in der Bezeichnung scharf an diesen Unterschied hält; der ältere Ausdruck
Nucleïn bezieht sich durch einander sowohl auf die Nucleïnsäure, als
auch auf die ungespaltenen Nucleoproteïde, aber die Benennung der
letzteren wenigstens als Nucleïne trifft man auch heute noch an.

Was den Eiweisspaarling anbelangt, so wird dieser bei der üblichen
Darstellung, der Pepsinverdauung, nicht als solcher erhalten, sondern
sofort weiter verdaut, man findet dann neben dem Nucleïnniederschlag
in der Lösung Albumosen und Peptone. Bei einigen anderen Dar-
stellungsmethoden hat sich dagegen das Eiweiss isoliren lassen.
Kossel[1]) beschrieb 1884 einen „peptonartigen Bestandtheil" des Zellkernes, d. h. das Histon aus den Kernen der rothen Blutkörperchen
des Gänseblutes. Lilienfeld[2]) fand dann später ein Histon in den
Kernen der Leukocyten aus der Thymusdrüse des Kalbes wieder, und
Kossel und Matthews[3]) ein solches in den Spermatozoen eines Seeigels.

Ferner stellte Bang[4]) fest, dass in den Spermatozoen vieler
Fische sich in unreifem Zustande nucleïnsaures Histon befindet; er
selbst fand das Scombron in den Hoden der Makrele (*Scomber scom-*

¹) A. Kossel, Zeitschr. f. physiol. Chem. 8, 511 (1884). — ²) L. Lilienfeld, ibid. 18, 473 (1893). — ³) A. Matthews, ibid. 23, 399 (1897). —
⁴) J. Bang, Histon, ibid. 27, 463 (1899).

brus), Miescher[1]) hatte einen derartigen Körper, den man wohl Salmon nennen muss, in unreifen Lachshoden gefunden; bei der Reifung geht das Histon in ein Protamin über. Von den reifen Spermatozoen der daraufhin untersuchten Fische, des Lachses (*Salmo salar*), des Störs (*Acipenser sturio*), des Herings (*Clupea Harengus*) und des Seehasen (*Cyclopterus lumpus*) stellten Miescher[1]) und Kossel[2]) und seine Schüler[3]) fest, dass diese Spermatozoen zum weitaus grössten Theile aus nucleïnsaurem Protamin bestehen. Die untersuchten Nucleoproteïde enthalten also alle entweder ein Histon oder ein Protamin in Verbindung mit der Nucleïnsäure, und dadurch haben diese Körper eine grosse physiologische und chemische Bedeutung gewonnen. Von den anderen Nucleoproteïden ist über das in ihnen enthaltene Eiweiss bisher nichts bekannt, so von den Nucleoproteïden aus dem Pankreas, der Leber, der Schilddrüse u. s. w.

In welcher Weise die beiden Bestandtheile vereinigt sind, ist ebenfalls unbekannt. In den Fischhoden ist nach den übereinstimmenden Angaben von Miescher, Schmiedeberg und Kossel einfach nucleïnsaures Protamin enthalten; bei den anderen, etwas genauer untersuchten Nucleoproteïden liegt es ja sehr nahe, ebenfalls an ein Salz der Nucleïnsäure mit dem ausgesprochen basischen Histon zu denken; die leichte Bildung von salzsaurem Histon aus dem Nucleohiston, wie sie Lilienfeld beobachtete, würde gut zu einer derartigen Vorstellung passen. Bewiesen ist sie indessen nicht, und vor allem bliebe dabei die Zwischenstellung der Nucleïne unberücksichtigt; denn nach der Entfernung des Histons bleibt ja, soweit bekannt, nicht die Nucleïnsäure zurück, sondern eben ein Nucleïn, das noch einen weiteren hohen Eiweissgehalt besitzt. Freilich zeigen auch die Nucleïne einen ausgesprochen sauren Charakter und könnten also ein Salz mit dem Histon bilden. Ein irgendwie sicheres Urtheil lässt sich über diese Fragen vor allem deshalb nicht gewinnen, weil bisher alle quantitativen Bestimmungen der einzelnen Spaltungsproducte irgend eines Nucleoproteïds fehlen; es ist immer entweder nur das Histon oder nur die Nucleïnsäure, oder Nucleïn und Nucleïnsäure bestimmt worden, nie alle gemeinsam. Nur die Nucleoproteïde der Fischsamen bilden mindestens theilweise eine Ausnahme. Es können also hier sehr wohl noch ganz andere Beziehungen vorliegen, endlich auch bei den einzelnen Körpern durchgreifende Differenzen bestehen. Ebenso wenig weiss man etwas Sicheres über den Antheil, den die Nucleïnsäure an der Zusammensetzung der Nucleoproteïde hat, ob sie überwiegend Eiweisskörper mit einem kleinen Zusatz von

[1]) F. Miescher, Verhandl. d. naturforsch. Ges. zu Basel 6, 138 (1874); Derselbe, Lachsmilch, herausgegeben von O. Schmiedeberg, Schmiedeberg's Arch. f. experim. Patholog. u. Pharmak. 37, 1 (1896). — [2]) A. Kossel, Zeitschr. f. physiol. Chem. 22, 176 (1896); 25, 165 (1898). — [3]) A. Matthews, ibid. 23, 399 (1897); D. Kurajeff, ibid. 26, 524 (1899); N. Morkowin, ibid. 28, 313 (1899).

Nucleïnsäure sind, oder ob das Moleculargewicht der Nucleïnsäure kaum
kleiner ist als das des Eiweiss.   Einen Aufschluss hierüber könnte der
Phosphorgehalt geben, der bei den verschiedenen Nucleïnsäuren ziemlich gleichmässig etwa 9 Proc. beträgt; der Phosphorgehalt der Nucleoproteïde aber schwankt zwischen 3 und 0,3 Proc., der der Nucleïne
zwischen 4 und 7 Proc., zeigt also wieder grosse Verschiedenheiten.

Im folgenden wird zunächst eine kurze Schilderung der gemeinsamen Eigenschaften der Nucleoproteïde, dann der Nucleïne gegeben
und darauf die Nucleïnsäure besprochen werden.   Die Eiweisskörper
Histon und Protamin haben bereits Erwähnung gefunden.   Schliesslich
sollen die einzelnen bisher bekannten Nucleoproteïde beschrieben werden.

Die Nucleoproteïde sind in reinem Zustande, wie andere
Eiweisskörper, lockere, weisse, nicht hygroskopische Pulver; da sie nicht
in Lösung, sondern nur als Bestandtheil von Zellen vorkommen, ist es
schwer zu bestimmen, in wie weit sie in ihren natürlichen Eigenschaften bekannt, oder durch den Process der Reindarstellung bereits
verändert sind.   Sie haben alle ausgesprochen sauren Charakter, sind
in Wasser und Salzlösungen löslich, löslicher noch in Alkalien.   Durch
Säuren werden sie gefällt, im Ueberschusse, besonders der Mineralsäuren,
wieder gelöst; doch können sie hierdurch zerlegt werden.   Die Salz-
fällung ist nie systematisch untersucht worden; für Ammonsulfat
wurden die Grenzen nur für das Nucleoproteïd der Schilddrüse von
Osswald[1]) bestimmt: sie sind 6,4 und 8,2, also wie bei den Albuminen. Die Nucleoproteïde werden, wie die nativen Eiweisse,
durch Hitze oder andere Mittel coagulirt und denaturirt, und
zwar bei geeignetem Verfahren ebenso vollständig wie diese.   Doch
kann die Nucleïnsäure aus dem Coagulat mit unveränderten Eigenschaften wieder gewonnen werden; nur das Eiweiss ist verändert.   Sie
geben alle Farbenreactionen der Eiweisskörper und werden durch die
gewöhnlichen Fällungsmittel gefällt.   Auch geben sie, soweit untersucht, die Spaltungsproducte der echten Eiweisse, ausserdem aber die
der Nucleïnsäure eigenthümlichen, die Nucleïnbasen u. s. w. und vor
allem Phosphorsäure.   Die procentische Zusammensetzung wechselt
stark und ist nur bei wenigen mit einiger Garantie für reine und unveränderte Körper bekannt.   Die Nucleoproteïde enthalten alle oder
doch grossentheils Eisen, und mit Ausnahme des Eisens im Hämoglobin ist die Hauptmasse des Eisens im Körper, mindestens die im
Lebensprocess eine Rolle spielende, in den Nucleoproteïden enthalten;
über seine Bindung ist nichts bekannt, nur das steht fest, dass es nicht
als Ion, sondern als „maskirtes" oder organisch gebundenes Eisen vorhanden ist, das die Berlinerblau-Reaction oder die mit Schwefelammonium nicht oder doch nicht ohne weiteres giebt und mit Salzsäure-
alkohol nur schwer extrahirbar ist.   Nach den Untersuchungen von

---

[1]) A. Osswald, Zeitschr. f. physiol. Chem. 27, 14 (1899).

Kossel und Ascoli[1] ist es wahrscheinlich, dass das Eisen nicht mit dem Eiweiss verbunden ist, wie man bisher annahm, sondern in Beziehung zu dem Phosphor der Nucleïnsäure steht. Sie stellten aus Hefenucleïnsäure die sogenannte Plasminsäure dar, die sehr reich an Phosphor ist, kein Eiweiss, wohl aber noch maskirtes Eisen enthält und in vielen Reactionen Aehnlichkeit mit einem Salze der Metaphosphorsäure mit organischen Basen hat, und sie fanden ausserdem, dass derartige Metaphosphate die Eigenthümlichkeit haben, Eisen zu maskiren. Setzt man zu einer Lösung von Metaphosphorsäure so viel Eisenchlorid hinzu, wie durch die überschüssige Säure in Lösung gehalten werden kann, stumpft mit Ammoniak ab und fällt mit Alkohol und Aether, so erhält man einen in Wasser, Salzsäure und Ammoniak löslichen Körper, in dem das Eisen mit wenig Schwefelammonium gar nicht, durch mehr auch nicht sofort nachgewiesen werden kann, und aus dem es mit Salzsäure-Alkohol nur unter besonderen Bedingungen extrahirbar ist. Das Eisen ist in dieser Verbindung in einer Form enthalten, die sich von der in der Plasminsäure vorliegenden kaum unterscheiden lässt, und grosse Aehnlichkeit mit dem natürlichen Vorkommen des Eisens in den Nucleoproteïden und Nucleoalbuminen hat.

Die Nucleoproteïde bilden den Hauptbestandtheil der Zellkerne und übertreffen damit in den zellreichen, drüsigen Organen alle anderen Eiweisskörper an Menge. Von den Leukocyten der Thymus konnte Lilienfeld[2] nachweisen, dass 77 Proc. ihrer Trockensubstanz Nucleohiston sind und die Köpfe (Kerne) der reifen Spermatozoen der Fische bestehen nach Miescher und Schmiedeberg[3] gar zu 96 Proc. aus nucleïnsaurem Protamin und enthalten andere Eisweisskörper nur in Spuren. Es liegt daher sehr nahe, ihnen auch die wichtigsten physiologischen Functionen zuzuschreiben; so haben Galeotti[4] und Hahn[5] in den betreffenden Nucleoproteïden die Träger der immunisirenden Substanzen der Bacterienleiber gesehen und Hammarsten[6] fand die tryptische, Pekelharing[7] die peptische Fähigkeit des Pankreas, bezw. Magens, an den Nucleoproteïden haften. Auch eine Reihe der hochcomplicirten Zelleiweisse der verschiedenen Autoren, so das Gewebefibrinogen von Wooldridge, das Cytoglobulin und Präglobulin von Alexander Schmidt gehören, wie Neumann[8] und Ham-

---

[1] Alberto Ascoli, Plasminsäure, Zeitschr. f. physiol. Chem. 28, 426 (1899). — [2] L. Lilienfeld, ibid. 18, 473 (1893). — [3] F. Miescher, herausgegeben von O. Schmiedeberg, Schmiedeberg's Arch. f. experim. Patholog. u. Pharmak. 37, 1 (1896). — [4] Gino Galeotti, Zeitschr. f. physiol. Chem. 25, 48 (1898). — [5] M. Hahn, Ueber die chemischen und immunisirenden Eigenschaften der Plasmine (Zellinhaltsstoffe), Verhandl. d. 4. intern. physiol. Congresses zu Cambridge, Journ. of Physiol. 23, Suppl., S. 45 (1898). — [6] O. Hammarsten, Zeitschr. f. physiol. Chem. 19, 19 (1893). — [7] C. A. Pekelharing, ibid. 22, 233 (1896). — [8] A. Neumann, Arch. f. Anat. u. Physiol., Physiol. Abthl. 1898, S. 374 (Verhandl. d. Berliner physiol. Ges.).

marsten [1]) ausführen, ganz oder grossentheils zu den Nucleoproteïden. Es ist aber auch hier wieder daran zu erinnern, dass wir nie wissen können, ob die betreffenden, von uns isolirten Eiweisskörper die Träger der Function sind, die wir an ihnen beobachten, oder beigemengte Fermente und Aehnliches. Von den Verdauungsenzymen steht das letztere ja ausser Zweifel; Hammarsten erkennt an, dass das Pankreas-Nucleoproteïd trotz seiner hohen tryptischen Wirkung nicht das Trypsin sein könne; die Ansicht Friedenthal's [2]), der die Fermente für Nucleo-proteïde hält, ist unbegründet. Aber auch für die anderen Körper gilt dasselbe und selbst bei dem nucleïnsauren Protamin, das die Sperma-tozoenköpfe fast ausschliesslich einnimmt, ist der Ausführungen von Miescher und Schmiedeberg zu gedenken, die das nucleïnsaure Protamin nur als schützende Hülle auffassen, die dann freilich nachher leicht wieder die Bausteine für ein neues Gebilde·liefern kann. — Die Versuche endlich, durch histologische Methoden den mikrochemischen Nachweis des Phosphors, den Antheil der Nucleoproteïde am Aufbau der Zelle festzustellen, haben bisher, wie Heine [3]) gezeigt hat, noch zu keinem Resultate geführt.

Die Nucleïne stehen, wie genetisch, so auch in ihren Eigenschaften, in der Mitte zwischen den Nucleoproteïden und der Nucleïnsäure. Sie sind viel stärker sauer als die Nucleoproteïde und in Säuren, auch im Ueberschuss, schwer löslich. In der procentischen Zusammensetzung stehen sie dem Eiweiss schon recht fern, enthalten in der Regel nur 40 Proc. oder wenig mehr Kohlenstoff, dafür 4 bis 7 Proc. Phosphor, woraus hervorgeht, dass sie mindestens zur Hälfte aus Nucleïnsäure bestehen; die Reactionen der Eiweisskörper geben sie noch. Im Magen-saft sind sie, wie aus ihrer Darstellung mit Pepsin-Salzsäure hervor-geht, unlöslich, von Trypsin werden sie dagegen leicht aufgelöst; nur das Nucleïn aus der Pankreasdrüse wird nach Milroy [4]) auch vom Magensaft ·reichlich gelöst. Aus ihnen geht durch Behandlung mit Alkalien Nucleïnsäure resp. nucleïnsaures Alkali hervor.

Liebermann [5]) hat versucht, aus Metaphosphorsäure und Eiweiss, mit oder ohne Hinzufügung von Xanthinbasen, künstliche Nucleïne dar-zustellen; seine Versuche sind indessen von Kossel [6])· gänzlich wider-legt worden; Liebermann hat einfach metaphosphorsaures Eiweiss erhalten bezw. Eiweissniederschläge, welche die Phosphorsäure so gut giebt, wie andere Mineralsäuren auch. Dagegen hat Kossel Versuche gemacht, mit reiner Nucleïnsäure Eiweissniederschläge zu erhalten, von

 [1]) O. Hammarsten, Zeitschr. f. physiol. Chem. 19, 19 (1893). — [2]) H. Friedenthal, Arch. f. Anat. u. Physiol., Phys. Abth., 1900, S. 181.— [3]) L. Heine, Mikrochemie der Mitose, ibid. 21, 494 (1896). — [4]) T. H. Mil-roy, ibid. 22, 307 (1896). — [5]) L. Liebermann, Ber. deutsch. chem. Ges. 21, I, 598 (1888); J. Pohl, Zeitschr. f. physiol. Chem. 13, 292 (1888); H. Mal-fatti, ibid. 16, 68 (1891). — [6]) A. Kossel, Arch. f. Anat. u. Physiol., Physiol. Abthl. 1893, S. 157 (Verhandl. d. Berliner physiol. Ges.).

denen nach Milroy [1]) die mit Syntonin recht constante Werfbe lieferten, und auch eine gewisse Aehnlichkeit mit den künstlichen Nucleïnen zeigten, so im Phosphorgehalt und im Verhalten zu den Verdauungsenzymen. Kossel und Inoko [2]) erhielten ferner aus Thymusnucleïnsäure und Pferde-Oxyhämoglobin einen krystallinischen Niederschlag, der 0,413 Proc. Phosphor besass, also etwa soviel wie das Vogel-Hämoglobin, das ja ebenfalls eine Nucleïngruppe enthält. Ob hier wirklich künstliche Nucleoproteïde oder Nucleïne vorliegen, ist wohl noch unentschieden.

An dieser Stelle sind auch die sogenannten Lecithalbumine zu erwähnen. Bereits bei ihren ersten Untersuchungen fanden Hoppe-Seyler [3]) und Diakonow [4]) das regelmässige Nebeneinandervorkommen des Lecithins mit phosphorhaltigen Eiweissen, Nucleoproteïden und -albuminen und vermutheten einen Zusammenhang zwischen ihnen; erst später gelang es ihnen [5]) und Miescher [6]), eine vollständige Trennung des Lecithins von den Eiweisskörpern zu bewirken. In neuerer Zeit aber hat Liebermann [7]) die Lehre von den Lecithalbuminen wieder aufgenommen: er hat sie in der Magenschleimhaut, der Niere etc. aufzufinden geglaubt und schreibt ihnen dort eine wichtige physiologische Bedeutung zu. Nun ist ja ohne Weiteres zuzugeben, dass so reactionsfähige Stoffe, wie die Eiweisskörper und Lecithine sind, sehr wohl mit einander Verbindungen eingehen können; im Protoplasma kommen sie stets neben einander vor und gehören dort functionell zusammen. Ueber die Art ihres Zusammentretens in dieser Form ist aber gar nichts bekannt und bei der Darstellung der Lecithalbumine kann es sich genau so gut um mechanische Gemenge, wie um Verbindungen handeln, so dass von der Besprechung der Lecithalbumine als chemischer Individuen mit bestimmten Eigenschaften jedenfalls einstweilen abgesehen werden muss.

Die Nucleïnsäure.

(58) Im Jahre 1874 fand Miescher [8]) in den Spermatozoen des Lachses einen phosphorhaltigen, sauren Körper, den er Nucleïn nannte.

---

[1]) T. H. Milroy, Zeitschr. f. physiol. Chem. 22, 307 (1896). — [2]) Yoshito Inoko, ibid. 18, 57 (1893). — [3]) J. L. Parke, Constitution des Eidotters, Hoppe-Seyler's med.-chem. Unters., S. 209 (1867); F. Hoppe-Seyler, Vitellin und Ichthin, ibid., S. 215 (1867). — [4]) C. Diakonow, Phosphorhaltige Körper der Hühner- und Störeier, ibid., S. 221 (1867). — [5]) Derselbe, Lecithin, ibid., S. 405 (1868); F. Hoppe-Seyler, Chemische Zusammensetzung des Eiters, ibid., S. 486 (1870). — [6]) F. Miescher, Kerngebilde im Dotter des Hühnereies, ibid., S. 502 (1870). — [7]) L. Liebermann, Pflüger's Arch. f. d. ges. Physiol. 50, 25, 55 (1891); 54, 573 (1894). — [8]) F. Miescher, Die Spermatozoen einiger Wirbelthiere, Verhandl. d. naturf. Ges. in Basel 6, H. 1, S. 138 (1874).

Altmann[1]) stellte 1889 aus allen Nucleoproteïden die „Nucleïnsäure" dar und erwies ihre Identität mit dem Miescher'schen Nucleïn. Die Erforschung der Nucleïnsäure verdanken wir seitdem wesentlich Kossel[2]) und seinen Schülern und Schmiedeberg.

Die Nucleïnsäure ist krystallinisch nicht bekannt, doch sind die auf verschiedenen Wegen gewonnenen von grosser Reinheit und sehr übereinstimmendem Verhalten.

Sehr ähnlich in ihrer procentischen Zusammensetzung sind sich die Nucleïnsäuren, die aus Lachssperma, Heringssperma, Störsperma etc., aus Hefe, Eidotter und den Leukocyten der Thymus gewonnen sind. Die Pankreasnucleïnsäure, die Guanylsäure, weicht dagegen ab.

Die procentische Zusammensetzung der einzelnen bisher bekannten Nucleïnsäuren beträgt:

Lachsmilch (reif). . . . C 37,32 H 4,21 N 15,24 O 33,59 P 9,62
   [Miescher und Schmiedeberg[3])]
Störsperma . . . . —   —   —   —   P 9,33
   [Noll[4])]
Seeigelsperma . . . . . —   —   N 15,34   —   P 9,59
   [Matthews[5])]
Hefe . . . . C 34,07 H 4,31 N 16,03   —   P 9,04
   [Miescher und Schmiedeberg[3])]
Pankreas. . . . . C 34,17 H 4,39 N 18,2 O 35,56 P 7,67
   [Bang[6])]
Altmann's Nucleïnsäuren —   —   —   —   P 9,5
   [Altmann[7])]
Thymus . . . . —   —   —   —   P 9,94
   [Lilienfeld[8])]

Die aus den Analysenzahlen berechneten Formeln lauten:

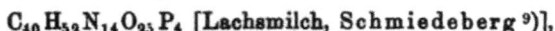

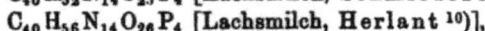

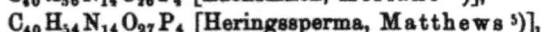

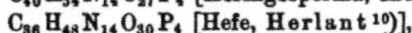

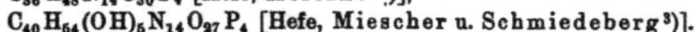

$C_{40}H_{52}N_{14}O_{25}P_4$ [Lachsmilch, Schmiedeberg[9])],
$C_{40}H_{56}N_{14}O_{26}P_4$ [Lachsmilch, Herlant[10])],
$C_{40}H_{54}N_{14}O_{27}P_4$ [Heringssperma, Matthews[5])],
$C_{36}H_{48}N_{14}O_{30}P_4$ [Hefe, Herlant[10])],
$C_{40}H_{54}(OH)_5N_{14}O_{27}P_4$ [Hefe, Miescher u. Schmiedeberg[3])].

---

[1]) R. Altmann, Arch. f. Anat. u. Physiol., Physiol. Abth. 1889, S. 524. — [2]) Zusammengefasst: A. Kossel, Ueber die Nucleïnsäure, Arch. f. (Anat. u.) Physiol. 1893, S. 157 (Verh. d. Berliner physiol. Ges.). — [3]) F. Miescher, Lachsmilch, nach den hinterlassenen Papieren hrsg. von O. Schmiedeberg, Schmiedeberg's Arch. f. experim. Patholog. u. Pharmak. 37, 1 (1896). — [4]) A. Noll, Zeitschr. f. physiol. Chem. 25, 430 (1898). — [5]) A. Matthews, ibid. 23, 399 (1897). — [6]) J. Bang, ibid. 26, 133 (1898). — [7]) R. Altmann, Arch. f. (Anat. und) Physiol. 1889, S. 524. — [8]) L. Lilienfeld, Zeitschr. f. physiol. Chem. 18, 473 (1893). — [9]) O. Schmiedeberg, Schmiedeberg's Arch. f. experim. Patholog. u. Pharmak. 43, 57 (1899). — [10]) Léon Herlant, ibid. 44, 148 (1900).

In allen diesen Nucleïnsäuren, nach Kossel[1]) auch in der Thymusnucleïnsäure, ist das Verhältniss $N:P = 3:1$; nur in der Guanylsäure des Pankreas wie $5:1$.

Ueber die Identität der einzelnen Nucleïnsäuren kann nichts gewisses gesagt werden.

Nach den Schilderungen von Altmann, Schmiedeberg, Bang und Neumann[2]) sind die Nucleïnsäuren im trockenen Zustande weisse, lockere, staubende, nicht hygroskopische Pulver. Sie sind in kaltem Wasser wenig — von Pankreasnucleïnsäure 0,3 Thle. in 100 Thln. —, in heissem viel leichter löslich, sehr leicht löslich in Alkalien, auch in Kaliumacetat; durch Mineralsäuren werden sie gefällt und im Ueberschusse gelöst; Essigsäure fällt dagegen nur die Pankreasnucleïnsäure, die anderen nicht. Durch Alkohol werden sie bei Zusatz von gleichen Theilen gefällt, am besten durch salzsäurehaltigen 50 procentigen Alkohol, eventuell unter Zusatz von Aether, was von Altmann und Neumann zu ihrer Reindarstellung benutzt wurde. Mit den meisten Schwermetallen geben die Nucleïnsäuren unlösliche Salze, werden daher nach Bang von Kupfer-, Silber-, Zink-, Blei-, Eisensalzen, ebenso nach Neumann von den alkalischen Erden gefällt. Ferner werden sie durch Gerbsäure, Pikrinsäure und Phosphorwolframsäure gefällt; sie geben die Reaction von Adamkiewicz und die Xanthoproteïnreaction, nicht aber die anderen eigentlichen Eiweissreactionen. Die Nucleïnsäuren werden, wie besonders Neumann gezeigt hat, durch Kochen mit Säuren oder allein mit Wasser leicht zersetzt, sind dagegen gegen Alkalieinwirkung, zumal bei Zusatz von Natriumacetat, sehr resistent; das Kochen mit 2 procentiger Kalilauge hat daher Neumann und Bang zu ihrer Darstellung und Reinigung von Eiweiss gedient.

Die Nucleïnsäure ist eine zweibasische Säure, Miescher hat ihr Ammoniak- und ihr Barytsalz, wenn auch nicht in ganz reinem Zustande, untersucht; Schmiedeberg fällte aus einem Gemenge von nucleïnsaurem Protamin, Kalilauge und Kupferacetat mit Alkohol nucleïnsaures Kupferkali; das daraus hergestellte Kupfersalz enthält 11,2 Proc. Kupfer. Ueber das Moleculargewicht ist nichts bekannt; für die Salmonucleïnsäure kommt man allein schon aus der Procentberechnung zu über 1200; die später mitzutheilenden Erscheinungen über die stufenweise Depolymerisirung lassen auf noch weit höhere Zahlen schliessen; die Nucleïne gestatten bei ihrer sehr wechselnden Zusammensetzung keine vergleichenden Angaben.

In den Fischspermatozoen kommt die Nucleïnsäure, wie erwähnt, als neutrales oder saures[3]) nucleïnsaures Protamin vor, in dem Seeigel-

---

[1]) A. Kossel, Arch. f. (Anat. u.) Physiol. 1893, S. 157 (Verhandl. d. Berl. physiol. Ges.). — [2]) A. Neumann, Arch. f. (Anat. u.) Phys. 1899, Suppl., S. 552 (Verh. d. Berl. physiol. Ges.). — [3]) F. Miescher u. O. Schmiedeberg, loc. cit.

samen als nucleïnsaures Histon.   Die Nucleïnsäure giebt mit Eiweisskörpern in saurer Lösung Niederschläge, die von Altmann, Bang u. A.
beobachtet und von Kossel und Milroy[1]) näher untersucht worden
sind; wie erwähnt, fanden die Letzteren eine erhebliche Aehnlichkeit
mit den natürlichen Nucleïnen, die danach als nucleïnsaures Eiweiss
erscheinen würden. — Vielleicht im Zusammenhange mit dieser eiweiss-
fällenden Eigenschaft steht die von Kossel[2]) beschriebene stark des-
inficirende Wirkung der Thymusnucleïnsäure. Ins Blut gebracht, macht
die Thymusnucleïnsäure, nicht aber ihre Salze, nach Neumann[3])
eine starke Hyperleukocytose, sie ist sonst für den Menschen in Dosen
bis zu 10 g indifferent.   Von dem alkalischen Pankreas- und Darmsaft
wird die Nucleïnsäure leicht gelöst und vom Darmcanal reichlich resorbirt[4]), ihr Phosphor erscheint als Phosphorsäure im Harn wieder[5]).
Ueber andere Beziehungen der Nucleïnsäuren zum Stoffwechsel wird
bei den Spaltungsproducten die Rede sein.

Spaltungsproducte der Nucleïnsäure.

Beim Kochen mit Säuren, ja schon Wasser, zerfallen die Nucleïnsäuren schliesslich in eine Reihe von einfachen Spaltungsproducten.
Es sind dies:

1. Die Xanthinbasen.

Von diesen fand Kossel zuerst das Hypoxanthin[6]), später auch
Xanthin, Guanin und Adenin[7]).
Diese vier Basen:

$C_5H_5N_5$, das Adenin oder Aminopurin,
$C_5H_5N_5O$, das Guanin oder Aminooxypurin,
$C_5H_4N_4O$, das Hypoxanthin oder Sarkin oder Oxypurin,
$C_5H_4N_4O_2$, das Xanthin oder Dioxypurin

kommen im Thierkörper nur in den Nucleïnsäuren, resp. als deren Spaltungsproduct vor, und werden daher auch Nucleïnbasen genannt;
auch heissen sie Alloxurbasen.   Vermuthlich giebt es vier Nucleïnsäuren, deren jede nur eine Base enthält, und da ausser dem Pankreas-
Nucleoproteïd, das nach Bang[8]) wahrscheinlich eine reine Guanylsäure

---

[1]) T. H. Milroy, Zeitschr. f. physiologische Chem. 22, 307 (1896). —
[2]) A. Kossel, Arch. f. Anat. u. Physiol., Physiol. Abthl. 1893, S. 157. —
[3]) A. Neumann, ibid. 1898, S. 374 (Verhandl. d. Berliner physiol. Ges.). —
[4]) Gumlich, Zeitschr. f. physiol. Chem. 18, 508 (1893). — [5]) P. M. Popoff,
ibid. 18, 533 (1893). — [6]) A. Kossel, ibid. 4, 290 (1880). — [7]) Derselbe,
ibid. 7, 7 (1882); 10, 248 (1886); Derselbe, Arch. f. (Anat. u.) Physiol. 1893,
S. 157; Derselbe und A. Neumann, Ber. deutsch. chem. Ges. 27, II, 2215
(1894). — [8]) J. Bang, Zeitschr. f. physiol. Chem. 26, 133 (1898).

ist, aus allen Organen mehrere Basen zu gewinnen sind, würde es sich um Gemenge von mehreren, sonst gleich zusammengesetzten Nucleïnsäuren handeln [1]). Schmiedeberg [2]) ist indessen anderer Ansicht; er nimmt an, dass 1 Mol. der Salmonnucleïnsäure die beiden Basen Adenin und Guanin enthält. In der Hefe fand Kossel alle vier Nucleïnbasen [3]), in der Thymus vom Kalbe Kossel und Inoko [4]) nur Adenin und Hypoxanthin, in den Hoden von Stier, Eber, Lachs und Karpfen überwiegend Xanthin und Guanin.

Die Nucleïnbasen stehen, wie Kossel [5]) zuerst gezeigt hat, und wie dann vielfältig bestätigt worden ist, in Beziehung zur Bildung der Harnsäure, die also zum Theil aus der Nucleïnsäure stammt, und daher häufig als ein Maass des Kernzerfalles im Organismus betrachtet worden ist.

2. Das Thymin.

Es wurde von Kossel und Neumann [6]) in der Thymus-Nucleïnsäure entdeckt, später aber auch in den Säuren aus Fischsperma, Milz und Hefe [7]) aufgefunden, dagegen von Bang in der Pankreas-Nucleïnsäure vermisst. Das Thymin ist von Kossel, Gulewitsch [8]), Jones [9]), Kossel und Steudel [10]) genauer untersucht worden. Es krystallisirt in schön ausgebildeten, kleinen, dendritischen Blättchen, seltener Nadeln, die dem rhombischen System angehören. Die Analysen führen auf die Formel

$$C_5 H_6 N_2 O_2,$$

was mit der Moleculargewichtsbestimmung übereinstimmt [7]). Mittelst Phosphoroxychlorid lässt sich daraus ein Dichlorthymin darstellen, und dieses ist nach Kossel und Steudel isomer mit dem 4-Methyl-2,6-dichlorpyrimidin; das Thymin ist also ein Derivat des Pyrimidins. Das Thymin wird von Silbernitrat, Salzsäure und Salpetersäure nicht gefällt, dagegen von Barythydrat und Ammoniak, das im Ueberschusse löst. In kaltem Wasser ist es wenig, in heissem leicht löslich, und kann daher gut aus Wasser umkrystallisirt werden. Bei vorsichtigem Erhitzen sublimirt es, bei stärkerem schmilzt es über 290°. — Einen Unterschied zwischen den Thyminpräparaten verschiedener Herkunft konnte Gulewitsch nicht finden. Das Thymin ist identisch mit dem von Miescher und Schmiedeberg beschriebenen Nucleosin.

---

[1]) A. Kossel und A. Neumann, Zeitschr. f. physiol. Chem. 22, 74 (1896). — [2]) O. Schmiedeberg, Schmiedeberg's Arch. f. experiment. Path. u. Pharmak. 43, 57 (1899). — [3]) A. Kossel, Arch. f. (Anat. u.) Physiol., Physiol. Abthl. 1893, S. 157. — [4]) Yoshito Inoko, Zeitschr. f. physiol. Chem. 18, 540 (1893). — [5]) A. Kossel, ibid. 7, 7 (1882). — [6]) A. Kossel und A. Neumann, Ber. deutsch. chem. Ges. 26, III, 2753 (1893). — [7]) Dieselben, ibid. 27, II, 2215 (1894). — [8]) Wl. Gulewitsch, Zeitschr. f. physiol. Chem. 27, 292 (1899). — [9]) W. Jones, ibid. 29, 20 (1899). — [10]) H. Steudel und A. Kossel, ibid. 29, 303 (1900).

3. Ammoniak.

Es wurde von Kossel und Neumann [1]), Bang und Neumann [2])
bei der Zersetzung durch Säuren erhalten, ist aber vielleicht kein primäres Spaltungsproduct, sondern nach Bang aus einer der Nucleïnbasen hervorgehend.

4. Phosphorsäure.

Sie ist ein constantes und charakteristisches Spaltungsproduct der
Nucleïnsäuren. Ueber die Bindung des Phosphors in der Nucleïnsäure
ist nichts Sicheres bekannt; wie schon erwähnt, haben Kossel und
Ascoli [3]) eine Reihe von Aehnlichkeiten mit der Metaphosphorsäure
festgestellt, Schmiedeberg denkt an Pyrophosphorsäure.

5. Ameisensäure.

Sie wurde von Kossel und Neumann [1]) und Neumann [2]) beobachtet, ist aber schwerlich ein primäres Spaltungsproduct.

6. Cytosin.

Dieselben [1]) haben das Cytosin erhalten, eine mit Phosphorwolframsäure fällbare Base, deren Analysen zu der Formel:

$$C_{21}H_{30}N_{16}O_4 + 5 H_2O$$

führen.

7. Kohlehydrate.

Alle Nucleïnsäuren geben bei ihrer Spaltung mit Säuren ein oder
mehrere Kohlehydrate. Kossel [4]), Hammarsten [5]) und Bang fanden
überstimmend in den Nucleïnsäuren eine Pentose, die sie durch
ihr Osazon und ihre Reactionen als solche charakterisirten. Rein dargestellt wurde sie nicht. Bang berechnet aus der Stärke der Reduction, dass etwa 30 Proc. der Nucleïnsäure Pentose sein könnten; da
aber die Art der Pentose nicht bekannt ist, wird diese Rechnung sehr
unsicher. Kossel, Noll [6]) und Neumann erhielten ausserdem als
Spaltungsproduct regelmässig Lävulinsäure, woraus sie auf die Präexistenz einer Hexose neben der Pentose schliessen. Dargestellt ist
diese Hexose ebenfalls nicht. Das Vorkommen dieser Kohlehydrate in
den Nucleïnsäuren und damit in allen thierischen Geweben ist von

---

[1]) A. Kossel und A. Neumann, Ber. deutsch. chem. Ges. 27, II,
2215 (1894). — [2]) A. Neumann, Arch. f. (Anat. u.) Physiol. 1898, S. 374. —
[3]) Alberto Ascoli, Z. f. physiolog. Chem. 28, 426 (1899). — [4]) A. Kossel,
Arch. f. (Anat. u.) Physiol. 1891, S. 181; 1893, S. 157 (Verhandl. der physiol.
Ges.). — [5]) O. Hammarsten, Zeitschr. f. physiol. Chem. 19, 19 (1893). —
[6]) Noll, ibid. 25, 430 (1898).

Bedeutung, da hierdurch eine Reihe von Angaben über die Abspaltung von Zucker aus Eiweiss und ähnliches ihre Erklärung gefunden haben. — Die Ansicht Liebermann's[1]), dass die Kohlehydrate nur eine Beimengung seien, ist widerlegt.

Bevor die Nucleïnsäuren in diese letzten, hier aufgezählten Spaltungsproducte zerfallen, bilden sie eine Reihe von Zwischenproducten. Als solches ist zunächst die von Neumann[2]) beschriebene „Nucleïnsäure b" zu nennen. Nach ihm entsteht aus dem Nucleoproteïd der Thymus — Milz, Pankreas, Stierhoden verhalten sich ebenso — durch kurzes Behandeln mit Alkali die „Nucleïnsäure a", die präformirte, bisher beschriebene; ihre hauptsächlichste Eigenschaft ist, dass sie in 5 proc. oder stärkerer Lösung gelatinirt. Lässt man aber die Kalilauge länger einwirken, so entsteht durch Depolymerisirung die „Säure b", die nicht mehr gelatinirt und mithin löslicher ist als die vorige, und aus dieser dann die, auch in kaltem Wasser gut lösliche, Nucleothyminsäure, die sich also zu der Nucleïnsäure etwa verhalten würden, wie die Albumosen zum Eiweiss. Die Zusammensetzung ist noch die gleiche.

Kocht man aber die Nucleïnsäure auch nur kurze Zeit in saurer Lösung, so tritt eine weitergehende Zersetzung ein: die Xanthinbasen werden als Salze abgespalten; den zurückbleibenden Rest, der noch alle anderen Spaltungsproducte enthält, nennen Kossel und Neumann[3]) Thyminsäure. Sie zeigt noch viele Eigenschaften der Nucleïnsäure. Sie ist in Wasser, ebenso aber auch in Säuren leicht löslich; für ihr Barytsalz, das sehr hygroskopisch ist, geben Kossel und Neumann die Formel

$$C_{16} H_{23} N_3 O_{12} P_2 Ba.$$

Die Thyminsäure giebt mit Eiweisskörpern ebenfalls Niederschläge, die aber mit Paranucleïnen, an deren Bildung auf diesem Wege gedacht wurde, nach Milroy[4]) keine Aehnlichkeit haben. Auch Schmiedeberg beobachtete eine leichte Abspaltbarkeit der Hauptmenge der Xanthinbasen, des Adenins und Guanins, von dem Rest der Nucleïnsäure, den er Nucleotin-Phosphorsäure nennt. In welcher Form die Thyminsäure die Xanthinbasen eingefügt enthält, ist unbekannt, jedenfalls nicht so, dass etwa ein einfaches Salz vorliegt, sondern die Bindung ist eine festere. — Ein anderes Spaltungsproduct stellten Kossel[5]) und Ascoli[6]) endlich aus der Hefenucleïnsäure dar, die Plasminsäure. Sie enthält noch die Nucleïnbasen, ferner ein oder mehrere

[1]) L. Liebermann und B. v. Bitto, Centralbl. f. Physiol. 7, 857 (1893/94). — [2]) A. Neumann, Arch. f. Anat. u. Physiol., Physiol. Abthl. 1898, S. 374; 1899, Suppl. S. 552 (Verhandl. der Berl. physiol. Ges.). — [3]) A. Kossel und A. Neumann, Ber. deutsch. chem. Ges. 26, III, 2753 (1893); Dieselben, Zeitschr. f. physiol. Chem. 22, 74 (1896). — [4]) T. H. Milroy, ibid. 22, 307 (1896). — [5]) A. Kossel, Arch. f. Anat. u. Physiol., Physiol. Abthl. 1893, S. 157 (Verhandl. d. Berl. physiol. Ges.). — [6]) A. Ascoli, Zeitschr. f. physiol. Chem. 28, 426 (1899).

Kohlehydrate und vielleicht Ammoniak; ob auch das Thymin, ist nicht bekannt. Sie ist viel phosphorreicher als die Nucleïnsäure. Kossel's Analysen liessen sich durch die Formel ausdrücken:

$$C_{15} H_{28} N_6 P_6 O_{30}.$$

Ascoli fand noch mehr Phosphor, im Durchschnitt 20, bei einigen Präparaten bis 27 Proc. Die Plasminsäure ist leicht löslich in Wasser und verdünnter Salzsäure, was zu ihrer Darstellung und Trennung von der unveränderten Nucleïnsäure benutzt wurde. Sie fällt Eiweiss und Albumosen, und giebt mit Silbernitrat einen Niederschlag, der in Ammoniak leicht löslich ist, nur theilweise in Salpetersäure, mit Chlorbaryum einen solchen, der in Salzsäure leicht löslich ist, nicht aber in Essigsäure. Starke Salzsäure erzeugt nur in den phosphorärmeren, unreineren Präparaten einen Niederschlag; denn zweifellos ist die Plasminsäure auch ein Gemenge, in dem erst der reinere, noch phosphorreichere Körper steckt. Die Plasminsäure enthält noch maskirtes Eisen, und kann, wie schon erwähnt, zugesetztes Eisen so binden, dass es für die üblichen Reactionen nicht zugänglich ist. Metaphosphorsäure verhält sich ebenso.

Die einzelnen bekannten Nucleoproteïde.

1. Nucleohiston aus Leukocyten.

(59) Lilienfeld[1]) gewann durch Coliren aus Kalbsthymus eine grosse Menge Leukocyten, die er mit Wasser extrahirte; durch Fällen des Wasserextractes mit Essigsäure erhielt er das Nucleohiston, das 77 Proc. der Trockensubstanz der Leukocyten ausmacht.

Es hat die Zusammensetzung:

C 48,46, H 7,0, N 16,86, P 3,025, S 0,701, O 23,05 Proc.

Der Phosphorgehalt ist für ein eigentliches Nucleoproteïd auffallend hoch.

Das Nucleohiston ist löslich in Wasser, Alkalien und kohlensauren Alkalien, durch verdünnte Essigsäure wird es gefällt. Lilienfeld fasst es als saures Salz des Nucleïns mit dem Histon auf. Durch Behandeln mit Salzsäure von 0,8 Proc. zerfällt es in Histon, das früher bereits beschrieben ist, und ein Nucleïn, das Leukonucleïn. Dies Nucleïn enthält 4,702 Proc. Phosphor. Durch Kochen und durch Pepsin und Salzsäure resultiren ebenfalls Nucleïne, das letztere mit 4,99 Proc. Phosphor. Die daraus gewonnene Nucleïnsäure, die Leuko- oder Thymonucleïnsäure, enthält 9,94 Proc. Phosphor, und giebt bei der Spaltung Adenin und Hypoxanthin. Aus 10 kg Rohthymus erhielt Kossel[2]) 120 g Nucleïnsäure.

———————
[1]) L. Lilienfeld, Zeitschr. f. physiol. Chem. 18, 473 (1893). —
[2]) A. Kossel, Ber. deutsch. chem. Ges. 27, II, 2215 (1894).

Früher schon hat Miescher[1]) aus Eiterzellen, also im wesentlichen auch Leukocyten, durch Pepsinverdauung ein Nucleïn erhalten, für das er die Zahlen

$$N\,14,\ P\,5,8,\ S\,1,78$$

fand; die Reactionen waren die gewöhnlichen, Löslichkeit in Soda, Fällbarkeit durch Säuren und Löslichkeit in deren Ueberschuss, Mucincharaktere, wie Miescher sich damals ausdrückte.

2. Nucleoproteïd aus den Kernen der rothen Blutkörperchen des Vogel- und Reptilienblutes.

Die Existenz eines Nucleïns in den Kernen der Vogel- und Schlangenblutkörperchen wurde von Plósz[2]) gezeigt. Später untersuchte Kossel[3]) den Eiweisspaarling, das erste bekannte Histon, genauer, das er durch Einwirkung verdünnter Salzsäure auf die Kernsubstanz erhielt (s. S. 190). Die Beziehungen des Nucleoproteïds zu dem Hämoglobin sind nicht recht klar. Das Eiweiss des Hämoglobins sowohl, wie das des Nucleoproteïds ist ein Histon; ob aber das Histon sowohl mit dem Hämatin wie mit dem Nucleïn verbunden ist, oder ob die beiden Proteïde gar nicht in directer chemischer Bindung stehen, ist unbekannt. Das „phosphorhaltige Oxyhämoglobin"[4])[5]) der Blutkörperchen der Gans enthält nach Kossel und Inoko[4]) Adenin und 0,3 bis 0,4 Proc. Phosphor. — Untersuchungen der Nucleïnsäure liegen nicht vor.

3. Das Nucleoproteïd des Pankreas.

Hammarsten[6]) erhielt 1893 aus dem Pankreas von Rindern ein „Nucleoproteïd α", das in Wasser löslich, durch Essigsäure fällbar ist, aber nicht näher untersucht wurde. Es hat stark tryptische Eigenschaften, die indessen auf einer Beimengung von Trypsin beruhen. Aus ihm entsteht durch Kochen neben einem coagulirten Eiweisskörper — da das Kochen ohne Zusatz vorgenommen wurde, also bei der natürlichen, nicht sauren Reaction des frischen Pankreas, kann es sehr wohl ein Histon sein — das Nucleoproteïd β, seiner Zusammensetzung und Genese nach ein Nucleïn. Hammarsten fand:

$$C\,43,62,\ H\,5,45,\ N\,17,39,\ S\,0,728,\ P\,4,48,\ O\,28,33\ \text{Proc.}$$

Es ist in Wasser und Alkalien löslich, durch verdünnte Säuren fällbar. Durch Pepsin entsteht aus ihm ein weiteres Nucleïn.

---

[1]) F. Miescher, Hoppe-Seyler's med.-chem. Unters. S. 441 (1870). — [2]) P. Plósz, ibid. S. 461 (1870). — [3]) A. Kossel, Zeitschr. f. physiol. Chem. 8, 511 (1884). — [4]) Yoshito Inoko, Zeitschr. f. physiol. Chem. 18, 57 (1893). — [5]) F. N. Schulz, Der Eiweisskörper des Hämoglobins, ibid. 24, 449 (1898). — [6]) O. Hammarsten, ibid. 19, 19 (1893).

Aus dem Nucleoproteïd und dem Nucleïn erhielten Hammarsten und Bang[1]) die Guanylsäure, deren Eigenschaften und Zusammensetzung oben beschrieben sind. Sie enthält

C 34,17, H 4,37, N 18,21, O 35,56, P 7,64 Proc.

Aus 1200 Rindspankreasdrüsen erhielt Bang nur 20 g analysenreine Substanz.

4. Das Nucleoproteïd der Schilddrüse.

Dasselbe ist von Osswald[2]) aus Hammelschilddrüsen dargestellt worden. Es enthält 0,16 Proc. Phosphor. Seine Coagulationstemperatur ist 73°. Es ist in Wasser unlöslich, löslich in Salzlösungen und Alkalien. Die Fällungsgrenzen für Ammonsulfat sind 6,4 und 8,2. Durch Säuren wird es gefällt. Durch Pepsin und Salzsäure wird ein Nucleïn abgespalten. Bei der Spaltung giebt es Xanthinbasen und ein Kohlehydrat, das keine Pentose ist. Es ist jodfrei und hat nichts mit der specifischen Wirkung der Schilddrüse zu thun.

5. Nucleoproteïd der Leber der Weinbergsschnecke (*Helix pomatia*).

Dasselbe ist von Hammarsten[3]) dargestellt worden. Es hat die procentische Zusammensetzung:

C 52,37, H 6,81, N 17,33, S 1,06, P 0,42, Fe.

Es ist durch die Siedehitze nicht coagulirbar, wohl aber wird es beim Verweilen unter Alkohol unlöslich. Es ist in Alkalien und in Wasser löslich, wird durch Säuren gefällt, von Essigsäure im grossen, Salzsäure schon im kleinen Ueberschusse wieder gelöst. Gerbsäure und andere Alkaloidreagentien, Alaun, Blei-, Kupfer- und andere Metallsalze fällen das Proteïd, ebenso Sättigung der Lösung mit Kochsalz. Salpetersäure giebt eine im Ueberschuss unlösliche Fällung. Durch Pepsin wird ein Nucleïn gefällt, das 2,1 Phosphor enthält, durch Kochen mit Schwefelsäure ein Kohlehydrat erhalten. Ueber Xanthinbasen findet sich keine Angabe. Ueberhaupt stammt die Untersuchung aus einer Zeit, ehe die Nucleoproteïde und Nucleoalbumine unterschieden werden konnten, so dass es sehr wohl möglich erscheint, dass es sich gar nicht um ein Proteïd handelt. Die Eigenschaften stimmen theils besser auf ein solches, theils aber auf ein Nucleoalbumin (s. S. 181).

---

[1]) Ivar Bang, Zeitschr. f. physiol. Chem. 26, 133 (1898). — [2]) A. Osswald, ibid. 27, 14 (1899). — [3]) O. Hammarsten, Pflüger's Arch. f. d. ges. Physiol. 36, 373 (1885).

6. Das Nucleoproteïd der Hefe und andere vegetabilische Nucleoproteïde.

Nicht das Nucleoproteïd selbst, wohl aber das durch Behandlung mit Natronlauge aus ihm erhaltene Nucleïn ist von Kossel[1]) wiederholt untersucht worden. Er fand

C 40,81, H 5,38, N 15,98, P 6,19, S 0,38, O 31,26 Proc.

Durch Spaltung mit siedendem Wasser mit und ohne Druck wurde hieraus ein Eiweisskörper von den Eigenschaften eines Acidalbumins gewonnen. Später stellte Altmann[2]) daraus eine Nucleïnsäure von 9,5 Proc. Phosphorgehalt, Kossel[3]) alle vier Xanthinbasen und Thymin[4]) dar; nach ihm enthält die Säure eine Pentose und eine Hexose, dagegen keine Galactose. Die Zusammensetzung der Hefenucleïnsäure ist oben angegeben; eines ihrer Spaltungsproducte ist die Plasminsäure von Kossel und Ascoli.

Auch in anderen Pflanzen sind derartige Nucleoproteïde, bezw. ihre Spaltungsproducte gefunden worden, so von Petit[5]) in dem Embryo der Gerste. Aus schon gekeimter Gerste stellte er durch Extraction mit kohlensaurem Kali und nachheriges Neutralisiren ein „Nucleïn" dar, richtiger wohl ein Gemenge von Nucleïn und Nucleoproteïd, von der procentischen Zusammensetzung:

C 43,18, H 6,64, N 12,86, P 1,11, Fe 0,195, Asche 6,2 Proc., davon 3,2 Proc. Kieselsäure.

Die Substanz soll keinen Schwefel enthalten und die Millon'sche Reaction nicht geben. Dagegen wird sie durch Tannin, Ferrocyankalium und Säuren gefällt; sie enthält ein Kohlehydrat, über Xanthinbasen ist nichts angegeben. Im Stoffwechsel der Pflanzen ist sie verwerthbar. — Aus den verschiedenen Futtermitteln, Mohn-, Palmkuchen u. s. w., stellte Klinkenberg[6]) Nucleoproteïde, bezw. Nucleïne dar, die in ihrer Zusammensetzung dem der Hefe gleichen.

7. Nucleoproteïd aus Stiersperma.

Es ist von Miescher[7]), später von Matthews[8]) untersucht, aber nicht rein dargestellt worden. Für die ganzen Samenfäden, die aber noch Eiweiss enthalten, fand Miescher nach der Extraction mit

---

[1]) A. Kossel, Zeitschr. f. physiol. Chem. 3, 284 (1879); 4, 290 (1880). — [2]) R. Altmann, Arch. f. Anat. u. Physiol., Physiol. Abthl. 1889, S. 524. — [3]) A. Kossel, ibid. 1893, S. 157 (Verhandl. d. Berliner physiol. Ges.). — [4]) A. Kossel u. A. Neumann, Ber. deutsch. chem. Ges. 27, II, 2215 (1894). — [5]) P. Petit, Compt. rend. 116, 995 (1893). — [6]) W. Klinkenberg, Zeitschr. f. physiol. Chem. 6, 155 u. 566 (1882). — [7]) F. Miescher, Spermatozoen einiger Wirbelthiere. Verhandlungen d. naturforschenden Gesellsch. in Basel. VI, Heft 1, S. 138 (1874). — [8]) A. Matthews, Zeitschr. f. physiol. Chem. 23, 399 (1897).

Alkohol und Aether P 2,32 Proc. und S 1,17 Proc. Protamin ist nicht darin, ebenso wenig aber nach Matthews ein Histon. Aus dem Proteïd stellte Miescher durch Pepsinverdauung ein Nucleïn dar, das 4,73 Proc. Phosphor, 1,74 Proc. Schwefel enthielt, hieraus eine Nucleïnsäure, die aber anscheinend noch durch Spuren von Eiweiss verunreinigt war, und für die er N 16,4, P 7,189 Proc. fand. Das Ebersperma verhält sich nach Matthews ebenso.

8. Nucleoproteïd aus dem Sperma des Seeigels, *Arbacia pustulosa.*

Es ist von Kossel und Matthews [1]) beschrieben worden; es besteht, nach Abzug des Lecithins, Fettes u. s. w., ganz oder fast ganz aus einer Verbindung von Nucleïnsäure mit einem histonartigen Körper. Diesen, der bei den Histonen beschrieben ist, nennt Matthews Arbacin; nach der Bang'schen Bezeichnungsweise sollte man ihn eher Arbacion nennen; sein Sulfat enthält 15,91 Proc. Stickstoff. Die Nucleïnsäure stimmt in ihrer Zusammensetzung mit Miescher's Salmonucleïnsäure überein; sie ist mit Ammoniak nur zum geringsten Theil, leicht dagegen mit Natronlauge zu extrahiren, aber immer erst, nachdem sie vorher aus ihrer Verbindung mit dem Histon durch Schwefelsäure in Freiheit gesetzt ist.

9. Nucleoproteïde aus den reifen Spermatozoenköpfen von Salmoniden u. a. Fischen.

Die Spermatozoen des Lachses und einiger anderer daraufhin untersuchter Fische enthalten nur Spuren von Eiweiss und anderen Körpern, bestehen vielmehr nach Entfernung der ätherlöslichen Substanzen zu 96 Proc. aus nucleïnsaurem Protamin, das zuerst von Miescher [2]) [3]), später von Kossel [4]) [6]) und seinen Schülern [5]) [7]) [8]) und Schmiedeberg [9]) untersucht worden ist. Für die mit Alkohol und Aether extrahirten Köpfe der Lachsspermatozoen geben Miescher und Schmiedeberg [3]) eine Zusammensetzung an von

60,50 Proc. Nucleïnsäure,
35,56   „   Protamin.

[1]) A. Matthews, Zeitschr. f. physiol. Chemie 23, 399 (1897). — [2]) F. Miescher, Verhandl. der naturforsch. Gesellschaft in Basel, VI, Heft 1, 138 (1874). — [3]) F. Miescher, Lachsmilch, nach des Verfassers hinterlassenen Papieren von O. Schmiedeberg, Schmiedeberg's Arch. f. experim. Path. u. Pharmak. 37, 1. (1896). — [4]) A. Kossel, Zeitschr. f. physiol. Chem. 22, 176 (1896). — [5]) A. Matthews, ibid. 23, 399 (1897). — [6]) A. Kossel, ibid. 25, 165 (1898). — [7]) D. Kurajeff, ibid. 26, 524 (1899). — [8]) N. Morkovin, ibid. 28, 313 (1899). — [9]) O. Schmiedeberg, Schmiedeberg's Arch. f. experiment. Path. u. Pharmak. 43, 57 (1899).

Der Rest von noch nicht 4 Proc. enthält Eiweiss, Asche etc. Die Zusammensetzung des Lachsspermas beträgt

$$C\,39,85,\quad H\,4,86,\quad N\,18,81,\quad P_2O_5\,17,30.$$

Daraus berechnen die Autoren die Zusammensetzung:

$$10\;(C_{40}\,N_{54}\,N_{14}\,O_{27}\,P_4,\; C_{16}\,H_{28}\,N_9'\,O_2) + C_{40}\,H_{54}\,N_{14}\,O_{27}\,P_4,$$

d. h. 10 Mol. nucleïnsaures Protamin + 1 Mol. Nucleïnsäure, also ein saures Salz.

Für das nucleïnsaure C l u p e ï n, aus den Spermatozoen des Herings, fand Matthews[1]

$$C\,41,2,\quad H\,5,75,\quad N\,21,06,\quad P\,6,07,\quad O\,25,92$$

und berechnet daraus die Formel für ein neutrales Salz:

$$C_{30}\,H_{57}\,N_{17}\,O_6\,.\,C_{40}\,H_{54}\,N_{14}\,P_4\,O_{27}.$$

Beim Stör fand Kossel ganz ebenso nucleïnsaures Sturin, beim Karpfen dagegen vermochte Miescher kein Protamin zu finden. Doch auch beim Lachs findet sich Protamin nur in den ganz reifen Spermatozoen, vorher findet sich in ihnen zwar auch Nucleïnsäure, aber in Verbindung mit einem Histon, das seinerseits wieder durch eine complicirte Stoffwanderung und Synthese aus dem Muskeleiweiss der Fische hervorgeht, und, wie es scheint, erst unmittelbar vor der Geschlechtsreife in das Protamin übergeht. Ein derartiges Histon — nach der Bezeichnung von Bang[2] wäre es Salmon zu nennen — fand Miescher in dem unreifen Lachssperma, ebenso Bang[2] das Scombron im Makrelensperma, Morkovin endlich im Sperma des Seehasen, *Cyclopterus lumpus*, das Cyclopterin, das zwischen Protamin und Histon in der Mitte steht. Falls also nicht etwa Irrthümer betreffs der vollen Reife des Samens einen Theil der Differenzen erklären, bestehen hier beträchtliche chemische Unterschiede auch bei verwandten Thieren und anscheinend identischem Bau. Die einzelnen Protamine, Histone und Nucleïnsäuren sind bereits früher beschrieben worden.

10. Andere Nucleoproteïde.

Aus einer ganzen Reihe von Organen sind Spaltungsproducte von Nucleoproteïden, oder auch diese selbst angegeben, aber nicht genauer beschrieben worden. So erhielt Hammarsten[3] eine reducirende Substanz, wie aus dem Pankreas-Nucleoproteïde, aus der Milchdrüse; Kossel[4] stellte Thymin aus der Milz dar. Pekelharing[5] fand im

---

[1] A. Matthews, Zeitschr. f. physiol. Chemie 23, 399 (1897). — [2] Ivar Bang, Histon, ibid. 27, 463 (1899). — [3] O. Hammarsten, ibid. 19, 19 (1893). — [4] A. Kossel und A. Neumann, Ber. deutsch. chem. Ges. 27, II, 2215 (1894). — [5] C. A. Pekelharing, Zeitschr. f. physiol. Chem. 22, 233 (1896).

Magensaft ein Nucleoproteïd, an dem bei der Fällung das Pepsin
haftete. Pekelharing[1]) und Kossel[2]) fanden im erwachsenen
Muskel in sehr geringer Menge ein Nucleoproteïd, das im embryonalen
Muskel viel reichlicher vorhanden ist[2]), und das vielleicht zu der Siegfried'schen Fleischsäure (s. S. 118) in Beziehungen steht. Für die
Leber liegen aus früherer Zeit Angaben von Plósz[3]) über ein bei 70⁰
coagulirendes Nucleoproteïd, das mit Pepsin-Salzsäure ein Nucleïn
liefert, sowie von Zaleski[4]) über ein eisenhaltiges Nucleoalbumin
oder -proteïd vor; das Ferratin von Schmiedeberg[5]), das er als
die „natürliche Eisenverbindung der Leber" bezeichnet, und das
sein Eisen wie alle diese Körper in maskirter Form enthält, gehört
vielleicht hierher. Sodann liegen mehrere Angaben von Halliburton[6])
und seinen Schülern über phosphorhaltige, saure Eiweisskörper aus
einer ganzen Reihe von Organen vor; sie sind schon bei den Nucleoalbuminen erwähnt worden, da es nicht ersichtlich ist, ob es sich um
solche, oder um Proteïde handelt. Halliburton glaubt, unter ihnen
befinde sich das Fibrinferment, das aber zweifellos nur eine Verunreinigung darstellt. Ferner haben Galeotti[7]) u. A. in Bacterien Körper
von den Eigenschaften der Nucleoproteïde, Biedermann und Sosnowski[8]) solche in Amöben gefunden. Stutzer[9]) fand, dass in
„Schimmelpilzen" 40,75 Proc. des Stickstoffs auf Nucleïn-Stickstoff
kommen. Da die Nucleoproteïde, soweit bekannt, zur Zusammensetzung
der Kerne nothwendig sind, müssen sie, wenn auch in verschiedener
Menge, in allen Geweben, Zellen und Organismen vorhanden sein.

2. Das Hämoglobin.

(60) Das Hämoglobin, der rothe Blutfarbstoff der Wirbelthiere,
bildet den Hauptbestandtheil der rothen Blutkörperchen. Es besteht
als Proteïd aus einem Eiweisskörper, dem Globin, und einem nicht-
eiweissartigen Bestandtheile, dem Hämatin. Das Globin ist ein Histon

---

[1]) C. A. Pekelharing, Zeitschr. f. physiol. Chem. 22, 245 (1896). —
[2]) A. Kossel, ibid. 7, 7 (1882). — [3]) P. Plósz, Pflüger's Arch. f. d. ges.
Phys. 7, 371 (1873). — [4]) S. Zaleski, Zeitschr. f. physiol. Chem. 10, 453
(1886). — [5]) O. Schmiedeberg, Ferratin, Schmiedeberg's Arch. f. experiment. Path. u. Pharmak. 33, 1 (1893). — [6]) W. D. Halliburton, Blood
Proteids, Journ. of Phys. 7, 319 (1886); Derselbe, Fibrinferment, ibid. 9,
224 (1888); Derselbe und W. M. Friend, Stromata of the red corpuscles,
ibid. 10, 532 (1889); Derselbe, Nervous Tissues, ibid. 15, 90 (1894);
Fr. Gourlay, Thyroid and Spleen, ibid. 16, 23 (1894); J. R. Forrest, Red
Marrow, ibid. 17, 174 (1894); W. D. Halliburton and Gregor Brodie,
Nucleoalbumins and Intravascular Coagulation, ibid. 17, 135 (1894); W. D.
Halliburton, Nucleoproteids, ibid. 18, 304 (1895). — [7]) G. Galeotti,
Zeitschr. f. physiol. Chem. 25, 48, (1898) (daselbst die frühere Literatur). —
[8]) J. Sosnowski, Chem. der Zelle, Centralbl. f. Physiol. 13, 267 (1899). —
[9]) Stutzer, Zeitschr. f. physiol. Chem. 6, 572 (1882).

und ist als solches bereits bei diesen (S. 191) besprochen worden; hier
soll nur von dem Hämoglobin als Ganzem, der Art der Zusammensetzung des Hämoglobins aus seinen Bestandtheilen, und von dem
anderen Paarling, dem Hämatin, die Rede sein.

Der rothe Blutfarbstoff ist natürlich längst bekannt und wegen
seiner leichten Zugänglichkeit und seiner grossen biologischen Bedeutung oft untersucht worden. Doch erst seit Hoppe-Seyler [1] zeigte,
dass die schon früher bekannten sogenannten Blutkrystalle aus reinem
Hämoglobin bestehen, und die merkwürdigen optischen Eigenschaften
des Hämoglobins entdeckte, war eine eingehendere Erforschung möglich, an der sich unter Anderen besonders Hoppe-Seyler, Hüfner,
Bunge, Nencki und ihre Schüler betheiligt haben.

Das Hämoglobin hat die Eigenthümlichkeit, mit dem Sauerstoff,
dem Kohlenoxyd, Stickoxyd und vielleicht noch anderen Gasen lockere
Verbindungen einzugehen, das Oxyhämoglobin, Kohlenoxydhämoglobin etc., von denen noch eingehend die Rede sein wird. Unter
ihnen nimmt das Oxyhämoglobin, auf dem die Athmung der Wirbelthiere beruht, die erste Stelle ein; es wird oft auch selbst schlechthin
als Hämoglobin bezeichnet. Weil es besser krystallisirt und weil es
sich bei der Berührung mit dem Sauerstoff der Luft forwährend aus
dem Hämoglobin bildet, sind die meisten chemischen Untersuchungen
des Hämoglobins, die meisten Analysen etc. an Krystallen des Oxyhämoglobins angestellt worden. In der procentischen Zusammensetzung
besteht bei dem Riesenmoleculargewicht des Hämoglobins keine Differenz zwischen beiden.

Die auf S. 218 folgenden Analysen beziehen sich alle auf Oxyhämoglobin, mit Ausnahme der einen von Otto, der Methämoglobin,
das aber die gleiche Zusammensetzung hat, analysirte.

Aus diesen Zahlen ergiebt sich, dass das Hämoglobin zu den
kohlenstoff- und stickstoffreichsten Eiweisskörpern gehört. Dem entspricht seine hohe Verbrennungswärme, die Stohmann und Langbein [2] zu 5885,1 cal. fanden. Quantitative Bestimmungen seiner
Spaltungsproducte liegen nicht vor. Im Globin fand Schulz [3] kein
Kohlehydrat, und kein oder wenig Tyrosin; dagegen war es auffallend
leicht verdaulich. Bunge und Pröscher [4] fanden Leucin, Tyrosin,
Glutamin- und Asparaginsäure, Phenylaminopropionsäure und Hexonbasen; nach Hausmann [5] sind 6,18 Proc. des Stickstoffs des Oxyhämoglobins Amidstickstoff, 63,26 Proc. Monoamino-, 23,51 Proc.
Diaminostickstoff; nach Schulz [6] ist die Hälfte des Schwefels durch

[1] F. Hoppe-Seyler, Virchow's Arch. 23, 446 (1862); 29, 233 (1864);
Centralbl. f. d. medicin. Wissensch. 1864, S. 261, 817, 834; 1865, S. 52. —
[2] F. Stohmann und H. Langbein, Journ. f. prakt. Chem. (2) 44, 336
(1891). — [3] F. N. Schulz, Zeitschr. f. physiol. Chem. 24, 449 (1898). —
[4] F. Pröscher, ibid. 27, 114 (1899). — [5] W. Hausmann, ibid. 29, 136
(1900). — [6] F. N. Schulz, ibid. 25, 16 (1898).

	C	H	N	S	Fe	O	P	
Pferd	54,87	6,97	17,31	0,65	0,47	19,77	—	Hoppe-Seyler[1]
»	54,40	7,20	17,61	0,65	0,47	19,67	—	Hüfner[3]
»	54,76	7,03	17,28	0,67	0,45	19,81	—	Otto[5]
[»]	51,15	6,76	17,94	0,3899	0,335	23,421	—	Zinnofsky[7]
»	54,81	7,01	17,06	0,6	0,468	19,86	—	Nencki[8]
»	54,56	7,15	17,33	0,43	—	—	—	Schulz[9]
Hund	53,85	7,32	16,17	0,39	0,43	21,84	—	Hoppe-Seyler[2]
»	54,57	7,22	16,38	0,568	0,336	20,43	—	Jaquet[10]
Schwein	—	—	16,43	—	—	—	—	v. Noorden[11]
» (Methämoglobin)	54,17	7,38	16,23	0,66	0,428	21,364	—	Otto[6]
Rind	53,99	7,18	16,19	0,66	0,45	21,58	—	Otto[6]
Meerschweinchen	54,12	7,36	16,78	0,58	0,48	20,68	—	Hüfner und Jaquet[4]
Eichhörnchen	54,09	7,39	16,09	0,59	0,4	21,44	—	Hoppe-Seyler[2]
Gans	54,26	7,10	16,21	0,54	0,43	20,69	—	»
Huhn	52,47	7,19	16,45	0,8586	0,335	22,5	0,34	»
»							0,77	Gscheidlen[12]
»							0,197	Jaquet[10]

[1]) F. Hoppe-Seyler, Zeitschr. f. physiol. Chem. 1, 121 (1877). — [2]) Derselbe, Medicinisch-chemische Untersuchungen, S. 366 (1868). — [3]) G. Hüfner u. Bucheler, Zeitschr. f. physiol. Chem. 8, 358 (1884). — [4]) G. Hüfner, Arch. f. (Anat. u.) Physiol. 1894, S. 130. — [5]) J. C. Otto, Pflüger's Arch. f. d. ges. Physiol. 31, 240 (1883). — [6]) Derselbe, Zeitschr. f. physiol. Chem. 7, 57 (1882). — [7]) O. Zinnofsky, ibid. 10, 16 (1885). — [8]) M. Nencki, Schmiedeberg's Arch. f. experim. Pathol. u. Pharmak. 20, 332 (1885). — [9]) F. N. Schulz, Zeitschr. f. physiol. Chem. 24, 449 (1898). — [10]) A. Jaquet, ibid. 12, 285 (1888). — [11]) C. v. Noorden, ibid. 4, 9 (1879). — [12]) R. Gscheidlen, Pflüger's Arch. f. d. ges. Physiol. 16, 421 (1878). —

Kochen mit Natronlauge abspaltbar; er ist also in zwei Formen vorhanden. Die procentisch geringe Menge des Schwefels beruht auf dem hohen Moleculargewicht des Hämoglobins. Das Eisen ist nicht in dem Eiweissantheile, sondern in dem Hämatin enthalten.

Das Hämoglobin hat dadurch eine ganz besondere Bedeutung, dass es bei ihm möglich ist, auf zwei ganz verschiedenen Wegen eine Berechnung der Moleculargrösse vorzunehmen, was um so mehr ins Gewicht fällt, als man bei seiner leichten Krystallisirbarkeit von zweifellos reinem, einheitlichem Material ausgehen kann. Erstens kann man aus dem procentischen Verhältniss des Eisens und Schwefels die mindeste Moleculargrösse berechnen. Auf diese Weise sind in Bunge's Laboratorium Zinnofsky[1]) für Pferdeblut, Jaquet[2]) für Hundeblut vorgegangen, und später Hüfner und Jaquet[3]) für Rinderblut zu dem Mindest-Moleculargewicht 16 669 gekommen. Daraus berechnet dann für Hunde-Hämoglobin Jaquet die Formel:

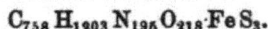

$$C_{758} H_{1203} N_{195} O_{218} Fe S_3.$$

Aeltere Bestimmungen von Hüfner und Bücheler[4]) weichen etwas ab. — Eine zweite Bestimmungsmethode der Moleculargrösse liefert nun aber das Bindungsvermögen des Hämoglobins für Sauerstoff und Kohlenoxyd, das von Hüfner[3]) sehr exact bestimmt werden konnte, und aus dem er, da 1 Mol. Hämoglobin 1 Mol. Kohlenoxyd bindet, nach der endgültigen Bestimmung von 1894 dasselbe Moleculargewicht wie aus den Procentzahlen des Eisens berechnet, so dass die Moleculargrösse des Hämoglobins als ziemlich sicher angesehen werden kann. Damit ist dann auch für die Moleculargewichtsberechnung der anderen Eiweisse ein Ausgangspunkt gewonnen.

Die Fällungs- und Farbenreactionen des Hämoglobins sind, soweit untersucht, die gewöhnlichen der Eiweisskörper. Ueber die des Globins siehe S. 191. Das Hämoglobin wird von Salpetersäure etc., sowie von den Alkaloidreagentien, auch Brom- und Chlorwasser oder Jodjodkalium gefällt. Die Schwermetallsalze fällen in salzsaurer Lösung bis auf Bleiacetat-Ammoniak nach Preyer[5]) nicht; doch muss hier, etwa wie bei dem Myogen und anderen sehr rein dargestellten Eiweissen, die Frage aufgeworfen werden, ob dies nicht bei allen Eiweissen der Fall ist, aber bei den meisten übersehen worden ist, weil sie nicht in genügend salzfreier Form zur Untersuchung kamen. — Die Löslichkeit der einzelnen Hämoglobine ist sehr verschieden; nach Preyer[6]) zerfliesst Rinderhämoglobin an der Luft, während das des Eichhörnchens sich erst in 597 Thln. Wasser löst, das des Raben in kaltem Wasser kaum

[1]) O. Zinnofsky, Zeitschrift f. physiol. Chemie 10, 16 (1885). — [2]) A. Jaquet, ibid. 14, 289 (1889). — [3]) G. Hüfner, Arch. f. (Anat. u.) Physiol. 1894, S. 130. — [4]) Derselbe, Zeitschr. f. physiol. Chem. 8, 358 (1884). — [5]) W. Preyer, Pflüger's Arch. f. d. ges. Physiol. 1, 395 (1868). — [6]) Derselbe, Blutkrystalle, Jena 1871, S. 54.

aufgelöst werden kann. In der Wärme ist die Löslichkeit viel grösser,
von Hundehämoglobin lösen sich in 100 Thln. Wasser bei 5⁰ nur 2 Thle.,
bei 18⁰ 12 bis 15 Thle. Ausserdem ist das reducirte immer löslicher
als das Oxyhämoglobin. Das Hämoglobin ist schwer aussalzbar, etwa
so wie die Albumine, d. h. es wird durch Chlornatrium und Magnesiumsulfat bei neutraler Reaction nicht ausgesalzen, sondern nur durch
Sättigen mit Magnesium-Natriumsulfat. Für Ammonsulfat ist die
untere Fällungsgrenze nach Schulz[1] 6,5, die obere erst nahe bei der
vollständigen Sättigung.

Das Oxyhämoglobin ist nach Kühne[2]) und Preyer[3]) eine Säure,
ebenso oder noch stärker nach Menzies[4]) und Jäderholm[5]) das
Methämoglobin, nicht aber das Hämoglobin. Eine Fällung durch
Säure tritt nicht ein, da durch äusserst geringe Säuremengen das
Hämoglobin in seine Bestandtheile zerlegt wird.

Die Coagulationstemperatur des Hämoglobins beträgt nach Preyer[6])
64⁰; doch tritt schon bei längerem Erwärmen auf 54⁰ eine allmähliche
Zersetzung ein. In völlig trockenem Zustande kann es lange ohne
Denaturirung erhitzt werden, nur kommt es leicht zu der Umwandlung
des Oxy- in Methämoglobin. Auch durch Alkohol wird das Hämoglobin nur langsam denaturirt, was aber wohl mit seiner durch häufiges
Umkrystallisiren ermöglichten Salzfreiheit zusammenhängt. Die Krystalle gehen dabei nach Preyer[6]) und Nencki[7]) in Pseudomorphosen
über. — Bemerkenswerth ist die von Hoppe-Seyler[8]) u. A. beobachtete grosse Resistenz des Hämoglobins gegen die Fäulniss, die zwar
das Oxyhämoglobin in reducirtes Hämoglobin umwandelt, dies aber
nicht weiter angreift. Auch gegen Trypsin ist nach Hoppe-Seyler[8])
Hämoglobin sehr resistent. Es ist indessen zu bedenken, dass ganz
reine, nicht denaturirte Eiweisskörper von Fermenten wie von Bacterien
sehr schwer angegriffen werden, und dass das Hämoglobin in viel
reinerem Zustande untersucht worden ist, als andere Eiweisse.

Die Frage nach der Verschiedenheit oder Identität der einzelnen
Hämoglobine ist noch nicht entschieden. Nur das ist sicher, dass in
dem Blute eines Thieres nur ein Hämoglobin vorkommt (s. unten).
Ferner ist von Hüfner festgestellt worden, dass alle Hämoglobine sich
spectroskopisch und in ihrem Bindungsvermögen für Gase gleich verhalten. Auch die Verschiedenheiten der Krystallform beweisen nichts,
da diese stark wechselt. Die Analysen zeigen allerdings grössere
Differenzen, vor Allem weicht das von Bunge und Zinnofsky sehr

[1]) F. N. Schulz, Zeitschr. f. physiol. Chemie 24, 449 (1898). —
[2]) W. Kühne, Virchow's Arch. 34, 423 (1865). — [3]) W. Preyer, Centralbl.
f. d. med. Wissensch. 1867, Nr. 18. — [4]) J. A. Menzies, Journ. of Physiol.
17, 402 (1895). — [5]) Axel Jäderholm, Zeitschr. f. Biolog. 20, 419 (1884).
— [6]) W. Preyer, Pflüger's Arch. für die ges. Physiol. 1, 395 (1868). —
[7]) M. Nencki, Schmiedeberg's Arch. f. experim. Patholog. u. Pharmak. 20,
332 (1885). — [8]) F. Hoppe-Seyler, Zeitschr. f. physiol. Chem. 1, 121 (1877).

von den übrigen, auch den Präparaten aus dem gleichen Blute, ab. Der Eisengehalt ist hingegen recht übereinstimmend, auch der Schwefelgehalt. — Grössere Unterschiede bestehen in der Löslichkeit, was ja aber auch sonst bei Eiweisskörpern der Fall ist. Im allgemeinen spricht daher wohl mehr für eine Identität aller oder doch der meisten Hämoglobine. Hoppe-Seyler's [1]) Anschauung, dass im lebenden Blute besondere Körper anzunehmen seien, das Phlebin und Arterin, aus denen das reducirte und Oxyhämoglobin erst durch eine Umwandlung hervorgehen, erscheint nicht nothwendig.

Das Hämoglobin der Thiere mit kernhaltigen Blutkörperchen, also der Vögel, Reptilien etc., hat bisher auch nach wiederholtem Umkrystallisiren immer noch Phosphor enthalten; von den Vorstellungen, die man sich von dem Verhältniss des Hämoglobins und des Nucleoproteïds zu einander machen kann, war schon S. 191 und S. 211 die Rede. Die rothen Blutkörperchen der Säugethiere bestehen zum grössten Theile aus Hämoglobin; nach Hoppe-Seyler [2]) kommen von ihrer Trockensubstanz beim Menschen 94,3, beim Hunde 86,5, beim Igel 92,25 Proc. auf Hämoglobin, bei der Gans dagegen nur 62,65 und bei der Ringelnatter 46,70 Proc. Der Rest besteht aus der Gerüstsubstanz, bei den Nicht-Säugethieren ausserdem aus dem Kern. — Genauere Angaben über den Gehalt der verschiedenen Blutarten an Hämoglobin, Wasser etc. macht Abderhalden [3]). Zur Bestimmung des Hämoglobins im Blute sind eine Reihe von colorimetrischen Methoden angegeben worden, so von Hoppe-Seyler [4]), Giacosa [5]), Fleischl [6]), Zangemeister [7]) u. A. Der vollkommenste Apparat ist heute der von Miescher und Veillon [8]). — Ausserdem findet sich Hämoglobin in den Muskeln; Mac Munn bestreitet dies zwar und behauptet statt dessen die Existenz von Myohämoglobin etc., die spectroskopisch verschiedenen Hämoglobinderivaten entsprechen sollen; doch sind seine Angaben von Hoppe-Seyler [9]), Levy [10]) und Mörner [11]) widerlegt worden. Nach Mörner [11]) besitzt das Muskelhämoglobin alle Eigenschaften des Bluthämoglobins, nur sind die Streifen bei der Spectraluntersuchung alle etwas nach dem rothen Ende verschoben, das Centrum der Oxyhämoglobinstreifen z. B. von 577 und

---

[1]) F. Hoppe-Seyler, Zeitschr. f. physiol. Chem. 13, 477 (1889). — [2]) Derselbe, med.-chem. Untersuch., S. 391 (1868). — [3]) E. Abderhalden, Zeitschr. f. physiol. Chem. 25, 65 (1898). — [4]) F. Hoppe-Seyler, ibid. 16, 504 (1892); G. Hoppe-Seyler, ibid. 21, 461 (1896); H. Winternitz, ibid. 21, 468 (1896). — [5]) P. Giacosa, Maly's Jahresbericht f. Thierchemie 26, 140 (1896). — [6]) E. v. Fleischl, Med. Jahrb. 1885, S. 425. — [7]) W. Zangemeister, Zeitschr. f. Biolog. 33, 72 (1896). — [8]) Miescher u. Veillon, Schmiedeberg's Arch. f. experim. Patholog. und Pharmak. 39, 385 (1897); Wolf, Zeitschr. f. physiol. Chem. 26, 452 (1899); R. Magnus, Schmiedeberg's Arch. f. experim. Path. u. Pharmak. 44, 68 (1900). — [9]) F. Hoppe-Seyler, Zeitschr. f. physiol. Chem. 14, 106 (1889). — [10]) L. Levy, ibid. 13, 309 (1888). — [11]) K. A. H. Mörner, Maly's Jahresbericht f. Thierchem. 27, 456 (1897).

540 auf 581 und 543; wie später zu erwähnen, bedeutet dies keine entscheidende Differenz. — Endlich kommt das Hämoglobin bei manchen
Wirbellosen, Weichthieren, Crustaceen und Würmern im Blute vor,
aber nicht, wie bei den Wirbelthieren, in Blutkörperchen, sondern in
Lösung. Eine Zusammenstellung der Thiere, bei denen Hämoglobin
beobachtet worden ist, findet sich bei Halliburton[1]). Bei anderen
finden sich nach Mac Munn[2]) Spaltungsproducte des Hämoglobins,
besonders Hämatoporphyrin. Doch ist auch hier die Präexistenz dieser
Körper unbewiesen. — Ueber einige dem Hämoglobin ähnliche Farbstoffe, Hämocyanin etc. s. unten S. 247.

Die Krystalle des Hämoglobins und Oxyhämoglobins.

(61) Das Oxyhämoglobin ist der am leichtesten krystallisirende
von allen Eiweisskörpern, und daher am längsten in dieser Form bekannt. Zur Darstellung werden zunächst die rothen Blutkörperchen
durch wiederholtes Decantiren, am besten auf der Centrifuge, unter
Zusatz von Kochsalzlösung vom Plasma, bez. Serum befreit und dann
das Hämoglobin aus ihnen in Freiheit gesetzt, d. h. das Blut lackfarben
gemacht. Es geschieht dies entweder durch Verdünnen mit Wasser,
oder durch wiederholtes Gefrierenlassen und Wiederaufthauen, oder am
häufigsten durch Zusatz einer kleinen Menge von Aether, den man
dann langsam verdunsten lässt. Wenn man eine derartige Hämoglobinlösung in die Kälte stellt, so krystallisirt sie bei den am leichtesten
krystallisirenden Blutarten von selbst; kleine Mengen scheiden sich
z. B. beim langsamen Eindunsten unter dem Objectträger, wie Ewald[3])
beschreibt, in gut ausgebildeten Krystallen aus. Bei grösseren Portionen
ist dagegen in der Regel ein Zusatz von Alkohol erforderlich; nach
Hoppe-Seyler's[4]) Vorschrift kühlt man das lackfarbene Blut auf 0°
ab, setzt 1/4 Vol. ebenfalls auf 0° abgekühlten Alkohols hinzu und lässt
einige Tage bei — 5 bis — 10° stehen. Dann löst man die Krystalle
in wenig auf 35° erwärmten Wassers, filtrirt von den ungelöst bleiben-
den Resten, den Stromata der Blutkörperchen, ab und setzt die Lösung
unter erneutem Alkoholzusatz wieder der Kälte aus; in dieser Weise
kann man noch mehrmals umkrystallisiren und erhält so ein sehr
reines, aschefreies Präparat. Abänderungen dieser Vorschrift stammen
von Zinnofsky[5]), der das Blut ohne vorherige Entfernung des Serums
durch Aetherzusatz lackfarbig machte, und die Stromata dann durch
Auflösen in sehr verdünntem Ammoniak und vorsichtiges Neutralisiren
mit Salzsäure beseitigte, und von Jaquet[6]), der bei Hühnerblut

---

[1]) W. D. Halliburton, Journ. of Physiol. 6, 300 (1885). — [2]) Mac
Munn, ibid. 7, 240 (1886). — [3]) Aug. Ewald, Zeitschr. f. Biolog. 22, 459
(1886). — [4]) F. Hoppe-Seyler, med.-chem. Untersuch. S. 169 (1867); Derselbe, Handbuch der phys.-chem. Analyse. — [5]) O. Zinnofsky, Zeitschr.
f. physiol. Chem. 10, 16 (1885). — [6]) A. Jaquet, ibid. 14, 289 (1889).

$^1/_8$ Vol. Aether bei 35⁰ zusetzte, da die kernhaltigen Blutkörperchen
sonst eine Gallerte bilden. — Nach einer anderen Methode erhielt
Schulz [1]) Hämoglobinkrystalle. Er versetzte, wie bei dem Hofmeister'schen Verfahren zur Krystallisation des Eieralbumins, lackfarben
gemachten Blutkörperchenbrei mit dem gleichen Volum gesättigter
Ammonsulfatlösung und filtrirte von dem Niederschlag von Globulin etc.
ab. Im Filtrat krystallisirte das Hämoglobin aus und konnte in der
gleichen Weise mehrmals umkrystallisirt werden. Es erwies sich, um
ein zu rasches Krystallisiren zu verhindern, als vortheilhaft, den Zusatz
unter Eiskühlung vorzunehmen, und dann erst bei Zimmertemperatur
krystallisiren zu lassen. Das Präparat zeigt schöne, von organischen
Beimengungen freie Krystalle, enthält aber Ammonsulfat. Gut krystallisiren nach Hoppe-Seyler die schwer löslichen Hämoglobine aus dem
Blute von Hund, Pferd, Meerschweinchen, Eichhörnchen, der Ratte; ferner
das aus Vogelblut, von Gans, Ente und Taube. Die leicht löslichen
Hämoglobine krystallisiren dagegen schlechter, so die aus dem Blute von
Mensch, Rind, Schaf, Schwein, Kaninchen, etwas besser aus dem von
Maus, Maulwurf, Fledermaus. Doch sind auch diese alle krystallinisch
dargestellt worden, zuletzt das Hämoglobin der Katze von Krüger [2])
und Abderhalden [3]). Weitere Angaben über die Hämoglobinkrystalle
einer grossen Menge von Thieren giebt Preyer [4]). — Zur Darstellung
dürfte sich wohl am besten das Blut von Hunden oder Pferden eignen;
auch Schweineblut-Hämoglobin krystallisirt nach Otto [5]) gut, ist aber
sehr löslich.

Schwieriger ist es, das viel löslichere reducirte Hämoglobin zur
Krystallisation zu bringen. Zuerst gelang es Kühne [6]), später
Gscheidlen [7]), Ewald [8]), Nencki [9]), Gürber [10]) u. A. Gscheidlen
empfiehlt, das Blut erst der Fäulniss auszusetzen, die dem Hämoglobin
(s. o.) nichts anhaben kann, Gürber entfernt störende Stoffe durch
Dialyse. Die Methode ist die gleiche, wie beim Oxyhämoglobin.

Das Oxyhämoglobin und Hämoglobin krystallisiren in Tafeln,
Platten, Prismen oder Nadeln, die dem rhombischen System angehören,
nur die des Eichhörnchens nach Hoppe-Seyler im hexagonalen
System. Die verschiedenen Krystallformen gehen beim Umkrystallisiren
in einander über, die Unterschiede haben also keine Bedeutung; genauere
Messungen der Winkel etc. hat v. Lang [11]) vorgenommen. Bei den

[1]) F. N. Schulz, Zeitschrift f. physiol. Chemie 24, 449 (1898). —
[2]) Fr. Krüger, Zeitschr. f. Biolog. 26, 452 (1890); Zeitschrift f. physiol.
Chem. 25, 256 (1898). — [3]) E. Abderhalden, ibid. 24, 545 (1898). —
[4]) W. Preyer, Blutkrystalle, Jena 1871. — [5]) J. Otto, Zeitschr. f. physiol.
Chem. 7, 57 (1882). — [6]) W. Kühne, Virchow's Arch. 34, 423 (1865). —
[7]) R. Gscheidlen, Pflüger's Arch. f. d. ges. Physiol. 16, 421 (1878). —
[8]) Aug. Ewald, Zeitschr. f. Biolog. 22, 459 (1886). — [9]) M. Nencki, Ber.
deutsch. chem. Ges. 19, I, 28 u. 410 (1886). — [10]) Gürber, Sitzungsber. d.
physik.-med. Ges. zu Würzburg 1893 (Separatabdr.). — [11]) V. v. Lang,
Wiener Akad. 46, 1862 (nach Preyer).

schlecht krystallisirenden Blutarten sind die Krystalle meist nur mikroskopisch sichtbar, aus Pferdeblut erhielten Hüfner und Bücheler[1]) dagegen schöne, grosse Nadeln von 2 bis 3 mm Länge und 0,5 mm Dicke; Gscheidlen hat einmal einen Hämoglobinkrystall von 3,5 cm Länge dargestellt.

Das optische Verhalten der Krystalle ist von Preyer, dann genauer von Ewald[2]) untersucht worden. Sie sind nicht durchsichtig, seidenglänzend und doppelbrechend; ferner haben sie einen sehr ausgesprochenen Pleochroismus. Am schönsten zeigen ihn die Krystalle des reducirten Hämoglobins; bei Betrachtung mit nur einem Nicol haben sie drei sehr differente Axenfarben, blaupurpurn, rothpurpurn, farblos. Die Oxyhämoglobinkrystalle zeigen den Pleochroismus weniger gut, aber immerhin deutlich, indem sie je nach der Stellung des Nicols bald dunkel scharlachroth, bald hell gelbroth aussehen. Auch die anderen, später zu erwähnenden Hämoglobinderivate geben dieselbe Erscheinung: das Methämoglobin ist dunkel schwarzbraun und hell gelbbraun, bei dünnen Krystallen farblos, das Kohlenoxydhämoglobin purpurn und weiss, das Hämin dunkel schwarzbraun und hell gelbbraun. Ferner zeigen sie entsprechend der Axenrichtung auch verschiedene Spectralerscheinungen, indem die Streifen nach dem rothen oder dem violetten Ende des Spectrums verschoben sind. Ewald erinnert daran, dass derartige Erscheinungen auch bei Auflösungen eines und desselben Körpers in Lösungsmitteln von verschiedenem Dispersionsvermögen beobachtet worden sind, und betont, wie vorsichtig man in Folge dessen sein müsse bei der Beurtheilung kleiner spectroskopischer Differenzen, wie sie die Hämoglobinderivate unter verschiedenen Verhältnissen oft zeigen.

Durch Liegen, Eintrocknen, Alkoholwirkung etc. werden die Krystalle denaturirt und in Pseudomorphosen verwandelt; doch können sie einen Theil ihrer optischen Eigenschaften, z. B. die Doppelbrechung[3]), dabei noch eine Zeit lang bewahren, ein Verhalten, das wohl mit der Salzarmuth zusammenhängt. Derartige Krystalle, die unter Alkohol unlöslich geworden waren, dagegen die Spectralerscheinungen und die Doppelbrechung noch deutlich erkennen liessen, hat Nencki[4]) als Parahämoglobin bezeichnet.

Die Verbindungen des Hämoglobins mit Gasen und seine optischen Eigenschaften.

(62) Bekanntlich sättigt sich das Blut der Wirbelthiere in den Lungen mit Sauerstoff und giebt diesen auf seinem Kreislauf durch den Körper an die Gewebe ab; das arterielle, sauerstoffhaltige Blut

---

[1]) G. Hüfner u. Bücheler, Zeitschr. f. physiol. Chem. 8, 358 (1884). — [2]) Aug. Ewald, Zeitschr. f. Biolog. 22, 459 (1886). — [3]) W. Preyer, Blutkrystalle, Jena 1871. — [4]) M. Nencki, Schmiedeberg's Arch. f. experim. Patholog. und Pharmak. 20, 332 (1885).

ist hellroth, das venöse, sauerstoffarme, dunkler roth bis purpurfarben, das sauerstofffreie Erstickungsblut ist noch viel dunkler, fast schwarz. Diese Sauerstoffaufnahme und die damit verbundene Farbenänderung beruht auf den gleichen Eigenschaften des in den rothen Blutkörperchen enthaltenen Hämoglobins. — Eine Lösung von Hämoglobin nimmt bei Berührung mit einer Sauerstoffatmosphäre, etwa der Luft, auf ein Molecul ein Molecul Sauerstoff auf und geht dabei in das sogenannte Oxyhämoglobin über. Das Hauptkennzeichen der beiden Hämoglobine, des reducirten und des sauerstoffhaltigen, ist ihr spectrales Verhalten, das zuerst von Hoppe-Seyler [1]) und Stokes [2]), später insbesondere von Hüfner [3]) untersucht worden ist; das Spectrum der Hämoglobinderivate im Blau und Violett untersuchte auf photographischem Wege Gamgee [4]).

Das Oxyhämoglobin hat danach zwei scharfe, gut begrenzte Spectralstreifen in Gelb und Grün zwischen den Fraunhofer'schen Linien D und E, von denen der eine schmälere und schärfer begrenzte dicht neben D beginnt, und am schärfsten zwischen 582 und 571 $\mu\mu$ sichtbar ist. Der zweite liegt zwischen 550 und 526 $\mu\mu$, seine grösste Intensität, innerhalb deren Hüfner seine spectrophotometrischen Messungen ausführte, ist zwischen 531,5 und 542,5. Dieser zweite hat für das Auge keine ganz so hohe Intensität wie der erste, doch ist dies nach Hüfner bei spectrophotometrischen Messungen nicht der Fall. Der für das Oxyhämoglobin charakteristische Quotient der Absorptionscoëfficienten an der Stelle grösster Dunkelheit des zweiten Streifens und der vollständig erhellten zwischen den beiden Streifen — 554 bis 565 $\mu\mu$ —, beträgt nach Hüfner 1,578. Einen dritten Streifen, von etwa derselben Intensität, beobachtete Gamgee im Blau, zwischen den Linien G und H, bei den Wellenlängen 404 bis 424 $\mu\mu$; die grösste Intensität liegt bei 414, d. h. dicht neben der Linie h. Die Streifen sind nach Hoppe-Seyler und Gamgee bei einer Schichtdicke von 1 cm noch bei einem Gehalt von 0,1 g Oxyhämoglobin in 1 Liter Wasser gut wahrzunehmen. Gamgee macht darauf aufmerksam, dass das Hämoglobin gerade das stärkst sichtbare und das stärkst aktinische Licht absorbirt.

---

[1]) F. Hoppe-Seyler, Virchow's Archiv 23, 446 (1862); Centralbl. f. d. med. Wiss. 1864, S. 261, 817, 834; med.-chem. Untersuch. S. 169 (1867). — [2]) G. G. Stokes, Philosoph. Magazine and Journ. of Science 27, 4. Ser., S. 388 (1864); Proc. Royal Soc. 1864, 16. Juni (nach Neumeister's Lehrbuch cit.). — [3]) G. Hüfner, Journ. f. pr. Chem. [2], 22, 362 (1880); C. v. Noorden, Zeitschr. f. physiol. Chem. 4, 9 (1879); in beiden Arbeiten findet sich die theoretische Auseinandersetzung seiner Methodik; G. Hüfner, Zeitschr. f. physiol. Chem. 1, 317 (1877); 1, 386 (1878); 3, 1 (1878); 8, 358 (1884); 10, 218 (1886); 12, 568 (1888); 13, 285 (1888). Die endgültigen Bestimmungen stehen in den letzten Arbeiten: G. Hüfner, Arch. f. (Anat. u.) Physiol. 1890, S. 1; 1894, S. 130, 209; 1895, S. 213. — [4]) Arthur Gamgee, Zeitschr. f. Biolog. 34, 505 (1896).

Das reducirte Hämoglobin hat dagegen im Gelbgrün nur einen
Streifen, der ziemlich genau in der Mitte zwischen D und E, somit
auch zwischen den Streifen des Oxyhämoglobins gelegen ist. Er ist
breiter, aber weniger scharf begrenzt und weniger intensiv als die
Streifen des Oxyhämoglobins. Hüfner fand den Quotienten der
Extinctionscoëfficienten, an derselben Stelle gemessen wie beim Oxyhämoglobin, 0,7617. Im Violett hat es nach Gamgee einen Streifen
zwischen den Wellenlängen 415 und 436 $\mu\mu$, mit der grössten Intensität
etwa bei 425. Der Streifen ist also schmäler als der des Oxyhämoglobins und etwas nach dem rothen Ende verschoben.

Eine Hämoglobinlösung nimmt beim Schütteln mit Luft Sauerstoff
auf, wobei das Spectrum des Hämoglobins in das des Oxyhämoglobins
übergeht; Blut oder lackfarbenes Blut verhält sich ebenso. Durch
reducirende Agentien wird es wieder in Hämoglobin zurückverwandelt;
gewöhnlich werden dazu Schwefelammonium oder das sogenannte
Stokes'sche Reagens (eine ammoniakalische Lösung von Ferrosulfat)
verwendet, doch hat sich Hüfner auch mit Vortheil des Hydrazin-
hydrats bedient; Siegfried [1]) und Novi [2]) benutzten Hydrosulfit, das
aber anscheinend nur unvollständig reducirt. Die Verbindung mit
dem Sauerstoff ist eine sehr lockere und giebt bei Herabsetzung des
Sauerstoffdruckes Sauerstoff ab. Durch das Vacuum oder durch anhaltendes Durchleiten eines indifferenten Gases, Wasserstoff oder Stickstoff, wird der Sauerstoff vollständig verdrängt. Auch Kohlensäure,
die im venösen Blute vorhanden ist, vertreibt den Sauerstoff, hat aber
daneben noch andere Wirkungen. Siegfried [1]) hat einmal angegeben,
und Novi [2]) dies bestätigt, dass zwischen dem Oxyhämoglobin und dem
Hämoglobin eine Zwischenstufe existirte, die er Pseudohämoglobin
nannte und die zwar noch einen gewissen Theil des Sauerstoffs gebunden enthält, aber das Spectrum des reducirten Hämoglobins zeigt;
diese Angabe, die nur auf der Besichtigung des Spectrums, nicht auf
spectrophotometrischer Messung beruhte, ist von Hüfner [3]) als irrthümlich zurückgewiesen worden.

Die Menge Sauerstoff, welche 1 g Hämoglobin zu binden vermag,
ist von Hüfner in oft erneuten Versuchsreihen ermittelt worden, die
vor allem durch die exacte Bestimmung der angewendeten Hämoglobin-
mengen grosse Schwierigkeiten boten, und die, wie sich schliesslich ergab, wegen der Dissociation der Hämoglobin-Sauerstoffverbindung keine
vollständig genauen Werthe ergeben konnten. Diese letztere Schwierigkeit fiel bei dem viel weniger dissociirten Kohlenoxydhämoglobin nahezu
fort. Erst bei diesem fand Hüfner, dass 1 g Hämoglobin 1,338 ccm
Kohlenoxyd bindet, und da sich Sauerstoff und Kohlenoxyd in gleichen

[1]) M. Siegfried, Arch. f. Anat. und Physiol. 1890, S. 385. — [2]) Ivo
Novi, Pflüger's Arch. f. d. ges. Physiol. 56, 289 (1894). — [3]) G. Hüfner,
Arch. f. (Anat. u.) Physiol. 1894, S. 130 (S. 140).

Volumverhältnissen vertreten, auch die gleiche Menge Sauerstoff. Es ist dies die Maximalzahl, die nur bei hohem Sauerstoffdruck annähernd erreicht wird; bei allen anderen Drucken dagegen wird ein Theil des Sauerstoffs durch Dissociation frei. Hüfner giebt dafür folgende Tabelle[1]), die den Druck der atmosphärischen Luft ergiebt; der Sauerstoffdruck ist fünfmal kleiner. Die Zahlen geben an, wieviel Procent des Sauerstoffs durch Dissociation frei geworden sind. Die Lösung enthält 14 Proc. Hämoglobin; die Temperatur beträgt 35°:

760 mm Hg	1,49 Proc. O frei
715,6 „ „	1,58 „ „ „
620,8 „ „	1,81 „ „ „
524,8 „ „	2,14 „ „ „
477,1 „ „	2,15 „ „ „
357,8 „ „	3,11 „ „ „
238,5 „ „	4,6 „ „ „
119,3 „ „	8,79 „ „ „
47,7 „ „	19,36 „ „ „
23,8 „ „	32,51 „ „ „
4,8 „ „	70,67 „ „ „

Bei einer graphischen Aufzeichnung würde die Curve erst bei niederem Druck steil steigen, dann eine mässig breite Umbiegung haben, um endlich von einem Druck an, der etwa $1/_3$ des Atmosphärendruckes entspricht, sich der maximalen Bindung asymptotisch zu nähern. Eine starke Dissociation des Oxyhämoglobins, die zur Abgabe eines beträchtlicheren Theiles des Sauerstoffs führt, hat also nur bei sehr niederen Partiardrucken des Sauerstoffs, etwa von 20 mm Quecksilber an, statt. Bei höheren Drucken aber ist die Dissociation nur ganz geringfügig, und es ist erklärlich, dass sie von früheren Beobachtern, wie Worm Müller[2]), anfangs auch von Hüfner selbst, ganz übersehen wurde, die vielmehr glaubten, dass die Bindung des Sauerstoffs durch das Hämoglobin bis herab zu einem Partiardruck von 20 bis 30 mm vom Sauerstoffdruck unabhängig sei.

Diese Beobachtungen Hüfner's sind an einer Lösung von krystallisirtem Hämoglobin gemacht worden. Dagegen ist kürzlich Löwy[3]) nach einer anderen Untersuchungsmethode für frisches, durch Oxalatzusatz gerinnungsunfähig gemachtes Blut zu wesentlich anderen Resultaten gekommen. Er giebt in seiner vorläufigen Mittheilung folgende Tabelle, in welcher der Partiardruck des Sauerstoffs direct in Millimetern Quecksilber, und ebenfalls wieder der Procentsatz des durch Dissociation frei gewordenen Sauerstoffs angegeben ist:

---

[1]) G. Hüfner, Arch. f. (Anat. u.) Physiol. 1890, 1 (S. 13). — [2]) Worm Müller, Arbeiten a. d. physiolog. Anstalt zu Leipzig, 5, 119 (1870). — [3]) A. Löwy, Centralbl. f. Physiol. 13, 449 (1899).

36,48 mm Hg	20,95 Proc. O frei
35,98 „ „	22,36 „ „ „
33,06 „ „	21,12 „ „ „
28,48 „ „	27,56 „ „ „
26,79 „ „	23,63 „ „ „
26,07 „ „	34,19 „ „ „
23,21 „ „	39,87 „ „ „
22,47 „ „	41,61 „ „ „
22,46 „ „	34,75 „ „ „ (?)
22,23 „ „	50,76 „ „ „ (?)
16,96 „ „	50,20 „ „ „
9,58 „ „	66,04 „ „ „

Die Dissociation des Sauerstoffhämoglobins im Blute würde also eine viel beträchtlichere sein, die Curve gleichmässiger gebogen verlaufen, als es bei Hüfner der Fall ist. Mit verschiedenen physiologischen Thatsachen stehen die Zahlen Löwy's weit besser im Einklange, als diejenigen Hüfner's. Löwy erklärt die Differenz durch eine Umänderung, die mit dem Oxyhämoglobin beim Umkrystallisiren vor sich geht, das sich in seinen Krystallen danach schon auf dem Wege zum Methämoglobin befinden würde. Dagegen ist die maximale Sauerstoffbindung einer Hämoglobinlösung und des Blutes von gleichem Hämoglobingehalt jedenfalls dieselbe, wie dies zahlreiche Versuche von Hüfner, Dybkowski[1]), Herter[2]), Worm Müller[3]), Setschenow[4]) u. A. mit Sicherheit beweisen. Auch spectrophotometrisch besteht durchaus kein Unterschied zwischen einer Hämoglobinlösung und dem Blut.

Die Dissociation des Oxyhämoglobins ist grösser bei verdünnten Lösungen und bei höherer Temperatur und entspricht auch, wie Hüfner[5]) eingehend ausführt, den sonst bei derartigen Dissociationserscheinungen geltenden Gesetzen.

Ueber die Art, in welcher die lockere Sauerstoffbindung zu Stande kommt, und über die Atomgruppirung, durch die sie bedingt wird, kann man sich eine exacte Vorstellung zur Zeit noch nicht machen; gewöhnlich wird angenommen, dass sie mit dem Eisengehalt resp. mit dem farbigen Hämatin in Beziehungen stünde. Sie geht im Allgemeinen nur in Lösungen vor sich, doch beobachteten Ewald[6]) und Bohr und Torup[7]) einen Uebergang des reducirten in Oxyhämoglobin auch an

---

[1]) W. Dybkowski, Hoppe-Seyler's med.-chem. Untersuch., S. 117 (1866). — [2]) E. Herter, Zeitschr. f. physiol. Chem. 3, 98 (1879). — [3]) J. Worm Müller, Unters. a. d. Leipziger physiol. Anstalt 5, 119 (1870). — [4]) J. Setschenow, Pflüger's Arch. f. d. ges. Physiol. 22, 252 (1880). — [5]) G. Hüfner, Zeitschr. f. physiol. Chem. 10, 218 (1886); Arch. f. (Anat. u.) Physiol. 1890, S. 28. — [6]) Aug. Ewald, Zeitschr. f. Biolog. 22, 459 (1886). — [7]) Chr. Bohr und S. Torup, Skandinavisches Arch. f. Physiol. 3, 69 (1891).

Krystallen, die allerdings feucht waren, so dass die Anwesenheit von Wasser wahrscheinlich erforderlich ist.

Bemerkenswerth ist, dass nach Kühne[1]) und Preyer[2]) das Oxyhämoglobin eine ausgesprochene Säure ist, nicht aber das reducirte Hämoglobin, und dass nach Menzies[3]) und Jäderholm[4]) das Methämoglobin, welches den Sauerstoff fest gebunden, nicht mehr in der lockeren Form des Oxyhämoglobins enthält, eine noch stärkere Säure ist. Einleiten von Sauerstoff macht nach Kühne eine Hämoglobinlösung saurer, als sie ist. Bei dem Methämoglobin, das bei saurer und alkalischer Reaction verschiedene Spectra zeigt, wirkt nach Jäderholm Wasserstoff wie Alkali, Sauerstoff wie eine Säure. Auch ist an die Beobachtung Hoppe-Seyler's[5]) zu erinnern, dass durch schwaches Erwärmen mit Ammoniak das Oxy- in reducirtes Hämoglobin verwandelt wird. Jedenfalls verdienen diese Verhältnisse im Hinblick auf die modernen Anschauungen über bewegliche Atomgruppen und ähnliches eine erneute Untersuchung. Näheres s. unten. — Bei der Hitzecoagulation des Hämoglobins, also seiner Denaturirung bezw. Ueberführung in eine stabile Form, bleibt nach Hermann und Steger[6]) der grössere Theil des Sauerstoffs und ebenso der anderen derart gebundenen Gase bei dem geronnenen Hämoglobin; ebenso wird bei der Spaltung des Hämoglobins in Globin und Hämatin Sauerstoff gebunden.

Das Methämoglobin.

Ausser dem labilen Oxyhämoglobin existirt noch eine stabile Verbindung des Hämoglobins mit Sauerstoff, das Methämoglobin, das gleich bei den ersten Untersuchungen von Hoppe-Seyler und Stokes gefunden wurde. Dèr Name stammt von Ersterem[7]). Das Oxyhämoglobin hat die Neigung, bei längerem Liegen in das stabilere Methämoglobin überzugehen; ohne besondere Vorsichtsmaassregeln tritt diese Umwandlung mehr oder weniger rasch immer ein, so dass länger aufbewahrtes Oxyhämoglobin meist ganz oder theilweise aus Methämoglobin besteht. Ausserdem lassen es eine ganze Reihe von sehr verschiedenen Reagentien entstehen. Dies sind nach Dittrich[8]) sowohl oxydirende Substanzen, Ozon, Jod, Chlorate, Permanganate, Nitrite und Nitrate, Ferricyankalium, als auch reducirende, Wasserstoff, Palladiumwasserstoff, Pyrogallol, Allantoin, Hydrochinon etc.; endlich auch viele andere Körper, Anilin, Toluidin, Acetanilid, Acetphenetidin, Glycerin etc. Von diesen wurden besonders die salpetrigen Salze, aber auch

---

[1]) W. Kühne, Virchow's Arch. 34, 423 (1865). — [2]) W. Preyer, Centralbl. f. d. med. Wissensch. 1867, Nr. 18; Derselbe, Pflüger's Arch. 1, 395 (1868). — [3]) J. A. Menzies, Journ. of Physiol. 17, 402 (1895). — [4]) Axel Jäderholm, Zeitschr. f. Biolog. 20, 419 (1884). — [5]) F. Hoppe-Seyler, Centralblatt f. d. med. Wissensch. 1864, S. 817. — [6]) L. Hermann und Th. Steger, Pflüger's Arch. f. d. ges. Phys. 10, 86 (1875). — [7]) F. Hoppe-Seyler, Centralbl. f. d. med. Wissensch. 1865, S. 65. — [8]) P. Dittrich, Schmiedeberg's Arch. f. experim. Patholog. u. Pharmak. 29, 247 (1891).

Amylnitrit, Nitroglycerin etc. von Gamgee[1]) studirt, später dagegen meist das Ferricyankalium zur Herstellung benutzt, so von Hüfner[2]), Külz[3]), Otto[4]), v. Mering[5]), Jäderholm[6]), v. Zeynek[7]) und Hüfner[8]). Ausserdem ist gewöhnlich ein anderes Umwandlungs-, richtiger Zersetzungsproduct, das Acidhämoglobin, mit dem Methämoglobin zusammengeworfen worden, das erst Harnack als eigenen Körper erkannt hat (s. unten). Die gelegentlich bestrittene Einheitlichkeit und Constanz des Methämoglobins hat v. Zeynek dargethan.

Auch im lebenden Blute kommt die Umwandlung in Methämoglobin durch dieselben, daher giftigen Mittel zu Stande, aber nach Dittrich und v. Mering nur durch diejenigen Mittel, welche in die Blutkörperchen einzudringen vermögen, wozu die Chlorate und Ferricyankalium nicht gehören, wohl aber Amylnitrit, Nitrobenzol, Antifebrin.

Die wichtigste Eigenschaft des Methämoglobins ist, dass es keinen durch Druckverminderung auspumpbaren Sauerstoff enthält. In Folge dessen wurde es anfangs von Hoppe-Seyler für ein Reductionsproduct des Hämoglobins, dann von Jäderholm[6]) wegen seiner Entstehung durch Ferricyankalium im Gegentheil für ein Oxydationsproduct desselben, für ein Peroxyhämoglobin gehalten. Erst Hüfner und Külz[3]) und bald darauf Otto[4]) stellten den wahren Sachverhalt fest. Das Methämoglobin enthält ebenso viel Sauerstoff wie das Oxyhämoglobin, aber in festerer Bindung, so dass er ihm nicht durch das Vacuum entzogen werden kann. Haldane[9]) und Hüfner[8]) und v. Zeynek[7]) haben dies später noch durch weitere Versuche gestützt, indem sie zeigten, dass bei der Umwandlung des Oxy- in Methämoglobin durch Ferricyankalium zwar der Sauerstoff des Oxyhämoglobins entweicht, aber die gleiche Menge Ferri- in Ferrocyankalium umgewandelt wird, dass also die Menge des mit dem Hämoglobin verbundenen Sauerstoffs die gleiche bleibt. Bei der Ueberführung des reducirten Hämoglobins in Methämoglobin wird dagegen natürlich Sauerstoff gebunden, wobei nach Otto[4]) Oxyhämoglobin als Zwischenproduct auftritt.

Auf Grund dieser ihrer Beobachtungen sind Hüfner und v. Zeynek zu folgender Auffassung der Methämoglobinbildung gelangt: Bei der Einwirkung oxydirender Mittel erfolgt die Umsetzung:

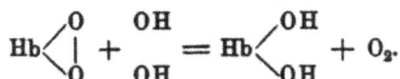

$$\mathrm{Hb}\!\!\begin{array}{c}\diagup O\\|\\\diagdown O\end{array} + \begin{array}{c}OH\\OH\end{array} = \mathrm{Hb}\!\!\begin{array}{c}\diagup OH\\\diagdown OH\end{array} + O_2.$$

[1]) A. Gamgee, Philosoph. Trans. 158, I, 159 (1868). — [2]) G. Hüfner, Zeitschr. f. physiol. Chem. 8, 366 (1884). — [3]) G. Hüfner und R. Külz, ibid. 7, 366 (1883). — [4]) G. Hüfner und J. G. Otto, ibid. 7, 65 (1882); J. G. Otto, Pflüger's Arch. f. d. ges. Physiol. 31, 245 (1883). — [5]) v. Mering, Zeitschr. f. physiol. Chem. 8, 186 (1883). — [6]) Axel Jäderholm, Zeitschr. f. Biolog. 16, 1 (1880); 20, 419 (1884). — [7]) R. v. Zeynek, Arch. f. (Anat. u.) Physiol. 1899, S. 460. — [8]) G. Hüfner, ibid. 1899, S. 491. — [9]) John Haldane, Journ. of Physiol. 22, 298 (1898).

Reducirende wirken dagegen nach der Gleichung:

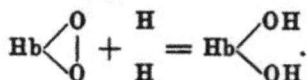

$$Hb\begin{cases} O \\ O \end{cases} + \begin{matrix} H \\ H \end{matrix} = Hb\begin{cases} OH \\ OH \end{cases}.$$

Die Umwandlung durch indifferente Mittel oder allein durch das Liegen würde man sich durch die Wanderung von Wasserstoffatomen, etwa analog dem Uebergange einer Keto- in eine Enolform, vorzustellen haben, wie sie u. A. kürzlich Brühl[1] beschrieben hat. Der viel ausgeprägtere Säurecharakter des Methämoglobins stimmt, wie v. Zeynek betont, gut hiermit überein.

Durch Reductionsmittel, besonders Schwefelammonium und das Stokes'sche Reagens, wird das Methämoglobin wieder zurückverwandelt, erst in Oxy-, dann in reducirtes Hämoglobin, ein Process, den Hoppe-Seyler, Jäderholm u. A. spectroskopisch genau beobachtet haben. Die Fäulniss wirkt ebenso. Einige widersprechende Angaben beruhen wahrscheinlich auf Verwechselungen mit Hämatin, von dem das Methämoglobin spectroskopisch schwer zu unterscheiden ist, oder Acidhämoglobin. Die Umwandlung des Oxy- in Methämoglobin erfolgt häufig nur allmählich. Bohr[2] hat mehrere Modificationen des Hämoglobins, die er als α-, β-, γ-, δ-Hämoglobin bezeichnet, beschrieben, die sich in ihrem Bindungsvermögen für Sauerstoff erheblich unterscheiden, und ebenso hat er derartige Differenzen im strömenden Blute entdeckt. Hüfner[3] hat indessen dargethan, dass die Bohr'schen Beobachtungen daher rühren, dass ein wechselnder Theil des Hämoglobins in Methämoglobin überging, oder sonst Veränderungen erlitt. — Von dem Unterschiede, der nach Löwy zwischen dem lebenden Blut und den künstlichen Hämoglobinlösungen in Bezug auf die Dissociationscurve bei vermindertem Drucke besteht, war schon die Rede. — Auch Marchand[4] beschreibt Erscheinungen, die für einen derartigen allmählichen Uebergang sprechen.

Das Methämoglobin ist in Substanz und in saurer oder neutraler Lösung nicht schön roth, wie das Oxyhämoglobin, sondern braun, wie englischer Porter, in alkalischer Lösung dagegen ebenfalls roth. Während es anfangs nur in Lösung oder amorph bekannt war, gelang es Hüfner[5] auch, es in Krystallen zu erhalten, graubraune, rehfarbene Nadeln, die in Masse eine Art Atlasglanz zeigen; sie sind aus Hunde-, Schweine- und Pferdehämoglobin gewonnen worden. Die Darstellung

---

[1] J. W. Brühl, Zeitschr. f. physikalische Chem. 30, 1 (1899). — [2] Chr. Bohr und Sophus Torup, Skandinav. Arch. f. Physiol. 3, 69 (1891); Chr. Bohr, ibid. 3, 76, 101 (1891); Fr. Tobiesen, ibid. 6, 273 (1895); Chr. Bohr, Centralbl. f. Physiol. 4, 249 (1890). — [3] G. Hüfner, Arch. f. (Anat. u.) Physiol. 1894, S. 130. — [4] F. Marchand, Virchow's Arch. 77, 488 (1879). — [5] G. Hüfner und J. G. Otto, Zeitschr. f. physiol. Chem. 7, 65 (1882); G. Hüfner, ibid. 8, 366 (1884); Derselbe, Arch. f. (Anat. u.) Physiol. 1899, S. 491; R. v. Zeynek, ibid. 1899, S. 460.

ist, nach erfolgter Ueberführung des Oxy- in Methämoglobin durch
wenig Ferricyankalium, die gleiche wie beim Oxyhämoglobin. Die Zusammensetzung ist die des Oxyhämoglobins; die einzige Analyse ist
bereits mitgetheilt. 100 ccm Wasser lösen bei 0° 5,851 g, bei höherer
Temperatur viel mehr.

Das Methämoglobin hat in saurer und in alkalischer Lösung verschiedene Spectra, die am genauesten von Jäderholm[1]), dann auch
von Araki[2]) und Gamgee[3]) untersucht worden sind.   In saurer
Lösung hat es einen sehr ausgeprägten Streifen im Orangeroth, zwischen
C und D, nahe bei C, mit der grössten Intensität etwa zwischen 633
und 623 $\mu\mu$, nach Araki 648 bis 629, nach Dittrich[4]) bei 632 $\mu\mu$.
Ein dem Anschein nach schwächerer Streifen, den Jäderholm aber
bei der spectrophotometrischen Bestimmung nach Hüfner trotzdem
ebenso intensiv fand wie den anderen, liegt im Hellblauen zwischen G
und F, dicht neben F, zwischen 500 und 495. Ferner zeigen die
Lösungen des sauren Methämoglobins zwei Streifen zwischen D und E,
die genau die Lage der Streifen des Oxyhämoglobins besitzen, also 581
und 539 $\mu\mu$; dem Anschein nach sind sie schwächer als der erste
Streifen, was Jäderholm photometrisch indessen nicht bestätigen konnte.
Dass diese beiden Bänder wirklich dem Methämoglobin zukommen, ist
unwahrscheinlich.   Sie werden vielmehr nach Araki und Menzies[5])
durch geringe Verunreinigungen von Oxyhämoglobin oder Hämatin, das
dieselben Streifen zeigt, bedingt.   Und dasselbe gilt von den Absorptions-
verhältnissen im äussersten Violett. Nach Gamgee hat das Methämoglobin, genau wie das Hämatin, einen breiten, intensiven Streifen
zwischen h und L.   Bei grosser Verdünnung beschränkt er sich auf K
und H, bei stärkerer Concentration reicht er bis M, bei noch höherer
bis weit ins Ultraviolett hinein. — Das alkalische Methämoglobin hat
nach Jäderholm drei Streifen, an den beiden Seiten der D-Linie, die
oft zusammenfliessen, mit den Centren 602 und 578, und bei E, mit
dem Centrum 539.   Die beiden letzteren decken sich wieder mit dem
Oxyhämoglobinstreifen. v. Zeynek hat das Methämoglobin in alkalischer Lösung spectrophotometrisch untersucht; das Absorptionsver-
hältniss, an der gleichen Stelle gemessen, wie beim Oxyhämoglobin,
ist 1,185; das Absorptionsvermögen des Methämoglobins ist also wesentlich geringer, als das des Oxyhämoglobins, was bei Blutuntersuchungen
unter Umständen zu berücksichtigen ist.

Aus dem Methämoglobin hat Bock[6]) durch intensive Einwirkung
von Sonnenlicht einen Körper dargestellt, den er Photomethämoglobin

[1]) Axel Jäderholm, Zeitschr. f. Biolog. 16, 1 (1880); 20, 419 (1884).
— [2]) Tr. Araki, Zeitschr. f. physiol. Chem. 14, 405 (1890). — [3]) A. Gamgee, Zeitschr. f. Biolog. 34, 505 (1896). — [4]) Paul Dittrich, Schmiedeberg's Arch. f. experim. Patholog. u. Pharmak. 29, 247 (1891). — [5]) E. A.
Menzies, Journ. of Physiol. 17, 402 (1895). — [6]) Joh. Bock, Skandinav.
Arch. f. Physiol. 6, 299 (1895).

nennt und der zwar dieselben Krystalle hat wie das Methämoglobin,
sich aber von ihm in seiner Farbe und seinen spectralen Eigenschaften
scharf unterscheidet. Seine Lösungen sind dunkelroth, in dünnen
Schichten an den Rändern gelb; spectroskopisch zeigt es bei jeder
Reaction ein breites Band im Grün, etwa wie das des reducirten Hämoglobins, nur nach dem violetten Ende verschoben, etwa bei einer
Wellenlänge von 535 $\mu\mu$, und ein weiteres im Violett. Das Absorp-
tionsverhältniss, an der üblichen Stelle gemessen, ist nach Bock und
v. Zeynek 1,29. — Intensives Sonnenlicht verwandelt eine Lösung von
0,1 Proc. in 3 mm dicker Schicht in 30 Minuten in Photomethämoglobin; Wärme ohne Belichtung hat diesen Erfolg nicht. Das Photomethämoglobin wird durch Sauerstoff nicht beeinflusst, dagegen durch
reducirende Agentien in Hämoglobin verwandelt.

Das Acidhämoglobin.

Wenn Säuren auf Hämoglobin einwirken, so wird dasselbe zerlegt;
durch stärkere Säuren oder bei längerer Einwirkung zerfällt es in
Hämatin und Globin. Durch vorübergehende Wirkung schwacher organischer oder äusserst verdünnter Mineralsäuren entsteht dagegen zunächst ein Zwischenproduct, das Acidhämoglobin. Diese Thatsachen
sind bereits von Hoppe-Seyler [1]) und Stokes beobachtet, dann sehr
eingehend von Preyer [2]), später von Strassburg [3]) untersucht worden;
aber man hat das Acidhämoglobin immer als Methämoglobin aufgefasst,
und die Säuren auf eine Stufe mit dem Ferricyankalium, Amylnitrit etc.
gestellt. Erst Harnack [4]) hat es als einen eigenen Körper erkannt
und damit eine ganze Reihe von Thatsachen verständlicher gemacht.
Das Acidhämoglobin ist braun wie die Methämoglobinlösungen und hat
auch ein ganz ähnliches Spectrum wie das Methämoglobin: es zeigt
die beiden Streifen des Oxyhämoglobins im Grün und daneben einen
Streifen im Roth. Dieser letztere aber liegt weiter nach dem rothen
Ende als der des Methämoglobins, nämlich an beiden Seiten der C-Linie,
während der Methämoglobinstreifen nur die C-Linie erreicht und der
ebenfalls leicht damit zu verwechselnde Streifen des sauren Hämatins
noch mehr nach Roth hin liegt. — Das Acidhämoglobin charakterisirt
sich demnach auch spectroskopisch als ein Zwischenglied, zwischen
dem Oxyhämoglobin und dem Hämatin und dasselbe gilt von seinem
Verhalten zu dem Sauerstoff; je mehr Säure man zu dem Hämoglobin
hinzusetzt, desto weniger Sauerstoff vermag es nach Strassburg zu
binden. Ob es durch Alkalien oder andere Mittel wieder in Hämo-

---

[1]) F. Hoppe-Seyler, Virchow's Arch. 29, 233 (1864); Centralbl. f. d.
medic. Wissensch. 1865, S. 65. — [2]) W. Preyer, Pflüger's Arch. f. d. ges.
Physiol. 1, 395 (1868); Derselbe, Blutkrystalle, Jena 1871. — [3]) G. Strassburg, Pflüger's Arch. f. d. ges. Phys. 4, 454 (1871). — [4]) E. Harnack,
Zeitschr. f. physiol. Chem. 26, 558 (1899).

globin oder Oxyhämoglobin zurückverwandelt werden kann, ist unklar, da es, wie gesagt, bisher immer mit dem Methämoglobin vermengt wurde. — Von grosser Bedeutung ist, dass auch anhaltende Einwirkung von Kohlensäure zur Bildung von Acidhämoglobin führt. Manche Beobachtungen von Hoppe-Seyler, Bohr u. A. finden vielleicht dadurch ihre Erklärung.

Das Kohlenoxydhämoglobin.

(63) Ebenso wie mit dem Sauerstoff geht das Hämoglobin eine Verbindung mit dem Kohlenoxyd ein; sie ist unter Bestätigung älterer Untersuchungen von Lothar Meyer, der 1858 die Verdrängung des Sauerstoffs aus dem Blut durch ein gleiches Volum Kohlenoxyd beobachtete, zuerst von Hoppe-Seyler[1]) beschrieben worden. Das Kohlenoxydhämoglobin unterscheidet sich von dem Oxyhämoglobin durch seine hellere, mehr kirschrothe Farbe, der Schaum ist violett. Die Krystalle sind mit denen des Oxyhämoglobins isomorph, sehen aber dunkler, mehr bläulich aus. Nach Ewald[2]) zeigen sie zum Theil einen schwachen, zum Theil aber einen sehr schönen Pleochroismus, indem die Farbe bei wechselnder Nicolstellung von Purpurroth in nahezu Weiss umschlägt. Die Absorptionsstreifen sind denen des Oxyhämoglobins sehr ähnlich, nur sind sie etwas mehr nach D hin verschoben; auch ist der zweite Streifen weniger intensiv; an derselben Stelle gemessen, wie beim Oxyhämoglobin, fanden Hüfner und Külz[3]) den Quotienten der Absorptionscoëfficienten nur 1,13. Lösungen von Kohlenoxydhämoglobin und frisches, kohlenoxydhaltiges Blut zeigten keine Differenzen, ebenso wenig Blutarten verschiedener Thiere. Im äusseren Violett hat es nach Gamgee zwischen h und G ebenfalls ein Band, das etwas schmäler und mehr nach dem rothen Ende verschoben ist, als das des Oxyhämoglobins. Sein Centrum liegt bei 420,5 $\mu\mu$.

Die wichtigste Eigenschaft des Kohlenoxydhämoglobins ist aber seine grössere Festigkeit. Es giebt das Kohlenoxyd nur schwer an das Vacuum ab; seine Dissociation ist nach Hüfner[4]) 33 mal kleiner als die des Oxyhämoglobins. Für eine 11 procentige Lösung bei einer Temperatur von 35° giebt Hüfner folgende Tabelle, die den Partiardruck des Kohlenoxyds in Millimetern Quecksilber und den Antheil des frei gewordenen Kohlenoxyds in Procenten angiebt:

0,5 mm Hg	. . . . . .	12,9 Proc. CO frei
1,0 " "	. . . . . .	6,9 " " "
2,5 " "	. . . . . .	2,9 " " "
5,0 " "	. . . . . .	1,4 " " "

[1]) F. Hoppe-Seyler, Centralbl. f. d. med. Wissensch. 1864, S. 52; Med.-chem. Untersuchungen, S. 169 (1867). — [2]) A. Ewald, Zeitschr. f. Biolog. 22, 459 (1886). — [3]) R. Külz, Zeitschr. f. physiol. Chem. 7, 384 (1883). — [4]) G. Hüfner, Arch. f. (Anat. u.) Physiol. 1895, S. 213.

10 mm Hg	. . . . . .	0,7 Proc.	C O frei
15 „ „	. . . . . .	0,5 „	„ „ „
20 „ „	. . . . . .	0,4 „	„ „ „
25 „ „	. . . . . .	0,3 „	„ „ „
30 „ „	. . . . . .	0,2 „	„ „ „
50 „ „	. . . . . .	0,15 „	. „ „
100 „ „	. . . . . .	0,07 „	„ „

Seine Dissociationscurve hat also eine viel steilere Umbiegung als die des Oxyhämoglobins, was schon vor Hüfner von Bock[1]) beobachtet wurde.

Wegen dieser grösseren Festigkeit ist es von Hüfner und seinen Schülern[2]) wiederholt zur Bestimmung des mit dem Hämoglobin verbundenen Gasvolums benutzt worden; auch die früher angegebene endgültige Zahl, die zur Molekulargewichtsbestimmung des Hämoglobins geführt hat, ist an Kohlenoxydhämoglobin gewonnen.

Andererseits wird, wie Marshall gezeigt hat, das Kohlenoxyd von dem Hämoglobin allerdings auch schwerer verschluckt und absorbirt als der beweglichere Sauerstoff. Auf dieser grösseren Festigkeit des Kohlenoxydhämoglobins beruht die Fähigkeit des Kohlenoxyds, auch in mässiger Concentration Sauerstoff zu verdrängen und beruht damit auch die Giftigkeit des Kohlenoxyds, welches das Hämoglobin der Blutkörperchen mit Beschlag belegt und so die Zufuhr des Sauerstoffs zu den Geweben verhindert. Nach Dreser[3]) erfolgt der Tod, wenn etwa die Hälfte des Hämoglobins zu Kohlenoxydhämoglobin wird; wird diese Grenze nicht erreicht, so tritt nach Dreser, Hoppe-Seyler[4]) und Hüfner[5]) Erholung ein, indem das Kohlenoxyd durch die Massenwirkung des schwächeren Sauerstoffs verdrängt wird, wie Hüfner ausführt, ein interessanter Fall des chemischen Gleichgewichts.

In Folge dieser grösseren Festigkeit leistet das Kohlenoxydhämoglobin den Reductionsmitteln stärkeren Widerstand und wird, wie Hoppe-Seyler[4]) zuerst beobachtete, durch Schwefelammonium und das Stokes'sche Reagens im Unterschied von Oxyhämoglobin nicht reducirt. Da die Streifen des Kohlenoxyd- von denen des Oxyhämoglobins spectroskopisch schwer zu unterscheiden sind, ist dieses Ausbleiben der Reduction zu Hämoglobin das beste Mittel zum Nachweis des Kohlenoxyds im Blute bei Vergiftungen. Ebenso wird es viel schwerer in Methämoglobin verwandelt; Weyl und Anrep[6]), welche an die Existenz eines CO-Methämoglobins glaubten, haben

[1]) Joh. Bock, Centralbl. f. Physiol. 8, 385 (1894.) — [2]) John Marshall, Zeitschr. f. physiol. Chemie 7, 81 (1882); R. Külz, ibid. 7, 384 (1883); G. Hüfner, Arch. f. (Anat. u.) Physiol. 1894, S. 130. — [3]) H. Dreser, Schmiedeberg's Arch. f. experim. Patholog. u. Pharmak. 29, 110 (1891). — [4]) F. Hoppe-Seyler, Centralbl. f. d. med. Wissensch. 1865, S. 52; Zeitschr. f. physiol. Chem. 1, 121 (1877). — [5]) G. Hüfner, Arch. f. (Anat. u.) Physiol. 1895, S. 213. — [6]) Th. Weyl und B. v. Anrep, ibid. 1880, S. 227.

beobachtet, dass Hydrochinon und Brenzcatechin Oxyhämoglobin schnell
in Methämoglobin verwandeln, Kohlenoxydhämoglobin dagegen nicht;
eine Jodjodkaliumlösung macht aus Oxyhämoglobin sofort Methämoglobin; aus Kohlenoxydhämoglobin erst in vier Tagen; bei Kaliumpermanganat ist die Differenz 6 und 24 Stunden. Auch gegen verschiedene fällende Reagentien, durch die das Hämoglobin bei der Fällung
zerlegt wird, ist das Kohlenoxydhämoglobin viel resistenter; nach
Hoppe-Seyler, Salkowski[1]) und Wahl[2]) bewahrt Kohlenoxydhämoglobin bei der Fällung mit Natronlauge, Natronlauge + Chlorcalcium,
Gerbsäure oder Ferrocyanwasserstoffsäure lange seine schöne rothe
Farbe, während anderes Hämoglobin rasch zersetzt wird und eine
schmutzige, braun-grünliche Färbung annimmt. Dasselbe ist nach
Salkowski[3]) der Fall mit dem Schwefelwasserstoff, der Oxyhämoglobin
in kurzer Zeit zerstört, während Kohlenoxydhämoglobin dabei seine
rothe Farbe und seine Spectralstreifen lange — in einem Falle 17 Jahre
— bewahrt.

Weyl und Anrep[4]) sowie Bertin-Sans[5]) haben die auffallende Angabe gemacht, dass sich, ebenso wie das Oxyhämoglobin in die
stabilere Form des Methämoglobins übergeht, auch das Kohlenoxydhämoglobin in Kohlenoxydmethämoglobin verwandeln liesse, das dieselben
Eigenschaften wie das andere Methämoglobin hätte und durch Schwefelammonium wieder in Kohlenoxydhämoglobin verwandelt würde; bei einer
späteren Untersuchung haben Bertin-Sans und Moitessier[6]) ihre
Angaben indessen nicht aufrecht zu erhalten vermocht, sondern sie
halten das Kohlenoxyd einfach für physikalisch absorbirt in der Flüssigkeit, wodurch sich die Erscheinungen allerdings gut erklären liessen.

Das Stickoxydhämoglobin.

Das Hämoglobin bildet auch eine Verbindung mit einem Molecul
Stickoxyd, NO, die zuerst von Hermann[7]) beschrieben worden ist.
Sie ist noch beständiger als das Kohlenoxydhämoglobin, und das Stickoxyd verdrängt daher das Kohlenoxyd aus seiner Verbindung, was von
Hüfner und seinen Schülern Külz und Marshall bei der Bestimmung der an das Hämoglobin gebundenen Kohlenoxydmenge benutzt
worden ist. Eine directe Einwirkung des Stickoxyds auf Oxyhämoglobin ist unmöglich, da sich das Stickoxyd dabei zu Salpetersäure oder
salpetriger Säure oxydirt, die das Hämoglobin zersetzt. Durch Hinzu-

---

[1]) E. Salkowski, Zeitschr. f. physiol. Chemie 12, 227 (1887). —
[2]) F. Wahl, Pflüger's Arch. f. d. ges. Physiol. 78, 262 (1900). — [3]) E. Salkowski, Zeitschr. f. physiol. Chem. 7, 114 (1882); 27, 319 (1899). —
[4]) Th. Weyl und B. v. Anrep, Arch. f. (Anat. u.) Physiol. 1880, S. 227.
— [5]) H. Bertin-Sans, Compt. rend. 106, 1243 (nach Maly's Jahresber. f.
Thierchem. 18, 48) (1888). — [6]) H. Bertin-Sans und J. Moitessier,
ibid. 113, 210 (nach Maly's Jahresber. f. Thierchem. 22, 90) (1892). —
[7]) Ludimar Hermann, Arch. f. (Anat. u.) Physiol. 1865, S. 469.

fügung von Harnstoff zu der Lösung ist es indessen Hüfner und Külz [1]), von Barythydrat Hermann gelungen, auch aus Oxyhämoglobin Stickoxydhämoglobin zu machen und ebenso entsteht es bei Einwirkung von NO auf Methämoglobin bei Gegenwart von Harnstoff. Das Stickoxydhämoglobin bildet Krystalle, die denen des Oxyhämoglobins isomorph sind; seine Lösungen sind hellroth und besitzen nach Hermann keinen Dichroismus. Im Spectrum zeigt es im Grün die gleichen Streifen wie das Kohlenoxydhämoglobin, nur etwas nach dem rothen Ende verschoben, also dem Oxyhämoglobin ähnlicher; im Violett ist sein Spectrum nach Gamgee dasselbe wie das des Kohlenoxydhämoglobins. Es ist ebenso wenig reducirbar wie dieses.

Das Sulfhämoglobin.

Hoppe-Seyler [2]) zeigte zuerst, dass bei der Einwirkung von Schwefelwasserstoff auf Oxyhämoglobin eine Zerstörung des Hämoglobinmoleculs unter Auftreten einer grünen Verfärbung Platz greift; die dabei gebildete Verbindung wird von ihm und Araki [3]) als Schwefelmethämoglobin bezeichnet. Daneben war auch von einem wirklichen Sulfhämoglobin mit höherem Schwefelgehalt und einem Streifen im Roth die Rede [4]); doch hat erst Harnack [5]) neuerdings den wahren Sachverhalt festgestellt. Danach bildet sich in der That bei Einwirkung von Schwefelwasserstoff auf reducirtes Hämoglobin Sulfhämoglobin, das allerdings noch nicht rein dargestellt ist. Es zeigt erstens den Streifen des reducirten Hämoglobins im Grün, ausserdem aber einen deutlichen Absorptionsstreifen im Orangeroth, zwischen C und D, näher zu C hin, ohne C indessen zu erreichen; er liegt also bedeutend mehr nach dem violetten Ende hin, als die bekannten Streifen des Methämoglobins oder gar des Hämatins. Bei der Umwandlung von Hämoglobin in Sulfhämoglobin wird die Flüssigkeit dunkler roth. Harnack zeigte auch, dass es sich wirklich um eine Verbindung des Hämoglobins mit Schwefelwasserstoff handelt und dass sich in umgewandelten Hämoglobinen, dem Acid- und Methämoglobin, kein Sulfhämoglobin bildet. Ob sich das Hämoglobin aus der Schwefelwasserstoffverbindung wieder regeneriren lässt, konnte nicht festgestellt werden, doch ist es wohl wahrscheinlich. — Wirkt Schwefelwasserstoff auf Oxyhämoglobin ein, oder auf Hämoglobin bei Gegenwart von Luft, so bildet sich anfangs zwar ebenfalls Sulfhämoglobin, dann aber tritt, wie schon erwähnt, eine totale Zerstörung des Hämoglobins ein, die so weit geht, dass gar keine Substanzen von charakteristischer Spectral-

---

[1]) G. Hüfner und R. Külz, Zeitschr. f. physiol. Chem. 7, 366 (1883). — [2]) F. Hoppe-Seyler, Centralbl. f. d. med. Wissensch. 1863, Nr. 28. — [3]) Trasaburo Araki, Zeitschr. f. physiol. Chem. 14, 405 (1890). — [4]) F. Hoppe-Seyler, med.-chem. Untersuchungen, S. 151 (1866). — [5]) E. Harnack, Zeitschr. f. physiol. Chem. 26, 558 (1899).

absorption übrig bleiben; Araki konnte auch kein normales Hämatin darstellen. Die Lösung nimmt dabei eine schmutzig grünliche Verfärbung an, die aber nicht auf einer bestimmten färbenden Substanz beruht. Die Ursache dieser völligen Zersetzung ist wahrscheinlich ein durch die combinirte Wirkung des Sauerstoffs und Schwefelwasserstoffs zu Stande kommender schneller Wechsel von Oxydation und Reduction.

Das Carbohämoglobin.

Bohr [1]) hat eine Reihe von lockeren Verbindungen des Hämoglobins mit Kohlendioxyd beschrieben; rein dargestellt ist dies Carbohämoglobin noch nicht; im Spectrum zeigt es nach Torup [2]) einen Streifen bei 553, während der des reducirten Hämoglobins bei 559 seine grösste Intensität hat. Bohr unterscheidet, wie beim Oxyhämoglobin, verschiedene Carbohämoglobine von verschiedenem Kohlensäurebindungsvermögen. Doch ist es sehr schwer zu sagen, wie weit dabei Vermengungen mit Acidhämoglobin, also verändertem Hämoglobin, mit untergelaufen sind, das ja durch die Kohlensäure wie durch andere Säuren entsteht. Jedenfalls kann das Carbohämoglobin nicht ohne weiteres den bisher besprochenen Verbindungen des Hämoglobins an die Seite gesetzt werden, da Sauerstoff und Kohlensäure sich nicht gegenseitig verdrängen, also wohl kaum an der gleichen Stelle angreifen können, und da nach Bock [3]) und Bohr auch Kohlenoxyd- und Methämoglobin in derselben Weise Kohlensäure binden. Die Angaben Bohr's über das wechselnde Bindungsvermögen des Carbohämoglobins für Sauerstoff legen den Gedanken an eine partielle Ueberführung in Acidhämoglobin sehr nahe. — Das Bindungsvermögen für Kohlendioxyd ist hoch, sogar noch höher als das für Sauerstoff; die Verbindung ist sehr locker und noch stärker dissociirt als das Oxyhämoglobin.

Das Cyanmethämoglobin.

Nachdem schon früher Hoppe-Seyler [4]) eine Verbindung von Blausäure mit Hämoglobin erwähnt hatte, die das Spectrum des Oxyhämoglobins zeigt, hat Kobert [5]) einen Körper beschrieben, den er Cyanmethämoglobin nennt und der entsteht, wenn man Blausäure oder ein Salz derselben auf eine Methämoglobinlösung einwirken lässt. Dabei wird die vorher braune Lösung schön hellroth und giebt ein Spectrum, das sich bis auf geringere Intensität nicht von dem des reducirten Hämoglobins unterscheiden lässt. Durch Sauerstoff kann

[1]) Chr. Bohr, Festschrift für Ludwig, S. 164 (nach Maly's Jahresber. f. Thierchem. 17, 115) (1887); Skandinav. Arch. f. Physiol. 3, 47 (1891); 8, 161 (1898). — [2]) Sophus Torup, Maly's Jahresber. f. Thierchem. 17, 115 (1887). — [3]) Joh. Bock, Skandinav. Arch. f. Physiol. 8, 363 (1898). — [4]) F. Hoppe-Seyler, med.-chem. Untersuch., S. 169 (1867). — [5]) R. Kobert, Cyanmethämoglobin und der Nachweis der Blausäure, Stuttgart 1891.

es aber nicht in Oxyhämoglobin verwandelt werden, die Lösung hat
ja auch eine andere Farbe, es muss sich also wohl um einen eigenartigen Körper handeln. Gegen reducirende Agentien, sowie gegen
die Fäulniss erwies sich das Cyanmethämoglobin sehr resistent. Bei
dem Versuche, es in Substanz darzustellen, zersetzte es sich.

Eine Verbindung des Hämoglobins mit Acetylen ist von Liebreich und Bistrow [1]) beschrieben worden.

Die Spaltungsproducte des Hämoglobins.

(64) Wenn man eine reine, salzfreie Hämoglobinlösung mit wenigen
Tropfen sehr verdünnter Säure behandelt, so wird das Hämoglobin in
Globin und Hämatin gespalten. Diese Spaltung ist früher von Hoppe-
Seyler [2]), Stokes [3]) und Preyer [4]), in neuerer Zeit von Schulz [5])
und Lawrow [6]) untersucht worden. Das Zwischenproduct, das durch
noch schwächere Säurewirkung entsteht, das Acidhämoglobin, ist schon
besprochen worden, ebenso das dabei gebildete Eiweiss, das Schulz'-
sche Globin. Schulz stellte es so dar, dass er eine salzfreie Hämoglobinlösung durch sehr wenig Säure spaltete und mit Alkohol und
Aether versetzte, wobei das Hämatin in den Aether ging, das Globin
in dem wässerig-alkoholischen Antheil verblieb. Auch die anderen
Beobachter verfuhren ähnlich, nur dass sie, falls es nicht auf die Darstellung des Globins ankam, Salz hinzusetzten, kochten, den Säure-
zusatz variirten etc. Statt des Globins wurde dann Acidalbumin oder
ein anderes Spaltungsproduct des Eiweiss erhalten. — Auch durch
stärkere Alkalien oder durch Kochen wird das Hämoglobin in Hämatin
und Eiweiss gespalten. — Nach Schulz liefern 100 Thle. Hämoglobin
bei der Spaltung 86,5 Thle. Globin und 4,2 Thle. Hämatin; von dem
unbekannten Rest kam ein Theil auch noch auf Globin. Lawrow
fand 94,09 Proc. Globin, 4,47 Proc. Hämatin und nur 1,44 Proc. unbekannte Stoffe, unter denen er Fettsäuren und Ammoniak nachweisen
konnte; auch Hoppe-Seyler beobachtete bei der Zerlegung das Auftreten von Ameisensäure, Buttersäure und anderen Säuren der Fettreihe. — Die Verbindung des Globins und des Hämatins muss jedenfalls eine sehr lockere sein, da sie bei der schwächsten sauren Reaction
zerlegt wird. Am nächsten liegt es, an ein Salz des sauren Hämatins
mit dem basischen Globin zu denken; Hoppe-Seyler vermuthet einen
Ester. Auch Hüfner [7]) hält es für wahrscheinlich, dass „das Globin

[1]) O. Liebreich und A. Bistrow, Ber. deutsch. chem. Ges. 1, I, 220
(1868). — [2]) F. Hoppe-Seyler, Virchow's Arch. 29, 233 (1864); Centralbl.
f. d. med. Wissensch. 1864, S. 261; 1865, S. 65. — [3]) G. G. Stokes, Philosoph. Magaz. 27, 4. Ser., 388 (1864). — [4]) W. Preyer, Pflüger's Arch. f. d.
ges. Physiol. 1, 395 (1868); Die Blutkrystalle, Jena 1871. — [5]) F. N. Schulz,
Zeitschr. f. physiol. Chem. 24, 449 (1898). — [6]) D. Lawrow, ibid. 26, 843
(1898). — [7]) G. Hüfner, Arch. f. (Anat. u.) Physiol. 1899, S. 491.

und das Hämatin durch das Band eines oder mehrerer Sauerstoffatome zusammengehalten sind", also wohl auch in esterartiger Form.

1. Das Hämatin und das Hämin.

Das Hämatin, der nichteiweissartige Paarling des Hämoglobins, ist ein eisenhaltiger Farbstoff von unbekannter Constitution. Wie das Hämoglobin selbst, hat er die Fähigkeit, Sauerstoff aufzunehmen. Den sauerstofffreien Körper nennt man reducirtes Hämatin oder nach Hoppe-Seyler[1]) Hämochromogen, den sauerstoffhaltigen Oxyhämatin, gewöhnlich schlechthin Hämatin. Aus dem Hämatin geht ein eisenfreier, aber sonst ähnlich zusammengesetzter Farbstoff, das Hämatoporphyrin[1])[2]), hervor. Alle diese Körper sind vor allem durch ihr spectrales Verhalten ausgezeichnet.

Das Hämatin wird gewöhnlich nicht direct dargestellt, sondern in der Form seines gut krystallisirenden Salzsäureesters, des Hämins. Zu diesem Zweck versetzt man nach Nencki und Sieber[3]) 400 g durch Alkohol coagulirter, vom Serum befreiter, Blutkörperchen mit 1600 g Amylalkohol, erhitzt, setzt 20 bis 25 ccm Salzsäure hinzu und erhält etwa 10 Minuten im Sieden. Beim Erkalten scheiden sich die Krystalle des Hämins aus; die Ausbeute beträgt 1,5 bis 3 g aus 1 Liter Blut. Cloëtta[4]) und Rosenfeld[5]) wuschen die Blutkörperchen mit Natriumsulfat statt mit Chlornatrium aus, und extrahirten das Alkoholcoagulat mit heissem, schwefelsäure- oder oxalsäurehaltigem Aethylalkohol. Die beim Erkalten ausfallenden Häminkrystalle werden aus heissem, salzsäurehaltigem Alkohol umkrystallisirt. — Mörner[6]) coagulirt verdünntes Blut unter Schwefelsäurezusatz, extrahirt mit schwefelsäurehaltigem Alkohol und erhitzt unter Salzsäurezusatz zum Sieden. Die beste Ausbeute liefert anscheinend das Verfahren von Schalfejew[7]), der 1 Vol. Blut mit 4 Vol. auf 80° erwärmten Eisessigs versetzt, auf 55 bis 60° abkühlen lässt, und wieder auf 80° erwärmt. Beim Abkühlen scheiden sich Häminkrystalle aus, welche anstatt Salzsäure Essigsäure enthalten.

Das Hämin bildet mikroskopisch kleine, braune Tafeln, die im triklinen System krystallisiren[7]). Es sind die sogen. Teichmann'schen Blutkrystalle, die im Kleinen durch Erhitzen von Blut mit Chlornatrium und Eisessig auf dem Objectträger zum Nachweise von Blut verwendet

[1]) F. Hoppe-Seyler, med.-chem. Untersuchungen, S. 523 (1870). — [2]) Derselbe, Centralbl. f. d. med. Wissensch. 1864, S. 261. — [3]) M. Nencki und N. Sieber, Ber. deutsch. chem. Ges. 17, II, 2270 (1884); Dieselben, Schmiedeberg's Arch. f. exper. Path. und Pharmak. 18, 401 (1884) 20, 325 (1885). — [4]) M. Cloëtta, ibid. 36, 349 (1895). — [5]) M. Rosenfeld, ibid. 40, 137 (1898). — [6]) K. A. H. Mörner, Maly's Jahresber. f. Thierchemie 27, 145 (1897). — [7]) M. Schalfejew, Chem. Centralbl. 18, 232 (nach dem Russischen) (1885).

werden [1]). Sie zeigen nach Ewald[2]) deutlichen Pleochroismus, indem sie bald dunkelschwarz, bald hellgelbbraun aussehen. Sie sind nach Bialobrzeski[3]) unlöslich in Wasser, kaum löslich in Aether, schwer in Alkohol und Chloroform. Das Hämin ist der Salzsäureester des Hämatins, und zwar nach Küster[4]) der Ester eines tertiären Alkohols. Küster[4])[5]) stellte auch den Bromwasserstoff- und Essigsäureester dar. Die Untersuchung des Hämins und der analogen Ester wird dadurch erschwert, dass dieselben gewöhnlich zusammen mit Antheilen des Lösungsmittels krystallisiren; so bestehen Nencki's und Sieber's Krystalle aus 4 Mol. Salzsäureester und 1 Mol. Amylalkohol, Küster's[4]), bei der Darstellung nach Schalfejew, aus 4 Mol. Essigsäureester und 1 Mol. Essigsäure. Die Säurenatur des Hämatins wird nach Küster[4]) nicht von der esterificirenden Gruppe bedingt. — Das Hämin hat nach den übereinstimmenden Angaben von Nencki und Sieber, Bialobrzeski[3]), Küster[4]) und v. Zeynek[6]) die Formel:

$$C_{32} H_{31} Cl N_4 Fe O_3.$$

Dagegen kommen Cloëtta und Rosenfeld zu der Formel:

$$C_{30} H_{34} N_3 Fe O_3 . H Cl,$$

Mörner zu der Formel:

$$C_{35} H_{35} N_4 Fe Cl O_4.$$

Bialobrzeski und Nencki nehmen zur Erklärung eine Zersetzung des Cloëtta'schen Hämatins an; Mörner glaubt, dass es mehrere Hämine gebe; Bialobrzeski hat in den zur Darstellung benutzten Lösungen, Chloroform, Aether und Amylalkohol, immer Körper gefunden, die mehr Kohlen- und Wasserstoff und weniger Stickstoff, Chlor und Eisen enthielten als das Hämin, deren Beimengung oder Abspaltung erhebliche Differenzen bedingen könnte. Die Oxydationsproducte der verschiedenen Hämine sind nach Küster[7]) identisch.

Aus dem Hämin erhält man durch Verseifung mit Natronlauge, die schon in der Kälte sehr leicht ist, und Fällen mit Salzsäure das Hämatin, dem Nencki und Sieber und in Uebereinstimmung mit ihnen Küster[8]) die Formel geben:

$$C_{32} H_{32} N_4 Fe O_4.$$

Das Hämatin ist ein amorphes, blauschwarzes Pulver, das sich in Wasser, Alkohol, Aether nicht, in Eisessig und Säuren sehr wenig löst,

---

[1]) F. Hoppe-Seyler, med.-chem. Untersuch., S. 366 (1868); S. 523 (1870). — [2]) Aug. Ewald, Zeitschr. f. Biol. 22, 459 (1886). — [3]) M. Bialobrzeski, Ber. deutsch. chem. Ges. 29, III, 2842 (1896). — [4]) W. Küster, ibid. 29, I, 821 (1896). — [5]) Derselbe, ibid. 27, I, 572 (1894). — [6]) R. v. Zeynek, Zeitschr. f. physiol. Chemie 25, 492 (1898). — [7]) W. Küster, ibid. 29, 185 (1900). — [8]) Derselbe, Ber. deutsch. chem. Ges. 30, I, 105 (1897).

leicht dagegen in Alkalien, und in säurehaltigem Alkohol oder Aether, ebenso nach Arnold[1]) in neutralem, verdünntem, salzhaltigem Alkohol. In alkalischen Lösungen ist es roth, in dünner Schicht grünlich; in sauren braun.   In neutraler Lösung ist es nach Arnold roth; beim Erwärmen wird die Lösung braun, beim Abkühlen wieder roth. — Das Spectrum des sauren Hämatins hat eine grosse Aehnlichkeit mit dem des sauren Methämoglobins; es hat zwei Streifen im Grün zwischen D und E, sehr ähnlich denen des Oxyhämoglobins, und einen breiten Streifen zwischen b und F, endlich einen Streifen im Roth. Dieser letztere liegt aber erheblich mehr nach dem Roth hin, als der des Methämoglobins, nach Menzies[2]) bei 650 $\mu\mu$, und erreicht nach Harnack[3]) die C-Linie nicht.   Im Violett zeigt es nach Gamgee[4]) genau dasselbe Spectrum wie das Methämoglobin, ein breites, intensives Band zwischen b und L, das sich bei sehr grosser Verdünnung auf H und K zusammenzieht, und bei höherer Concentration bis M oder noch weiter, bis weit ins Ultraviolett hineinreicht.   In alkalischer Lösung hat es nur einen Streifen im Gelb, der, in der Mitte zwischen C und D beginnend, über D etwas herausreicht.   Im Violett ist nach Gamgee kein Band zu sehen, sondern das ganze Violett wird einfach ausgelöscht. — In neutraler Lösung zeigt es nach Arnold zwei Streifen zwischen 576 und 555 $\mu\mu$ und 545 und 518 $\mu\mu$, also ziemlich in der Gegend der Oxyhämoglobinstreifen.

2. Das Hämochromogen.

Aus dem Hämatin entsteht durch Reduction das Hämochromogen, das auch direct durch Zersetzung des reducirten Hämoglobins unter Sauerstoffabschluss entstehen kann.   Es wurde früher durch Reduction mit Zinkstaub und Natronlauge oder mit Zinn und Salzsäure, auch mit Schwefelammonium oder dem Stokes'schen Reagens von Hoppe-Seyler[5]), neuerdings mit Hydrazinhydrat in ammoniakalischer Lösung von v. Zeynek[6]) dargestellt.   Es bildet ein Pulver, das wie rother Phosphor aussieht, beim stärkeren Trocknen braunroth wird, und in feuchtem Zustande sorgfältig vor Luft geschützt werden muss, da es sonst in Hämatin übergeht.   Es ist in Wasser, Alkohol und Aether unlöslich, in Alkalien leicht löslich mit schön kirschrother Farbe; durch Neutralisiren wird es gefällt. v. Zeynek nimmt an, dass es durch Austritt eines Atoms O aus 2 Mol. Hämatin entsteht.   Er erhielt für das Ammoniaksalz die Formel:

$$C_{64} H_{70} Fe_2 N_{10} O_7.$$

[1]) V. Arnold, Zeitschr. f. physiol. Chem. 29, 78 (1900). — [2]) J. A. Menzies, Journ. of Physiol. 17, 415 (1895). — [3]) E. Harnack, Zeitschr. f. physiol. Chem. 26, 558 (1899). — [4]) A. Gamgee, Zeitschr. f. Biol. 34, 505 (1896). — [5]) F. Hoppe-Seyler, medicin.-chem. Untersuch., S. 523 (1870). — [6]) R. v. Zeynek, Zeitschr. f. physiol. Chem. 25, 492 (1898).

Das Hämochromogen zeigt einen Streifen zwischen D und E, näher zu D, nach v. Zeynek um 559 $\mu\mu$, sowie einen zweiten, der vor E beginnt und bis über b herausgeht, etwa um 525 $\mu\mu$. Es hat eine hohe Lichtextinction, besonders der erste Streifen ist sehr intensiv. Im Violett hat es nach Gamgee einen ebenfalls sehr intensiven Streifen zwischen h und G, 430 und 410 $\mu\mu$, mit dem Centrum bei 420 $\mu\mu$, also genau wie das Kohlenoxydhämoglobin.

Wenn man eine alkalische Hämochromogenlösung mit Luft schüttelt, so geht sie in Hämatin über; wenigstens ist im mittleren Theile des Spectrums der Streifen des alkalischen Hämatins zu sehen. Anders verhält es sich aber nach Gamgee im kurzwelligen Theile; hier ist bei oxydirtem Hämochromogen überhaupt kein Band zu sehen, sondern das ganze Violett und Ultraviolett ist einfach aufgehellt, also gerade umgekehrt wie bei dem alkalischen Hämatin, bei dem die nämlichen Bezirke vollständig dunkel sind. Durch erneute Reduction entsteht auch im Violett das Spectrum des Hämochromogens.

Ferner giebt das Hämochromogen, nicht aber das Hämatin, analog dem Hämoglobin, nach Hoppe-Seyler[1] ein Kohlenoxydhämochromogen mit dem Spectrum des Kohlenoxydhämoglobins, und ebenso nach Linossier[2] ein Stickoxydhämatin, dessen Spectrum ebenfalls dem des Stickoxydhämoglobins entspricht, und das nicht reducirt werden kann. Durch Sauerstoff wird es in Hämatin und salpetrige Säure verwandelt.

3. Das Hämatoporphyrin.

Durch Einwirkung von Säuren zerfällt das Hämatin leicht in Hämatoporphyrin, einen eisenfreien Farbstoff. Die alte, von Hoppe-Seyler[3] herrührende Methode besteht darin, dass man das Hämatin in concentrirter Schwefelsäure löst, und das dabei gebildete Hämatoporphyrin oder wahrscheinlich dessen Anhydrid[4] durch Verdünnen mit Wasser fällt. Neuerdings geschieht die Darstellung meist nach Nencki und Sieber[4], die es durch Einwirkung von mit Bromwasserstoff gesättigtem Eisessig auf Hämin erst bei Zimmertemperatur, dann auf dem Wasserbade erhielten. Es resultirt eine tiefrothe Flüssigkeit, die mit Wasser verdünnt und bis zur schwach sauren Reaction mit Natronlauge versetzt wird, wobei das Hämatoporphyrin ausfällt. Es ist in stärkeren Säuren, in Alkalien und in Alkohol leicht löslich, und bildet ein- und zweiwerthige Metallsalze. Nach Küster[5] verläuft die Bildung des Hämatoporphyrins nach der Gleichung:

[1] F. Hoppe-Seyler, Zeitschr. f. physiol. Chem. 13, 477 (1889). — [2] G. Linossier, Compt. rend. 104, 1296 [n. Maly 17, 121 (1887)]. — [3] F. Hoppe-Seyler, Centralbl. f. d. med. Wiss. 1864, S. 261; Derselbe, med.-chem. Untersuch., S. 523 (1870). — [4] M. Nencki und N. Sieber, Monatsh. f. Chem. 9, 115 (1889); Dieselben, Schmiedeberg's Arch. f. exper. Path. u. Pharm. 24, 430 (1888). — [5] W. Küster, Ber. deutsch. chem. Ges. 30, I, 105 (1897).

$$C_{32}H_{32}N_4FeO_4 + 2H_2O + 2HBr$$
$$= 2C_{16}H_{18}N_2O_3 + FeBr_2 + H_2.$$

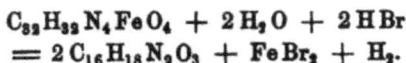

Die Ausbeute ist fast quantitativ. Nencki und Rotschy[1] bestimmten das Moleculargewicht nach Raoult in Eisessig und Phenol, und gelangten zu Zahlen, die mit der Formel leidlich übereinstimmen. Das Hämatoporphyrin, das von Salkowski[2], Garrod[3], Hammarsten[4] und Nebelthau[5] bei seinem Auftreten im Harn genau beschrieben ist, bildet mit Salzsäure ein in braunrothen Nadeln krystallisirendes Salz, das aus heissem Alkohol umkrystallisirt werden kann, bildet aber auch mit Alkalien krystallisirende Salze. Es ist leicht löslich in Alkalien, auch in Mineralsäuren, wird dagegen durch Essigsäure gefällt; ebenso durch Baryt- und Kalkhydrat. In Alkohol ist es gut, in Aether, Benzol, Chloroform, Essigäther, Amylalkohol kaum löslich, in saurem Amylalkohol und Essigäther besser. In Alkohol löst es sich mit prachtvoll rother Farbe, die durch Alkalien mehr gelbroth, durch Säuren violett wird. In der sauren Lösung giebt es ein Spectrum, das einen Streifen zwischen C und D, nahe an D, nach Garrod und Nebelthau von 597 bis 587 $\mu\mu$, und einen zweiten, intensiven in der Mitte zwischen D und E, von 557 bis 541 zeigt, der sich viel schwächer noch über 557 hinaus bis nahe an D hin erstreckt. — In alkalischer Lösung hat es dagegen vier Streifen, deren Lage Nebelthau bei einem seiner Präparate in Uebereinstimmung mit Garrod folgendermaassen angiebt: ein Streifen im Roth zwischen C und D, 621 bis 610 $\mu\mu$, ein zweiter zwischen D und E, nahe an D, 590 bis 572 $\mu\mu$, ein dritter zwischen D und E, nahe an E, 555 bis 528 $\mu\mu$, ein vierter, breiter, von b bis gegen F, 514 bis 498 $\mu\mu$; dazu kommt unter Umständen noch ein fünfter Streifen mehr nach Roth hin von dem ersten. Doch ist die genaue Lage der einzelnen Streifen von der Concentration und dem Gehalt an Alkali, bezw. Ammoniak abhängig, indem das ganze Spectrum mehr nach Roth oder nach Violett verschoben sein kann. Auf Zusatz einer ammoniakalischen Zinkacetatlösung verschwinden die äusseren Streifen, und es bleiben nur die beiden mittleren zwischen D und E bestehen, diese werden schärfer und intensiver. Im Violett haben Hämatoporphyrinlösungen nach Gamgee bei jeder Reaction ein Band, das von h bis H, bezw. K, bei stärkerer Concentration auch noch weiter reicht; bei alkalischer Reaction ist es ausgeprägter. — Das Hämatoporphyrin ist von Salkowski, Garrod, Hammarsten, Nebelthau, Riva und Zoja[6] und Mac Munn[7]

[1] M. Nencki und A. Rotschy, Monatsh. f. Chem. 10, 568 (1890). — [2] E. Salkowski, Zeitschr. f. physiol. Chem. 15, 286 (1891). — [3] A. F. Garrod, Journ. of Phys. 13, 603 (1892); 17, 349 (1895). — [4] O. Hammarsten, Skandinav. Arch. f. Physiol. 3, 319 (1891). — [5] E. Nebelthau, Zeitschr. f. physiol. Chem. 27, 324 (1899). Dort findet sich eine Literaturübersicht. — [6] A. Riva und L. Zija, Maly's Jahresber. f. Thierchemie 24, 673 (1894). — [7] C. A. Mac Munn, Journ. of Physiol. 10, 71 (1889).

bei Sulfonalvergiftung, gelegentlich auch bei anderen Krankheiten oder bei Gesunden im Harn gefunden worden, aus dem es durch Baryt- oder Kalkhydrat, nach Nebelthau am einfachsten durch Essigsäure, gefällt wird. Der Harn hat dann eine burgunderrothe Färbung. Häufig scheint es sich erst beim Stehen an der Luft aus einem ungefärbten Chromogen zu bilden. — Die einzelnen Hämatoporphyrine verschiedener Darstellungsart zeigen Differenzen in der Löslichkeit wie im spectralen Verhalten, deren Bedeutung noch unsicher ist.

4. Die Hämatinsäuren.

Die Spaltung des Hämatoporphyrins und des Hämatins — sie führt zu gleichen Producten — ist von Küster[1]) durchgeführt worden. Durch Oxydation des in Eisessig gelösten Hämatins mit wässerigem Natriumdichromat bei Wasserbadtemperatur erhielt er zwei äther- lösliche, schön krystallisirende Säuren, die er als Hämatinsäuren bezeichnet. Die zunächst entstehende „zweibasische" Hämatinsäure hat die Zusammensetzung:

$$C_8 H_9 N O_4.$$

Die Moleculargewichtsbestimmung ergab einen damit übereinstimmen- den Werth. Die Säure schmilzt bei 113 bis 114°. Die gut krystalli- sirenden Silber- und Kalksalze sind bekannt. Aus ihr entsteht durch weitere Oxydation, oder durch Einwirkung von Natronlauge die „drei- basische Hämatinsäure", bezw. deren Anhydrid von der Formel:

$$C_8 H_8 O_5.$$

Sie hat einen Schmelzpunkt von 97 bis 98°, und krystallisirt in schönen Wetzsteinformen. Sie löst sich in 16 Thln. Aether. Ihre in kleinen Nadeln krystallisirenden Kupfer- und Kalksalze sind in kaltem Wasser löslich, beim Erhitzen fallen sie aus. Auch ein Silbersalz ist bekannt von der Formel:

$$C_3 H_7 Ag_3 O_6 . \frac{1}{2} H_2 O.$$

Die Säuren scheinen Derivate des Pyrrols zu sein, das früher schon von Nencki und Sieber[2]) beim Schmelzen des Hämatins mit Kalk erhalten wurde.

Die beiden Säuren machen etwa 50 Proc. vom Gewicht des Häma- tins aus. Ausserdem bilden sich Kohlendioxyd, das 9,2 Proc. des Kohlenstoffs entspricht, Ammoniak, und ein noch unbekannter, in Alkalien löslicher, eisenhaltiger Körper. Die gleichen beiden Hämatin-

---

[1]) William Küster, Ueber das Hämatin, Habilitationsschr., Tübingen 1896; Derselbe, Ber. deutsch. chem. Ges. 29, I, 821 (1896); 30, I, 105 (1897); Zeitschr. f. physiol. Chem. 28, 1 (1899); Derselbe u. M. Kölle, ibid. 28, 34 (1899); Derselbe, ibid. 29, 185 (1900); Derselbe, Ber. deutsch. chem. Ges. 32, I, 678 (1899). — [2]) M. Nencki und N. Sieber, ibid. 17, II, 2270 (1884).

säuren oder zum mindesten Isomere derselben erhielt Küster[1]) auch
aus dem Bilirubin, so dass der Zusammenhang zwischen dem Blut-
und dem Gallenfarbstoff damit eine weitere Aufklärung erfahren hat.
Nencki und Sieber[2]) drücken ihn durch die Formel aus:

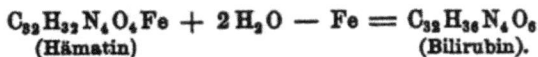

$$C_{32}H_{32}N_4O_4Fe + 2H_2O - Fe = C_{32}H_{36}N_4O_6$$
(Hämatin)   (Bilirubin).

Durch stärkere Oxydation mit Ammonpersulfat entsteht Blausäure
und Bernsteinsäure.

5. Reductionsproducte des Hämatins.

Durch Reduction des Hämatins mit Natriumamalgam, Zink und
Natronlauge oder Zinn und Salzsäure haben Nencki und Sieber[3])
aus dem Hämatin und Hämatoporphyrin einen Körper dargestellt, den
sie Hexahydrohämatoporphyrin nennen, und der die Zusammensetzung hat:

$$C_{32}H_{38}N_4O_5.$$

Durch weitere Reduction entsteht aus dem Hämatin oder Hämatoporphyrin nach Hoppe-Seyler[3]), Nencki und Sieber[4]) und le Nobel[5])
ein Körper, der in allen seinen Eigenschaften völlig übereinstimmt sowohl mit dem Hydrobilirubin, das Maly[6]) durch Reduction von Bilirubin und anderen Gallenfarbstoffen erhielt, als auch mit
dem Urobilin, dem von Jaffé[7]) entdeckten Harnpigmente. Ob es
sich dabei um eine völlige Identität oder um Isomerie handelt, ist
unbekannt, doch spricht nach Garrod[8]) und den anderen angeführten
Autoren bisher alles für die Identität der verschiedenen natürlich vorkommenden und künstlich dargestellten Urobiline.

Ein weiteres Derivat des Blutfarbstoffs ist das Hämatoidin. Es
wurde 1847 von Virchow[9]) in alten Blutextravasaten aufgefunden, und
kommt dort in schön ausgebildeten Krystallen, schiefen rhombischen
Säulen von hell ziegel- bis tief rubinrother Farbe vor. Nach Virchow[9]),
Jaffé[10]) und Salkowski[11]) ist es identisch mit dem Bilirubin, dem
Farbstoff der Galle.

_____

[1]) W. Küster, Zeitschr. f. physiol. Chem. 26, 314 (1898); Derselbe,
Ber. deutsch. chem. Ges. 30, II, 1831 (1897); 32, I, 677 (1899). —
[2]) M. Nencki und N. Sieber, Schmiedeberg's Arch. 18, 401 (1884). —
[3]) Hoppe-Seyler, Ber. deutsch. chem. Ges. 7, II, 1065 (1874). — [4]) M. Nencki
und N. Sieber, Schmiedeberg's Arch. f. experim. Path. u. Pharm. 18, 401
(1884); Dieselben, Ber. deutsch. chem. Ges. 17, II, 2270 (1884); Dieselben,
Monatsh. f. Chem. 9, 115 (1889). — [5]) C. le Nobel, Pflüger's Arch. f. d. ges.
Phys. 40, 501 (1887). — [6]) R. Maly, Centralbl. f. d. med. Wiss. 1871, Nr. 54;
Derselbe, Ann. Chem. Pharm. 161, 368 (1872); 163, 77 (1872). — [7]) M. Jaffé,
Virchow's Arch. 47, 405 (1869). — [8]) A. F. Garrod, Journ. of Physiology
20, 112 (1896). — [9]) R. Virchow, Virchow's Arch. 1, 379 und 411 (1847).
— [10]) M. Jaffé, ibid. 23, 192 (1892). — [11]) E. Salkowski, Hoppe-Seyler's
med.-chem. Unters., S. 436 (1868).

Nach all diesem kann kein Zweifel daran bestehen, dass die Gallen- und Harnfarbstoffe wirklich direct aus dem Hämatin hervorgehen.

Anhang.

Das Hämocyanin.

An Stelle des eisenhaltigen Hämoglobins ist bei manchen Krebsen und anderen Wirbellosen in der Blutflüssigkeit ein kupferhaltiges Proteïd enthalten, das von Frédéricq[1]) entdeckt und Hämocyanin genannt wurde. Es vermag Sauerstoff zu binden und giebt ihn beim Durchleiten von Wasserstoff, Kohlenoxyd und besonders Kohlendioxyd[2]) wieder ab. In reducirtem Zustande ist es farblos, im sauerstoffhaltigen Zustande dagegen zeigt es ein schönes, reines Blau, im Spectrum konnte Krukenberg[2]) keine Absorption wahrnehmen. Die Coagulationstemperatur des Hämocyanins ist nach Halliburton[3]) 65 bis 66⁰. Durch Säuren wird es zersetzt, durch Chlornatrium und Magnesiumsulfat theilweise, durch Magnesium-Natriumsulfat vollständig ausgesalzen. — Halliburton giebt eine Zusammenstellung der Thiere, bei denen bisher Hämocyanin gefunden wurde.

Das Chlorophyll.

Anhangsweise soll hier ferner das Chlorophyll aufgeführt werden, der grüne Farbstoff der Pflanzen. Bekanntlich ist es von hoher biologischer Bedeutung, weil auf ihm die Assimilation und Sauerstoffbildung der Pflanzen beruht. Es ist nun höchst interessant, dass es neuerdings Schunck und Marchlewski[4]) gelungen ist, aus ihm, bezw. aus einem seiner Spaltungsproducte, dem Phyllotaonin, einen Farbstoff darzustellen, den sie Phylloporphyrin nennen, und der in seiner Zusammensetzung, wie in seinen chemischen Eigenschaften dem Hämatoporphyrin ausserordentlich nahe steht, in seinem spectralen Verhalten sogar vollständig mit ihm übereinstimmt. Schunck und Marchlewski geben ihm die Formel:

$$C_{16} H_{18} N_2 O.$$

Eine eingehende Behandlung des Chlorophylls findet man im VIII. Bande dieses Lehrbuches unter den natürlichen Farbstoffen.

---

[1]) L. Frédéricq, Acad. royale de Belgique, 2. Sér., **46**, Nr. 11 (1878); **47**, Nr. 4 (1879). — [2]) F. C. W. Krukenberg, Centralbl. f. d. med. Wiss. 1880, Nr. 23. — [3]) W. D. Halliburton, Journ. of Physiol. **6**, 300 (1885). — [4]) E. Schunck und Marchlewski, Ann. Chem. Pharm. **278**, 329 (1894); **284**, 81 (1895); **288**, 209 (1895); **290**, 306 (1896); vergl. auch M. Nencki, Ber. deutsch. chem. Ges. **29**, III, 2877 (1896).

III. Die Glycoproteïde.

(65) Die Glycoproteïde sind Eiweisskörper, unter deren Spaltungsproducten sich ein Kohlehydrat oder das Derivat eines solchen befindet. Wie bereits S. 81 erwähnt, steht ihr Charakter als Proteïde noch keineswegs fest. Es ist zwar möglich, dass sie wirklich aus der Verbindung eines Eiweisses mit einem Kohlehydrat bestehen, in der gleichen Weise, wie das Hämoglobin sich aus Eiweiss und Hämatin zusammensetzt. Es kann aber ebenso gut sein, dass die Glycoproteïde nur die eine kohlehydrathaltige, unter den grösseren Gruppen des Eiweiss (vgl. S. 79 und 113) in reichlicherer Menge enthalten, als die übrigen Eiweisskörper, dass sie also zu den einfachen, genuinen Eiweisskörpern gehören und nicht zu den Proteïden. Die Entscheidung hängt erstens von den Ergebnissen der weiteren Untersuchung der Albumosen, zweitens von der genauen Erforschung der ersten Umwandlungs- und Spaltungsproducte der Glycoproteïde selbst ab. Die letzte Mittheilung von Pick[1]) hat das Vorkommen einer kohlehydrathaltigen Gruppe neben der Anti- und der Hemigruppe in den echten Eiweissen sehr wahrscheinlich gemacht, und bei den Glycoproteïden selbst ist bisher noch niemals ein Eiweisspaarling neben dem Kohlehydrat aufgefunden worden. Das Kohlehydrat wird nicht etwa so leicht, wie das Nucleïn und das Hämatin abgespalten, sondern man erhält es nur durch Kochen mit Mineralsäuren oder durch intensive Alkaliwirkung, wodurch auch das Eiweiss in krystallinische Spaltungsproducte oder doch mindestens in Albumosen zerlegt wird, so dass man über die Eigenschaften eines etwaigen Eiweisspaarlings nichts erfährt.

Wie die Frage nach ihrem Aufbau auch entschieden werden möge, jedenfalls sind die Glycoproteïde eine gut kenntliche und scharf abgegrenzte Gruppe von Körpern. Die Mucine und ihre Verwandten, aus denen die Classe der Glycoproteïde wesentlich besteht, sind natürlich längst bekannt und vielfältig untersucht worden. Auch die Abspaltung eines Zuckers oder doch einer reducirenden Substanz aus ihnen ist bereits von Eichwald[2]) beschrieben worden, der sie deshalb zuerst

---

[1]) E. P. Pick, Zeitschr. f. physiol. Chem. **28**, 219 (1899). — [2]) A. Eichwald, Ann. Chem. Pharm. **134**, 177 (1865).

als aus Eiweiss und einem Zucker zusammengesetzte Körper betrachtete. Indessen erst Hammarsten war es vorbehalten, sie als einheitliche Körper zu charakterisiren und ihre Eigenschaften festzustellen. Von ihm stammt auch die Eintheilung und Abgrenzung der Gruppe, seinen und seiner Schüler Arbeiten verdanken wir den grössten Theil unserer Kenntnisse von den Glycoproteïden. — Ihre eigentlich charakteristische Eigenschaft ist, dass beim Kochen mit Säuren eine reducirende Substanz aus ihnen hervorgeht. Aber auch sonst haben sie viele gemeinsame Eigenthümlichkeiten. Bis auf das abweichende Helicoproteïd besteht die Gruppe aus den Schleimstoffen und ihren Verwandten, den Mucinen, Pseudomucinen und Mucoiden, und sie haben daher alle einen recht ähnlichen physikalischen Charakter. Sie bilden schon in sehr grosser Verdünnung mehr oder weniger schleimige, fadenziehende Lösungen. Auch die procentische Zusammensetzung der Mucine und Mucoide ist eine recht ähnliche; der Kohlenstoff- und besonders der Stickstoffgehalt ist viel geringer als bei den anderen Eiweisskörpern, der Sauerstoffgehalt dafür grösser, beides bedingt durch den Eintritt der sauerstoffreichen Kohlehydratgruppe. — Von dem Kohlehydrat, das die Glycoproteïde bei der Zersetzung liefern, war bereits S. 68 die Rede. Wo es bisher genauer untersucht worden ist, ist es ein Glucosamin, wie man seit Schmiedeberg[1]) von dem Chondromucoid, durch Friedrich Müller[2]) auch von den eigentlichen Mucinen weiss. Das Glucosamin ist mit dem sogenannten Chitosamin, dem längst bekannten Spaltungsproduct des Chitins, identisch[2]). Es ist aber auch bereits S. 70 davon die Rede gewesen, dass das Glucosamin nicht als solches in den Mucinen etc. enthalten ist, sondern in einer Vorstufe, einem Di- oder wahrscheinlich Polysaccharid, aus dem es erst durch siedende Mineralsäuren entsteht. Hier bestehen grosse Verschiedenheiten zwischen den verschiedenen Glycoproteïden, das Nähere kann daher erst bei den einzelnen Körpern mitgetheilt werden.

Die Glycoproteïde werden durch Erhitzen nicht coagulirt, und unterscheiden sich dadurch scharf sowohl von den nativen Eiweissen, wie von den Proteïden. Dagegen zeigen sie eine deutliche Denaturirung, indem sie durch Einwirkung von Säuren und besonders Alkalien, von Alkohol und anderen Fällungsmitteln, durch langes Liegen im ungelösten Zustande etc. ihre physikalischen Eigenschaften verändern und ihren Schleimcharakter verlieren. Diese Umwandlung oder Spaltung kann so wenig wie die Denaturirung der echten Eiweisse rückgängig gemacht werden, sondern ist eine dauernde. Die Glycoproteïde sind ausgesprochene Säuren, die Lackmuspapier röthen, und meist durch

[1]) O. Schmiedeberg, Schmiedeberg's Arch. f. experim. Pathol. u. Pharmak. 28, 355 (1891). — [2]) Fr. Müller, Sitzungsber. d. Ges. z. Beförd. d. ges. Naturwissensch. zu Marburg 1896, S. 53; 1898, S. 117; J. Seemann, Dissert., Marburg 1898; Zängerle, Münchener med. Wochenschr. 1900, S. 414.

Säuren gefällt werden.   Durch beide Eigenschaften, die Nichtcoagulir-
barkeit, welche die Möglichkeit einer Denaturirung nicht ausschliesst,
und den Charakter als Säuren, gleichen die Glycoproteïde den Nucleoalbuminen, von denen sie sich aber durch den mangelnden Phosphor-
und den Kohlehydratgehalt scharf unterscheiden. — Als Säuren werden
die meisten Glycoproteïde durch Essigsäure gefällt und sind auch im
Ueberschuss schwer löslich, viel schwerer als die anderen sauren Eiweisskörper, wie Globuline, Nucleoalbumine oder Nucleoproteïde. Mineralsäuren fällen ebenfalls, lösen aber im Ueberschuss leichter auf.   In
Alkalien, kohlensauren Alkalien und in Ammoniak sind die Glycoproteïde alle sehr leicht löslich und bilden mit ihnen Salze, die neutral, zum Theil auch noch sauer reagiren.   Durch einen, auch ganz
geringen Ueberschuss von Alkali werden sie sehr leicht denaturirt und
zersetzt.

Eingetheilt werden die Glycoproteïde am besten in 1. die eigentlichen Mucine oder Schleimsubstanzen, und die ihnen nahestehenden
Paramucine; 2. die Mucoide, die durch ihr physikalisches Verhalten, zum Theil auch durch ihre Reactionen, von den Mucinen etwas
abweichen; 3. die Phosphoglycoproteïde.   Doch ist die Grenze
zwischen Mucinen und Mucoiden keine scharfe, vielmehr finden Uebergänge statt.   Von den Phosphoglycoproteïden sind bisher nur ein
oder zwei Vertreter bekannt, deren Abgrenzung gegen die Nucleoalbumine noch unsicher ist.

A.   Die Mucine.

(66)   Die Mucine kommen in allen schleimigen Flüssigkeiten vor
und bedingen dadurch deren Charakter.   Sie werden theils von Becher-
zellen an der Oberfläche aller Schleimhäute, der des Respirations- wie
des Verdauungstractus, der Gallengänge, Harnwege etc., theils von
grossen Schleimdrüsen, besonders einer der Speicheldrüsen, der *Glan-
dula submaxillaris*, abgesondert.   Auch bei Wirbellosen, z. B. den
Schnecken, deren Haut mit Schleim überzogen ist, sind sie verbreitet.
Andere, den Mucinen sehr nahestehende Körper, die den Uebergang
zu den Mucoiden bilden, kommen im Bindegewebe, z. B. den Sehnen,
im Glaskörper, Nabelstrang etc. vor; sie werden bei den Mucoiden
besprochen.

Das Mucin der Speicheldrüse vom Rinde ist, abgesehen von
älteren Untersuchungen, von Obolensky[1]) und Landwehr[2]), von
Hammarsten[3]) und seinem Schüler Folin[4]) untersucht worden, das

[1]) Obolensky, Hoppe-Seyler's med.-chem. Untersuch., S. 590 (1871).
— [2]) H. A. Landwehr, Zeitschr. f. physiol. Chem. 5, 371 (1881); 6, 74
(1881); 9, 361 (1885). — [3]) O. Hammarsten, ibid. 12, 163 (1887). —
[4]) O Folin, ibid. 23, 347 (1897).

der Respirationsschleimhaut von Friedrich Müller[1]), das der Galle von Landwehr[2]), Hammarsten[3]), Neumeister[4]) und Winternitz[5]), die Mucine der Schnecken von Hammarsten[6]), das Mucin, das die Hülle des Froschlaichs bildet, von Giacosa[7]), das des Ingers (Myxine) von Waymouth Reid[8]).

Die Analysen ergeben folgende procentische Zusammensetzung:

C 48,84, H 6,80, N 12,32, S 0,843, O 31,20 (Submaxillardrüse, Hammarsten)

C 48,26, H 6,91, N 10,7, S + O 33,1 (Schleim aus Sputum, F. Müller)

C 50,3, H 6,84, N 13,62, S 1,71, O 27,53 (Mantelmucin der Weinbergschnecke, Hammarsten)

C 50,45, H 6,79, N 13,66, S 1,6, O 27,50 (Fussmucin der Schnecke, Hammarsten)

C 52,9, H 7,2, N 9,24, S 1,32, O 29,34 (Froschlaich, Giacosa)

Wie man sieht, zeigen diese Analysen eine grosse Uebereinstimmung insofern, als sie alle den charakteristischen niedrigen Kohlenstoff- und besonders Stickstoff- und hohen Sauerstoffgehalt ergeben, andererseits beweisen sie, dass es zweifellos verschiedene Mucine giebt. Dagegen sind sich alle Mucine in ihren Reactionen ausserordentlich ähnlich, so dass die Schilderung, die Hammarsten von dem am genauesten untersuchten Mucin der Submaxillardrüse entwirft, für alle anderen ebenfalls Gültigkeit besitzt.

Das Mucin ist in trockenem Zustande ein weisses, lockeres, kaum hygroskopisches Pulver, und kann so Jahre lang aufbewahrt werden, ohne seine Eigenschaften zu verändern. Es ist in Wasser und neutralen Salzlösungen sehr schwer löslich, in Säuren unlöslich, bildet aber auf Zusatz von Essigsäure ein zähes, klebriges Gerinnsel. Dagegen löst es sich in sehr verdünnten Alkalien zu einer neutralen, unter Umständen sogar noch schwach sauren Flüssigkeit, ist also eine ausgesprochene Säure. Diese Flüssigkeit verhält sich bei einem Mucingehalt von 0,228 Proc. noch wie eine typische Schleimlösung, sie ist klebrig, dickflüssig und fadenziehend. Aus dieser Lösung wird das Mucin durch Säuren, insbesondere Essigsäure, gefällt, aber nicht als flockiger Niederschlag, sondern in Form eines zähen, schleimigen

[1]) Fr. Müller, Sitzungsber. d. Ges. z. Förder. d. ges. Naturwiss. zu Marburg 1896, S. 53; 1898, S. 117. — [2]) H. A. Landwehr, Z. f. physiol. Chem. 5, 371 (1881); 6, 74 (1881); 9, 361 (1885). — [3]) O. Hammarsten, Königl. Ges. d. Wissensch. zu Upsala, 15. Juni 1893 (Sep.-Abdr.). — [4]) R. Neumeister, Sitzungsber. d. Würzburger physikal.-med. Ges., 8. März 1890 (Sep.-Abdr.). — [5]) H. Winternitz, Zeitschr. f. physiol. Chem. 21, 387 (1895). — [6]) O. Hammarsten, Pflüger's Arch. f. d. ges. Physiol. 36, 373 (1885). — [7]) Piero Giacosa, Zeitschr. f. physiol. Chem. 7, 40 (1882). — [8]) Waymouth Reid, Journ. of Physiol. 13, 340 (1893).

Klumpens, der sich beim Umrühren um den Glasstab windet. Im Ueberschuss von Essigsäure löst sich das Mucin nicht, oder doch nur sehr
schwer, wieder auf, Salzsäure löst dagegen schon bei einer Concentration von 0,1 bis 0,2 Proc., die freilich noch immer wesentlich höher
liegt, als bei den Nucleoalbuminen oder Globulinen. Die Säurefällung
des Mucins gelingt nur in salzarmen Lösungen, dagegen nicht bei
Gegenwart von Chlornatrium oder anderen Neutralsalzen. Durch
Kochen wird das Mucin wie alle Glycoproteïde nicht coagulirt; auch
Zusatz von Essigsäure zu der siedenden Lösung bewirkt keine stärkere
Fällung, als sie die Essigsäure auch in der Kälte hervorrufen würde,
und bei Zusatz von Chlornatrium, das die Coagulation der eigentlichen
Eiweisse ja begünstigt, bleibt sie auch beim Erhitzen ganz aus. Durch
Alkohol wird das Mucin gefällt, aber nur bei Gegenwart einer hin-
reichenden Menge von Neutralsalzen; in salzfreier Lösung entsteht
durch den Alkohol nur eine mehr oder weniger starke Opalescenz.
Durch Salpetersäure wird das Mucin gefällt, ebenso durch Kupfersulfat,
Quecksilberchlorid, Eisenchlorid und Bleiacetat. Kaliumbichromat und
Alaun machen keinen Niederschlag, sondern verwandeln das Mucin in
eine gequollene, schleimige Masse. Die Alkaloidreagentien Tannin,
Jodquecksilberkalium etc. bewirken in neutraler Lösung keine Fällung,
wohl aber fällen sie das im Ueberschuss von Salzsäure gelöste Mucin.
Nur Ferrocyankalium fällt nicht, sondern macht die Lösung höchstens
etwas dickflüssiger; es wirkt im Gegentheil wie ein anderes Neutralsalz und verhindert die Säurefällung. — Durch Sättigung mit Chlornatrium, Magnesiumsulfat und Ammonsulfat wird das Mucin ausgesalzen.

Von den Farbenreactionen geben alle Mucine die Biuretreaction
und zwar mit violetter Farbe, wie die eigentlichen Eiweisse, ferner die
Xanthoproteïn- und die Schwefelbleireaction; auch die Millon'sche
Reaction geben sie, aber wenig schön, und ebenso auffallender Weise
die Furfurolreactionen meist nur schlecht.

Die Spaltungsproducte der Mucine sind wenig untersucht worden;
Obolensky fand bei einem unreinen Submaxillarismucin Leucin und
Tyrosin, Drechsel und Mitjukoff[1]) bei einem Pseudomucin Lysin
und Arginin. Nur das Kohlehydrat ist oft untersucht worden. Durch
dreistündiges Kochen mit Salz- oder Schwefelsäure von 3 Proc. erhielt
Fr. Müller aus Sputum-Mucin bis zu 36,9 Proc. Glucosamin; das
Schneckenmucin liefert dagegen nur wenig reducirende Substanz, auch
muss man es länger kochen, und dasselbe gilt von dem Gallenmucin.
Aus 100 g Submaxillarismucin stellten Müller und Seemann[2])
24 g Glucosamin dar. Dass in dem Mucin ursprünglich ein höheres

[1]) Kath. Mitjukoff, Dissert., Bern, Arch. f. Gynäk. 49, H. 2 (1895).
— [2]) F. Müller und J. Seemann, Deutsche medicin. Wochenschr. 1899,
S. 209.

Kohlehydrat enthalten zu sein scheint, aus dem erst secundär das Glucosamin entsteht, ist bereits erwähnt. Daneben finden sich als Spaltungsproducte Essigsäure, etwas Ameisensäure und ein in gelben Nadeln krystallisirender schwefelhaltiger Körper.

Gegen Säuren ist das Mucin recht resistent, um so leichter wird es dagegen durch Alkalien denaturirt. Beim Stehen in ganz schwach alkalischer Lösung wird es zwar anfangs noch durch Essigsäure als typischer Schleim gefällt, bald aber tritt daneben ein flockiger Niederschlag auf, und nach einiger Zeit fällt das gesammte Mucin flockig aus; dann hat auch die Lösung ihre charakteristische physikalische Beschaffenheit verloren und ist dünnflüssig geworden. Das Mucin ist in ein Alkalialbuminat verwandelt, und zeigt nun alle Eigenschaften eines solchen; es wird durch Salze sehr leicht, durch Säuren hingegen nur bei sehr vorsichtigem Neutralisiren gefällt und durch einen kleinen Ueberschuss sofort wieder gelöst. Auch wird es zum Unterschiede von dem unveränderten Mucin durch Ferrocyankalium und Säure gefällt. Dabei fand Hammarsten ein deutliches Heruntergehen des Stickstoffgehaltes von 13,62 auf 13,10 Proc. Bei der Einwirkung von concentrirtem Alkali ist auch eine deutliche Ammoniakentwickelung bemerkbar. Doch kann es, wie Hammarsten bemerkt, bei schwacher Alkaliwirkung auch zur Abspaltung einer stickstoffärmeren Substanz kommen, und dann enthält das Alkalialbuminat sogar mehr Stickstoff als das Ausgangsmaterial. Aehnliche Beobachtungen machten Drechsel und Mitjukoff[1] an dem nahe verwandten Paramucin, K. A. H. Mörner[2] u. A. an Mucoiden. Neben dem Alkalialbuminat finden sich bei der Denaturirung nach einiger Zeit immer auch Albumosen von den gewöhnlichen Eigenschaften in Lösung. Näher aufgeklärt sind diese Verhältnisse noch keineswegs, vor allem fehlen alle quantitativen Bestimmungen; man weiss nicht, ob das gesammte Mucin gleichmässig denaturirt wird, oder ob, wie bei den anderen Eiweissen, ein Theil rasch zerfällt, während ein anderer lange erhalten bleibt. Auch wie sich das Kohlehydrat hierbei verhält, ist unbekannt, und nur das ist nach Fr. Müller sicher, dass durch Alkaliwirkung keine reducirende Substanz abgespalten, das Glucosamin also nicht gebildet wird.

Dagegen entsteht, wie Landwehr zuerst beobachtet hat, durch Kochen von Mucin mit stärkeren Alkalien oder unter erhöhtem Druck ein Körper, den Landwehr als stickstofffrei ansah, und den er als „thierisches Gummi" bezeichnete. Indessen enthält es, wie Hammarsten und Folin zeigten, 9 bis 12 Proc. Stickstoff und ist eine Mucinalbumose, vielleicht ein Gemenge von Mucinalbumosen mit dem

---

[1] Katharina Mitjukoff, Dissert., Bern, Arch. f. Gynäkologie 49, Heft 2 (1895). — [2] K. A. H. Mörner, Skandinav. Arch. f. Physiol. 6, 332 (1895).

höheren, nicht reducirenden Kohlehydrat. Landwehr stellte es so dar,
dass er das im Papin'schen Topfe gekochte Mucin zuerst mit Eisenchlorid behandelte, wodurch Mucin, Albuminat etc. gefällt wird, und
dann mit Eisenchlorid und Calciumcarbonat, wodurch das sogenannte
Gummi ausfällt. Durch ·kurzes Kochen mit Säuren entsteht aus dem
Gummi leicht und reichlich das reducirende Glucosamin. Ein constant
zusammengesetzter Körper ist das Gummi natürlich nicht.

In Pepsin und Trypsin löst sich das Mucin nach Friedrich Müller
und Mitjukoff[1]) zu einer klaren, dünnflüssigen Lösung, die vermuthlich Albumosen enthält; eine Abspaltung von Kohlehydrat oder einem
anderen Product findet dabei nicht statt. Gegen die Fäulniss sind die
Mucine, wie Müller und Giacosa angeben, sehr resistent, da ihr
eigenthümliches physikalisches Verhalten den Fäulnissbacterien das
Eindringen erschwert.

Mit Alkalien und alkalischen Erden bildet das Mucin lösliche
Salze; der natürlich vorkommende Schleim ist nach Müller mucinsaures
Natrium.

Von dem Vorkommen und speciellen Verhalten der einzelnen Mucine
ist noch folgendes zu bemerken: Ohne Beimengung von anderen Eiweissen kommt es wohl nur in der Galle von Mensch und Hund vor,
die Rindergalle enthält statt dessen nach Hammarsten und Paijkull[2]) ein Nucleoalbumin, das die physikalischen Eigenschaften des
Schleims besitzt. Das Mucin aus dem Sputum und das der Submaxillardrüse ist ohne besondere Reinigungsverfahren stets mit anderen sauren
Eiweisskörpern, Nucleoproteïden etc., verunreinigt; die Mucine der
Magen- und Darmschleimhaut sind nicht untersucht, das Glucosamin
aus ihnen ist nach Müller dasselbe, wie das aus dem Mucin der Luftwege.

Abweichend von dem Mucin der Wirbelthiere verhält sich das
der Weinbergschnecke, *Helix pomatia*, das wegen seiner relativ
leichten Zugänglichkeit oft untersucht worden ist. Doch gelang es
erst Hammarsten, es von Beimengungen, einem Nucleoalbumin aus
der Leber, und dem Helicoproteïd aus der Eiweissdrüse, zu trennen.
Die Schnecken sondern zwei verschiedene schleimige Secrete ab, eines
von dem Fuss, das nur Mucin enthält, und eines von dem sogenannten
Mantel, das ausser dem Mucin zahllose Körnchen von kohlensaurem, zum
Theil auch phosphorsaurem Kalk führt, und dadurch ein gelblich-
weisses, rahmiges Aussehen gewinnt. Es dient zur Bildung des Winter-
deckels oder Epiphragmas. Die beiden Mucine zeigen indessen keine
Differenzen. Das Schneckenmucin wird nicht als solches abgesondert,
sondern als ein Mucinogen, das sich auch in Alkali nur schwer zu
einer zähen, nicht eigentlich schleimigen Flüssigkeit löst; es hat die

---

[1]) Mitjukoff, Dissert., Bern, und Arch. f. Gynäk., **49**, Heft 2 (1895).
— [2]) L. Paijkull, Zeitschr. f. physiol. Chem. **12**, 196 (1887).

Reactionen des Mucins, nur dass es von Quecksilberchlorid nicht gefällt
wird. Durch Alkaliwirkung, viel langsamer durch blosses Stehen in
wässeriger Lösung, geht dies Mucinogen dann in typisches Mucin über.
Dieselbe Erscheinung, dass von den Schleimdrüsen erst Mucinogen ab-
gesondert wird, das erst unter dem Einfluss des Meerwassers sich in
Mucin umwandelt, beobachtete v. Uexküll[1]) am Seeigel, und die
Erscheinung scheint bei Wirbellosen weit verbreitet zu sein. — Das
Mucin der Speicheldrüsen der Wirbelthiere dagegen besitzt nach Holm-
gren[2]) keine solche Vorstufe, sondern ist von vornherein ein wirkliches
Mucin.

Die Darstellung der Mucine ist eine mühsame, da sie in allen
Flüssigkeiten, auch in recht schleimigen, nur in sehr geringer Menge
vorkommen. Aus der Galle von Menschen oder Hunden, die keinen
anderen Eiweisskörper enthält, kann das Mucin direct durch Essigsäure
oder Alkohol gefällt werden, ist aber dann durch Gallensäuren und
Gallenfarbstoff verunreinigt, die nach Paijkull[3]) auch durch langdauernde Dialyse nur schwer zu entfernen sind. Bei der Alkoholfällung
aber tritt sehr leicht eine Denaturirung des Mucins ein, so dass man
dann ein Alkalialbuminat vor sich hat. Aus der Submaxillardrüse hat
Hammarsten das Mucin daher nur mit Wasser extrahirt, und den
Extract auf 0,1 bis 0,2 Proc. Salzsäure gebracht. Dabei fallen das
Mucin und das stets reichlich vorhandene Nucleoproteïd aus, lösen sich
aber sogleich wieder auf. Wenn man diese Lösung mit dem vier-
fachen Volum destillirten Wassers verdünnt, fällt nur das Mucin aus, da
das Nucleoproteïd auch durch die verdünnte Salzsäure noch in Lösung
gehalten wird. Das Mucin löst man dann vorsichtig in sehr verdünnter
Kalilauge oder besser noch in Ammoniak unter sorgfältiger Vermeidung
jeglicher alkalischen Reaction, fällt es mit Essigsäure und wiederholt
beides noch einmal. Das Schneckenmucin wird in ähnlicher Weise
hergestellt, doch muss man dabei die Eiweissdrüse der Thiere entfernen, um die Verunreinigung mit dem Helicoproteïd zu vermeiden.
Das Arbeiten mit Mucin ist äusserst zeitraubend, da unveränderte
Mucinlösungen ganz schlecht filtriren und die zähen Mucingerinnsel
sich nur langsam absetzen; während dessen aber kann das Mucin der
Fäulniss anheimfallen. Hammarsten erklärt Versuche, die auf die
Darstellung eines reinen, unveränderten Mucins abzielen, ausser wäh-
rend des — skandinavischen — Winters für nahezu unmöglich. —
Das Mucin der Respirationsschleimhaut stellte Friedrich Müller aus
dem glasigen, rein schleimigen Sputum von Patienten mit chronischen
Bronchitiden dar. Es wurde von Beimengungen von Eiter, Speise-

[1]) J. v. Uexküll, Zeitschr. f. Biolog. 37, 334 (S. 388) (1899). —
[2]) E. Holmgren, Hammarsten's Ref. nach dem Schwedischen in Maly's
Jahresb. f. Thierchem. 27, 36 (1897). — [3]) L. Paijkull, Zeitschr. f. physiol.
Chem. 12, 196 (1887).

resten etc. thunlichst befreit und mit Alkohol gefällt; dabei lieferte das
Eiweiss und Nucleïn einen flockigen Niederschlag, das Mucin dagegen
feine Fäserchen, die sich mechanisch von dem Eiweiss etc. trennen
lassen. Das Mucin wird dann wiederholt mit sehr verdünnter Salzsäure — von 0,1 bis 0,2 Proc. — und Sodalösung gewaschen, in sehr
verdünnter Natronlauge gelöst, mit Essigsäure gefällt, und die faserige
Fällung durch Dialyse gereinigt. Man erhält so ein von Eiweiss und
Nucleoproteïden freies Mucin, das mit verdünnter Natronlauge noch
eine opalescirende Schleimlösung bildet.

Das Pseudo- und Paramucin.

Im Jahre 1852 beschrieb Scherer [1]) zwei Körper, die er im Inhalte
einer Ovarialcyste gefunden hatte, und die er Metalbumin und Paralbumin nannte. Er und nach ihm Eichwald [1]) konnten aus beiden
Zucker abspalten, und Landwehr [2]) stellte aus ihnen wie aus dem
Mucin thierisches Gummi dar. Genauer chemisch untersucht sind die
beiden Körper indessen erst von Hammarsten [3]), von dem ihre
Bezeichnung als Pseudomucin herrührt, später von Oerum [4]), Pfannenstiel [5]), Leathes [6]) und Zängerle [7]).

In den normalen Graaf'schen Follikeln, auch bei sogenanntem
Hydrops ovarii, kommen nach Pfannenstiel nur Eiweisskörper, vermuthlich Serumalbumin und -globulin vor; dagegen enthalten pro-
liferirende, papilläre oder glanduläre Kystome nach Oerum und
Pfannenstiel immer Pseudomucin und haben in Folge dessen einen
mehr oder weniger schleimigen oder zähflüssigen Inhalt.

Das Pseudomucin, wie es Hammarsten aus eiweissfreien oder
eiweissarmen Kystomflüssigkeiten durch Alkoholfällung gewann, stellt
im trockenen Zustande ein feines, weisses, sehr hygroskopisches Pulver
dar. In Wasser löst es sich leicht und bildet bei geringer Concentration Lösungen, die sich wie Mucinlösungen verhalten; bei stärkerer
Concentration — Oerum fand in Ovarialkystomen 0,88 bis 10,83 Proc.
eiweissartige Körper — bildet es eine weissliche, zähe und schleimige
Flüssigkeit von dem Aussehen eines dicken Gummischleims. Durch
Ansäuern mit Essigsäure oder Salzsäure wird das Pseudomucin im
Unterschiede von den echten Mucinen nicht gefällt; auch Salpetersäure
fällt nicht, sondern macht die Flüssigkeit nur stärker opalescirend und
dickflüssig. Sonst giebt es die Reactionen der Mucine, es wird durch
Ferrocyanwasserstoffsäure und durch Sieden nicht gefällt, wohl aber

[1]) Citirt nach Hammarsten. — [2]) H. A. Landwehr, Zeitschr. f. physiol. Chem. 8, 114 (1883). — [3]) O. Hammarsten, ibid. 6, 194 (1882). —
[4]) H. P. Oerum, Maly's Jahresber. f. Thierchemie 14, 459 (1884). —
[5]) J. Pfannenstiel, Arch. f. Gynäk. 38, 407 (1890). — [6]) J. B. Leathes,
Schmiedeb. Arch. f. experim. Path. u. Pharmak. 43, 245 (1899). — [7]) Zängerle, Münch. med. Wochenschr. 1900, S. 414.

durch Bleiacetat, Quecksilberchlorid und Gerbsäure. Doch geben die
beiden letzteren keine eigentliche flockige Fällung, sondern veranlassen
nur die Bildung einer schleimigen Gallerte. Durch Alkohol entsteht ein
zähes Gerinnsel, wie in Mucinlösungen; eine Denaturirung erfolgt durch
den Alkohol nur langsam. Das Pseudomucin giebt die Xanthopro-
teïn-, Millon'sche und Adamkiewicz'sche Reaction. Durch Magnesiumsulfat wird es nicht gefällt, auch nicht bei saurer Reaction. Durch
Kochen mit Säuren entsteht ein Glucosamin, das nach Zängerle mit
dem Glucosamin der echten Mucine identisch ist; er erhielt aus 100g
Pseudomucin 30 g Glucosamin. Die procentische Zusammensetzung
beträgt nach Hammarsten

$$C\,49{,}8,\ H\,6{,}9,\ N\,10{,}27,\ S\,1{,}25,\ O\,31{,}78,$$

ist also etwa dieselbe, wie die der eigentlichen Mucine. Eine Verunreinigung mit Albumosen oder mit erheblichen Eiweissmengen konnte
Hammarsten bei seinen Präparaten ausschliessen. Das Metalbumin
von Scherer ist mit dem Pseudomucin identisch.

Ausserdem kommen Kystome vor, die neben dem Pseudomucin
noch beträchtliche Mengen von Eiweiss, überwiegend Serumalbumin,
enthalten; dieses Gemenge entspricht dem Scherer'schen Paralbumin,
das in Folge dessen in seiner von Hammarsten ermittelten procentischen Zusammensetzung zwischen dem Mucin und dem Eiweiss steht;
der Kohlenstoff schwankte zwischen 50,2 und 52,3 Proc., der Stickstoff
zwischen 11,2 und 14,5 Proc. Auch in ihren Reactionen verhält sich
eine Paralbuminlösung genau wie eine künstliche Mischung von Pseudomucin und Serum; durch Erhitzen wird sie coagulirt; durch Salpetersäure, Ferrocyanwasserstoffsäure, Quecksilberchlorid etc. gefällt, während eine schleimige Flüssigkeit zurückbleibt; Essigsäure fällt nicht.
Chlornatrium salzt bei saurer, Magnesiumsulfat schon bei neutraler
Reaction theilweise aus. — Der Nachweis des Pseudomucins besteht in
der Prüfung auf Reduction nach dem Kochen mit Säuren, die Darstellung ist nur aus eiweissfreien Flüssigkeiten, die also durch Kochen
mit Essigsäure und durch Ferrocyankalium plus Essigsäure keine Veränderung erleiden, möglich, und geschieht dann durch wiederholtes
Fällen mit dem doppelten Volum Alkohol und Wiederauflösen in
Wasser.

Einen dem Pseudomucin recht ähnlichen Körper, der aber nur
45,74 Proc. Kohlenstoff und 5,68 Proc. Stickstoff enthielt, hat Hammarsten [1] einmal in einem „Ganglion" unbekannten Ursprungs vom
Unterschenkel eines Mannes gefunden.

---

[1] O. Hammarsten, Autoreferat in Maly's Jahresber. f. Thierchemie
22, 561 (1892).

Das Paramucin.

Eine Abart des Pseudomucins ist das zuerst von Drechsel und Mitjukoff[1]), später von Panzer[2]) und Leathes[3]) beschriebene Paramucin. Gelegentlich findet man entweder in den ganzen Ovarialkystomen oder in einzelnen Cysten der multiloculären Geschwülste keine Flüssigkeit, sondern eine zitternde Gallerte, die Mitjukoff als Paramucin bezeichnet. Es ist in Wasser unlöslich, schrumpft durch Säuren und wird durch geringe Mengen Alkali von neuem in eine Gallerte verwandelt. In mehr Natron- oder Kalilauge löst es sich zu einer schleimigen Flüssigkeit, welche die gewöhnlichen Reactionen des Mucins giebt, d. h. sie wird durch Kochen nicht coagulirt, ebenso wenig durch Ferrocyanwasserstoffsäure gefällt, wenn auch dabei eine geringe, vielleicht von Eiweissspuren herrührende Trübung entsteht. Tannin, Bleiacetat etc. fällen, ebenso auch, und darin verhält sich das Paramucin wie die echten Mucine, und nicht wie das Pseudomucin, Essigsäure und Mineralsäuren; letztere lösen im Ueberschusse.

Die Zusammensetzung beträgt nach Mitjukoff:

C 51,76, H 7,76, N 10,7, S 1,09, O 28,69.

Unter den Spaltungsproducten fand Mitjukoff Lysin und Arginin, ausserdem beim Kochen mit Säuren mindestens 12,5 Proc. reducirende Substanz; nach Leathes ist auch diese ein Dihexosamin oder ein ähnlicher Körper. Durch Alkalien wird das Paramucin in Alkalialbuminat und Albumosen verwandelt, durch Kochen mit Wasser — die Reaction ist nicht angegeben — in ein Albuminat und das Kohlehydrat zerlegt. Durch Trypsin wird es nicht gelöst, dagegen durch Pepsin, wobei nach Leathes ein Körper entsteht, der Aehnlichkeit mit dem Pseudomucin besitzt.

B. Die Mucoide.

(67) Unter Mucoiden versteht man mit Hammarsten eine Reihe von Körpern, die in ihrer Zusammensetzung und ihren Reactionen eine grosse Aehnlichkeit mit dem Mucin haben. Sie unterscheiden sich von ihnen entweder durch ihre physikalischen Eigenschaften, oder durch die mangelnde Fällbarkeit mit Säuren. Sie kommen zum Theil in gelöster Form im Blutserum, im Eiereiweiss und in Ascitesflüssigkeiten vor, zum Theil nehmen sie zusammen mit Collagen etc. am Aufbau der Gewebe Theil. Ihre Abgrenzung von den Mucinen ist eine ganz unsichere; die hierher gehörigen Substanzen aus dem Glaskörper,

---

[1]) Katharina Mitjukoff, Dissert., Bern, und Arch. f. Gynäkol. 49, H. 2 (1895). — [2]) Th. Panzer, Zeitschr. f. physiol. Chem. 28, 363 (1899). — [3]) J. B. Leathes, Schmiedeberg's Archiv f. experim. Path. u. Pharmak. 43, 245 (1899).

den Sehnen und dem Nabelstrange werden bald als Mucoide, bald als Mucine bezeichnet, ohne dass ihre Eigenschaften erkennbare Differenzen aufweisen. Um den Namen Mucine für die wirklichen, von Epithelien secernirten Schleimstoffe zu reserviren, sollen alle diese Körper hier bei den Mucoiden behandelt werden. — Es werden zunächst diese, den Mucinen in ihren Eigenschaften sehr nahe stehenden Körper der Gewebe, dann die in gelöster Form vorkommenden Mucoide besprochen werden.

1. Das Mucoid der Sehnen.

Es ist von Loebisch [1]) und von Chittenden und Gies [2]) untersucht worden. Bezüglich seiner Eigenschaften kann vollständig auf die Beschreibung der Mucine verwiesen werden. Es wird von Säuren gefällt, ist im Ueberschuss von Mineralsäuren, aber nicht von Essigsäure löslich; in Alkalien löst es sich leicht, und ist nach Loebisch gegen die denaturirende Wirkung der Alkalien resistenter, als die eigentlichen Mucine. Durch Kalilauge von 1 Proc. wird es in 15 Tagen erst partiell in Albuminat umgewandelt, durch verdünntes Ammoniak überhaupt nicht. Durch Kochen mit Säuren oder mit Wasser unter erhöhtem Druck entsteht zunächst ein höheres Kohlehydrat, das, nicht reducirt, schwach rechts dreht, und durch intensivere Säurewirkung in das reducirende Glucosamin übergeht. Die Darstellung erfolgte durch Extraction der Sehnen mit halbgesättigtem Kalkwasser, wodurch in 24 Stunden noch keine Denaturirung eintritt, wiederholtes Fällen mit Essigsäure und Lösen in Ammoniak. Die Analysen ergaben folgende procentische Zusammensetzung:

$$C\ 48,3,\ H\ 6,44,\ N\ 11,75,\ S\ 0,81,\ O\ 32,7\ \text{(Loebisch)},$$
$$C\ 48,26—49,29,\ H\ 6,46—6,63,\ N\ 11,51—11,94,\ S\ 2,31—2,35,$$
$$O\ 29,8—31,43\ \text{(Chittenden und Gies)}.$$

Es ist also die gewöhnliche Zusammensetzung der Mucine, auffallend nur der hohe Schwefelgehalt des Chittenden'schen Präparates. — Aus dem Kali- und Ammoniakgehalte der Salze berechnet Loebisch ein Mindest-Aequivalentgewicht von 3936, wahrscheinlich ein Vielfaches davon.

2. Das Mucoid des Glaskörpers.

Virchow [3]) erkannte zuerst, dass im Glaskörper des Auges wie im Nabelstrang Körper von der Beschaffenheit des Schleims vorkommen. Das Mucoid des Glaskörpers wurde dann von Mörner [4]) und

---

[1]) W. F. Loebisch, Zeitschr. f. physiol. Chem. 10, 40 (1885). — [2]) R. H. Chittenden u. W. Gies, Journ. of experim. med. 1, 186 (nach Maly's Jahresber. f. Thierchem. 26, 32) (1896). — [3]) Rud. Virchow, Virchow's Arch. 4, 468 (1852). — [4]) O. T. Mörner, Zeitschr. f. physiol. Chem. 18, 233 (1893).

Halliburton und Young [1]) untersucht. Es beträgt nach Mörner nur 0,1 Proc. der Glasflüssigkeit, bedingt trotzdem ihre physikalische Beschaffenheit, die freilich mehr die einer sehr dünnen Gallerte als einer eigentlichen, fadenziehenden Schleimlösung ist. Es giebt die gewöhnlichen Mucinreactionen; Essigsäure fällt in salzarmer Lösung, Alkalien lösen, die Alkaloidreagentien und zum Theil die Schwermetalle fällen, auch Ferrocyankalium und Essigsäure und Salpetersäure. Es giebt die gewöhnlichen Farbenreactionen, nur die Liebermann'sche schlecht; Chlornatrium salzt bei saurer, Magnesiumsulfat auch bei neutraler Reaction aus. Nach Young tritt durch Erhitzen auf 70 bis 72⁰ bei schwach saurer Reaction eine Denaturirung ein. Von der procentischen Zusammensetzung bestimmte Mörner

$$N\ 12,20,\ S\ 1,19.$$

Neben diesem Mucoid enthält der Glaskörper noch Spuren von Eiweiss.

3. Das Mucoid der Cornea.

Es ist ebenfalls von Mörner [2]) untersucht worden; es hat alle Eigenschaften der Mucine, Fällbarkeit durch Essigsäure, die Alkaloidreagentien mit Ausnahme von Ferrocyanwasserstoffsäure, die Schwermetalle mit Ausnahme von Quecksilberchlorid etc. Die procentische Zusammensetzung beträgt:

$$C\ 50,16,\ H\ 6,97,\ N\ 12,79,\ S\ 2,07,\ O\ 28,01.$$

Die Grundsubstanz der Cornea enthält 20, die der Sclera 13 Proc. Mucoid, der Rest ist Collagen (vergl. S. 286).

4. Das Mucoid des Nabelstranges.

Es ist ebenfalls von Virchow [3]) zuerst als Mucinart erkannt, dann von Jernström [4]) und Young [5]) untersucht worden. Es hat die gewöhnlichen Mucineigenschaften; die Kohlehydratabspaltung erfolgt nach Young durch Salzsäure von 2 Proc. schon in 30 Minuten; unter den Spaltungsproducten befindet sich Indol. Die procentische Zusammensetzung beträgt nach Jernström:

$$C\ 51,3,\ H\ 6,6,\ N\ 14,2,\ S\ 1,04,\ O\ 26,86;$$

es ist also den Eiweissen ähnlicher, als die anderen Mucine.

Das Chordagewebe, das mit dem Nabelstrang sonst Aehnlichkeit hat, enthält nach Kossel [6]) kein Mucoid (vergl. S. 302).

---

[1]) R. A. Young, Journ. of Physiology 16, 325 (1894). — [2]) C. T. Mörner, Zeitschr. f. physiol. Chem. 18, 213 (1893). — [3]) Rud. Virchow, Virchow's Arch. 4, 468 (1852). — [4]) E. A. Jernström, Hammarsten's Ref. nach dem Schwedischen in Maly's Jahresber. f. Thierchem. 10, 34 (1880). — [5]) R. A. Young, Journ. of Physiolog. 16, 325 (1894). — [6]) A. Kossel, Zeitschr. f. physiol. Chem. 15, 331 (1891).

5. Das Chondromucoid und die Chondroitinschwefelsäure.

Johannes Müller [1]) nannte die Grundsubstanz des Knorpels Chondrin und hielt sie für einen besonderen Körper; von diesem Chondrin wurde dann durch Fischer und Boedeker [2]) und de Bary [3]) festgestellt, dass es beim Kochen eine reducirende Substanz liefert. Morochowetz [4]) erkannte, dass das Chondrin und Chondrogen nicht existirt, dass vielmehr die Grundsubstanz des Knorpels ein Gemenge von gewöhnlichem Collagen mit einem mucinartigen Körper ist. Die vollständige chemische Aufklärung der Zusammensetzung des Knorpels, sowie die genaue Beschreibung des Chondromucoids verdanken wir Mörner [5]); er zeigte, dass der Knorpel, abgesehen von den eingelagerten Zellen, erstens aus einem Albumoid besteht, das ein Balkennetz bildet, und zweitens aus Collagen und Mucoid, welche die Zwischenräume dieses Balkennetzes erfüllen.

Das Chondromucoid zeigt die gewöhnlichen Reactionen der Mucine und Mucoide; es löst sich in Alkalien zu einer neutralen, dicklichen Flüssigkeit, die von Säuren gefällt wird. Die meisten Schwermetalle fällen, dagegen die Alkaloidreagentien nicht; insbesondere fällt Gerbsäure auch bei Salzgegenwart nicht; das Mucoid hat im Gegentheil die Eigenthümlichkeit, die Fällung anderer Eiweisse, z. B. des Glutins, durch Gerbsäure zu verhindern; dadurch erklären sich die älteren Angaben über die Nichtfällbarkeit des Chondrins, des Gemenges von Chondromucoid mit Glutin. Die Farbenreactionen sind alle positiv; Ammonsulfat salzt aus. Die procentische Zusammensetzung beträgt:

$$C\,47,3,\ H\,6,42,\ N\,12,58,\ S\,2,42,\ O\,31,28.$$

Von dem Schwefel sind 1,8 Proc. in der Form von Aetherschwefelsäure vorhanden (s. u.).

Durch Einwirkung von Säuren, und noch leichter von Alkalien, wird es gespalten; die Spaltungsproducte sind die gleich zu besprechende Chondroitinschwefelsäure, ferner ein Albuminat, das die gewöhnlichen Eigenschaften eines solchen hat und einen Stickstoffgehalt von 15 Proc. besitzt, von Tannin gefällt wird etc.; daneben entstehen Albumosen, Peptone, Schwefelwasserstoff, Schwefelsäure, ein reducirendes Kohlehydrat. Kalilauge von 0,2 Proc. führt bei 40° C. in drei Tagen zu einer theilweisen, solche von 5 Proc. auch in der Kälte zu einer völligen Zerstörung.

Unter seinen Spaltungsproducten hat das Chondromucoid eines, das ihm allein zukommt, und das es von den anderen Mucoiden scharf

[1]) Joh. Müller, Ann. Chem. Pharm. 21, 277 (1837). — [2]) G. Fischer u. C. Boedeker, ibid. 117, 111 (1861). — [3]) J. de Bary, Hoppe-Seyler's med.-chem. Untersuch., S. 71 (1866). — [4]) L. Morochowetz, Verhandl. d. naturhist.-med. Vereins Heidelberg, N. F. I, S. 480 (1876). — [5]) C. T. Mörner, Skand. Arch. f. Physiol. 1, 210 (1889).

unterscheidet, die **Chondroitinschwefelsäure**. Bereits **Fischer**
und **Boedeker** stellten aus dem Knorpel eine stickstoffhaltige Säure
dar, nach ihnen **Krukenberg**[1]), der sie Chondroitsäure nannte und
sie zuerst genauer beschrieb. Später wurde sie dann von **Mörner**
und **Schmiedeberg**[2]) rein dargestellt und eingehend untersucht. Die
Chondroitinschwefelsäure ist eine colloidale Substanz von unbekannter
Constitution. Durch kurzes Kochen mit Säuren liefert sie ein reducirendes Kohlehydrat, anscheinend ein Glucosamin, und Schwefelsäure,
ist also eine gepaarte oder Aetherschwefelsäure. Die procentische
Zusammensetzung beträgt:

$$C\ 35,28,\ H\ 4,68,\ N\ 3,15,\ S\ 6,33,\ O\ 50,56\ (Mörner),$$
$$C\ 37,1,\ \ H\ 4,83,\ N\ 2,71,\ S\ 5,5,\ \ O\ 50,14\ (Schmiedeberg).$$

Einige andere Präparate Schmiedeberg's zeigen kleine Abweichungen.

Schmiedeberg berechnet für das Kupfersalz die Formel:

$$C_{18}H_{23}CuNSO_{17} + H_2O.$$

Die Chondroitinschwefelsäure reagirt stark sauer und bildet mit
Metallen neutrale, meist gut lösliche Salze, von denen **Schmiedeberg**
das Kupfer-, Eisen- und Kali-, sowie ein Kupferoxydkalisalz rein, aber
nicht krystallinisch darstellte. In Wasser ist sie leicht löslich und
bildet bei genügender Concentration gummiartige Lösungen. Sie wird
durch Zinnchlorür, basisches Bleiacetat, Quecksilberoxydulnitrat, Eisenchlorid und Urannitrat gefällt, durch andere Metalle dagegen ebenso
wenig, wie durch irgend welche Säuren oder die Alkaloidreagentien.
Durch Eisessig wird sie nur im starken Ueberschuss, durch Alkohol
nur bei Salzgegenwart gefällt. Die Farbenreactionen des Eiweiss giebt
sie nicht. Sie reducirt nicht, hält aber, da sie mit ihnen lösliche Salze
bildet, Kupferoxyde und andere Metalloxyde in Lösung. Ihre wässerigen Lösungen sind linksdrehend.

Die Spaltungsproducte der Chondroitinschwefelsäure sind, abgesehen von kurzen Angaben von **Mörner**, besonders von **Schmiedeberg** untersucht worden. Durch Kochen mit verdünnter Salzsäure wird
zunächst der gesammte Schwefel als Schwefelsäure abgespalten, wodurch sich die Chondroitinschwefelsäure als Aetherschwefelsäure charakterisirt. Den nach Abspaltung der Schwefelsäure verbleibenden Rest
nennt Schmiedeberg **Chondroitin**, es ist ein weisses Pulver, das
sich in Wasser gummiartig löst, durch Alkohol gefällt wird und dessen
Analysen auf die Formel $C_{18}H_{27}NO_{14}$ führen. Das Chondroitin ist
eine einbasische Säure; sie bildet wasserlösliche Kupfer- und Baryum-

---

[1]) F. C. W. **Krukenberg**, Sitzungsber. d. Würzburger phys.-med. Ges.
1883 (Separatabdruck); Derselbe, Zeitschr. f. Biolog. **20**, 307 (1884). —
[2]) O. **Schmiedeberg**, Schmiedeberg's Arch. f. experim. Pathol. u. Pharmak.
28, 355 (1891).

salze, die durch Alkohol gefällt werden. Sie reducirt nicht. — Aus dem Chondroitin entsteht durch Kochen mit Säuren, am besten verdünnter Salpetersäure, das Chondrosin, ein gummiartiger Körper, der sowohl Säure wie Base ist, gut charakterisirte Salze aber nur mit Säuren bildet. Aus den Analysen des Sulfats berechnet Schmiedeberg für das Chondrosin die Formel:

$$C_{12}H_{21}NO_{11}.$$

Das Chondrosinsulfat dreht die Ebene des polarisirten Lichtes nach rechts und zwar berechnet Schmiedeberg für das Chondrosin:

$$\alpha_D = +42^0.$$

Das Chondrosin reducirt Kupferoxyd in alkalischer Lösung; das Reductionsvermögen beträgt 5,5 Molecule Kupferoxyd für ein Molecul, ist also etwas stärker als das des Traubenzuckers.

Das Chondrosin zerfällt bei der Spaltung durch Alkalien nach Schmiedeberg sehr wahrscheinlich in Glucosamin und Glucuronsäure, so dass Schmiedeberg dem Chondrosin die Constitution geben will:

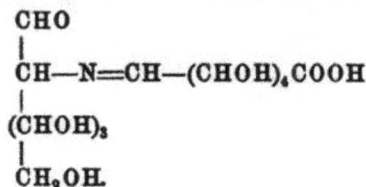

$$
\begin{array}{l}
CHO \\
| \\
CH-N=CH-(CHOH)_4COOH \\
| \\
(CHOH)_3 \\
| \\
CH_2OH.
\end{array}
$$

Neben dem Chondrosin liefert das Chondroitin Essigsäure, was nach Schmiedeberg besonders deshalb bemerkenswerth ist, weil auch das Chitin nach Ledderhose[1]) in Glucosamin und Essigsäure zerfällt; Schmiedeberg vermuthet von dem Chitin und dem Chondroitin, dass sie in Verbindung mit dem Glucosamin eine Acetylacetessigsäure enthielten. Ein weiteres Interesse gewinnt der Nachweis der Essigsäure unter den Spaltungsproducten der Chondroitinschwefelsäure dadurch, dass Friedrich Müller sie neuerdings auch aus Mucin dargestellt hat, bezw. aus dem Complex desselben, der das Glucosamin liefert.

Die Chondroitinschwefelsäure fällt Eiweiss, auch Glutin, ihre Salze dagegen nicht. Ein Gemenge von chondroitinschwefelsaurem Kalium oder Natrium mit Glutin, wie man es aus Knorpel bei der Pepsinverdauung oder durch Kochen im Papin'schen Topfe erhält und das Schmiedeberg als Peptochondrin, bezw. Glutinochondrin bezeichnet, wird daher, auch bei Abwesenheit des Chondromucoids, durch Säuren gefällt; Mineralsäuren lösen im Ueberschuss wieder auf. Auch für die Reactionen des Harnmucoids ist diese Eigenschaft von Bedeutung.

Die Chondroitinschwefelsäure ist in der Hauptsache ein Bestandtheil des Chondromucoids, ausserdem aber kommt eine geringe Menge

---

[1]) G. Ledderhose, Zeitschr. f. physiol. Chem. 2, 213 (1878).

nach Mörner und Schmiedeberg im Knorpel auch frei, beziehentlich als Alkalisalz vor. Ihr Nachweis wird nach Mörner[1]) dadurch
erbracht, dass man die Gewebe mit Kalilauge extrahirt, neutralisirt,
mit Alkohol fällt und in Wasser löst. Die Lösung muss dann 1. mit
Leim und Essigsäure, 2. mit Eisessig eine Fällung geben, und nach dem
Kochen mit Salzsäure 3. eine reducirende Substanz und 4. Schwefelsäure
enthalten. Mörner[1]) fand auf diese Weise die Chondroitinschwefelsäure in allen verschiedenen Knorpeln, auch in allen untersuchten
Enchondromen und in der inneren Schicht der Aorta; Lönnberg[2])
fand sie im Knorpel des Glattrochens (Raja batis); ausserdem wurde sie,
aber nur in Spuren, von Mörner[3]) und Krawkow[4]) im Knochen,
von Krawkow im Ligamentum nuchae und in der Magenschleimhaut
des Schweines gefunden. Reichlich dagegen fanden sie Schmiedeberg und seine Schüler Oddi[5]) und Krawkow in dem Amyloid
(s. S. 298), doch scheint sie hier in festerer Bindung enthalten zu sein
als im Chondromucoid; nach Krawkow bedingt sie die Methylviolett-
reaction des Amyloids. Bei Fütterung mit chondroitinschwefelsaurem
Natron geht es nach Oddi reichlich in den Harn über; Spuren finden
sich in der Leber. — Endlich wurde die Chondroitinschwefelsäure von
K. Mörner[6]) regelmässig und in nicht unbeträchtlicher Menge — etwa
0,05 Proc. — im Harn gefunden, wo ihre Gegenwart bei Eiweissreactionen zu berücksichtigen ist, da sie einerseits nach dem Ansäuern
Eiweiss fällt, andererseits manche Eiweissreactionen, z. B. die mit Gerbsäure stört. Auch gehört ein Theil der Aetherschwefelsäuren ihr und
nicht der Indoxylschwefelsäure etc. an.

Die Darstellung der Chondroitinschwefelsäure erfolgt nach Mörner durch mehrtägige Extraction des zerkleinerten Knorpels mit Kalilauge von 2 bis 5 Proc. bei Zimmertemperatur, wobei ausser der Säure
noch Albuminat und die Albumosen aus dem Mucoid, etwas Collagen
und Albumoid, in Lösung gehen. Darauf wird mit Essigsäure oder
Salzsäure erst neutralisirt und dann schwach angesäuert, wodurch
das Albuminat ausfällt, und mit viel Tannin erst bei saurer, dann
bei schwach alkalischer Reaction der Rest der Eiweissstoffe gefällt.
Hierauf wird die Gerbsäure bei schwach saurer Reaction mit Bleiacetat
gefällt, mit Schwefelwasserstoff entbleit und das Filtrat salzfrei dia-
lysirt. Endlich engt man stark ein und fällt die Chondroitinschwefelsäure unter Zusatz von etwas Kochsalz mit Alkohol. — Schmiedeberg verdaut den Knorpel — er nahm die Nasenscheidewand vom

---

[1]) C. T. Mörner, Zeitschr. f. physiolog. Chem. 20, 357 (1894). —
[2]) J. Lönnberg, Hammarsten's Referat nach dem Schwedischen in Maly's
Jahresbericht f. Thierchemie 19, 325 (1889). — [3]) C. T. Mörner, Zeitschr.
f. physiol. Chem. 23, 311 (1897). — [4]) N. P. Krawkow, Schmiedeberg's
Arch. f. experim. Patholog. u. Pharmak. 40, 195 (1897). — [5]) Ruggero
Oddi, ibid. 33, 376 (1893). — [6]) K. A. H. Mörner, Skandinav. Arch. f.
Physiol. 6, 332 (1895).

Schweine — erst mit Pepsinsalzsäure, wobei er einen teigigen Rückstand erhält, der aus Glutin und der Chondroitinschwefelsäure besteht. Diesen löst er] in Salzsäure von 2 bis 3 Proc., fällt mit Alkohol, löst in Kalilauge, und fällt so oft mit Alkohol, bis die Substanz keine Biuretreaction mehr giebt, am besten unter Zusatz von Kupferchlorid, so dass man chondroitinschwefelsaures Kupferoxydkali erhält.

6. Das Ovimucoid.

Neumeister [1]) und Salkowski [2]) hatten bemerkt, dass sich in dem Eiereiweiss neben dem bekannten Albumin und Globulin noch ein Körper von den Eigenschaften eines Peptons oder einer Albumose befindet, den Neumeister Pseudopepton nannte. Mörner [3]) erkannte dann, dass es sich um ein Glycoproteïd handelt, das er Ovimucoid nennt und das im Eiereiweiss in überraschender Menge vorkommt; es bildet etwa den achten Theil der organischen Stoffe, 1,5 Proc. der Lösung. — Das Ovimucoid wird wie die anderen Mucoide durch Erhitzen nicht coagulirt, aber auch durch Säuren, weder Essigsäure, noch Salz- oder selbst Salpetersäure, gefällt. Ebenso wenig wird es durch Metallsalze und die meisten Alkaloidreagentien gefällt, sondern nur durch Gerbsäure, Phosphorwolframsäure, Bleiacetatammoniak und Alkohol. Die Darstellung kann daher nur so erfolgen, dass man das Albumin und Globulin des Eiereiweiss in der gewöhnlichen Weise durch Erhitzen bei schwach saurer Reaction coagulirt, und im Filtrat das Mucoid durch Alkohol fällt. In trockenem Zustande bildet es spröde, durchsichtige Lamellen, eine concentrirte Lösung ist gummiartig klebend, eine verdünntere schäumt stark, ist aber nicht fadenziehend. In kaltem Wasser quillt es nur, löst sich aber nicht, wohl aber in heissem Wasser und bleibt dann beim Abkühlen in Lösung. Von der procentischen Zusammensetzung bestimmte Mörner:

$$N\ 12,65,\quad S\ 2,2.$$

Der Schwefel ist zum grössten Theil durch Kochen mit Lauge abspaltbar, doch giebt Zanetti [4]) an, einen Theil des Schwefels nach dem Kochen mit Salzsäure als Schwefelsäure, also ursprünglich in der Form der Aetherschwefelsäure, gefunden zu haben. Ausser der Schwefelbleireaction giebt das Ovimucoid die Millon'sche, Biuret- und Xanthoproteïnreaction; die Reactionen von Liebermann und Adamkiewicz dagegen nach Mörner nicht. Durch Chlornatrium wird das Ovimucoid nicht, durch Natrium- und Magnesiumsulfat nur beim Kochen, durch Ammonsulfat schon in der Kälte ausgesalzen, und zwar fällt es bei $2/3$ Sättigung partiell, ganz erst bei vollständiger Sättigung. Durch

---

[1]) R. Neumeister, Zeitschr. f. Biolog. 27, 309 (1890). — [2]) E. Salkowski, Centralbl. f. d. med. Wiss. 1893, Nr. 31. — [3]) C. T. Mörner, Zeitschr. f. physiol. Chem. 18, 525 (1893). — [4]) C. U. Zanetti, Ann. di Chim. e Farmac. 12. Nach Maly's Jahresber. f. Thierchemie 27, 31 (1897).

Kochen mit Säuren wird eine reducirende Substanz abgespalten, die
von Friedrich Müller und Seemann [1]) genauer untersucht worden
ist. Sie ist ein Glucosamin und identisch mit dem Glucosamin aus
echtem Mucin und Chitin. Aus 100 g Ovimucoid erhielt Seemann
29,4 g Glucosamin. Als weitere Spaltungsproducte fand er Essigsäure
und eine Diäthylsulfinofettsäure. Aus dem Ovimucoid vermochte
Weydemann [2]) genau wie aus den echten Mucinen und dem Pseudomucin „thierisches Gummi" im Sinne von Landwehr darzustellen.

Das Ovimucoid ist bei vielen Untersuchungen dem Eieralbumin
beigemengt gewesen und erklärt so eine Reihe von Abweichungen verschiedener Autoren über die Zusammensetzung und die Eigenschaften
des Albumins.

7. Das Serummucoid.

Im Blutserum fand Zanetti [3]) ein Mucoid, welches in allen Eigenschaften dem Ovimucoid gleicht. Die procentische Zusammensetzung ist:

C 47,6, H 7,1, N 12,93, S 2,38.

Wahrscheinlich ist dies Serummucoid die Muttersubstanz des von
K. A. H. Mörner [4]) aus dem Globulin des Blutserums dargestellten
Kohlehydrats.

8. Das Harnmucoid.

Ein Mucoid, welches ebenfalls mit dem Ovimucoid Aehnlichkeit
hat, aber den echten Mucinen näher steht, stellte K. A. H. Mörner [5])
aus dem menschlichen Harn dar. Es bildet den Haupttheil der Nubecula
des Harns, ein Theil ist indessen auch in Lösung; aus 260 Liter Harn
konnte Mörner im Ganzen 4,3 g isoliren. Das Harnmucoid wird im
Gegensatz zu den letzt besprochenen Mucoiden durch Essigsäure gefällt,
im Ueberschuss ziemlich leicht gelöst. Salze verhindern wie bei den
Mucinen die Fällung, so dass sie im Harn in der Regel misslingt und
die Darstellung von Mörner durch Fällen mit Chloroform vorgenommen
wurde. Ferner geben die meisten Alkaloidreagentien, bis auf Jodquecksilberjodkalium und Ferrocyanwasserstoffsäure, Niederschläge, die
im Ueberschuss löslich sind, von den Metallen dagegen nur Blei. Zu
Salzen verhält es sich wie das Ovimucoid; es giebt alle Farbenreactionen.
Die procentische Zusammensetzung beträgt:

C 49,4, N 12,74, S 2,3.

Gegen Säuren und Alkalien oder Kochen mit Wasser ist es sehr
wenig resistent, sondern wird leicht in ein Alkalialbuminat umgewandelt,

---

[1]) J. Seemann, Dissert. Marburg (1898); Fr. Müller u. J. Seemann,
Deutsche med. Wochenschr. 1899, S. 209. — [2]) H. Weydemann, Dissert.
Marburg 1896. — [3]) C. U. Zanetti, Maly's Jahresbericht f. Thierchemie 27,
31 (1897). — [4]) K. A. H. Mörner, Centralbl. f. Physiol. 7, 581 (1893). —
[5]) Derselbe, Skandinav. Arch. f. Physiol. 6, 332 (1895).

das von Essigsäure nicht mehr gefällt wird, dagegen von Jodqueck-silberjodkalium, und das einen höheren Kohlen- und Stickstoffgehalt besitzt. — Durch Säuren wird ein Kohlehydrat abgespalten; doch geht schon bei der Behandlung mit Alkohol eine reducirende Substanz in den Alkohol über.

Da die Harnwege zweifellose Schleimzellen enthalten, ist das Harnmucoid vielleicht eher als ein echtes Mucin anzusehen, mit denen es ja auch in seinen Eigenschaften zum grossen Theil übereinstimmt.

9. Mucoid aus Ascitesflüssigkeiten.

In einer Anzahl von Ascitesflüssigkeiten verschiedener Aetiologie haben Hammarsten [1]) und sein Schüler Paijkull [2]) ein Mucoid ge-funden, welches den Flüssigkeiten ein opalescirendes Aussehen verlieh. Es ist in reinem Zustande durch Essigsäure fällbar, in der Ascites-flüssigkeit dagegen erst nach Ausfällung des Eiweiss und Entfer-nung der Salze durch Dialyse. Dargestellt wurde es von Hammarsten nach vorherigem Auscoaguliren des Eiweiss durch wiederholte Fällung mit Alkohol und dann mit Essigsäure. Es wird von den Alkaloid-reagentien, auch von Ferrocyankalium, ferner von Salpetersäure, Kupfer-sulfat, Eisenchlorid und Bleiacetat gefällt, giebt die gewöhnlichen Farbenreactionen und hat die procentische Zusammensetzung:

$$C\ 51,4, \quad H\ 6,8, \quad N\ 13,01,$$

enthält auch Schwefel. Durch Kochen mit Säuren giebt es schon nach 30 Minuten deutliche Reduction.

Neben dem Mucoid kommt in den Ascitesflüssigkeiten eine Mucin-albumose vor; Hammarsten vermuthet von ihr, wie von dem Mucoid, dass sie erst secundär aus einer complicirteren Substanz entstehen.

Ueber das Mucoid der Synovialflüssigkeit s. S. 182.

C. Die Phosphoglycoproteïde.

Es sind dies Körper, die mit den Mucinen und Mucoiden nur ihren Kohlehydratgehalt gemein haben und die ausserdem Phosphor enthalten. Von den beiden Substanzen, die Hammarsten unter diesem Namen zusammenfasst, ist das Ichthulin bei den Nucleoalbuminen besprochen worden (s. S. 180), hier soll das sogenannte Helicoproteïd aufgeführt werden, das sonst nicht recht unterzubringen ist.

Hammarsten [3]) hat in der Eiweissdrüse der Weinbergschnecke *Helix pomatia* ein Proteïd von folgender Zusammensetzung gefunden:

$$C\ 46,99, \quad H\ 6,78, \quad N\ 6,08, \quad S\ 0,62, \quad P\ 0,47, \quad Fe.$$

---

[1]) O. Hammarsten, Zeitschr. f. physiolog. Chem. 15, 202 (1891). —
[2]) L. Paijkull, Maly's Jahresbericht für Thierchemie 22, 558 (1892). —
[3]) O. Hammarsten, Pflüger's Arch. f. d. ges. Physiol. 36, 373 (1885).

Es weicht also von allen sonst bekannten Eiweissen erheblich ab.
Es bildet eine weisslich opalescirende Lösung, wird durch Kochen nicht
coagulirt, aber durch Essigsäure in salzfreier Lösung gefällt. Salpetersäure und Salzsäure fällen und lösen im Ueberschuss. Ferner wird
es durch Alaun, Kupfersulfat, Tannin und Jodquecksilberjodkalium
gefällt, nicht aber durch Ferrocyanwasserstoffsäure und Quecksilber-
chlorid. Es giebt die Millon'sche, Adamkiewicz'sche und die
Xanthoproteïnreaction. Durch Pepsinsalzsäure fällt ein Nucleïn oder
Pseudonucleïn. Durch Kochen mit Salzsäure oder Kalilauge entstehen
Albuminate, Albumosen und ein höheres Kohlehydrat, das Sinistrin.
Das Sinistrin dreht links, gährt nicht, reducirt nicht und giebt keine
Jodreaction. Von Ptyalin wird es nicht angegriffen, durch Kochen mit
Säuren aber in ein reducirendes, rechtsdrehendes Kohlehydrat über-
geführt.

IV. Die Albuminoide.

(68) Unter dem Namen der Albuminoide fasst man eine Reihe von Eiweisskörpern zusammen, welche die Gerüstsubstanzen der Thiere bilden. Der Begriff ist demnach kein chemischer, sondern ein anatomischer; er besagt, dass die betreffenden Körper der histologischen Gruppe des Bindegewebes im weitesten Sinne angehören. Sie sind niemals Theile einer thierischen Zelle, sondern sie bilden die Grundsubstanz, in welche die Zellen eingelagert sind. Da aber diese Grundsubstanz von den Zellen producirt wird, so stehen sie genetisch in nächstem Zusammenhang mit den Eiweisskörpern der Zellen, sie gehen aus ihnen hervor, sie können nur aus ihnen entstehen. In den Ernährungsflüssigkeiten der Thiere, Blut, Lymphe etc., kommen keine Albuminoide vor. (Ueber das Glutolin vergl. S. 286.)

Indessen bedingt die anatomische Zusammengehörigkeit doch auch eine Reihe chemischer Eigenthümlichkeiten, die allen Albuminoiden gemeinsam sind. Ihre Function besteht darin, dass sie dem Körper als Stütze und Decke dienen und dem lebenden Protoplasma der Organe Form und Zusammenhalt verleihen, und sie haben daher alle die physikalische Eigenschaft grosser Festigkeit. Dabei kann es sich entweder um die durch Einlagerung von Mineralbestandtheilen bedingte ausserordentliche Härte der Knochen der Wirbelthiere oder der Schalen der Weichthiere oder anderer zum Schutze dienenden Bedeckungen vieler niederer Thiere handeln, für die stets irgend welche Albuminoide die organische Grundsubstanz liefern. Oder es handelt sich um Körper von hoher Elasticität, wie bei den Sehnen und den aus elastischem Gewebe bestehenden Körpertheilen; oder endlich es wird nur, wie bei dem gewöhnlichen Bindegewebe, ein gewisser Grad von zähem Zusammenhalten ohne eigentliche Festigkeit verlangt. Eine Eigenschaft müssen aber alle Gerüstsubstanzen haben, und das ist ihre vollständige Unlöslichkeit in allen thierischen Flüssigkeiten. Alle Albuminoide sind in Wasser und Salzlösungen ganz unlöslich, meist aber auch in verdünnten Säuren oder Alkalien kaum löslich, sondern sie können nur durch Eingriffe in Lösung gebracht werden, die diese ihre Grundeigenschaft aufheben und von denen wir auch sonst wissen, dass alle Eiweisskörper

durch sie zerstört und chemisch verändert werden. Da wir einen
chemischen Körper nun nicht wohl anders als in Lösung vollständig
untersuchen können, so gehört es zur Charakteristik der Albuminoide,
dass sie im nativen Zustande, wie sie im Körper vorkommen, unzugänglich sind und immer erst, nachdem sie mannigfachen Veränderungen unterworfen wurden, zur Untersuchung kommen. Die Isolirung,
die Feststellung der chemischen Individualität, der Eigenschaften und
der Zusammensetzung der Albuminoide ist daher noch viel schwerer,
als bei den Zelleiweissen, die im Protoplasma doch im halbflüssigen,
halbgelösten Zustande vorkommen. Für die Schwierigkeit der Erforschung der Albuminoide ist es charakteristisch, dass die meisten
Untersuchungen über dieselben weit zurückliegen, und dass in den
letzten Jahren, während die Kenntniss der übrigen Eiweisse schnell
zunahm, die der Albuminoide, bis auf das zugänglichere Glutin, kaum
gefördert wurde.

Die Albuminoide bestehen aus denselben fünf Elementen wie die
anderen Eiweisskörper, auch ihre procentische Zusammensetzung weicht
nicht erheblich von der der eigentlichen Eiweisse ab, zeigt übrigens bei
den einzelnen Albuminoiden grosse Differenzen. Beim Kochen mit
starken Säuren und ähnlichen Processen liefern sie die gewöhnlichen
Spaltungsproducte der Eiweisskörper, wenn auch in sehr wechselnden
Mengen. Auch ihr molecularer Aufbau und die eigentlich chemischen
Eigenschaften sind dieselben; sie geben, soweit feststellbar, die Farben-
und Fällungsreactionen der Eiweisskörper und können wie diese sowohl mit Säuren wie mit Basen Salze bilden, auch in ihren aromatischen
Kernen durch Halogene substituirt werden. Ferner ist ihnen mit den
eigentlichen Eiweissen gemein, dass sie bei der Spaltung durch Säuren,
durch überhitzten Wasserdampf, oder durch Verdauungsenzyme zunächst in Albuminate, Albumosen und Peptone überführt werden und
erst weiterhin in die krystallinischen Spaltungsproducte zerfallen.

Was nun die mehr physikalischen Eigenschaften der nativen Eiweisse anlangt, ihren colloidalen Charakter und was damit zusammenhängt, so ist ein Vergleich mit den im festen Aggregatzustande befind-
lichen Albuminoiden nicht wohl möglich. Gelöst aber können diese ja nur
unter Denaturirung und Spaltung werden. Nur das leichtest lösliche
unter den Albuminoiden, das Collagen, macht hiervon eine Ausnahme;
das aus ihm durch kurzes Kochen entstehende Glutin, der Leim, erstarrt beim Erkalten seiner Lösungen zu einer Gallerte, eine Eigenschaft, die seinen Umwandlungsproducten nicht mehr zukommt und
die daher wohl mit der Löslichkeit der genuinen Eiweisse, die ihnen
bei der Denaturirung verloren geht, verglichen werden kann.

Ueber das Moleculargewicht der Albuminoide ist nichts bekannt;
im allgemeinen hat man die Vorstellung, als müsse ihnen bei ihren
physikalischen Eigenschaften, ihrer hohen Dichtigkeit u. s. w. ein noch
höheres Moleculargewicht zukommen, als den löslichen Eiweissen. Die

Berechnung, die Siegfried[1]) aus den Spaltungsproducten und der procentischen Zusammensetzung des Elastins gemacht hat, führt denn auch zu einem Moleculargewicht von 70 000, ist indessen bei der kaum zu beweisenden Reinheit und Einheitlichkeit aller Albuminoide äusserst unsicher.

Die Abgrenzung der Albuminoide gegen die übrigen Eiweisse ist eine scharfe, höchstens könnte man von einigen Uebergängen zu den Mucinen reden, etwa dem Chondromucoid; die Aehnlichkeit beruht indessen nicht auf der chemischen Uebereinstimmung der betreffenden Körper, sondern darauf, dass sie im Organismus zu einer functionellen Einheit zusammengefasst sind. Schwieriger ist dagegen die Abgrenzung gegen eine Reihe nicht eiweissartiger Gerüstsubstanzen, die bei niederen Thieren vorkommen. Zwar dass das Chitin nicht zu den Eiweissen gehört, sondern im wesentlichen aus einem stickstoffhaltigen Kohlehydrat, einem Abkömmling des Glucosamins, besteht, ist durch die Untersuchungen von Ledderhose[2]) u. A. mit Sicherheit festgestellt. Dagegen bestehen bei dem Hyalin und seinen Verwandten Zweifel über seine Stellung, und bei niederen Thieren sind besonders von Krukenberg eine Anzahl Substanzen beschrieben worden, denen er eine Mittelstellung zwischen Eiweissen und Kohlehydraten einräumen will. Ob es sich hier um Gemenge von Albuminoiden mit Chitin handelt, oder um Abspaltung von Kohlehydraten aus Glycoproteïden, oder um wirkliche Uebergänge, steht dahin. Das Amyloid, dem Hammarsten[3]) einen Platz unter den Glycoproteïden zuweist, gehört seinem ganzen Habitus, seiner Festigkeit und ausserordentlichen Schwerlöslichkeit wegen doch wohl zu den Albuminoiden.

Schwieriger ist es, eine rationelle Eintheilung innerhalb der Gruppe der Albuminoide vorzunehmen. Zwar die bei den Wirbelthieren vorkommenden Stoffe sind genügend charakterisirt, die Glutine, Keratine und Elastine; auch das Amyloid nimmt eine deutliche Sonderstellung ein. Dagegen kommen bei den Wirbellosen eine grosse Zahl von Körpern vor, deren Beschreibung und Einordnung äusserst schwierig ist. Dahin gehören das Fibroin der Seide, das eine Stellung zwischen dem Keratin und dem Leim einnimmt, das Spongin der Schwämme, das Conchiolin der Muschelschalen u. s. m. Besonders Krukenberg[4]) hat eine Unzahl derartiger Körper untersucht; ihre Einheitlichkeit ist aber zum grossen Theil so fraglich und vor allem sind seine Beschreibungen so widersprechend und derartig mit theoretischen Speculationen durchsetzt, dass es leider oft unmöglich ist, die Eigenschaften vieler

---

[1]) M. Siegfried, Reticulirtes Gewebe, Habilitationsschrift, Leipzig 1892. — [2]) G. Ledderhose, Chitin und seine Spaltungsproducte; Zeitschr. f. physiol. Chem. 2, 213 (1878). — [3]) O. Hammarsten, Lehrbuch d. physiol. Chem. 1899, S. 47. — [4]) F. C. W. Krukenberg, Zusammengefasst zum Theil in den „Grundzügen einer vergleichenden Physiologie der thierischen Gerüstsubstanzen". Heidelberg 1885.

der beschriebenen Stoffe klar zu erkennen. Es bleibt kaum etwas anderes übrig, als sie einfach aufzuführen.

Sodann existiren auch bei Wirbelthieren eine Anzahl von Substanzen, die anatomisch als Gerüstsubstanzen zu den Bindegeweben gehören, die sich aber von dem eigentlichen Bindegewebe deutlich dadurch unterscheiden, dass sie kein Glutin liefern, und dass sie sehr resistent gegen die Verdauungsenzyme sind; aber auch mit Keratin und Elastin zeigen sie keine Aehnlichkeit. Sie sind insbesondere von Mörner in den lichtbrechenden Medien des Auges, von Hammarsten und seinen Schülern im Muskel und an anderen Orten gefunden und einstweilen als „Albumoide" bezeichnet worden. Sie sind hier als besondere Abtheilung unter diesem Namen zusammengefasst. Auch das Siegfried'sche Reticulin gehört dorthin.

Endlich ist noch eine wesentliche Eigenthümlichkeit der Albuminoide zu erwähnen, die ebenfalls durch ihren anatomischen Charakter bedingt ist und die ihre Eintheilung sehr erschwert, nämlich ihr Altern. Die Zellen werden durch ihren Stoffwechsel fortwährend neu ergänzt und altern nicht; die Zelleiweisse und die löslichen Eiweisse bleiben im Laufe des Lebens der Thiere dieselben. Wohl aber verändert sich im Alter die Zwischensubstanz in erheblicher Weise; sie nimmt an Masse zu und wird fester und härter. Besonders an dem eigentlichen Bindegewebe ist dies deutlich; während junges Bindegewebe überwiegend aus Zellen mit wenig und weicher Grundsubstanz besteht, bildet diese im Alter, etwa bei Narbengewebe, eine derbe, zähe, feste Masse, die mit der Grundsubstanz des jungen Gewebes physikalisch kaum mehr eine Aehnlichkeit hat. Auch bei den anderen Albuminoiden, besonders bei denen, welche die Gerüste oder Schalen der Wirbellosen bilden, spielen diese Altersunterschiede eine Rolle. Dasselbe Gewebe, das im jugendlichen Zustande weich und biegsam war, ist im Alter, zumal wenn noch Kalkeinlagerungen dazu kommen, steinhart. Wie weit dabei nun der betreffende Körper, aus dem das Gewebe besteht, sich auch chemisch ändert, ist meist unbekannt. Die procentische Zusammensetzung zeigt keine deutlichen Abweichungen, aber die Löslichkeit nimmt mit dem Festerwerden naturgemäss immer mehr ab, so dass Collagen und Elastin dem Keratin ähnlich werden, während ihre Spaltungsproducte, ihre Reactionen und ihre Zusammensetzung die früheren geblieben sind. Bei den wenig erforschten Verhältnissen der Wirbellosen weiss man dann gar nicht mehr, wozu man die betreffenden Substanzen rechnen soll, ob man ganz verschiedene chemische Körper oder einen und denselben, durch verschiedenes Alter physikalisch verändert, vor sich hat. Eine Menge von Widersprüchen der Autoren erklären sich durch diese Altersdifferenzen der Albuminoide.

Zum Schlusse ist noch die Beschreibung der Melanine, der aus dem Eiweiss hervorgehenden Farbstoffe, angefügt.

I. Collagen. Leim.

(69) Die Fibrillen des gewöhnlichen Bindegewebes, die Grundsubstanz der Knochen und Knorpel, besteht aus „leimgebendem Gewebe" oder Collagen. Wenn man dies Collagen mit kochendem Wasser behandelt, so geht es mehr oder weniger leicht in Lösung, und diese in Wasser lösliche Substanz nennt man Glutin, Leim oder Gelatine. Die wichtigste Eigenschaft des Glutins ist, dass es beim Abkühlen seiner Lösungen auf Zimmertemperatur zu einer Gallerte erstarrt, die sich beim Erwärmen wieder auflöst, um beim Erkalten von Neuem zu entstehen.

Das Glutin oder der Leim ist im trockenen Zustande wie alle Eiweisse ein farbloses, amorphes Pulver; von Krystallisation ist nichts bekannt. In der Regel aber kommt es in glasigen, noch wasserhaltigen Stücken, der bekannten käuflichen Gelatine, vor. Wegen seiner leichten Zugänglichkeit ist es oft untersucht und analysirt worden, ohne dass über seine Eigenschaften eine vollständige Einigung erzielt wäre. Es liegt dies vor allem an der Art der Gewinnung. Denn das Glutin entsteht ja erst durch Kochen aus dem nativen Collagen und wird andererseits durch Kochen, wenigstens bei saurer oder alkalischer Reaction, weiter gespalten. Es ist also ganz natürlich, dass durch die Intensität des Kochens, die Reaction etc. gewisse Abweichungen zu Stande kommen müssen, die in den Eigenschaften und den Analysenzahlen zum Ausdruck gelangen.

Aeltere Analysen stammen von Scherer[1]) und Schliefer[2]), neuere insbesondere von Chittenden[3]), van Name[4]), Mörner[5][6][7][8]) und Faust[9]).

Folgende ˙Analysenzahlen sind bekannt (siehe die Tabelle auf S. 274).

Diese Zahlen ergeben, dass die Glutine verschiedener Herkunft anscheinend nicht identisch sind, da die Differenzen z. B. im Stickstoffgehalt zwischen Fischleim und Knorpelleim zu gross sind, um in Unterschieden der Darstellungsart ihre Erklärung zu finden. Dagegen zeigen die Analysen für Leim gleicher Herkunft eine Uebereinstimmung, die in Anbetracht der oben erörterten Verhältnisse eine recht gute zu nennen ist. Die Zahlen sind sich ähnlicher, als etwa die von verschie-

---

[1]) J. Scherer, Ann. Chem. Pharm. 40, 1 (1841). — [2]) Schliefer, ibid. 58, 378 (1846). — [3]) R. H. Chittenden and Fr. P. Solley, Journ. of Physiol. 12, 23 (1891). — [4]) W. G. van Name, Journ. of experim. Med. 2, 117 (nach Maly's Jahresber. f. Thierchemie 27, 34) (1897). — [5]) C. T. Mörner, Glutin, Zeitschr. f. physiol. Chem. 28, 471 (1898). — [6]) Derselbe, Fischschuppen, ibid. 24, 125 (1897). — [7]) Derselbe, Hornhaut, ibid. 18, 213 (1893). — [8]) Derselbe, Trachealknorpel, Skandinav. Arch. f. Physiol. 1, 210 (1889). — [9]) E. S. Faust, Schmiedeberg's Arch. f. exper. Patholog. u. Pharmak. 41, 309 (1898).

	C	H	N	S	O	
Käufliche Gelatine . . .	49,38	6,8	17,97	0,7	25,13	Chittenden
„ „ . . .	49,09	6,76	17,68	—	—	Faust
„ „ . . .	—	—	—	0,56	—	Schliefer
„ „ . . .	—	—	—	0,2 bis 0,25	—	Mörner [1])
Glutin aus Sehnen . . .	50,11	6,56	17,81	0,256	25,24	van Name
„ „ „ . . .	50,9	7,18	18,32	—	—	Scherer
Fischleim (Glutin aus Hausenblase)	49,9	6,73	17,95	—	—	Goudoever [2])
	50,0	6,9	18,79	—	—	Scherer
	48,69	6,76	17,68	—	—	Faust
Glutin aus Hornhaut . .	—	—	16,95	0,3	—	Mörner [3])
Glutin der Fischschuppen	—	—	17,51	0,52	—	Mörner [4])
Glutin des Knorpels vom Rind.	—	—	16,14	—	—	Mörner [5])
Glutin des Knorpels von *Raja batis*	—	—	16,04	—	—	Lönnberg [6])
Collagen, nicht in Glutin verwandelt	50,75	6,47	17,86	—	—	Hofmeister [7])

denen Serumalbuminen, und sie zeigen trotz einzelner Abweichungen auch für die verschiedenen Glutine viel Gemeinsames. Sie ergeben, dass der Kohlenstoffgehalt niedriger ist, als bei den eigentlichen Eiweissen, und der Stickstoff- und Sauerstoffgehalt höher. Auf dem niedrigen Kohlenstoffgehalte beruht auch die niedrige Verbrennungswärme, die Berthelot und Stohmann [8]) um etwa 500 bis 700 cal. kleiner fanden, als die der eigentlichen Eiweisse. Mit der procentischen Zusammensetzung stimmt vollständig überein, was wir von den Spaltungsproducten des Leims wissen.

Seit alters galt als charakteristisch für den Leim, dass er bei der Spaltung Glycocoll lieferte, das den Eiweissen sonst fehlen sollte und das zuerst 1820 von Braconnot [9]) aus dem Leim dargestellt wurde. Das Glycocoll wurde dann von allen späteren Untersuchern unter den Zersetzungsproducten des Leims reichlich gefunden, so von Horba-

[1]) O. T. Mörner, Glutin, Zeitschr. f. physiol. Chem. 28, 471 (1898). — [2]) L. C. v. Goudoever, Ann. Chem. Pharm. 45, 62 (1843). — [3]) C. T. Mörner, Hornhaut, Zeitschr. f. physiol. Chem. 18, 213 (1893). — [4]) Derselbe, Fischschuppen, ibid. 24, 125 (1897). — [5]) Derselbe, Trachealknorpel, Skandinav. Arch. f. Physiol. 1, 210 (1889). — [6]) Ing. Lönnberg, Hammarsten's Referat nach dem Schwedischen in Maly's Jahresber. f. Thierchemie 19, 325 (1889). — [7]) F. Hofmeister, Zeitschr. f. physiol. Chem. 2, 299 (1878). — [8]) F. Stohmann u. H. Langbein, J. f. pr. Chem. (2) 44, 336 (1891). — [9]) Braconnot, Ann. chim. phys. [2], 13, 114 (1820). Citirt nach Spiro, Zeitschr. f. physiol. Chem. 28, 174 (1899).

czewski [1]), Gäthgens [2]), Drechsel und E. Fischer [3]), C. S. Fischer [4]) und Gonnermann [5]) bei der Säurespaltung, von Nencki [6]) und Nencki und Selitrenny [7]) bei der Fäulniss. Dagegen zeigte Spiro [8]), dass das Glycocoll auch in anderen Eiweissen vorkommt, also nicht für den Leim charakteristisch ist. Nur entsteht es aus dem Leim in viel grösserer Menge; während Spiro aus den eigentlichen Eiweissen nur wenig darzustellen vermochte, erhielt Gonnermann aus 100 g Leim 8,44 g Glycocoll. Von den anderen Spaltungsproducten der Eiweisse wurde stets Leucin gefunden, ausserdem Glutaminsäure — von Horbaczewski 15 bis 18 Proc. des Leims —, Asparaginsäure, Ammoniak, Kohlensäure und Oxalsäure. Maly [9]) und Schützenberger [10]) fanden bei der Barytspaltung auch die niederen Homologen des Leucins, Aminopropionsäure, Aminobuttersäure und Aminovaleriansäure, bezw. die betreffenden einfachen Säuren, ebenso Nencki [11]) bei der Fäulniss; es handelt sich dabei wohl um secundäre Producte (s. S. 59). Ferner fanden Drechsel und E. Fischer unter den Spaltungsproducten der Säurespaltung Lysin und Lysatinin, d. h. Arginin. Ja es ergab sich bald, dass das Glutin sogar sehr viel von diesen Diaminosäuren enthält, nächst dem Histon und dem Edestin am meisten von allen Eiweissen; nach Hausmann [12]) enthält Leim 35,83 Proc. seines Stickstoffs in der Form von Diaminosäuren (das Histon enthält 40 Proc.); dagegen sind nur 1,61 Proc. Ammoniakstickstoff und 62,56 Proc. sind in der Form von Monoaminosäuren enthalten. Hausmann berechnet, dass unter der Voraussetzung, dass die Diaminosäuren nur Arginin seien, der Leim 20,05 Proc. Arginin liefern müsse, in Wirklichkeit kommt natürlich ein erheblicher Theil auf die anderen Diaminosäuren. Hedin [13]) fand als Minimum 2,6 Proc. Arginin, eine sehr hohe Zahl, Drechsel und Fischer Lysin in beträchtlicher Menge; der Nachweis von Histidin und Diaminoessigsäure scheint bisher nicht erbracht zu sein, womit ihr Vorhandensein natürlich nicht ausgeschlossen ist.

Eine weitere Thatsache, die schon bei den ersten Spaltungsversuchen des Leims auffiel, ist das Fehlen des Tyrosins. Weder bei einer der genannten Säurespaltungen [14]), noch bei der Fäulniss konnte

[1]) J. Horbaczewski, Sitzungsbericht der Wiener Akad. 80, math.-naturwissensch. Classe, Abth. II (1879). — [2]) C. Gäthgens, Zeitschr. f. physiol. Chem. 1, 299 (1877). — [3]) E. Fischer, Arch. f. Anat. u. Physiol., Physiol. Abth. 1891, S. 265. — [4]) C. S. Fischer, Zeitschr. f. physiol. Chem. 19, 164 (1894). — [5]) M. Gonnermann, Pflüger's Arch. f. d. ges. Physiol. 59, 42 (1895). — [6]) M. Nencki, Ber. deutsch. chem. Ges. 7, II, 1593 (1874). — [7]) L. Selitrenny, Monatshefte f. Chemie 10, 908 (1889). — [8]) K. Spiro, Zeitschr. f. physiol. Chem. 28, 174 (1899). — [9]) R. Maly, Monatshefte f. Chemie 10, 26 (1889). — [10]) M. P. Schützenberger, Bull. de la Soc. chim. 23 u. 24 (1875); Derselbe und A. Bourgeois, Compt. rend. 82, 262 (1876). — [11]) M. Nencki, Maly's Jahresbericht für Thierchemie 6, 31 (1876). — [12]) W. Hausmann, Zeitschr. f. physiol. Chem. 27, 95 (1899). — [13]) S. G. Hedin, ibid. 21, 155 (1895). — [14]) J. Horbaczewski, Sitzungsber. d. Wiener Akad. 80, Math. Naturw. Cl., II, Juni (1879).

jemals etwas von dem so leicht nachzuweisenden Tyrosin oder seinen
Abbauproducten beobachtet werden. Nur Nencki und Selitrenny [1])
fanden bei der anaërobiotischen Zersetzung durch den *B. liquefaciens
magnus* Spuren von aromatischen Oxysäuren. Dementsprechend giebt
auch der Leim sowohl wie seine Spaltungsproducte, Gelatosen und
Glutinpepton, die Millon'sche Reaction nur schwach. Lange hat man
angenommen, sie fehlte dem reinen Leim ganz und würde nur durch
nicht völlig beseitigte Beimengungen von Eiweiss zu der Gelatine
bedingt. Indessen ist dies nach den neuesten Angaben von van Name [2])
und Mörner [3]) doch unwahrscheinlich; beide haben das Glutin wochen-
lang mit Alkalien, Säuren oder Trypsin so gründlich behandelt, dass
es die schwer zu entfernenden Aschenbestandtheile nur noch in Spuren
enthielt und daher kaum angenommen werden kann, dass trotzdem noch
Eiweiss ungelöst zurückgeblieben ist. Nichtsdestoweniger haben beider
Präparate eine zwar schwache, aber unzweifelhafte Millon'sche Reaction
gegeben. Auch die Xanthoproteïnreaction, die ja ebenfalls der Oxyphenylgruppe zugeschrieben wird, fand Mörner deutlich positiv. Als
ganz sicher kann deshalb das völlige Fehlen der Oxyphenylgruppe im
Leim nicht angesehen werden; es ist übrigens daran zu erinnern, dass
auch die reine Heteroalbumose von Pick [4]), die ausschliesslich der Anti-
hälfte des Eiweiss angehört und daher tyrosinfrei ist, mit dem Millon'-
schen Reagens immer noch eine, wenn auch schwache Rothfärbung
giebt. — Ebenso wenig wie das Tyrosin sind Indol und Skatol bei der
Kalischmelze oder der Fäulniss des Leims gefunden worden [5]) [6]). —
Die dritte aromatische Gruppe des Eiweiss dagegen, die nicht-hydroxy-
lirte Phenylaminopropionsäure, ist im Leim reichlich vorhanden. Maly [5])
fand bei der Barytzersetzung des Leims in reichlicher Menge Benzoësäure, Selitrenny bei der Fäulniss Phenylpropionsäure und Phenylessigsäure, alle drei Abkömmlinge der Phenylaminopropionsäure. Er
schätzt sie auf etwa 2 bis 3 Proc. des Ausgangsmaterials. Die Ansicht
Neumeister's [7]), dass der Leim gar keine Benzolderivate enthalte, ist
also irrthümlich; nur die bekannteren, leichter nachweisbaren, Tyrosin
und die Indolgruppe, fehlen ihm.

Aus diesem Verhältniss der Spaltungsproducte erklärt sich die
procentische Zusammensetzung des Leims; das Ueberwiegen der stick-
stoffreichen Diaminosäuren einerseits, das Fehlen eines Theiles der
kohlenstoffreichen aromatischen Gruppen andererseits bedingt den
hohen Stickstoff- und Sauerstoff-, den niederen Kohlenstoffgehalt. Aber

---

[1]) L. Selitrenny, Monatshefte f. Chem. **10**, 908 (1889). — [2]) W. G.
van Name, Journ. of experiment. Med. **2**, 117 (nach Maly's Jahresber. f.
Thierchemie **27**, 34) (1897). — [3]) C. T. Mörner, Zeitschr. f. physiol. Chem.
28, 471 (1899). — [4]) E. P. Pick, ibid. **28**, 219 (1899). — [5]) R. Maly,
Monatshefte f. Chemie **10**, 26 (1889). — [6]) M. Nencki, Ber. deutsch. chem.
Ges. **7**, II, 1593 (1874). — [7]) R. Neumeister, Lehrbuch d. physiol. Chem.,
S. 62 (1897).

noch etwas weiteres ergiebt sich daraus: genau so wie der Leim, verhält sich nach Pick[1]) die Antigruppe des Eiweiss, also bisher die Heteroalbumose. Sie enthält viel Diaminosäuren — 39 Proc. des Stickstoffs gegen 36 Proc. beim Leim —; sie liefert bei der Säurespaltung Glycocoll und viel Leucin, aber kein Tyrosin, bei der Kalischmelze Benzoësäure und viel Säuren der Fettreihe, dagegen kein Indol. Die Millon'sche Reaction giebt sie sehr schwach, ebenso die Xanthoproteïnreaction. Die Uebereinstimmung ist in der That eine so grosse, dass man wohl annehmen muss, dass der Leim ganz oder doch weit überwiegend aus der Antigruppe der Eiweisskörper besteht. Auch was wir von der Verdauung des Leims wissen, stimmt hiermit überein. Klug[2]) und Chittenden[3]) beobachteten bei der Pepsin-, wie bei der nachfolgenden Trypsinverdauung die Abscheidung eines unlöslichen Gerinnsels, eines „Antiglutids", das auch wie das Antialbumid einen höheren Kohlenstoffgehalt hat, als die löslichen Albumosen. Und beide fanden, ebenso wie vor ihnen Nencki[4]) und Tatarinoff[5]), eine grosse Resistenz gegen das Trypsin, das auch bei lange fortgesetzter Verdauung wesentlich nur zur Bildung von Albumosen und Pepton, nicht oder wenig zu krystallinischen Producten führt. Dass Chittenden nach den Löslichkeitsverhältnissen nur von einer Protogelatose spricht und keine Heterogelatose erwähnt, kann demgegenüber nicht in Betracht kommen. Etwas Genaueres auszusagen, ist bei dem heutigen Stande des Wissens unmöglich, die Aehnlichkeit des chemischen Aufbaues zwischen dem Leim und der Antialbumose verdient aber jedenfalls Beachtung. Der Leim ist bisher ausser dem Caseïn der einzige, in dieser Hinsicht gut charakterisirte Eiweisskörper.

Ueber die Abspaltung eines Kohlehydrats aus Glutin ist nichts bekannt; ein reducirender Körper ist unter den Spaltungsproducten des gewöhnlichen Leims niemals beobachtet worden; die älteren Angaben, dass im „Chondrin", dem Knorpelleim, ein Zucker, bezw. ein Glucosamin enthalten ist, beweisen nichts, da der Knorpel ein Mucoid enthält. Dagegen giebt Glutin sowohl wie Glutinopepton nach Klug[6]) die Molisch'sche Reaction, die dagegen nach ihm dem Antiglutid, nach Hofmeister[7]) dem Semiglutin, einer der Albumosen, fehlt. Die Frage nach dem Zuckergehalt ist offenbar beim Leim noch ebenso wenig spruchreif, wie bei den eigentlichen Eiweissen.

Ebenso ist die Höhe des Schwefelgehaltes des Leims noch strittig. Während die früheren Leimanalysen von Schliefer[8]), Verdeil[9]),

[1]) E. P. Pick, Zeitschr. f. physiol. Chem. 28, 219 (1899). — [2]) F. Klug, Verdaulichkeit des Leims, Pflüger's Arch. f. d. ges. Physiol. 48, 100 (1891). — [3]) R. H. Chittenden and F. P. Solley, Journ. of Physiol. 12, 23 (1891). — [4]) M. Nencki, Ber. deutsch. chem. Ges. 7, II, 1593 (1874). — [5]) P. Tatarinoff, Centralbl. f. d. med. Wiss. 1877, S. 275. — [6]) F. Klug, Pflüger's Arch. f. d. ges. Physiol. 48, 100 (1891). — [7]) F. Hofmeister, Zeitschr. f. physiol. Chem. 2, 299 (1878). — [8]) Schliefer, Ann. Chem. Pharm. 58, 378 (1846). — [9]) F. Verdeil, ibid. 58, 317 (1846).

Faust[1]) und Mörner[2]) etc. etwa 0,5 Proc. Schwefel ergaben, haben neuerdings van Name[3]) und Mörner[4]) nur mehr 0,25, bezw. 0,2 Proc. Schwefel erhalten, also gerade halb so viel, wie die anderen. Mörner hat durch Vergleiche vor und nach der Behandlung festgestellt, dass nicht etwa durch seine ausführliche Reinigungsmethode sein Präparat Schwefel verloren hat, aber es lässt sich immer noch einwenden, dass dieser Verlust bei der vorherigen Darstellung — Mörner benutzte käufliche Gelatine — stattgefunden haben kann. Denn die Differenz entspricht anscheinend dem locker gebundenen Schwefel. Mörner's Präparat enthielt keinen abspaltbaren, sondern nur festen Schwefel, und gab dementsprechend auch die Schwefelbleireaction nicht. Dagegen haben andere Beobachter, wie Horbaczewski Schwefelwasserstoff, Nencki und Selitrenny bei der Fäulniss Methylmercaptan beobachtet. Es ist daher zwar möglich, dass Mörner Recht hat, und das reine Glutin nur 0,2 bis 0,25 Proc. Schwefel enthält, während die höheren Zahlen von Beimengungen stammen. Es ist aber ebenso möglich, dass das Glutin die doppelte Schwefelmenge enthält, wovon die eine Hälfte leicht, die andere nicht abspaltbar ist. Der nicht abspaltbare Schwefel ist nach Mörner ebenso wenig oxydirt wie bei den anderen Eiweisskörpern, widersteht der Oxydation vielmehr so energisch, dass selbst bei Verbrennung des Glutins durch Königswasser nur ein kleiner Theil zu Schwefelsäure wird; der Rest wird anscheinend zu Methylsulfonsäure.

Was die Reactionen des Glutins anlangt, so ist von der Millon'schen Reaction, der Schwefelblei- und den Furfurolreactionen schon die Rede gewesen. Alle Glutine geben die Biuretreaction[5]); die Angaben über die Xanthoproteïnreaction widersprechen sich.

Doch stimmen Klug[5]) und Hofmeister[6]) darin überein, dass mindestens beim Zusatz von Natronlauge zu der mit Salpetersäure gekochten Lösung eine schwache Gelbfärbung eintritt.

Die Fällungsreactionen sind von Klug[5]), Mörner[7]) u. A. für das ungespaltene Glutin, von Klug[5]) und Hofmeister[6]) für die Glutosen beschrieben worden. Danach wird das Glutin von Salpetersäure und anderen Mineralsäuren nicht gefällt, auch nicht durch einfaches Ansäuern mit Essigsäure oder verdünnter Salzsäure. Ebenso fällen die meisten Schwermetallsalze, neutrales Bleiacetat, Silbernitrat, Kupfersulfat, Eisenchlorid, Alaun, nicht. Dagegen fällen Platinchlorid, Gold-

---

[1]) C. S. Faust, Schmiedeberg's Arch. f. experim. Patholog. u. Pharmak. 41, 309 (1898). — [2]) C. T. Mörner, Organische Grundsubstanz der Fischschuppen, Zeitschr. f. physiol. Chem. 24, 125 (1897). — [3]) W. G. van Name, Maly's Jahresber. f. Thierchem. 27, 34 (1897). — [4]) C. T. Mörner, Zeitschr. f. physiol. Chem. 28, 471 (1899); Derselbe, Hornhaut-Collagen, ibid. 18, 213 (1893). — [5]) F. Klug, Pflüger's Arch. f. d. ges. Phys. 48, 100 (1891). — [6]) F. Hofmeister, Zeitschr. f. physiol. Chem. 2, 299 (1878). — [7]) C. T. Mörner, Trachealknorpel, Skandinavisches Archiv f. Physiologie 1, 210 (1889).

chlorid und Zinnchlorür; die Niederschläge sind in der Siedehitze löslich und kehren beim .Erkalten wieder. Auch Quecksilbernitrat und basisches Bleiacetat fällen, ebenso Quecksilberchlorid, letzteres aber nur bei Gegenwart von Salzsäure oder von neutralen Salzen. — Die Alkaloidreagentien fällen im allgemeinen alle; der Niederschlag mit Phosphorwolframsäure ist auch in der Wärme beständig, die mit Pikrinsäure, Gerbsäure, Chromsäure, Jodquecksilberjodkalium und Salzsäure sind in der Wärme löslich, um beim Erkalten wiederzukommen. Auch Brom- und Chlorwasser und Jodjodkalium fällen. Mit Gerbsäure giebt aschefreies Glutin ebenso wenig einen Niederschlag wie salzfreie Eiweisslösungen; es ist vielmehr ein Zusatz von Salz erforderlich [1] [2]). Dasselbe gilt von der Fällung mit Alkohol. — Bis vor kurzem galt es als charakteristisch für Leimlösungen im Gegensatz zu allen Eiweissen, dass sie mit Ferrocyankalium und Essigsäure keine Fällung geben [3]); Mörner [2]) hat indessen gezeigt, dass man in der Kälte — unter 30° C. — und mit stark verdünnten Lösungen doch einen Niederschlag erzielen kann, der sich aber in einem Ueberschuss von Glutin sowohl wie von den Reagentien wieder löst, und deren Auftreten auch durch die gleichzeitige Gegenwart von Salzen, organischen Säuren oder Basen oder Harnstoff verhindert wird. Die Glutosen geben die Fällung unter keinen Umständen. Das Verhalten zu Salzen ist wenig untersucht; nach Klug wird das Glutin durch schwefelsaures Ammoniak gefällt, nach Mörner ausserdem durch schwefelsaures Natron.

Das Verhältniss des Glutins zu seiner Muttersubstanz, dem Collagen, das man früher als eine Isomerie auffasste, ist nach Hofmeister [4]) eine hydrolytische Spaltung des Collagens. Auf die Analyse ist zwar kaum Werth zu legen, aber Hofmeister fand, dass das Gewicht des Leims — freilich nur $^3/_4$ Proc. — grösser ist, als das des entsprechenden Collagens. Für diese Frage ist vielleicht bedeutungsvoll, dass es Hofmeister gelungen ist, Glutin durch trockenes Erhitzen auf 130° in ein unlösliches Anhydrid, das er für Collagen hält, zu verwandeln, aus dem durch Kochen mit Wasser unter Druck bei 120° wieder unverändertes Glutin gewonnen werden konnte. Indessen ist diese Auffassung des Vorganges als einer Rückverwandlung in Collagen nicht bewiesen. Das Glutin entsteht aus dem Collagen am leichtesten durch Kochen mit Säuren; aber auch anhaltendes Kochen mit Wasser bringt das Collagen in Lösung. Die Zeit, die hierfür erforderlich ist, wechselt bei den einzelnen Glutinen sehr; so fand Mörner [5]) das Collagen der Fischschuppen viel leichter löslich als das aus gewöhnlichem Bindegewebe oder gar das aus Knorpel und Knochen.

---

[1]) H. Weiske, Zeitschr. f. physiol. Chem. 7, 460 (1883). — [2]) C. T. Mörner, ibid. 28, 471 (1899). — [3]) Joh. Müller, Ann. Chem. Pharm. 21, 277 (1837). — [4]) F. Hofmeister, Zeitschr. f. physiol. Chem. 2, 299 (1878).— [5]) C. T. Mörner, ibid. 24, 125 (1897).

Das Glutin ist in kaltem Wasser unlöslich, quillt aber darin auf; ebenso ist es in Salzlösungen, Säuren oder Alkalien unlöslich. In heissem Wasser ist es dagegen äusserst leicht löslich; eine derartige Lösung erstarrt beim Abkühlen zu einer Gallerte, die je nach der Concentration die derbe Consistenz des Tischlerleims besitzt oder dünn und zitternd ist. Die Verflüssigung bezw. Erstarrung der Gelatine findet ungefähr bei 30° C. statt [1]), hängt indessen wohl etwas von der Concentration ab. Früher ist öfter davon die Rede gewesen, dass das Glutin nur bei Salzgegenwart gelatiniren könne, ähnlich wie die colloidale Kieselsäure erstarrt, wenn Salze zugegen sind. Mörner [2]) hat indessen die Unrichtigkeit dieser Anschauung dargethan; wenigstens enthielten seine reinsten Präparate aus Fischschuppen [3]) nur 0,14 Proc. Asche, manche noch weniger, und gelatinirten trotzdem gut; Zusätze von Salz aber bewirkten keine Beschleunigung der Gelatinirung. Dagegen fand er, dass stärkere Salzconcentrationen, 10 Proc. Chlornatrium — bei Jodkalium genügten noch geringere Mengen — die Gelatinirung erschwerten oder ganz aufhoben, eine Erscheinung, die schon vor ihm Dastre und Floresco [4]) beobachtet, aber anders gedeutet hatten (s. unten).

Diese Fähigkeit zu gelatiniren kommt nur dem unveränderten Leim zu, nicht aber seinen Umwandlungsproducten, den Gelatosen, oder dem Glutinpepton. Wenn eine Leimlösung daher mit irgend welchen Mitteln behandelt wird, durch die Eiweisskörper in Albumosen gespalten werden, so verliert sie die Fähigkeit, zu erstarren. Dies geschieht durch Kochen mit Wasser mit oder ohne erhöhten Druck, — allerdings ist gewöhnlich keine neutrale Reaction vorhanden gewesen, so dass es sich zum Theil um Wirkung verdünnter Säuren oder Alkalien handelt — ferner durch Kochen mit Säuren oder Alkalien, durch die Pepsin- und die Trypsinverdauung und die Fäulniss. Durch diese Processe wird der Leim erst in Gelatosen, dann in Glutinpepton, unter Umständen endlich in einfachere Spaltungsproducte zerlegt. Die ältere, auf Gmelin und Berzelius zurückgehende Literatur, in der wesentlich nur die Thatsache der Veränderung bezw. Spaltung des Leims festgestellt wurde, findet sich bei Hofmeister [5]) zusammengestellt.

Die Spaltungsproducte, die 30 stündiges Kochen bei schwach saurer Reaction aus Gelatine entstehen lässt, untersuchte Hofmeister [5]). Er fand, dass das Gewicht der Summe der Verdauungsproducte um 2,22 Proc. höher war, als das der angewandten Gelatine und bewies so die vollzogene hydrolytische Spaltung im Gegensatz zu der bis dahin vielfach angenommenen Umlagerung. Unter den gebildeten Gelatosen,

[1]) R. Koch, Mittheil. a. d. Kaiserl. Gesundheitsamt, I, S. 26 (1881). — [2]) C. T. Mörner, Zeitschr. f. physiol. Chem. 28, 471 (1899). — [3]) Derselbe, ibid. 24, 125 (1897). — [4]) A. Dastre und N. Floresco, Arch. de Physiol. norm. et patholog. 27, 701 (1895). — [5]) F. Hofmeister, Zeitschr. f. physiol. Chem. 2, 299 (1878).

die den Atmidalbumosen ·des Eiweiss an die Seite zu stellen wären, unterschied er zwei Körper:

1. Das Semiglutin: Es ist in Alkohol von 70 bis 80 Proc. unlöslich, seine Salze mit Säuren oder Basen sind aber darin löslich. Sein Verhalten zu Fällungsmitteln ist im wesentlichen das des unveränderten Glutins.

2. Das Hemicollin. Es ist in Alkohol von 80 Proc. noch gut löslich. Durch Alkaloidreagentien wird es gefällt, desgleichen von basischem Bleiacetat und Silbernitrat, dagegen nicht von Platinchlorid, was zu seiner Trennung von dem Semiglutin benutzt wurde. Auch seine procentische Zusammensetzung weicht wenig ab. Beide Körper sind offenbar Albumosen. Bei der Spaltung lieferten sie Leucin und Glycocoll.

Die Spaltungsproducte des Leims mit Pepsinsalzsäure sind früher von Tatarinoff[1]), der dabei ebenso wie bei der Trypsinverdauung, Erhitzen auf 120° und Fäulniss diffusibles „Leimpepton", d. h. Albumosen erhielt, später von Chittenden[2]) und Klug[3]) untersucht worden. Beide fanden, wie bereits erwähnt, die Bildung eines unlöslichen Rückstandes, den Klug „Apoglutin" nennt und der einen höheren Kohlenstoffgehalt hat als das Glutin. Er wird auch von Trypsin nicht angegriffen und giebt die Millon'sche, die Biuret- und Xanthoproteïnreaction, nicht aber die nach Molisch. Er entspricht dem Antialbumid. Von löslichen Gelatosen oder Glutosen fand Chittenden Proto- und Deuterogelatose, Klug eine primäre und eine Deuteroalbumose. Pepton oder Deuteroalbumose C wurde von keinem Beobachter gefunden.

Chittenden und Klug haben auch die Trypsinverdauung untersucht: Chittenden fand Protogelatose, Deuterogelatose und Pepton, Klug einen Körper, den er Glutinopepton nennt, der aber eine Albumose ist. Krystallinische Producte haben beide nicht beobachtet. Auch Nencki[4]) fand bei der Combination von Trypsinverdauung und Fäulniss der Hauptmasse nach Pepton, nur wenig Leucin und Glycocoll.

Ferner sind die Untersuchungen von Nasse[5]) und seinen Schülern Krüger und Framm[6]) zu erwähnen, die speciell die specifische Drehung der Glutosen untersuchten, die sie durch viertägiges Erhitzen unter Druck erhielten. Sie nennen das native Glutin α-Glutin, die Glutosen β-Glutin. Nasse fand, dass das Glutin eine sehr starke Linksdrehung zeigt; er bestimmte:

$$\alpha_D = -167,5.$$

[1]) P. Tatarinoff, Centralbl. f. d. med. Wissensch. 1877, S. 275. —
[2]) R. H. Chittenden and F. P. Solley, Journ. of Physiol. 12, 23 (1891). —
[3]) F. Klug, Pflüger's Arch. f. d. ges. Physiol. 48, 100 (1891). — [4]) M. Nencki, Ber. deutsch. chem. Ges. 7, II; 1593 (1874). — [5]) O. Nasse u. A. Krüger, Naturf.-Gesellsch. zu Rostock, Rostocker Ztg. 1889, Nr. 105 (Separatabdr.). —
[6]) F. Framm, Pflüger's Arch. f. d. ges. Physiol. 68, 144 (1897).

Das β-Glutin, das Glutosengemenge, hat dagegen nur:

$$\alpha_D = -130,18 \text{ bis } -125,46.$$

Framm beobachtete ferner, was bei allen Untersuchungen der Polari-
sation von Eiweissen sehr zu beachten ist, dass die specifische Drehung
erstens von der Concentration beeinflusst wird und zweitens durch Zu-
sätze starke Aenderungen erfahren kann. So setzen Aethyl- und
Methylalkohol die Drehung herab; ferner setzen viele Neutralsalze die
Drehung herab, die Chloride und die Nitrate in äquimolecularen
Lösungen gleich stark, die Jodide stärker, von den Sulfaten nur einige.
Nach Entfernung der Salze wird die Drehung die alte. Auch Säuren
und Alkalien beeinflussen die Drehung, aber anscheinend durch Veränderungen der Glutosen, da die Aenderungen dauernde sind.

Die Glutinpeptone, die durch Kochen mit Salzsäure entstehen, hat
Paal [1]) untersucht und zwar in Gestalt ihrer salzsauren Salze. Ein
Theil seiner Präparate, die schwerer löslichen mit niederem Säuregehalt,
sind zweifellos Albumosen und Peptone, die leicht löslichen, leicht
diffundirbaren mit dem höchsten Salzsäuregehalt bestehen aber, wie
es scheint, aus einem Gemenge von Pepton mit krystallinischen Spaltungsproducten.

Wie die eigentlichen Eiweisse ist auch der Leim von Maly [2]) der
oxydativen Spaltung durch Kalilauge und Permanganat unterworfen
worden. Er fand, dass der Leim schon durch gelinde Oxydation in
einen Körper verwandelt wird, der der Peroxyprotsäure entspricht, die
aus dem Eiweiss erst durch sehr anhaltende Behandlung entsteht, was
nach den obigen Ausführungen auf dem Ueberwiegen der Antigruppe
im Leim beruht.

Endlich ist noch die Angabe von Dastre und Floresco [3]) zu erwähnen, die gefunden zu haben glauben, dass Leim allein durch Salzlösungen bei Körpertemperatur unter Ausschluss von Fäulniss in
Glutosen verwandelt wird. Sie schliessen dies indessen nur aus dem
Ausbleiben der Gelatinirung und Mörner [4]) hat diese sogenannte
„digestion saline" auf die Verhinderung der Gelatinirung durch Salze
zurückgeführt.

Wie alle Eiweisskörper vermögen das Glutin und die Glutosen
mit Säuren und mit Basen Salze zu bilden; diejenigen mit Salzsäure
sind, wie eben erwähnt, von Paal untersucht worden. Das Glutin hat
aber überwiegend Säurecharakter, nach Hofmeister [5]), Tatarinoff [6])
und Nasse [7]) reagirt es in reinem Zustande sauer und zerlegt kohlen-

---

[1]) C. Paal, Ber. deutsch. chem. Ges. 25, 1202 (1892). — [2]) R. Maly,
Monatsh. f. Chem. 10, 26 (1889). — [3]) A. Dastre et N. Floresco, Arch.
de Physiol. norm. et pathol. 27, 701 (1895). — [4]) O. T. Mörner, Zeitschr.
f. physiol. Chem. 28, 471 (1899). — [5]) F. Hofmeister, ibid. 2, 299 (1878).
— [6]) P. Tatarinoff, Centralbl. f. d. medicin. Wissensch. 1877, S. 275. —
[7]) O. Nasse, Naturf. Gesellsch. zu Rostock, Rostocker Ztg. 1889, Nr. 105.

saure Salze. Die Platin- und Kupfersalze der Glutosen sind von Hofmeister[1]) analysirt worden, ohne dass er zu constanten Werthen gelangt ist; die Barytsalze untersuchte Nasse[2]): er fand, dass der
Barytgehalt, also die Basen-Aequivalenz, des Glutins bei der Peptonisirung zunimmt.

Von Halogenderivaten des Leims ist nichts bekannt.

Die einzelnen Arten des Collagens.

1. Das gewöhnliche Bindegewebe.

(70) Das Collagen ist in ihm in den bekannten Fibrillen angeordnet. Durch Kochen mit Wasser ist es verschieden leicht in Lösung
zu bringen. Wie Kühne und Ewald[3]) gezeigt haben, ist dies Collagen
in Pepsinsalzsäure sehr leicht löslich, in Trypsin dagegen in unver-
ändertem Zustande unlöslich. Sie haben die Methode der künstlichen
Pepsinverdauung daher zur Isolirung des Bindegewebes, zu seiner Be-
freiung von eigentlichem Eiweiss benutzt. Dagegen wird das Collagen
in Trypsin ebenfalls leicht löslich, wenn es in Säuren gequollen und
dann durch Erwärmen in Wasser auf 70⁰ wieder geschrumpft ist.

Wird dieses Schrumpfen verhindert, so sind die Fibrillen auch
unverdaulich. Ebenso werden sie trotz vorhergegangenen Kochens
durch Chromsäure bei Belichtung nicht nur für Trypsin, sondern auch
für Pepsin unverdaulich. Der aus den Collagenfibrillen durch Kochen
entstandene Leim ist in Pepsin wie in Trypsin gut löslich. Die Analysen
für den Leim sind oben angeführt; sichere Unterschiede für eine Differenz zwischen dem Bindegewebsleim verschiedener Herkunft ergeben
sich daraus nicht.

2. Collagen aus Sehnen.

In den Sehnen und verwandten Geweben, wie dem *Ligamentum
nuchae*, ist das Collagen ebenfalls in Fibrillen wie im Bindegewebe angeordnet. Daneben enthalten die Sehnen Elastin und Mucin[4]). Das
Verhalten der Collagenfibrillen zu den Verdauungsenzymen ist von
Ewald[5]) eingehend untersucht worden; es ist dasselbe wie bei den
Fibrillen des gewöhnlichen Bindegewebes; doch ergaben sich nicht unbedeutende Differenzen in dem Grade der Verdaulichkeit zwischen den
verschiedenen Thierspecies; Fibrillen der Froschsehnen sind leichter
verdaulich als die der Mäusesehnen. — Die früher mit dem collagenen

---

[1]) F. Hofmeister, Zeitschr. f. physiol. Chem. 2, 299 (1878). —
[2]) O. Nasse, Naturf. Gesellsch. zu Rostock, Rostocker Ztg. 1889, Nr. 105. —
[3]) A. Ewald u. W. Kühne, Verhandl. d. naturh.-med. Vereins Heidelberg,
Neue Folge I, 451 (1876); A. Ewald, Zeitschr. f. Biolog. 26, 1 (1890). —
[4]) L. Morochowetz, Verhandl. d. naturh.-med. Vereins Heidelberg, I, 480
(1876); W. F. Loebisch, Zeitschr. f. physiol. Chem. 10, 40 (1885). —
[5]) A. Ewald, Zeitschr. f. Biolog. 26, 1 (1890).

Bindegewebe zusammengestellten Membranae propriae, das Sarkolemm u. s. w. haben mit dem Collagen nichts zu thun, sie gehören
zu der Gruppe der sogenannten „Albumoide". Vergl. S. 301.

3. Collagen des Knorpels.

Während man früher annahm, dass die Grundsubstanz des Knorpels
aus einem besonderen einheitlichen Körper bestehe, den man Chon-
drigen nannte und aus dem beim Kochen Chondrin oder Knorpelleim
werden sollte [1]), zeigte Morochowetz [2]), dass das Chondrin ein Gemenge von Collagen mit Mucin ist. Dies ist in der Folgezeit von
Krukenberg [3]) u. A. bestätigt worden. Mörner [4]) hat dann die
chemische Zusammensetzung des Knorpels vollständig aufgeklärt und
die einzelnen Körper, aus denen er besteht, genau beschrieben. Danach
enthält der Knorpel vier Körper:
1. das Chondromucoid und sein Spaltungsproduct;
2. die Chondroitinschwefelsäure, die indessen in geringer Menge
   auch frei im Knorpel vorkommt;
3. das Collagen;
4. ein Albumoid, das sich indessen nur in alten, nicht in jugendlichen Knorpeln vorfindet.

Das Balkennetz der älteren Knorpel besteht aus Albumoid und
Collagen, die davon umschlossenen, durch anderes Verhalten gegen
Farbstoffe sich abhebenden Chondrinballen aus Collagen und Mucoid.
Durch verdünnte Säuren bei 40⁰ wird aus dem Knorpel ein Gemenge
von Glutin mit Chondroitinschwefelsäure, durch Kochen im Papin'schen
Topf ein solches von Glutin, Mucoid und der Säure erhalten. Dessen
Reactionen stimmen mit denen des früheren Chondrins oder Knorpel-
leims überein, vor allem wird es zum Unterschiede von gewöhnlichem
Glutin nicht durch Tannin gefällt, weil die Chondroitinschwefelsäure
die Eigenschaft besitzt, die Fällung zu verhindern. Das Glutinchondrin
oder der Knorpelleim ist nach Schmiedeberg [5]) eine lösliche Verbindung von Glutin mit chondroitinschwefelsaurem Alkali. Das Mucoid
und die Chondroitinschwefelsäure, sowie das Albumoid sind an den
entsprechenden Stellen besprochen (vergl. S. 261 und S. 299). Das
Glutin des Knorpels giebt die gewöhnlichen Glutinreactionen. Aus dem
Collagen entsteht es nur schwer, durch Kochen mit Wasser unter Druck
bei 110⁰ oder durch längeres Digeriren mit Salzsäure von 0,2 bis

---

[1]) Johannes Müller, Ann. Chem. Pharm. 21, 277 (1837); F. Verdeil,
ibid. 58, 317 (1846); L. Valenciennes, Compt. rend. 19, 1142 (1844). —
[2]) L. Morochowetz, Verh. d. Heidelberger naturh.-med. Vereins, N. F. I,
480 (1876). — [3]) F. C. W. Krukenberg, Sitzungsber. d. Würzburger phys.-
med. Ges. 1883 (Separatabdr.). — [4]) C. T. Mörner, Chemische Studien über
den Trachealknorpel, Skandinavisches Arch. f. Physiol. 1, 210 (1889). —
[5]) O. Schmiedeberg, Schmiedeberg's Arch. f. experim. Pathol. u. Pharmak.
28, 355 (1891).

0,3 Proc. bei 40°. Es enthält erheblich weniger Stickstoff als die anderen Glutine, das aus dem Trachealknorpel des Rindes nach Mörner 16,14 Proc., das aus dem Knorpel des Glattrochens *Raja batis* nach Lönnberg [1]) nur 16,04 Proc.

4. Das Collagen des Knochens. Das Osseïn.

Die Grundsubstanz des Knochens besteht, abgesehen von einer sehr geringen Menge Mucoid und Chondroitinschwefelsäure [2]), die vielleicht nicht dem eigentlichen Knochen angehören, aus Collagen und Kalksalzen, die in dieses eingelagert sind. Keratin oder andere Eiweisse kommen darin — abgesehen natürlich von den Zellen — nicht vor [3]). Der Knochenleim ist von Weiske [4]) untersucht worden, er hat die gewöhnlichen Eigenschaften des Glutins, seine Bildung aus dem Collagen scheint schwer zu sein. Die anorganischen Salze, der Hauptsache nach phosphorsaurer Kalk und etwas phosphorsaure Magnesia, sind jedenfalls nicht mechanisch in das Collagen eingelagert, sondern stehen in, wenn auch noch unbekannter, chemischer Verbindung mit ihm. Das Verhältniss der organischen zu den anorganischen Bestandtheilen des Knochens ist nach Zalesky [5]) u. A. in verschiedenen Knochen ziemlich constant.

Das Osseïn, d. h. entkalkter Knochen, wird von Pepsin so leicht gelöst, wie anderes Glutin. Doch wird auch Knochen mit seinen Kalksalzen nach Etzinger [6]) von den Verdauungsorganen des Hundes zum grossen Theile verdaut.

5. Das Collagen der Fischschuppen.

Es wurde von Weiske [7]) als ein Collagen erkannt; Mörner [8]) zeigte, dass die organische Grundsubstanz der Fischschuppen zu $^4/_5$ aus Collagen, zu $^1/_5$ aus einem Albumoid, dem Ichthylepidin besteht. Das Collagen hat die gewöhnlichen Eigenschaften; es zeichnet sich durch sehr grosse Löslichkeit aus; durch Kochen mit Wasser bei gewöhnlichem Druck wird es in einer Stunde vollständig in Glutin verwandelt; ja schon Wasser von 40° wandelt einen Theil, Salzsäure von 0,1 Proc. in 24 Stunden das gesammte Collagen in Glutin um. Auch kann es, wegen der geringen Dicke der Schuppen, sehr leicht nahezu aschefrei erhalten werden. Die Analysen s. oben S. 274. — Das Ichthylepidin wird bei den Albumoiden besprochen. Vergl. S. 302.

---

[1]) Ingolf Lönnberg, Maly's Jahresber. f. Thierchem. 19, 325 (1889). — [2]) L. Morochowetz, Verhandl. d. Heidelberger naturh.-med. Vereins, N. F. I, 480 (1876); C. T. Mörner, Zeitschr. f. physiol. Chem. 23, 311 (1897). — [3]) H. Smith, Zeitschr. f. Biolog. 19, 469 (1883). — [4]) H. Weiske, Zeitschr. f. physiol. Chem. 7, 460 (1883). — [5]) Zalesky, Hoppe-Seyler's med.-chem. Untersuchungen, S. 19 (1866). — [6]) J. Etzinger, Zeitschr. f. Biolog. 10, 84 (1874). — [7]) H. Weiske, Zeitschr. f. physiol. Chem. 7, 466 (1883). — [8]) C. T. Mörner, ibid. 24, 125 (1897).

6. Das Collagen der Grundsubstanz der Hornhaut.

Morochowetz [1]) hat gezeigt, dass die Grundsubstanz der Hornhaut, die man bis dahin für einen Körper sui generis, dem Chondrin verwandt, gehalten hatte, aus einem Gemenge von Mucoid und Collagen besteht. Mörner [2]) hat beide näher untersucht; er fand ein Collagen, das ein Glutin von den typischen Eigenschaften lieferte, die Analysen s. oben S. 274. Es bildet etwa 80 Proc. der Hornhaut. Die Sclera besteht aus denselben zwei Substanzen, von denen das Collagen aber 87 Proc. ausmacht. Die Linse und die übrigen Theile des Auges enthalten kein Collagen.

7. Das Collagen bei Avertebraten.

Hoppe-Seyler [3]) hat leimgebendes Gewebe ausser bei Wirbelthieren auch bei Cephalopoden, Octopus und Sepiola gefunden. Ferner kommt in der Seide in ziemlich bedeutender Menge ein Collagen vor, das beim Erhitzen auf 100 bis 130⁰ Glutin liefert [4]), den Seidenleim oder das Sericin. Es hat nach Cramer [5]) und Wetzel [4]) die Eigenschaften des Glutins, nach Cramer aber ganz andere Zersetzungsproducte.

8. Das Glutolin.

Faust [6]) hat kürzlich einen im Blutserum vorkommenden Körper beschrieben, der durch Ansäuern klebrig gefällt wird, in Wasser und neutralen Salzlösungen unlöslich, sich leicht in verdünnten Alkalien löst. Im übrigen giebt er die Fällungsreactionen der Globuline. Er giebt die Biuretreaction, die Millon'sche dagegen nur schwach. Analysen ergaben:

$$C\ 51,2 \quad H\ 7,24 \quad N\ 17,47 \quad S\ 0,46.$$

Wegen dieser seiner procentischen Zusammensetzung, die dem Leim näher steht, als den echten Eiweissen, und dem schlechten Ausfall der Millon'schen Reaction hält ihn Faust für ein Uebergangsglied zwischen Eiweissen und Leim, und betrachtet ihn als die Muttersubstanz des Glutins im Blut; er nennt ihn Glutolin. Da bei seiner Darstellung eine Kalilauge von 0,5 Proc. zur Anwendung gelangt, ist bei der bekannten Empfindlichkeit der Serumeiweisse gegen Alkalien doch zu erwägen, ob es sich nicht um ein Umwandlungsproduct eines derselben handeln kann. Vergl. S. 94.

---

[1]) L. Morochowetz, Verhandl. d. naturh.-med. Vereins zu Heidelberg, N. F. I, 480 (1876). — [2]) C. T. Mörner, Zeitschr. f. physiol. Chem. 18, 213 (1893). — [3]) F. Hoppe-Seyler, Med.-chem. Untersuchungen, S. 586 (1871). — [4]) G. Wetzel, Zeitschr. f. physiol. Chem. 26, 535 (1899). — [5]) E. Cramer, Zeitschr. f. prakt. Chem. 96, 76 (1865). — [6]) E. S. Faust, Schmiedeberg's Arch. f. experim. Patholog. u. Pharmak. 41, 809 (1898).

II. Das Keratin.

(71) Das Keratin bildet die Hornsubstanzen des menschlichen und thierischen Körpers, also die verhornten oberen Schichten der Epidermis, die Haare, Federn, Nägel, Hufe, Hörner etc. Ausserdem bildet es als Neurokeratin einen Theil der Scheide der markhaltigen Nerven. Das Keratin ist von allen Albuminoiden wohl das unlöslichste. Es ist in Wasser, verdünnten Säuren und Alkalien ganz unlöslich, aber nach Smith[1] löst selbst Kalilauge von 10 Proc. nur in der Hitze; in der Kälte ist eine Lauge von 20 Proc. zur Lösung erforderlich und dann ist das Keratin natürlich zersetzt. Von einer Untersuchung des löslichen Keratins kann daher keine Rede sein. Auch die Verdauungsfermente vermögen Keratin nicht aufzulösen.

Andererseits bedingt gerade die vollständige Unlöslichkeit des Keratins eine gewisse Genauigkeit seiner Analysen. Denn durch auf einander folgende Behandlung mit Säuren, Alkalien, Pepsin und Trypsin, wie sie Kühne und Chittenden[2] und Lindwall[3] vorgenommen haben, lassen sich schliesslich alle anderen Eiweissstoffe etc. entfernen, und es bleibt ganz reines Keratin zurück.

Folgende Analysen des Keratins liegen vor:

Menschenhaare . . . C 50,65 H 6,36 N 17,14 S 5,00 O 20,85
[van Laer[4])]

„ . . . C 49,85 H 6,52 N 16,8 S 4,02 O 23,2
[Kühne und Chittenden[2])]

Rothe Menschenhaare C 51,16 H 7,22 — S 4,44 —
[Horbaczewski[5])]

Schalenhaut des Hühnereies } . . C 49,78 H 6,64 N 16,43 S 4,25 O 22,90
[Lindwall[3])].

Nur der Schwefelgehalt, dessen abnorme Höhe schon den früheren Beobachtern auffiel, ist öfter bestimmt worden; abgesehen von den älteren Analysen v. Bibra's[6]), die anscheinend zu hohe Zahlen lieferten, in neuerer Zeit von Suter[7]) und Mohr[8]). Mohr fand:

Menschenhaare. 4,95—5,34 Proc. S Kiele derselben 2,59 Proc. S
Thierhaare . . 3,56—4,35 „ „ Hufe . . . . . 2,69—3,57 „ „
Gänsefedern . . 3,16 „ „

---

[1] Herbert Smith, Zeitschr. f. Biolog. 19, 469 (1883). — [2] W. Kühne und R. H. Chittenden, ibid. 26, 291 (1890). — [3] V. Lindwall, Hammarsten's Ref. nach dem schwedischen Original in Maly's Jahresber. f. Thierchem. 11, 38 (1881). — [4] J. F. J. van Laer, Ann. Chem Pharm. 45, 147 (1843). — [5] J. Horbaczewski, Sitzungsber. d. Wiener Akad. 80, math.-nat. Cl. II (1879) (Separatabdr.). — [6] v. Bibra, Ann. Chem. Pharm. 96, 289 (1855). — [7] F. Suter, Zeitschr. f. physiol. Chem. 20, 564 (1895). — [8] P. Mohr, ibid. 20, 400 (1894).

Suter fand in Gänsefedern 2,66 Proc., wovon die Hälfte als Schwefelwasserstoff abspaltbar, für Menschenhaare 2,52 Proc. derartig lockeren Schwefel, also ebenfalls die Hälfte der Mohr'schen Zahlen. Für die Eischalenhäute von *Echidna aculeata* fand Neumeister[1]) 5 Proc. Schwefel; auch die des Krokodils enthalten so viel. Ob die Differenzen auf der Existenz verschiedener Keratine oder auf Altersveränderungen oder auf verschiedener Reinheit der analysirten Präparate beruhen, steht dahin.

Charakteristisch für die Keratine ist also ihr hoher Schwefelgehalt, der mehr als doppelt so hoch ist, als bei den schwefelreichsten sonstigen Eiweisskörpern. Aber auch bei den Keratinen ist von ihm die Hälfte durch Kochen mit Lauge als Schwefelwasserstoff abspaltbar, die andere Hälfte nicht. Doch fand Mörner[2]) in Hornspähnen auch einmal etwa zwei Dritttheile abspaltbar. Dementsprechend sind auch die schwefelhaltigen unter ihren Spaltungsproducten stark vertreten. Lindwall[3]) und Horbaczewski[4]) fanden reichlich Schwefelwasserstoff, Suter[5]) Thiomilchsäure, Emmerling[6]) und Mörner[2]) Cystin, Mörner[2]) Aethylsulfid; die beiden letzteren sind bis auf eine einmalige Beobachtung von Külz[6]), der das Auftreten von Cystin bei der tryptischen Verdauung von Fibrin sah, bisher nur aus dem Keratin gewonnen worden. Von diesen ist nach Mörner das Cystin als primäres Spaltungsproduct anzusehen, wenigstens mit derselben Berechtigung, mit der man das Tyrosin oder Leucin als solche betrachtet. Dagegen fand er bei der Säurespaltung nur sehr wenig Schwefelwasserstoff, der also bei der Alkalieinwirkung zum grössten Theile erst secundär aus anderen Körpern, etwa dem Cystin, entsteht. Aus 100 g Horn vermochte Mörner 4,5 g Cystin darzustellen, womit aber nur ein Viertel des bleischwärzenden Schwefels gedeckt wäre. Weiteres über die Verhältnisse des Schwefels s. S. 73 ff.

Von anderen Spaltungsproducten ist vor allem das Tyrosin zu nennen, das im Horn reichlich vorkommt und dort auch zuerst gefunden worden ist (s. S. 38). Cohn[7]) stellte aus 100 g Horn 4.58 g Tyrosin dar. Ferner erhielt Horbaczewski aus 100 g Hornspähnen 15 g salzsaure Glutaminsäure, etwa ebenso viel Leucin und viel Ammoniak, dagegen nur sehr wenig Asparaginsäure. Kühne und Ewald[8]), Kühne und Chittenden[9]) und Lindwall[10]) fanden viel Tyrosin neben

[1]) R. Neumeister, Zeitschr. f. Biolog. 31, 413 (1895). — [2]) K. A. H. Mörner, Zeitschr. f. physiol. Chem. 28, 595 (1899). — [3]) V. Lindwall, Hammarsten's Ref. nach dem Schwedischen in Maly's Jahresber. f. Thierchem. 11, 38 (1881). — [4]) J. Horbaczewski, Sitzungsber. d. Wiener Akad. 80, math.-nat. Cl. II (1879). — [5]) F. Suter, Zeitschr. f. physiol. Chem. 20, 564 (1895). — [6]) Vergl. S. 75. — [7]) R. Cohn, Zeitschr. f. physiol. Chem. 26, 395 (1899). — [8]) A. Ewald und W. Kühne, Verh. d. naturh.-med. Vereins Heidelberg, N. F. I, 457 (1876). — [9]) W. Kühne und R. H. Chittenden, Zeitschr. f. Biolog. 26, 291 (1890). — [10]) V. Lindwall, Maly's Jahresber. f. Thierchem. 11, 38 (1881).

relativ wenig Leucin. Hedin[1]) fand Arginin, Cohn Oxalsäure. Ein Kohlehydrat fanden weder Kühne und Ewald[2]), noch Neumeister[3]).

Von den Reactionen des Eiweiss giebt das Keratin, wie nach den Spaltungsproducten zu erwarten, die Millon'sche, die Xanthoproteïn- und die Schwefelbleireaction. Die anderen sind bei seiner Unlöslichkeit nicht zu untersuchen. Als Lindwall das Keratin der Eischalenhäute durch kochende Natronlauge von 1 bis 2 Proc. in Lösung brachte, erhielt er ein Alkalialbuminat, das etwa 20 Proc. des Keratins ausmachte, und dessen procentische Zusammensetzung er folgendermaassen angiebt:

$$C\ 53,44,\quad H\ 6,68,\quad N\ 16,11,\quad S\ 2,14,\quad O\ 22,63.$$

Daneben entstanden in überwiegender Menge Körper, die zu den Albumosen oder Peptonen gehören. Auch Neumeister erhielt mittelst heisser Lauge eine Lösung, die eine schöne Biuretreaction gab.

Die bisherige Schilderung bezog sich wesentlich auf das Keratin der typischen Hornsubstanzen der Säugethiere und Vögel. Ganz die gleichen Eigenschaften besitzt nach Lindwall das Keratin der Eischalenhäute der Hühnereier; das der Eier des Ameisenigels weicht insofern von dem anderen Keratin ab, als es nach Neumeister[3]) im jugendlichen Zustande von Pepsin angegriffen wird. Doch hat dies Kühne[4]) auch sonst bei jugendlichem Keratin gesehen. Ebenso bestehen die Eischalen anderer Wirbelthiere, z. B. mancher Reptilien und Fische aus Keratin, in der Reihe der Wirbellosen bildet es nach Engel[5]) die Eischalen von Schnecken (*Murex*), nach Sukatschoff[6]) die Cocons der Blutegel (*Nephelis* und *Hirudo*), und ist von Krukenberg noch bei vielen anderen Arten beobachtet worden (vergl. die Zusammenstellung der Literatur bei Neumeister[3]). Die Verdaulichkeit und die sonstigen Eigenschaften dieser Keratine wechseln etwas, aber es handelt sich hier zum grossen Theil um Altersdifferenzen. Als charakteristisch für Keratin gilt neben seiner Unverdaulichkeit sein hoher Schwefelgehalt und der besonders schöne Ausfall der Schwefelblei- und der Millon'schen Reaction.

Zu den Keratinen gehört nach Drechsel[7]) auch das Gorgonin, die Grundsubstanz des Achsenskeletts der Koralle *Gorgonia Cavolinii*. Es liefert von Zersetzungsproducten Lysin, Arginin (bezw. Lysatin), Leucin, Tyrosin, Ammoniak, Schwefelwasserstoff und vor allem einen jodhaltigen Körper, wahrscheinlich eine Monojodaminobuttersäure; das Gorgonin gehört daher zu den natürlich vorkommenden Jodeiweissen

---

[1]) S. G. Hedin, Zeitschr. f. physiol. Chem. 20, 186 (1894). — [2]) A. Ewald und W. Kühne, Verhandl. d. naturh.-med. Vereins Heidelberg, N. F. I, 457 (1876). — [3]) R. Neumeister, Zeitschr. f. Biolog. 31, 413 (1895). — [4]) W. Kühne, Untersuch. a. d. Heidelberger physiol. Institut, I, 219 (1877). — [5]) W. Engel, Zeitschr. f. Biolog. 27, 374 (1890); 28, 345 (1891). — [6]) B. Sukatschoff, Zeitschr. f. wissenschaftl. Zoologie 56, 377 (1899). — [7]) E. Drechsel, Zeitschr. f. Biolog. 33, 85 (II—IV) (1896).

(vergl. S. 133). Von dem Spongin, mit dem es sonst grosse Aehnlichkeit hat, unterscheidet es sich durch seinen Gehalt an Tyrosin; näheres über verwandte Körper ist beim Spongin mitgetheilt. — Auch die Gerüstsubstanz der tropischen Hornschwämme, die Hundeshagen[1] als Jodospongin beschrieben hat, ist ihrem Tyrosingehalt nach wohl ein Keratin.

Nur ein Keratin ist noch gesondert zu behandeln, das von Kühne und Ewald[2] entdeckte, dann von Kühne und Chittenden[3] genauer untersuchte Neurokeratin. Es bildet, wie erwähnt, einen Theil der Scheide der markhaltigen Nerven der Wirbelthiere, und kommt daher in Gehirn, Rückenmark, Retina und in peripheren Nerven reichlich vor; im Centralnervensystem bildet es etwa 15 bis 20 Proc. der von den Myelinsubstanzen befreiten Trockensubstanz, nach Chevalier[4] im *N. ischiadicus* 0,3 Proc. des frischen Nerven. Im Bauchstrang des Hummers findet sich nach Kühne und Chittenden kein Neurokeratin, dafür Chitin.

Das Neurokeratin hat die Eigenschaften der anderen Keratine, nur dass es trotz seiner Anordnung in äusserst dünner Schicht noch resistenter, selbst gegen recht starke Alkalien, ist als das Keratin der Epidermis. Die procentische Zusammensetzung weicht dagegen ab; es enthält mehr Kohlenstoff, weniger Stickstoff und Schwefel. Kühne und Chittenden fanden:

C 56,11—58,45, H 7,33—8,02, N 11,46—14,32, S 1,87—2,93.

Als Spaltungsproducte ergaben sich Leucin und Tyrosin.

III. Elastin.

(72) Das Elastin bildet, in Fasern angeordnet, das elastische Gewebe, sei es zu einem dicken, derben Strang vereinigt, wie in dem oft untersuchten *Ligamentum nuchae* des Ochsen, sei es zu flächenhaften Gebilden ausgebreitet, wie in den Fascien und der Wand der Aorta, sei es endlich in einzelnen Fibrillen in anderes Bindegewebe eingefügt, wie in den Sehnen und dem gewöhnlichen Bindegewebe.

Das Elastin ist nicht viel leichter löslich als das Keratin; in der Kälte wird es von 5 proc. Säuren nicht, von 1 proc. Kalilauge selbst in der Hitze kaum angegriffen. Dagegen wird es von Pepsin-Salzsäure wie von Trypsin verdaut, und wenn auch langsam, in Albumosen zerlegt. Die Reindarstellung besteht wie bei dem Keratin darin, dass das betreffende Gewebe — gewöhnlich ist das *Ligamentum nuchae* des Ochsen

[1] F. Hundeshagen, Zeitschr. f. angew. Chem. 1895, S. 473 (nach Chem. Centralbl. 1895, II, 570). — [2] A. Ewald und W. Kühne, Verhandl. d. Heidelberger naturh.-med. Vereins, N. F. I, 457 (1876). — [3] W. Kühne und R. H. Chittenden, Zeitschr. f. Biolog. 26, 291 (1890). — [4] Josephine Chevalier, Zeitschr. f. physiol. Chem. 10, 97 (1885).

benutzt worden, woselbst das Elastin die mächtigste Entwickelung zeigt — nach einander mit Säuren und Alkalien in der Hitze und in der Kälte behandelt wurde, bis alles Eiweiss und alles Collagen entfernt war, und nur mehr das schwer aufzulösende Elastin zurück blieb. Die Uebereinstimmung der Analysen ist eine recht grosse, doch sind Beimengungen immerhin nicht ausgeschlossen. Auch zeigen die Erfahrungen von Chittenden und Hart[1]), dass das Elastin bei der üblichen Reinigung doch etwas gelöst und verändert wird. Im folgenden seien die wichtigsten Analysen zunächst des Elastins aus dem Nackenband des Ochsen zusammengestellt:

C 54,32, H 6,99, N 16,74, Horbaczewski[2])
C 54,08, H 7,2, N 16,85, S 0,3, Chittenden und Hart[1])
C 54,24, H 7,24, N 16,7, S 0,0, Dieselben nach Alkalibehandlung
N 16,96, S 0,276, Thierfelder und Zoja[3]).

Für das Elastin der Aorta fand Schwarz[4]):

C 53,95, H 7,03, N 16,67, S 0,38.

Hedin und Bergh[5]) fanden:

C 53,95, H 7,58, N 15,54, S 0,55,

also ziemliche Abweichungen, die vielleicht auf der sehr energischen Reinigung der Bergh'schen Präparate beruhen.

Demnach ist für das Elastin charakteristisch der hohe Kohlenstoff- und niedere Schwefelgehalt. Die früheren Angaben über das völlige Fehlen des Schwefels sind dagegen irrthümlich und beruhen auf der Entfernung des Schwefels durch zu intensive Behandlung mit Alkalien. Denn nach Schwarz kann der gesammte Schwefel mittelst Natronlauge abgespalten werden.

Die Spaltungsproducte, die Salzsäure aus dem Elastin entstehen lässt, sind früher von Zollikofer[6]) und Erlenmeyer und Schöffer[7]), später von Horbaczewski[2]), Schwarz[4]), Bergh[5]), Hedin[8]) und Kossel und Kutscher[9]) untersucht worden. Es wurde stets sehr viel Leucin gefunden — von Erlenmeyer und Schöffer bis zu 45 Proc. —, dagegen nur sehr wenig Tyrosin, 0,25 Proc. von Erlenmeyer und Horbaczewski, 0,34 Proc. von Schwarz. Horbaczewski fand Glycocoll und vielleicht Aminovaleriansäure, dagegen keine Asparagin- oder Glutaminsäure, ebenso Schwarz. Die Diaminosäuren sind in so geringer Menge vorhanden, dass sie anfangs ganz übersehen

[1]) R. H. Chittenden und A. S. Hart, Zeitschr. f. Biolog. 25, 368 (1889). — [2]) J. Horbaczewski, Zeitschr. f. physiol. Chem. 6, 330 (1882); Monatsh. f. Chem. 6, 639 (1885). — [3]) L. Zoja, Zeitschr. f. physiol. Chem. 23, 236 (1897). — [4]) H. Schwarz, Zeitschr. f. physiolog. Chem. 18, 487 (1893). — [5]) Ebbe Bergh, ibid. 25, 337 (1898). — [6]) H. Zollikofer, Ann. Chem. Pharm. 82, 162 (1852). — [7]) Erlenmeyer und A. Schöffer, Journ. f. prakt. Chem. 80, 357 (1860). — [8]) S. G. Hedin, Zeitschr. f. physiol. Chem. 25, 344 (1898). — [9]) A. Kossel und F. Kutscher, ibid. 25, 551 (1898).

wurden; doch fanden Schwarz Lysatinin, Kossel und Kutscher
Arginin, wenn auch nur 0,3 Proc. Bei der Fäulniss durch die
ubiquitären Fäulnissbacterien erhielt Wälchli[1]) Ammoniak, Valeriansäure, Leucin, Glycocoll und Kohlensäure, dagegen kein Tyrosin, Indol
oder Phenol; bei der anaërobiotischen Zersetzung durch den Rauschbrandbacillus fanden Thierfelder und Zoja[2]) unter den Gasen überwiegend Kohlensäure, daneben Wasserstoff, Stickstoff, Methan, Ammoniak und Methylmercaptan, aber keinen Schwefelwasserstoff, ferner
Buttersäure, Valeriansäure und Phenylpropionsäure, aber kein Indol
und Skatol. Danach giebt das Elastin die gewöhnlichen Spaltungsproducte der Eiweisse, aber es enthält von allen am wenigsten Tyrosin
und Arginin, sowie am wenigsten Schwefel, und diesen anscheinend
mit Natronlauge vollständig abspaltbar. Wenn die bisher gewonnenen
Producte einheitlich sind, so ergäbe sich daraus nach Siegfried[3]) für
das Elastin ein Moleculargewicht von mindestens 70000; im anderen
Falle wäre das gänzliche Fehlen der betreffenden Producte höchst bemerkenswerth. Nach der Auflösung in Natronlauge, wobei es freilich
zersetzt wird, giebt das Elastin nach Engel[4]) die Biuret-, Millon'sche,
Xanthoproteïn-, und die drei Furfurolreactionen. Kochsalz und Essigsäure fällen, ebenso Tannin, nicht dagegen Quecksilberchlorid und
Kupfersulfat.

Die Spaltung des Elastins durch Pepsin und Trypsin untersuchten
Horbaczewski[5]) und Chittenden[6]). Horbaczewski unterschied
zwei Verdauungsproducte: 1. das Hemielastin, das die Biuret-, Millon'sche, Xanthoproteïn- und zum Theil die Furfurolreactionen giebt,
und seinen Reactionen nach zum grossen Theil Heteroalbumose ist;
2. das Elastinpepton, das aus Deuteroalbumosen, vielleicht auch aus
Pepton zu bestehen scheint. Chittenden erhielt durch Pepsin wie
durch Trypsin Proto- und Deuteroalbumose. Durch Kochen mit überhitztem Wasserdampf erhielten Horbaczewski und Schwarz ebenfalls
Albumosen.

Das Verhalten der elastischen Fasern zu Pepsin und Trypsin hat
Ewald[7]) eingehend untersucht. Er fand sie in beiden langsam löslich, schneller nach vorausgegangenem Kochen, Säure- und Alkoholwirkung. Durch Osmiumsäure werden die Fibrillen für Pepsin unverdaulich, für Trypsin leichter verdaulich, während Chromsäure, falls das
Licht Zutritt hat, gerade umgekehrt wirkt.

Das Vorkommen des Elastins ist bereits besprochen worden.
Ausserdem bildet es nach Neumeister[8]) die organische Grundsubstanz

¹) G. Wälchli, Journ. f. prakt. Chem. [2] 17, 71 (1878). — ²) L. Zoja,
Zeitschr. f. physiol. Chem. 23, 236 (1897). — ³) M. Siegfried, Habilitationsschrift, Leipzig 1892. — ⁴) W. Engel, Zeitschr. f. Biolog. 27, 374 (1890).
— ⁵) J. Horbaczewski, Zeitschr. f. physiolog. Chem. 6, 330 (1882). —
⁶) R. H. Chittenden und A. S. Hart, Zeitschr. f. Biol. 25, 368 (1889). —
⁷) A. Ewald, ibid. 26, 1 (1890). — ⁸) R. Neumeister, ibid. 31, 413 (1895).

der Eischalen bei manchen Reptilien und Fischen. Das von Hilger[1]) und Engel[2]) beschriebene Elastin der Eier der Ringelnatter ist seiner Zusammensetzung (Hilger fand C 54,68, N 16,37, keinen Schwefel) und seinen Eigenschaften nach zweifellos ein Elastin, ist aber fast so unlöslich wie das Keratin, weshalb Neumeister es als Kerato-Elastin bezeichnen will. Auch hier spielen Altersdifferenzen eine Rolle. In den Hornfäden des Haifisches *Mustelus laevis* fand Krukenberg[3]) einen Körper, der durch seinen geringen Schwefelgehalt und seine Löslichkeitsverhältnisse dem Elastin ähnlich ist, aber nur 49,8 Proc. Kohlenstoff enthält; er nennt ihn Elastoidin.

IV. Fibroin, Spongin, Conchiolin etc.

(73) In diesem Abschnitt sollen eine Anzahl bei wirbellosen Thieren vorkommende Gerüstsubstanzen zusammengefasst werden, deren Reinheit und Einheitlichkeit zum Theil recht fraglich ist.

1. Das Fibroin der Seide.

Es bildet den Hauptbestandtheil der Seide, nach Städeler[4]) etwa 53 Proc. Der Rest ist nach Cramer[5]) theils Sericin, ein Glutin von den gewöhnlichen Eigenschaften eines solchen, aber anderen Spaltungsproducten, theils ein unbekannter Körper, das Serin. Analysen des Fibroins stammen von Cramer[5]), Weyl[6]) und Vignon[7]).

Die procentische Zusammensetzung beträgt:

C 48,6,   H 6,4,   N 18,89 (Cramer)
C 48,24, H 6,27, N 17,8 (Weyl)
C 48,3,   H 6,5,   N 19,2 (Vignon).

Ueber den Schwefel ist nichts bekannt; jedenfalls ist er nur in geringer Menge vorhanden. Unter den Spaltungsproducten fanden alle Beobachter sehr viel Tyrosin, Cramer 8 Proc., Weyl und Städeler wenigstens 5 Proc., ausserdem Glycocoll, und alle bis auf Weyl Leucin, der statt dessen 7,5 Proc. Alanin fand. Basische, durch Phosphorwolframsäure fällbare Producte, also Hexonbasen etc., erhielt Wetzel[8]) nur in sehr geringer Menge, die in der Rohseide reichlicher gefundenen stammten aus dem Seidenleim. Krukenberg[9]) fand eine kleine Menge Kohlehydrat.

[1]) Hilger, Ber. deutsch. chem. Ges. 6, I, 166 (1873). — [2]) W. Engel, Zeitschr. f. Biol. 27, 374 (1890). — [3]) F. C. W. Krukenberg, Mitth. a. d. zoolog. Station in Neapel 6, 286 (1885). — [4]) G. Städeler, Ann. Chem. Pharm. 111, 12 (1859). — [5]) E. Cramer, Journ. f. prakt. Chem. 96, 76 (1865). — [6]) Th. Weyl, Ber. deutsch. chem. Ges. 21, II, 1407; 21, II, 1529 (1888). — [7]) L. Vignon, Compt. rend. 115, 613 (1892). — [8]) G. Wetzel, Zeitschr. f. physiol. Chem. 26, 535 (1899). — [9]) F. C. W. Krukenberg, Zeitschr. f. Biol. 22, 241 (1886).

Das Fibroin ist schwer löslich; von kalter Salzsäure und Natronlauge von 5 Proc. wird es nach Weyl und Wetzel noch nicht gelöst, höchstens erweicht. In concentrirten Säuren und Alkalien löst es sich dagegen schon in der Kälte, und wird daraus durch Neutralisiren oder durch Alkohol gefällt. Für diesen Körper, also ein Acidalbumin, fand Weyl die Zusammensetzung:

$$C\ 48,0, \quad H\ 6,68, \quad N\ 16,4.$$

Es giebt nach Engel[1]) die Reactionen von Millon, Liebermann, Adamkiewicz[2]) und die Biuretreaction, wird von Gerbsäure gefällt, von Kalilauge, auch von Kupferoxydammoniak gelöst. Durch Kochen mit überhitztem Wasserdampf wird Fibroin nach Cramer nur theilweise, durch die Verdauungsfermente nach Weyl nicht gelöst.

Ein Stoff, der sich in allen seinen Reactionen und Löslichkeitsverhältnissen wie das Fibroin verhält, bildet nach Engel[1]) die Brutzellendeckel der Wespen; nach Schlossberger[3]) bestehen die Spinnenfäden aus Fibroin, das mit dem Fibroin der Seide identisch ist.

2. Das Spongin.

Wie das Fibroin in seinen physikalischen Eigenschaften eine gewisse Aehnlichkeit mit dem Elastin hat, so nähert sich das Spongin in vieler Hinsicht dem Keratin. Das Spongin bildet das Gerüst der Badeschwämme. Es wurde zuerst von Posselt[4]) und Croockewit[5]) untersucht, später von Städeler[6]), von dem der Name herrührt, und Harnack[7]). Sie fanden die procentische Zusammensetzung:

$$C\ 49,0, \quad H\ 6,3, \quad N\ 16,3 \hspace{3cm} \text{(Posselt)}$$
$$C\ 47,16, \quad H\ 6,31, \quad N\ 16,15, \quad S\ 0,5, \quad J\ 1,08\ \text{(Croockewit)}$$
$$C\ 48,51, \quad H\ 6,3, \quad N\ 14,79, \quad S\ 0,73, \quad J\ 1,5\ \text{(Harnack)}$$

Das Spongin löst sich in der Kälte nur in sehr concentrirter Schwefelsäure oder Salzsäure, leichter in Kalilauge und Kupferoxydammoniak, sowie in überhitztem Wasser[8]). Von Spaltungsproducten fand Posselt Ammoniak, Kohlensäure, Schwefelwasserstoff, Städeler Leucin und Glycocoll, dagegen kein Tyrosin, Krukenberg kein Kohlehydrat. Besonderes Interesse beansprucht der Jodgehalt des Spongins, der schon Croockewit auffiel. Harnack stellte aus dem Schwamm das Jodospongin dar, einen Körper von der Zusammensetzung:

$$C\ 47,66, \quad H\ 6,17, \quad N\ 9,93, \quad S\ 4,54, \quad J\ 9,01.$$

[1]) W. Engel, Zeitschr. f. Biol. 27, 374 (1890). — [2]) F. C. W. Krukenberg, ibid. 22, 241 (1886). — [3]) J. Schlossberger, Ann. Chem. Pharm. 110, 245 (1859). — [4]) L. Posselt, ibid. 45, 192 (1843). — [5]) J. H. Croockewit, ibid. 48, 43 (1843). — [6]) G. Städeler, ibid. 111, 12 (1859). — [7]) E. Harnack, Zeitschr. f. physiolog. Chem. 24, 412 (1898). — [8]) F. C. W. Krukenberg, Zeitschr. f. Biolog. 22, 241 (1886).

Das Jodospongin ist, wie das Jodothyrin von Baumann ein zwischen dem ursprünglichen Jodeiweiss und den einfachen Spaltungsproducten stehender Körper (vergl. S. 133 bei den Halogeneiweissen). Es ist eine Säure, die in Ammoniak sich löst; durch Ammonsulfat wird es ausgesalzen; die Eiweissreactionen giebt es bis auf die Schwefelblei- und eine unsichere Millon'sche Reaction nicht. Das Jod wird nur von den schwefelhaltigen Gruppen des Schwammes aufgenommen, die daher vollständig in dem Jodospongin enthalten sind, und seinen hohen Schwefelgehalt bedingen. Es bildet etwa ein Sechstel des ursprünglichen Spongins. — Die Gerüstsubstanz der tropischen und subtropischen Hornschwämme, die nach Hundeshagen sehr viel Jod enthält — bei älteren Exemplaren bis zu 14 Proc. — gehört anscheinend nicht hierher, sondern zu den Keratinen, wenigstens liefert sie jodirtes Tyrosin, was das Spongin wahrscheinlich nicht thut. Genauere Analysen stehen noch aus.

3. Das Conchiolin.

Das Conchiolin, die organische Grundsubstanz des Skeletts der Muscheln, wurde zuerst von Voit[1]) genauer untersucht, später von Krukenberg[2]), Engel[3]) und Wetzel[4]). Die procentische Zusammensetzung ist die folgende:

C 50,7, H 6,5, N 16,7 (Voit)
C 50,7, H 6,76, N 17,75 (Krukenberg).

Das Conchiolin ist in Säuren und in überhitztem Wasser nur schwer löslich, ziemlich leicht dagegen in Alkalien, wenigstens verhält sich das junge Conchiolin so, das alte ist nach Voit viel unlöslicher. In Lösung befinden sich dann Albumosen, welche die Biuret- und Xanthoproteïnreaction geben, nach Voit auch die Millon'sche, die von den anderen Beobachtern vermisst wird, und die durch Gerbsäure gefällt werden. Spaltungsproducte sind Leucin, Tyrosin und Glycocoll; ferner enthält Conchiolin nach Wetzel 8,66 Proc. seines Stickstoffs in basischer Form. Ein Kohlehydrat wurde nicht gefunden, ebenso wenig Jod, dagegen enthält die Substanz Schwefel und nach Voit auch Eisen. In den Muschelschalen ist das Conchiolin in deutlichen Lamellen angeordnet, die nach Voit verschieden gefärbt sind, aber keine erheblichen chemischen Differenzen zeigen. Ausserdem bestehen nach Engel die Eier von Schneckenarten — er untersuchte *Murex* — aus Conchiolin, das aber wahrscheinlich mit Keratin gemengt ist, mit dem es in der Lös-

---

[1]) C. Voit, Physiologie der Perlmuschel, Zeitschr. f. wissenschaftl. Zoologie 10, 470 (1860). — [2]) F. C. W. Krukenberg, Ber. deutsch. chem. Ges. 18, I, 989 (1885); Zeitschr. f. Biol. 22, 241 (1886). — [3]) W. Engel, Zeitschr. f. Biol. 27, 374 (1890); 28, 345 (1891). — [4]) G. Wetzel, Zeitschr. f. physiol. Chem. 26, 535 (1899); Centralbl. f. Phys. 13, Nr. 5 (1899). Anm. bei der Correctur: Die letzte Publication von Wetzel [Zeitschr. f. physiol. Chem. 29, 386 (1900)] konnte nicht mehr berücksichtigt werden.

lichkeit übereinstimmt, sich aber durch das Fehlen der Millon'schen und der Schwefelbleireaction unterscheidet.

An das Conchiolin schliesst sich nahe das von Krukenberg[1]) so bezeichnete Cornein an. Es bildet das feste Achsenskelett der Korallen. Seine Zusammensetzung ist:

C 48,78, H 5,95, N 17,07.

Ferner enthält es Schwefel. Bei der Spaltung liefert es Indol und Skatol, aber kein Kohlehydrat; von Reactionen giebt es die Schwefelblei- und eine schwache Millon'sche Reaction, die Furfurolreactionen nicht. Löslich ist es nur in concentrirter Schwefelsäure, aus der sich dann Krystalle von „Cornikrystallin" ausscheiden. Die Beziehungen zu dem jodhaltigen Gorgonin, das Drechsel aus dem Achsenskelett einer anderen Korallenart darstellte und das Aehnlichkeit mit dem Keratin hat, sind unklar (vergl. S. 133 und 289).

Ferner müssten sich hier die von Krukenberg[2]) als Hyalogene bezeichneten Körper anschliessen, deren Eiweissnatur ganz fraglich ist. Dahin gehören das Neossin und Neossidin aus den essbaren Vogelnestern, das Spirographin, das Onuphin, die Substanz der Glasschwämme u. s. w. Gemeinsam ist ihnen allen, dass sich ein reducirender Körper aus ihnen abspalten lässt. Ob es sich um Verwandte des Chitins und Hyalins handelt, oder um Gemenge von diesen mit Albuminoiden oder um Glycoproteïde, muss dahingestellt bleiben. Von den Eiweissreactionen geben sie meist nur die Millon'sche Reaction, nicht aber die anderen, bis auf die Furfurolreactionen, die ja auch den Kohlehydraten zukommen.

V. Das Amyloid.

(74) Das Amyloid ist eine Substanz, die dem normalen Körper fremd ist, und nur unter pathologischen Verhältnissen auftritt. Es kommt in zweierlei Gestalten vor, einmal in Form der sogenannten *Corpora amylacea* im Gehirn und an anderen Orten, dann aber in massenhaften Ablagerungen von amyloider Substanz in das Parenchym der Leber, Milz, Niere etc. bei der Amyloiddegeneration oder speckigen Entartung dieser Organe, wie sie bei chronischen Eiterungen, Cachexien etc. auftritt. Entdeckt wurden beide Formen von Virchow[3]), der das Amyloid seiner Farbenreactionen wegen anfangs für ein Kohlehydrat hielt, und ihm daher seinen Namen gab. Erst die Untersuchungen von Schmidt[4]) und Friedrich und Kékulé[5]) stellten die Eiweissnatur

[1]) F. C. W. Krukenberg, Ber. deutsch. chem. Ges. 17, II, 1843 (1884); Zeitschr. f. Biol. 22, 241 (1886). — [2]) Derselbe, Zeitschr. f. Biol. 22, 261 (1886). — [3]) R. Virchow, Virchow's Arch. 6, 135, 268, 416 (1853). — [4]) C. Schmidt, Ann. Chem. Pharm. 110, 250 (1859). — [5]) N. Friedreich und A. Kékulé, Virchow's Arch. 16, 50 (1859).

des Amyloids fest. Das Amyloid bildet glänzende, homogene Schollen; bei massenhafter Entwicklung sind die Organe vergrössert, derb, fast holzartig und sehen eigenthümlich speckig und glasig aus. Charakteristisch für das Amyloid sind einige Farbenreactionen.

1. Mit einer Jodjodkaliumlösung färbt es sich nicht hellgelb, wie anderes Gewebe, sondern dunkelbraunroth oder mahagonïbraun; behandelt man das mit Jod gefärbte Amyloid mit Schwefelsäure oder mit Chlorzinklösung, so wird es noch dunkler braun oder feuerroth oder violett oder mehr blau oder grün; mitunter tritt auch schon bei der Behandlung mit Jodlösung allein eine Violettfärbung auf.

2. Mit Methylviolett färbt sich das Amyloid schön rubinroth, mitunter auch mehr rosa oder rothviolett, nicht blau oder blauviolett wie die normalen Gewebe.

Analysen des Amyloids stammen ausser den genannten von Schmidt und Friedreich und Kékulé, von Kühne und Rudneff[1]) und Tschermak[2]), sowie eine stark abweichende von Krawkow[3]). Danach beträgt die procentische Zusammensetzung:

C 53,58, H 7,0, N 15,04,   (Friedreich u. Kékulé)
             N 15,56,   (Schmidt)
             N 15,53, S 1,3 (Kühne u. Rudneff)
C 53,01, H 7,0, N 16,20, S 1,56 (Tschermak).

Dargestellt wurde das Amyloid von den Untersuchern dadurch, dass die Organe durch kochendes Wasser, eventuell noch Barytwasser und verdünntes Ammoniak, Extrahiren mit Alkohol und Aether, Zerreiben und Abschlemmen der Gefässreste zerstört wurden, so dass nur das Amyloid zurückblieb. Kühne und Rudneff, sowie Krawkow reinigten es ausserdem durch Pepsin-Salzsäure von etwa noch anhaftenden fremden Eiweisskörpern.

Das Amyloid ist in kaltem Wasser und Salzlösungen ganz unlöslich, durch tagelanges Erhitzen mit Wasser geht es nach Kühne und Rudneff auch nur zum Theil in Lösung, leichter nach Tschermak durch Erhitzen unter Druck. Nach den älteren Angaben von Kühne und Rudneff, denen sich Krawkow anschliesst, ist Amyloid in Säuren, auch recht concentrirten, unlöslich, nach Ludwig[4]) und Tschermak dagegen löst es sich in Salzsäure von 4 Proc. auch in der Kälte allmählich auf, und selbst organische Säuren von 5 Proc. lassen zwar anfangs nur aufquellen, lösen aber schliesslich doch. Offenbar spielen auch hier wieder Altersunterschiede und die dadurch bedingten Differenzen in der Consistenz und Mächtigkeit eine Rolle. Viel leichter löst es sich in Alkalien, so in Natronlauge von 5 Proc., Barytwasser oder

[1]) W. Kühne und Rudneff, Virchow's Archiv 33, 66 (1865). — [2]) A. Tschermak, Zeitschr. f. physiol. Chem. 20, 343 (1894). — [3]) N. P. Krawkow, Schmiedeberg's Arch. f. experim. Pathol. u. Pharmak. 40, 195 (1897). — [4]) E. Ludwig, Wiener medicin. Jahrbücher 82, 183 (1886).

Ammoniak; dabei tritt natürlich eine Denaturirung ein, und es befindet sich dann ein Körper von den Eigenschaften eines Alkalialbuminats, der durch Säuren gefällt wird, in Lösung; dies umgewandelte Amyloid haben Kühne und Rudneff und Krawkow analysirt. Durch längere Einwirkung der Natronlauge geht das Alkalialbuminat, wie Tschermak beschreibt, erst in primäre, dann in Deuteroalbumosen, endlich zum Theil in Pepton über; ebenso konnte er nach der Lösung durch Säuren anfangs nur Acidalbumin, später primäre, dann Deuteroalbumosen, endlich Pepton nachweisen. Aehnlich wie mit der Löslichkeit in Säuren verhält es sich mit der Einwirkung der Verdauungsfermente: Kühne und Rudneff und Krawkow beobachteten keine Auflösung. Kostjurin[1]), Ludwig[2]) und Tschermak fanden dagegen, dass gut wirksames Pepsin fein vertheiltes Amyloid verdaut, und Tschermak sah dasselbe beim Trypsin. Auch hier beobachtete Tschermak die Bildung von Acidalbumin, Albumosen und Peptonen. — Alle diese Albuminate, Albumosen und Peptonen geben nun, wie Kostjurin und Tschermak im Gegensatz zu Kühne und Rudneff beschreiben, noch die Farbenreactionen des Amyloids, mit Jodlösung sowohl, wie mit Methylviolett, enthalten also noch die Atomgruppirung, die diese Färbungen bedingt. Ja nach Tschermak treten die Färbungen bei diesen Spaltungsproducten zum Theil noch schöner und ausgesprochener auf, als bei der Muttersubstanz.

Was die Eiweissreactionen anlangt, so sind dieselben naturgemäss im wesentlichen an dem in Säuren oder Alkalien gelösten, also denaturirten, Amyloid untersucht worden. Es wird durch Metallsalze, Bleiacetat, Kupfersulfat, Quecksilberchlorid, ebenso wie durch die Alkaloidreagentien, Ferro- und Ferricyankalium plus Essigsäure, Gerbsäure, Pikrin- und Trichloressigsäure, Jodquecksilberjodkalium plus Salzsäure, Phosphorwolfram- und Phosphormolybdänsäure, auch durch Salpetersäure gefällt, ebenso durch Alkohol. Chlornatrium und schwefelsaures Natron salzen aus. Ferner giebt das Amyloid die gewöhnlichen Farbenreactionen der Eiweisse, die Biuret-, Xanthoprotein-, Millon'sche, Molisch'sche und Adamkiewicz'sche Reaction, die Schwefelbleireaction konnte Tschermak nicht beobachten; doch war der Schwefel vielleicht schon vorher abgespalten. Unter den Spaltungsproducten, die durch Kochen mit Schwefelsäure entstehen, fand Modrzejewski[3]) 3,9 Proc. Tyrosin, ferner Leucin, vielleicht auch Asparagin- und Glutaminsäure. Ein Kohlehydrat erhielten weder Kühne und Rudneff, noch Cohn[4]). Dagegen fand Oddi[5]) in amyloiddegenerirten Organen die daselbst sonst fehlende Chondroitinschwefel-

---

[1]) S. Kostjurin, Wiener med. Jahrb. 82, 181 (1886). — [2]) E. Ludwig, ibid. 82, 183 (1886). — [3]) E. Modrzejewski, Schmiedeberg's Arch. f. experiment. Pathol. u. Pharmak. 1, 426 (1873). — [4]) R. Cohn, Zeitschr. f. physiol. Chem. 22, 153 (1896). — [5]) Ruggero Oddi, Schmiedeberg's Arch f. experiment. Pathol. u. Pharmak. 33, 376 (1893).

säure (siehe über diese bei den Mucoiden, S. 264), die Mörner und Schmiedeberg als Bestandtheil des Chondromucoids, bezw. des Knorpels gefunden hatten, und Krawkow[1]) konnte dieselbe, bezw. ihre Spaltungsproducte, aus isolirtem Amyloid darstellen. Doch ist sie im Amyloid fester gebunden als im Chondromucoid. Durch die Pepsinverdauung wird die Eiweisscomponente des Amyloids verändert, die Chondroitinschwefelsäure aber nicht abgespalten. Nach Krawkow ist sie die Trägerin der Amyloidreaction mit Methylviolett, nicht aber der mit Jod. Der Versuch Oddi's, durch Fütterung mit Chondroitinschwefelsäure eine künstliche Amyloiddegeneration der Leber hervorzurufen, hatte keinen deutlichen Erfolg.

Was die Stellung des Amyloids anlangt, so wird es durch seine eigenthümlichen Farbenreactionen wie durch sein ganzes Aussehen als ein Körper *sui generis* gekennzeichnet. Ebenso ist es seinem ganzen Habitus nach zweifellos, dass ihm sein Platz unter den Albuminoiden zukommt, und nicht unter den echten Eiweissen, zu denen es Tschermak als umgewandeltes coagulirtes Eiweiss rechnen will. Ein solches kommt ja nirgends im Körper vor, und die Art des Zerfalles in Albumosen, wie die procentische Zusammensetzung, ist nicht, wie Tschermak meint, für die eigentlichen Eiweisse charakteristisch, sondern kommt ebenso gut den Albuminoiden zu. — Die Behauptung Krawkow's[2]) von einer Beziehung des Amyloids zum Chitin ist von Cohn[3]) widerlegt worden.

Von dem Vorkommen war schon die Rede; nur ist noch nachzutragen, dass nach Krawkow[1]) regelmässig in der gesunden Aorta, gelegentlich auch in altem Knorpel ein Körper vorkommt, der die Eigenschaften des Amyloids zeigt, und der bei der Spaltung Chondroitinschwefelsäure liefert; danach wäre das Amyloid kein ausschliesslich pathologisches Product.

VI. Die Albumoide.

(75) Unter dem Namen Albumoide, der eigentlich nur ein seltener gebrauchtes Synonym für Albuminoide ist, sollen eine Anzahl Substanzen zusammengefasst werden, die sonst in keiner der Gruppen der Albuminoide unterzubringen sind, und die eine Reihe gemeinsamer Eigenschaften haben. Sie bilden die *Membranae propriae* mancher Drüsen, die Glasmembranen und ähnliches, das Sarkolemm, den festen Bestandtheil der Linse, der Fischschuppen etc. Wahrscheinlich wird sich ihre Zahl bei genauerer Untersuchung noch erheblich vermehren;

---

[1]) N. P. Krawkow, Schmiedeberg's Arch. f. experiment. Pathol. u. Pharmak. **40**, 195 (1897). — [2]) Derselbe, Centralbl. f. d. medicin. Wissensch. 1892, S. 145. — [3]) R. Cohn, Zeitschr. f. physiol. Chem. **22**, 153 (1896).

auch wird die Gruppe vielleicht weiter zerlegt, oder einzelne der Substanzen anders wohin gestellt werden müssen.

Die Albumoide sind Gerüstsubstanzen von ziemlich hoher Festigkeit. In Bezug auf Löslichkeit und Verdaulichkeit erinnern sie an das leimgebende Gewebe, von dem sie sich aber dadurch scharf unterscheiden, dass sie kein Glutin liefern. Am meisten aber gleichen sie, wie vielfach betont wird, dem coagulirten Eiweiss. Wenn man Eiweiss coagulirt, und dann trockener Hitze von etwa 115° aussetzt, so wird es, wie Kühne und Smith [1]) beschreiben, ohne seine Zusammensetzung zu ändern, allmählich immer fester, härter und schwerer löslich, und endlich nahezu unlöslich und unverdaulich. Einem derartigen Präparate ähneln die hier zu beschreibenden Albumoide mehr oder weniger, ohne dass damit natürlich über ihren genetischen Zusammenhang mit dem Eiweiss etwas ausgesagt würde. Im übrigen sind die Unterschiede der einzelnen Körper zu gross, um eine gemeinsame Beschreibung zu gestatten.

1. Das Albumoid der Linse.

Das Albumoid der Linse ist von Mörner [2]) beschrieben worden, nachdem früher Knies [3]) festgestellt hatte, dass die cataractöse Linse kein Keratin enthält, sondern durch Pepsin verdauliches Eiweiss. Das Albumoid ist in Wasser und Salzlösungen nicht, in Essigsäure und Ammoniak sehr schwer, in sehr verdünnter Salzsäure oder Kalilauge dagegen leicht löslich. Aus den Lösungen wird es durch Neutralisation gefällt, ferner wird es durch Ferrocyanwasserstoffsäure gefällt. Chlornatrium und Natriumsulfat salzt bei voller, Ammonsulfat und Magnesiumsulfat schon bei Halbsättigung aus. Die Coagulationstemperatur bestimmte Mörner zu 43 bis 47°C., also sehr niedrig. Das Albumoid giebt die Millon'sche, Xanthoprotein-, Adamkiewicz'sche, Liebermann'sche und Schwefelbleireaction. Die procentische Zusammensetzung beträgt:

C 53,12,   H 6,8,   N 16,62,   S 0,79.

Ein Kohlehydrat war nicht abzuspalten. Das Albumoid bildet zusammen mit zwei Globulinen, dem α- und β-Krystallin, die Linsenfasern. Bei den von Mörner untersuchten Linsen von ausgewachsenen Rindern bildet das Albumoid 48 Proc. der Eiweisskörper, 17 Proc. der frischen Linse; seine Menge hängt indessen vom Alter ab; in den inneren, älteren Schichten ist es viel reichlicher vorhanden, als in den jungen äusseren.

---

[1]) Herbert Smith, Zeitschr. f. Biolog. 19, 469 (1883). — [2]) C. T. Mörner, Zeitschr. f. physiolog. Chem. 18, 61 (1893). — [3]) M. Knies, Unters. a. d. physiolog. Institut Heidelberg 1, 114 (1877).

2. Das thierische Membranin.

Mit diesem Namen bezeichnet Mörner[1]) die Substanz, aus der die Linsenkapsel und die Descemet'sche Membran bestehen, die schon vor ihm von Sasse[2]) und Chittenden[3]) als ein besonderer Eiweisskörper erkannt und beschrieben war. Es ist in Wasser, Salzlösungen, kalten verdünnten Säuren oder Alkalien unlöslich, löst sich aber beim Kochen in Wasser, Säuren oder Alkalien zu einer nicht gelatinirenden Flüssigkeit. Durch Pepsin und Trypsin wird es ziemlich leicht, auch ohne vorheriges Kochen oder Behandeln mit Säure, gelöst, auch durch Osmiumsäure, nach Sasse, nicht unverdaulich. — Aus den Lösungen wird das Membranin durch Salpetersäure und die meisten Schwermetalle nicht, wohl aber durch die Alkaloidreagentien und Alkohol gefällt. Es giebt eine deutliche Biuret- und Schwefelbleireaction, die Furfurolreactionen schwach, dagegen eine ausserordentlich intensive Millon'sche und Xanthoproteïnreaction. Durch Kochen mit Säuren wird eine reducirende Substanz abgespalten, die nicht von einer Mucinbeimengung herrührt. Von der procentischen Zusammensetzung bestimmte Mörner bei dem Membranin der Linsenkapsel:

N 14,10, S 0,9,

bei dem der Descemet'schen Membran:

N 14,77, S 0,9.

Zwischen den beiden Membraninen bestehen Unterschiede in der Löslichkeit, die bei der Linsenkapsel im allgemeinen grösser ist, als bei der Descemet'schen Membran. Mörner will dem Membranin eine Stellung zwischen Mucin und Elastin anweisen; am besten stellt man es wohl mit den hier behandelten *Membranae propriae* etc. in eine Gruppe.

3. Das Sarkolemm und einige verwandte Körper.

Das Sarkolemm ist von Chittenden[3]) in Bezug auf sein Verhalten zu den Verdauungsenzymen histologisch untersucht und dadurch seine Trennung von den löslichen Eiweisskörpern des Muskels, wie von dem collagenen Gewebe herbeigeführt worden. Es wird von Trypsin ohne weitere Vorbereitung verdaut, dagegen durch Osmiumsäure ganz unverdaulich gemacht, was beides bei den Bindegewebsfibrillen nicht der Fall ist. Identisch mit dem Sarkolemm ist der häutige Theil der Schwann'schen Scheide. Sehr ähnlich verhalten sich die *Membranae propriae* der Harncanälchen, der Magendrüsen und des Pankreas, sowie die oben als Membranin bezeichnete Linsenkapsel.

[1]) C. T. Mörner, Zeitschr. f. physiolog. Chem. 18, 233 (1893). — [2]) H. F. A. Sasse, Unters. a. d. Heidelberger physiolog. Institut 2, 433 (1879). — [3]) R. H. Chittenden, ibid. 3, 171 (1879).

Den Eiweisskörper des Muskelstromas, also vermuthlich das Sarkolemm, hat v. Holmgren[1]) untersucht. Er fand ihn in Wasser und
Salzlösungen unlöslich, und benutzte dies zu seiner Trennung von den
löslichen Eiweisskörpern. Dagegen löst sich das Stroma leicht in einer
salzfreien Lösung von verdünntem Alkali oder Ammoniak, aus der es
durch Ansäuern gefällt werden kann. Es coagulirt bei 60° C., giebt
bei der Spaltung weder eine reducirende Substanz noch Xanthinbasen.
Die procentische Zusammensetzung beträgt:

C 52,63—52,98, H 7,16—7,4, N 15,84—16,66, S 1,2—1,3.

4. Die Grundsubstanz der *Chorda dorsalis.*

Stenberg[2]) stellte fest, dass die *Chorda dorsalis* der Neunaugen,
ein an festen Bestandtheilen sehr armes Gewebe, kein Mucin oder
Collagen enthält, dagegen einen in Säuren schwerer, in Alkalien leichter
löslichen Eiweisskörper, der durch Pepsin und Trypsin aufgelöst wird.
Kossel[3]) untersuchte dann die *Chorda dorsalis* des Störs und fand
ebenfalls weder Glutin noch ein Mucin oder Mucoid, dagegen einen
Eiweisskörper, der sich in Alkalien ziemlich leicht löst, von Säuren gefällt
wird und ebenfalls durch Pepsin leicht verdaut werden kann. Er hat
die procentische Zusammensetzung:

C 51,82, H 7,74, N 15,8.

5. Das Ichthylepidin.

Mörner[4]) fand in den Fischschuppen zusammen mit einem
Collagen ein Albumoid, das Ichthylepidin. Es ist in Wasser unlöslich, auch beim Kochen, selbst mit überhitztem Wasserdampf, nur theilweise löslich. In verdünnten Säuren und Alkalien ist es in der Hitze,
in concentrirten auch in der Kälte löslich. Pepsin und Trypsin lösen es
auf. Von der procentischen Zusammensetzung stellte Mörner fest:

N 15,98, S 1,09.

Es giebt die Biuret-, Xanthoproteïn-, Schwefelblei-, und eine besonders ausgeprägte Millon'sche Reaction, dagegen nicht die Adamkiewicz'sche, liefert auch bei der Spaltung kein Kohlehydrat. Es
bildet etwa 20 Proc. der gewöhnlichen Schuppen, fehlt bei den Ganoid-
schuppen dagegen ganz.

---

[1]) J. F. v. Holmgren, Nach dem schwedischen Original referirt von
Hammarsten in Maly's Jahresber. f. Thierchemie 23, 360 (1893). —
[2]) S. Stenberg (bei Retzius), Arch. f. Anat. u. Physiol., Anat. Abth. 1881,
S. 105. — [3]) A. Kossel, Zeitschr. f. physiol. Chem. 15, 331 (1891). — [4]) C. T.
Mörner, ibid. 24, 125 (1897).

6. Die Hornschicht des Muskelmagens der Vögel.

Sie wurde von Hedenius[1]) untersucht; er erkannte sie als einen
Eiweisskörper, der in Wasser, verdünnten Säuren und Alkalien unlös-
lich, nur durch starke Alkalien gelöst wird. Pepsin verdaut langsam,
Trypsin nicht, ebenso wenig geht die Substanz durch überhitzten
Wasserdampf in Lösung. Sie hat die procentische Zusammensetzung:

$$C\,53,21, \quad H\,7,17, \quad N\,15,78, \quad S\,1,13.$$

Es giebt die Millon'sche, die Xanthoproteïn- und die Furfurolreactionen. Bei dem Lösen in Natronlauge entsteht ein Alkalialbuminat, daneben Albumosen. Bei der Spaltung liefert der Körper Leucin,
wenig Tyrosin, keine reducirende Substanz. — Hedenius bezeichnet
ihn als ein Keratinoid. Von den Keratinen unterscheidet er sich durch
seinen niedrigen Gehalt an Schwefel und an Tyrosin.

7. Das Reticulin.

Es bildet die Gerüstsubstanz der Darmmucosa. Siegfried[2])
behandelte die Schleimhaut des Dünndarms von Schweinen gründlich
erst mit Trypsin und Soda, dann mit kochendem Wasser, und entfernte
so Glutin, alle Zellbestandtheile etc. Es blieb dann ein in Wasser,
verdünnten Säuren und Alkalien, Pepsin und Trypsin unlösliches Pulver
zurück, das Reticulin. Siegfried bestimmte die Zusammensetzung
eines allerdings stark aschehaltigen Präparates:

$$C\,52,88, \quad H\,6,97, \quad N\,15,63, \quad S\,1,88, \quad P\,0,34.$$

Der Phosphor ist organisch gebunden, gehört also nicht der
Asche an. Das Reticulin giebt die Biuret-, Xanthoproteïn-, Adamkiewicz'sche und Schwefelblei-, nicht aber die Millon'sche Reaction.
Beim Kochen mit Salzsäure liefert es Lysatinin, viel Aminovaleriansäure, ferner Ammoniak und Schwefelwasserstoff, dagegen wenig oder
keine Glutaminsäure, kein Tyrosin und kein Kohlehydrat. — Durch
Kochen mit überhitztem Wasser, besser durch Natronlauge, entsteht
ein Alkalialbuminat von den gewöhnlichen Eigenschaften eines solchen,
daneben Albumosen und Peptone. — Vor allen anderen Albuminoiden
zeichnet sich das Reticulin also durch seinen Phosphorgehalt aus.

Ferner gehört zu den Albumoiden nach Mörner[3]) ein Theil der
Grundsubstanz des Knorpels, und nach Sukatschoff[4]) die früher
für Chitin gehaltene Cuticula des Regenwurms.

---

[1]) J. Hedenius, Skandinav. Arch. f. Physiol. 3, 244 (1891). —
[2]) M. Siegfried, Sitzungsber. der sächs. Ges. der Wiss. 1892 (vorläufige
Mittheilung); Derselbe, Habilitationsschrift, Leipzig 1892. — [3]) C. T. Mörner, Skandinav. Arch. f. Physiol. 1, 210 (1889). — [4]) B. Sukatschoff,
Zeitschr. f. wissenschaftl. Zoologie 66, 377 (1899).

VII. Melanine.

(76) Unter den Melaninen versteht man dunkle, schwarze oder braune, auch rothbraune Pigmente, die in den Haaren, der Haut, in der Chorioidea des Auges und in solchen Geschwülsten vorkommen, die von pigmentirten Geweben, am häufigsten von der Haut, ausgehen. Da sie qualitativ aus denselben Elementen bestehen, wie die Eiweisskörper, auch eine mehr oder weniger ähnliche procentische Zusammensetzung haben, so betrachtet man die Melanine als Abkömmlinge der Eiweisse, und ihre Besprechung an dieser Stelle wird dadurch gerechtfertigt.

Ausserdem hat Schmiedeberg [1]) dargethan, dass bei Zersetzung von Eiweisskörpern durch Kochen mit starken Säuren zwar die Hauptmasse des Eiweiss in der bekannten Weise unter Wasseraufnahme in Aminosäuren zerfällt, dass aber, wie ja oft bei Reactionen zwischen organischen Körpern, ausserdem eine Nebenreaction verläuft, wodurch etwa 1 bis 2 Proc. des Eiweiss in eine kohlenstoffreiche, wasserstoff- und stickstoffarme Verbindung übergeht, die wie die Melanine schwarz oder doch mindestens braun aussieht, und auch in den Löslichkeitsverhältnissen Aehnlichkeit mit ihnen hat. Schmiedeberg bezeichnet sie daher als Melanoidin oder Melanoidinsäure. Ferner hat Nencki [2]) darauf hingewiesen, dass das Tryptophan oder Proteïnochromogen, der Farbstoff, der bei der Trypsinverdauung aus dem Eiweiss entsteht, nicht nur durch seine färbenden Eigenschaften, sondern auch durch seine Zersetzungsproducte eine gewisse Aehnlichkeit mit den Melaninen verräth; er hält das Tryptophan vielleicht für die Muttersubstanz der Melanine.

Die Melanine verschiedenster Herkunft zeigen erhebliche Differenzen in der Zusammensetzung. Nur der hohe Kohlenstoff- und niedere Wasserstoffgehalt ist ihnen gemeinsam. Einige sind schwefelfrei gefunden worden, andere dagegen zeigen einen sehr hohen Schwefelgehalt, von 7 bis 10 Proc. Auch der Eisengehalt wechselt, und es sind sowohl eisenfreie Melanine, wie solche mit recht hohem Eisengehalt beschrieben worden. Dem Eisengehalte wurde deshalb eine grosse Aufmerksamkeit geschenkt, weil man von ihm eine Entscheidung darüber erhoffte, ob die Melanine Abkömmlinge des Blutfarbstoffs seien oder nicht; indessen sind ja auch die meisten Zelleiweisse eisenhaltig, und man kann daher aus dem Eisengehalt allein keine bindenden Schlüsse ziehen. Ueberhaupt besteht bei den Analysen die grosse Schwierigkeit, dass man meist keine Garantie für einheitliche und reine Producte hat. Einmal sind

---

[1]) O. Schmiedeberg, Schmiedeberg's Arch. f. exp. Pathol. u. Pharmak. **39**, 1 (1897). — [2]) M. Nencki, Ber. deutsch. chem. Ges. **28**, I, 560 (1895); C. Beitler, ibid. **31**, II, 1604 (1898).

die Melanine schwer von den Resten von Eiweisskörpern und deren Spaltungsproducten, z. B. von dem Hämoglobin oder Hämatin, zu befreien, und dann ist es wieder zweifelhaft, ob nicht durch einen zu energischen Reinigungsprocess die Melanine ihrerseits verändert werden. So meint Mörner [1]), die meisten Melanine seien eisenhaltig, und die gegentheiligen Angaben Nencki's [2]) u. A. beruhten darauf, dass das Eisen durch die starke Salzsäure, die zur Entfernung der letzten Eiweissreste gedient hatte, abgespalten wäre. Auf den Eisengehalt, zumal einen niedrigen, der Präparate kann daher wohl kaum ein besonderer Werth gelegt werden, um so mehr auf den Schwefelgehalt. Wenn man daher die Analysen zusammenstellen will, so thut man gut daran, unter den Melaninen zwei Gruppen zu unterscheiden, die eine mit sehr hohem Schwefelgehalt, die andere mit einem niedrigeren, der den der Eiweisse nicht oder nur unwesentlich übersteigt. Die meisten Untersuchungen beziehen sich auf Melanine aus Geschwülsten. Farbstoffe aus menschlichen Melanosarkomen, meist Lebermetastasen, sind, abgesehen von älteren Angaben, die nur partielle Analysen enthalten, untersucht worden von Berdez und Nencki [2]) — sie nennen den Körper Phymatorhusin —, von Mörner [3]), Miura [4]), Brandl und Pfeiffer [5]), Hensen und Nölke [6]) und Schmiedeberg [7]); ferner von Berdez und Nencki [2]) und Nencki und Sieber [8]) das Hippomelanin, der Farbstoff aus den melanotischen Geschwülsten eines Pferdes.

Von diesen zeigen die Präparate von Mörner, Hensen und Nölke und das Phymatorhusin einen hohen, die anderen einen niedrigen Schwefelgehalt. Die procentischen Zusammensetzungen sind:

C 53,74, H 4,22, N 10,59, S 10,1 (Phymatorhusin, Berdez und Nencki),

C 55,76, H 5,95, N 12,3, S 8—9, Fe 0,06—0,2 (Mörner),

C 59,42, H 6,16, N 11,16, S 7,57 (Hensen und Nölke),

C 53,6, H 3,88, N 10,48, S 2,83 (Hippomelanin, Berdez und Nencki),

C 54,5, H 5,06, N 11,75, S 2,72 (Miura),

C 53,87, H 4,2, N 10,56, S 3,63, Fe 0,52 (Brandl u. Pfeiffer),

C 54,93, H 5,11, N 9,28, S 2,13, Fe 2,7 (Schmiedeberg).

---

[1]) K. A. H. Mörner, Zeitschr. f. physiol. Chem. 11, 66 (1886); Derselbe, ibid. 12, 229 (1887). — [2]) J. Berdez u. M. Nencki, Schmiedeberg's Arch. f. experim. Path. u. Pharmak. 20, 346 (1885). — [3]) K. A. H. Mörner, Zeitschr. f. physiol. Chem. 11, 66 (1886); 12, 229 (1887). — [4]) M. Miura, Virchow's Arch. 107, 250 (1887). — [5]) J. Brandl u. L. Pfeiffer, Zeitschr. f. Biolog. 26, 348 (1890). — [6]) H. Hensen u. Nölke, Deutsch. Arch. f. klin. Med. 62, 347 (1899). — [7]) O. Schmiedeberg, Schmiedeberg's Arch. f. experim. Path. u. Pharmak. 39, 1 (1897). — [8]) M. Nencki u. N. Sieber, ibid. 24, 17 (1886).

Für amorphe Stoffe, die auf verschiedenen Wegen dargestellt und isolirt wurden, ist die Uebereinstimmung innerhalb jeder der beiden Gruppen eine genügende. Die Melanine sind in trockenem Zustande schwarze, glänzende Massen, als feines Pulver sehen sie heller, mehr braun, ein Präparat von Hensen und Nölke ockergelb aus. Sie sind in Wasser, neutralen Salzlösungen, Alkohol, Amylalkohol, Aether, Chloroform, Benzol etc. unlöslich; auch in verdünnten Säuren sind sie unlöslich, in stärkeren dagegen, etwa Essigsäure von 50 Proc., ist ein kleiner Theil löslich, den Mörner für sich untersucht und von etwas abweichenden Eigenschaften gefunden hat. In Alkalien, Ammoniak oder kohlensauren Alkalien lösen sich die Melanine dagegen leicht zu einer, bei stärkerer Concentration schwarz- oder braunrothen, in grösserer Verdünnung gelbbraunen Flüssigkeit auf. Spectroskopisch untersucht zeigen die Melanine keine deutlichen Streifen, sondern nur eine gleichmässige Verdunklung, die von D an beginnt, um spätestens von b an absolut zu werden.

Die Färbekraft der Melanine ist keine grosse; nach Hensen und Nölke hat Harn, der etwa 0,1 Proc. Melanin enthält, etwa die Farbe dunklen Bieres; in der von Geschwülsten durchsetzten Leber eines an Melanosarkomen gestorbenen Mannes fanden Nencki und Berdez dafür aber etwa 300 g Melanin.

Aus der alkalischen Lösung werden die Melanine durch Ansäuern gefällt, ebenso durch Barythydrat, Bleiacetat oder Sättigen mit Magnesiumsulfat. Zur Darstellung aus den Geschwulstmassen diente gewöhnlich deren Extraction mit Wasser; dabei wird der Farbstoff in eine feine Suspension verwandelt, aus der er durch Phosphatniederschläge mitgerissen wird. Zum Zwecke der Reindarstellung wird der Farbstoff wiederholt in Alkalien gelöst und durch Säuren gefällt.

Die Eiweissreactionen geben die Melanine im allgemeinen nicht, nur Mörner giebt an, an einem Präparate die Reaction von Adamkiewicz gesehen zu haben.

Die Spaltungsproducte haben Nencki, Berdez und Sieber untersucht; sie fanden bei der Kalischmelze des Hippomelanins zunächst die Hippomelaninsäure von der Zusammensetzung:

$$C\ 60,\ H\ 3,8,\ N\ 10,41,\ S\ 2,6,$$

sodann Ameisensäure, Bernsteinsäure und Nitrile, bei der des Phymatorhusins verschiedene Fettsäuren und Nitrile, Ammoniak, Schwefelwasserstoff und Skatol, dagegen weder Phenol noch Tyrosin oder Leucin. Auch Hoppe-Seyler[1]) sah bei der Kalischmelze eines Melanins, das er bei einem Melanosarkom im Harn fand, Ammoniak und Indol auftreten.

In einigen der beschriebenen Fälle ist das Melanin nun nicht nur

---

[1]) F. Hoppe-Seyler, Zeitschr. f. physiol. Chem. 15, 179. (1891).

in den Geschwülsten gefunden worden, sondern auch im Harn, aus dem
es, wenn auch nicht constant, Mörner, Miura, Brandl und Pfeiffer
und Hensen und Nölke durch Fällen mit Baryt oder Blei mit etwa
den gleichen Eigenschaften, wie das aus den Geschwülsten isolirte,
darstellen konnten. In anderen Fällen geht es nicht als solches in den
Harn über, sondern als farbloses Melanogen, aus dem erst durch Oxydation das dunkle Melanin entsteht. Dann wird ein Harn von normaler Farbe entleert, der aber auf Zusatz von Salpetersäure, Kaliumbichromat und Schwefelsäure, Bromwasser oder Eisenchlorid die dunkle
Melaninfarbe annimmt. Miura ist es auch in einigen Fällen gelungen,
nach Einführung von Melanin in die Bauchhöhle von Kaninchen im
Harn Melanogen aufzufinden.

In ihren Eigenschaften und in ihrer Zusammensetzung ganz ähnlich wie die Melanine der Geschwülste verhalten sich die schwarzen
Farbstoffe der Haare, die von Sieber[1], Nencki und Sieber[2], und
die der Negerhaut, die von Abel and Davis[3] untersucht worden sind.
Es ist dies auch kein Wunder, da ja die melanotischen Sarkome nur
pathologische Formen des normalen Hautpigments darstellen. Die
Analysen haben ergeben:

C 56,14—57,6, H 4,2—7,57, N 8,5—11,6, S 2,1—4,1, kein Eisen,
(Sieber, Menschenhaare),

C 58,44, H 5,55, N 11,7, S 3,64 (Rosshaare, Nencki u. Sieber),

C 52,74, H 3,53, N 10,51, S 3,34 (Abel and Davis, Haare),

C 51,83, H 3,86, N 14,01, S 3,6 (Abel and Davis, Negerhaut).

Auch das Pigment der Chorioidea, der Aderhaut des Auges, verhält sich in seinen Eigenschaften ähnlich. Es enthält keinen Schwefel.
Es ist u. A. von Scherer[4], Sieber[1] und Landolt[5] untersucht worden. Die Analysen haben ergeben:

C 58,2, H 5,9, N 13,768 (Scherer),

C 60,34, H 5,02, N 10,81 (Sieber),

C 54,48, H 5,35, N 12,65 (Landolt).

Eisen wurde nicht oder nur in Spuren gefunden. Das Verhältniss
von Kohlen- zu Stickstoff ist nach Landolt das gleiche wie im Tryptophan. Bei der Kalischmelze fand sich Ammoniak und Indol, ein
Kohlehydrat war nicht abzuspalten.

---

[1] Nadine Sieber, Schmiedeberg's Arch. f. experim. Path. u. Pharmak.
20, 362 (1885). — [2] M. Nencki u. N. Sieber, ibid. 24, 17 (1888). —
[3] Abel and Davis, Journ. of experiment. med. 1, 361 (1896), cit. nach
Schmiedeberg, l. c. — [4] J. Scherer, Ann. Chem. Pharm. 40, 1 (1841). —
[5] H. Landolt, Zeitschr. f. physiol. Chem. 28, 192 (1899); daselbst auch die
ältere Literatur.

Aus den Tintenbeuteln der Sepia stellten Nencki und Sieber[1]) ein Melanin dar von der Zusammensetzung:

C 56,34,   H 3,61,   N 12,34,   S 0,52,   O 27,19.

Alsdann sollen zum Vergleich die Analysenzahlen Schmiedeberg's für seine Melanoidine folgen:

C 66,27,   H 5,49,   N 5,57,

C 60,34,   H 4,86,   N 8,09,   S 0,96.

---

[1]) M. Nencki u. Sieber, Schmiedeberg's Arch. f. experim. Path. u. Pharmak. 24, 17 (1888).

ALPHABETISCHES SACHREGISTER.

Die fett gedruckten Seitenzahlen weisen auf diejenigen Stellen hin, an welchen die hauptsächliche Beschreibung des betreffenden Körpers zu finden ist.

10

t::

Blutgerinnung 123, **157**, 190, 194.
Blutkörperchen 153, 190, 217 ff., **221**.
  „   kernhaltige **190, 211, 221**.
Blutkrystalle 217.
Bromanil 42.
Bromeiweiss **135**.
Bromessigsäure 42.
Bromoform 42.
Brutzellendeckel der Wespen. 294.
Butalanin 43, 51.
Buttersäure. 43.

C.

Cadaverin 46, **52**, 60.
Capronsäure 43, 51, 54.
Carbohämoglobin 238.
Carniferrin 118.
Caseification 10.
Caseïn 16, 18, 65, 71, 77, 82, 130, 135, **173**.
Caseïnogen 175.
Caseïnsalze 178.
Caseojodin **134**, 178.
Caseosen 105, 178.
Centralnervensystem 153, 290.
Chemische Constitution 2, 21, **63**.
Chitin 70, 271, 290.
Chitosamin 70, 249.
Chloralbacidsäure 135.
Chloreiweisse **134**.
Chlornatrium 13.
Chlorophyll 247.
Cholagoga 123.
Chondrin 261, 277, 284.
Chondrogen 261.
Chondroïtin 262.
Chondroïtinschwefelsäure 27, **261**, 284, 298.
Chondromucid **261**, 284.
Chondrosin 263.
Chordagewebe 260, **302**.
Chorioidea 304, 307.
Chymosin 175.
Clupeïn 192, **195**.
Coagulation **4**, 10, 89, 95, 106, 187.
Coagulationstemperatur **4**.
Collagen 82, 270, **273**, 279.
Collagene verschiedener Herkunft 283 ff.
Colloïde 3 ff.
Conchiolin 271, 293, **295**.
Conglutin 37.
Coniferensameneiweiss 37, 65.
Constitution 17, **63**.
Cornea 260, 286.
Corneïn 296.
Cornikrystallin 296.
Corpora amylacea 296.
Cuticula der Würmer 303.
Cyanmethämoglobin 238.
Cyclopterin **195**, 215.
Cysteïn **40**, 46, 74.
Cystin **40**, 46, 55, 61, 74, 288.

Cytoglobulin 201.
Cytosin 208.

D.

Darmschleimhaut, Gerüstsubstanz der 303.
Denaturirtes Eiweiss 82, **91**.
Denaturirung 3 ff., 91.
Desamidoalbumin 64.
Desamidoalbuminsäure 64, 93.
Desamidonitrosopepton 64.
Descemet'sche Membran 301.
Deuteroalbumosen 17, 96 ff., **109** ff.
Dextrose 55, 68.
Diabetes 55.
Diäthylsulfinoessigsäure 75, 266.
Diaminocapronsäure **36**, 60.
Diaminoessigsäure **36**, 60.
Diaminosäuren 58, 61, **64**, 66, 194.
Diaminovaleriansäure 56.
Dibutyldiäthylendiamin 38.
Disaccharid 249.
Dissociation der Eiweisssalze 22.
  „   des Kohlenoxydhämoglobins 235.
Dissociation des Oxyhämoglobins 227.
Drüsenpepton 116.
Dysalbumose 97.

E.

Edestin 22, 65, **186**.
Eieralbumin 18, 20, 65, 71, 77, 82, 90, 105, 130, 135, **145**, 266.
Eiereiweiss 69, 85, **145**, 155, 265.
Eierglobulin 82, **155**.
Eierschalen 293.
Eierschalenhaut 288.
Eigentliche Eiweisse 4, **138**.
Eintheilung 1, **80**.
Eisen 25, 118, 200.
Eisenacetat 26.
Eisenchlorid 26, 118.
Eiweissdrüse 255.
Elastin 53, 82, 105, 290.
Elastoïdin 293.
Elastosen 105, 292.
Emulsion 12.
Enzyme 11, 202.
Epidermis 287.
Erbseneiweiss 71.
Essigsäure 43, 263.
Eucasin 174.

F.

Fällungsreactionen **26**.
Farbenreactionen **28**.
Farbstoffe 82, **304**.
Fäulniss **48**, 54, 292.
Federn 77, **287**.
Fermente 11, 202.

Thrombosin 158.
Thymin 207.
Thyminsäure 171, 209.
Thymol 32.
Thymus 169, 190, 204.
Thyreoglobulin 132, 154.
Thyreonucleoproteïd 212.
Tintenbeutel der Sepia 307.
Todtenstarre 89, 163 ff.
Traubenzucker 55, 68 ff.
Trichloressigsäure 28.
Trypsin 30, 34, 45, 115.
Tryptophan 42, 47, 304.
Tuberculin 120.
Tuberculosamin 196.
Tyrosin 31, 38, 44, 45, 46, 57, 79, 113,
276, 288, 291.

U.

Urobilin 246.

V.

Valeriansäure 51.
Verbrennungswärme 20, 217, 274.
Verdaulichkeit 79.
Vitellin 71, 82, 171, 179 ff.
Vitellosen 105.
Vogelblutkörperchen 190.
Vogelmagen 303.

W.

Wasserstoffsuperoxyd 128.
Weinbergschnecke 181, 212, 251, 254,
255, 267.
Wespen 294.
Wirbellose, Blut 247.
„   Collagen 286.
„   Gerüstsubstanzen 271, 293.
Witte's Pepton 72, 77, 99.

X.

Xanthin 206.
Xanthinbasen 206.
Xanthomelanin 41, 136.
Xanthoproteïn 136.
Xanthoproteïnreaction 31, 61, 79, 102.
Xanthoproteïnsäure 136.

Z.

Zeïn 65.
Zellglobuline 153.
Zellkerne 201.
Zellmyosin 170.
Zellnucleoalbumine 181.
Zinkacetat 27.
Zinksulfat 14.
Zucker im Eiweiss 68, 248.
Zusammensetzung 17.

www.ingramcontent.com/pod-product-compliance
Lightning Source LLC
Chambersburg PA
CBHW031933220326
41598CB00062BA/1847